荣获“中国石油和化学工业优秀教材奖一等奖”
普通高等教育“十二五”规划教材

工程估价

第二版

闫文周　李芊　主编
黄无非　郭靖　华珊　副主编

·北京·

本书根据财政部和国家税务总局《关于全面推开营业税改征增值税试点的通知》、住建部《关于做好建筑业营改增建设工程计价依据调整准备工作的通知》、新版《建设工程工程量清单计价规范》、《房屋建筑与装饰工程工程量计算规范》、《建筑安装工程费用项目组成》，以及“工程估价”课程教学的基本要求编写而成。系统介绍了工程估价的基本原理和方法，主要内容包括：工程造价构成、工程计价定额、工程造价清单计价法、定额工程量计算方法、清单工程量计算方法、工程合同价款约定调整与支付，以及招标控制价、投标报价、竣工结算、投资估算、设计概算、施工图预算、施工预算、竣工决算的编制等。

全书内容翔实、结构合理、层次分明、重点突出、实例典型，具有较强的实用性和系统性。可作为高等学校土木工程、工程管理、工程造价、房地产经营与管理、国际工程管理、建筑装饰等专业的教材或学习参考书，亦可作为建筑设计、施工、造价管理、建设监理、工程咨询、工程审计等部门从事工程造价、经济核算和工程招投标等工作人员的学习参考书或培训教材。

图书在版编目（CIP）数据

工程估价/闫文周，李芊主编．—2版．—北京：化学工业出版社，2014.7（2022.11重印）
普通高等教育“十二五”规划教材

ISBN 978-7-122-20659-6

Ⅰ．①工…　Ⅱ．①闫…②李…　Ⅲ．①建筑工程-工程造价-高等学校-教材　Ⅳ．①TU723.3

中国版本图书馆CIP数据核字（2014）第097157号

责任编辑：满悦芝　　文字编辑：刘丽菲
责任校对：吴　静　　装帧设计：史利平

出版发行：化学工业出版社（北京市东城区青年湖南街13号　邮政编码100011）
印　　刷：三河市航远印刷有限公司
装　　订：三河市宇新装订厂
787mm×1092mm　1/16　印张22¾　字数588千字　2022年11月北京第2版第9次印刷

购书咨询：010-64518888　　售后服务：010-64518899
网　　址：http://www.cip.com.cn
凡购买本书，如有缺损质量问题，本社销售中心负责调换。

定　　价：45.00元

第二版前言

工程估价是研究建筑产品生产成果与生产消耗之间科学关系和工程建造价格的一门学科，具有实践性、政策性、专业性较强，以及与其他课程关联度大等特点。随着我国工程造价管理体制改革的不断深化，2013年国家颁布了第三版《建设工程工程量清单计价规范》(GB 50500—2013)以及《房屋建筑与装饰工程工程量计算规范》(GB 50854—2013)等九个专业计量规范。同时调整了《建筑安装工程费用项目组成》。2016年5月1日国家全面推行营改增政策，2018年税务总局对相关增值税税率进行了调整。所以，《工程估价》教材需要做适当的修订和完善。借再版重印之际，本次主要修订了以下内容。

1. 根据财政部和国家税务总局《关于全面推开营业税改征增值税试点的通知》(财税［2016］36号)、住建部《关于做好建筑业营改增建设工程计价依据调整准备工作的通知》(建办标［2016］4号)及其他相关税费文件，修订了建筑安装工程费用构成及税金计算、工程量清单项目综合单价的确定等相应内容。按《住房城乡建设部办公厅关于调整建设工程计价依据增值税税率的通知》(建办标［2018］20号)修订了相应税率。

2. 根据新版《建设工程工程量清单计价规范》，修订完善了材料供应方式不同时的计价处理原则、工程量清单的编制、工程量清单项目的计价方法。

3. 根据《房屋建筑与装饰工程工程量计算规范》，修订了清单工程量计算规则及计算方法等相应内容，增加了较多的计算实例。

4. 根据新版《建设工程工程量清单计价规范》修订了建设工程施工招标控制价和投标报价的编制。

5. 根据新版《建设工程工程量清单计价规范》，修订了工程合同价款约定、工程计量、合同价款调整、合同价款期中支付、竣工结算与支付、合同解除的价款结算与支付、合同价款争议的解决等相应内容。

6. 根据新版《建筑工程建筑面积计算规范》，修订了与建筑面积计算相关的内容。

7. 对工程质量缺陷责任期、工程质量保修期，以及投资估算计算公式等有分歧或不统一的概念或内容，做了适当的说明或完善。

8. 根据营改增文件精神修改了复习题中的相关内容。

9. 为节省篇幅，删除了一些次要或空泛的内容。

本次修订内容紧扣相关税费及工程量清单计价规范，结构科学、层次分明、实例典型简明易懂、操作性强，便于读者掌握和巩固所学知识。

全书由闫文周、李芊主编，黄无非、郭靖、华珊副主编，编写人员及分工：闫文周(1～3章)，陈芸茜(第4章)，黄无非(第5章)，李芊、华珊(第6章)，李乃旭(第7、8章)，王婉莹(第9～11章)，郭靖(第12、13章)。

由于编者水平有限，错误和不足之处在所难免，恳请读者不吝赐教。

编者

2018年12月

第一版前言

由于历史原因，我国工程造价管理制度经历了一个曲折而复杂的发展过程。新中国成立初期，为用好有限的建设资金，基本上沿用前苏联的工程概预算管理制度；“文革时期”，概预算管理工作遭到了严重破坏；改革开放初期，逐渐恢复和重建了工程概预算管理制度；20世纪90年代至今，我国工程造价管理工作进行了一系列改革完善，形成了以市场为主导的工程价格管理机制，造价管理工作进入良性发展阶段。此阶段改革的一项重要成果是2003年颁布了《建设工程工程量清单计价规范》（GB 50500—2003），这标志着我国工程造价管理由传统定额计价模式转为工程量清单计价模式。经过数年实践和完善，2008年颁布了新版《建设工程工程量清单计价规范》（GB 50500—2008）。

为适应改革形势的要求，尤其是为了满足大专院校相关专业教学需要，我们根据新版《建设工程工程量清单计价规范》和“工程估价”课程教学基本要求，在多年的教学及实践经验基础上编写了这本《工程估价》教材。全书系统阐述了工程估价的基本原理和方法，主要内容包括：工程造价构成、工程造价定额计价法、工程量清单计价法、定额工程量计算方法、清单工程量计算方法，以及招标控制价、投标报价、竣工结算、投资估算、设计概算、施工图预算、施工预算、竣工决算的编制等。

全书内容翔实、结构层次分明、实例丰富典型，主要特点如下：

① 在结构设计上，区别定额计价与清单计价不同模式，分别阐述定额工程量计算与清单工程量计算的方法，层次分明、组价思路清晰、易于对比掌握。

② 在内容分配上，工程量计算方法、招标控制价、投标报价的编制等占了较大篇幅，投资估算、设计概算、施工图预算、施工预算、竣工决算的编制等相对简略，重点突出、简明实用。

③ 为便于读者掌握和巩固所学知识，全书列举了大量典型例题及案例，书后摘选了全国造价工程师执业资格考试部分历年试题及答案，供读者练习掌握。

④ 本书充分吸收了全国造价工程师、建造师、监理师等执业资格考试的相关知识和内容，有助于学生日后顺利通过相关执业资格考试。

⑤ 本书紧扣建设工程工程量清单计价规范。其中，工程合同价款的约定、工程计量与价款支付、索赔与现场签证、工程价款调整、工程计价争议的处理等内容均是以《建设工程工程量清单计价规范》为指南编写的。

全书由闫文周、李芊主编，夏春艳、赵彬副主编，参加编写的人员还有李家鹏、王顺礼、杨卫华、郭庆军、华珊、郭靖、孙家超、朱建信、未红等。

本书在编写过程中，参阅了许多相关资料，在此对相关作者表示衷心感谢。

由于编者水平所限，错误和不足之处在所难免，恳请各位读者不吝赐教。

编者

2010年7月

目 录

第1章　工程造价管理概述

1.1　基本建设与建设项目

1.1.1　固定资产及基本建设的概念

（1）固定资产　固定资产是指可供长期使用的，并在使用过程中保持其实物形态不变的劳动资料，如建筑物、构筑物、机械设备以及其他与生产经营有关的设备、工器具等。

我国新会计准则对固定资产的概念和范围有如下界定。固定资产是指同时具有下列特征的有形资产：①为生产商品、提供劳务、出租或经营管理而特有的。变更了原制度中关于生产企业非生产经营主要设备需达到单位价值2000元以上，行政事业单位设备单位价值需达到500元以上的价值量判断的硬性标准。②使用寿命超过一个会计年度。有些设备虽然使用寿命未到一年整，但跨过了一个会计年度的，也可以纳入固定资产的核算范围。例如，某企业某年八月一日购入一台设备，按旧准则规定，至少到下一年的八月一日止才能将这台设备列入固定资产核算，但按新准则规定，这台设备的使用寿命只需超过当年的十二月三十一日即可列入固定资产核算。

（2）基本建设　基本建设就是形成固定资产的生产活动，或是对一定固定资产的建筑、购置、安装，以及与此相关联的其他经济活动的总称。如工厂、矿井、铁路、桥梁、港口、电站、医院、学校、住宅和商店等的新建、改建、扩建和恢复工程，以及车辆、机器设备等的购置与安装等都属于基本建设。

1.1.2　基本建设的内容

（1）建筑安装工程　建筑安装工程分为建筑工作和安装工作两部分。建筑工作主要包括各种建筑物和构筑物的建筑工程，各种管道、输电线路的敷设，矿井开凿、炉窑砌筑，列入房屋建筑的给水、采暖、通风、天然气和环保工程，建筑场地的布置和整理，旧有建筑物和障碍物的拆除，设计规定为施工而进行的地质勘探等工作。

安装工作主要包括生产、动力、起重、运输、通信、医疗、实验等各种需要安装的机械设备的装配与装置工程，各种工艺电气、自控、运输、供热、制冷等设备的安装工程，以及为检查测定安装工程质量，对单个设备、系统设备的单机试运转和系统联动无负荷试运转工作等。

（2）设备、工器具及生产家具的购置　设备、工器具及生产家具的购置包括需要安装和不需要安装的设备的购置，以及达到固定资产标准的工器具和生产家具的购置。如生产设备、通信设备、矿山机械设备、化工设备、实验设备、产品专用模型设备和自控设备、一切备用设备的购置；利用旧有设备时，设备部件的修配与改造及工具、量具、工作台、化学仪器、测量仪器的购置等。

（3）其他基本建设工作　指除建筑安装工程、设备和工器具及生产家具购置工程以外的其他基本建设工作，如征用土地、拆迁安置、勘察设计、技术培训以及投产前的准备工作等。

1.1.3 基本建设项目的分类

（1）按建设性质分类

① 新建项目，指原来没有现在开始建设的项目，或对原有规模较小的项目，扩大建设规模，其新增固定资产价值超过原固定资产价值三倍以上的项目。

② 扩建项目，指原企事业单位，为扩大原有主要产品的生产能力或增加新产品生产能力，在原有固定资产的基础上，兴建一些主要车间或工程的项目。

③ 改建项目，是指原有企事业单位，为了改进产品质量或产品方向，对原有固定资产进行整体性技术改造的项目。此外，为提高综合生产能力，增加一些附属辅助车间或非生产性工程，也属改建项目。

④ 恢复项目，是指对因重大自然灾害或战争而遭受破坏的固定资产，按原来规模重新建设或在重建的同时进行扩建的项目。

⑤ 迁建项目，是指为改变生产力布局或由于其他原因，将原有单位迁至异地重建的项目，不论其是否维持原来规模，均称为迁建项目。

（2）按建设项目用途分类　按建设项目用途分为生产性基本建设和非生产性基本建设。

① 生产性基本建设是用于物质生产和直接为物质生产服务的项目的建设，包括工业、农业、林业、邮电、通信、气象、水利，商业和物资供应设施建设、地质资源勘探建设等。

② 非生产性基本建设是用于人民物质和文化生活项目的建设，包括住宅、学校、医院、托儿所、影剧院以及国家行政机关和金融保险业的建设等。

（3）按建设规模分类　按建设项目总规模和投资的多少不同，可分为大型项目、中型项目、小型项目。其划分的标准各行业不相同，一般情况下，生产单一产品的企业，按产品的设计能力来划分；生产多种产品的，按主要产品的设计能力来划分；难以按生产能力划分的按其全部投资额划分。

（4）按建设阶段分类　分为预备项目、筹建项目、在建项目、投产项目、收尾项目等。

① 预备项目，按照中长期投资计划拟建而又未立项的工程项目，只作初步可行性研究不进行实际建设准备工作。

② 筹建项目，经批准立项正在进行建设准备，还未开始施工的项目。

③ 在建项目，指计划年度内正在建设的项目，包括新开工项目和续建项目。

④ 投产项目，指计划年度内按设计文件规定建成主体工程和相应配套工程，经验收合格并正式投产或交付使用的项目，包括全部投产项目、部分投产项目和建成投产单项工程。

⑤ 收尾项目，以前年度已经全部建成投产，但尚有少量不影响正常生产或使用的辅助工程或非生产性工程，在本年内继续施工的项目。

1.1.4 基本建设的作用

（1）实现社会扩大再生产　通过大规模的基本建设，极大地提高了工业、农业、运输等物质生产部门的生产能力和使用效益，调整并改善了国民经济的产业结构、产品结构、技术结构和地区布局等宏观计划基础，为国民经济各部门增加新的固定资产和生产能力，促进生产力的合理配置，提高生产技术水平等具有重要的作用。

（2）促进国民经济发展　基本建设是国民经济建设的主体，影响诸多产业的发展，通过基本建设可以促进国民经济的快速发展，增强国家经济实力。

（3）改善和提高人民的生活水平　通过大量住宅、科研、文教卫生设施以及城市基础设施建设，对改善和提高人民的物质文化生活水平具有直接的作用。据资料统计，全社会每亿元固定资产投资可带来的国民收入增加额为 0.39 亿元。

1.1.5　基本建设项目的组成

为了对基本建设项目实行统一管理和分级管理，国家统计部门统一规定将建设项目划分为若干个单项工程。一个单项工程由若干个单位工程组成；一个单位工程由若干个分部工程组成；一个分部工程由若干个分项工程组成。

（1）建设项目　建设项目是指按照一个总体设计进行建造，经济上实行独立核算、行政上具有独立的组织形式的建设工程。从行政角度而言，它是编制和执行基本建设计划的单位，所以建设项目也称建设单位。一个建设项目可以是一个独立工程，也可能包括更多的工程，一般以一个企事业单位或独立的工程作为建设项目。例如：一座工厂、一所学校或一所医院即为一个建设项目。一个建设项目由若干个单项工程组成。

（2）单项工程　单项工程是建设项目的组成部分，是指在一个建设项目中，具有独立的设计文件，建成后能够独立发挥生产能力或效益的工程。工业建设项目的单项工程，一般是指各个生产车间、办公楼等；非工业建设项目中，每栋住宅楼、剧院、商店、教学楼、图书馆、办公楼等各为一个单项工程。

（3）单位工程　单位工程是单项工程的组成部分，是指具有独立组织施工条件及单独作为计算成本对象，但建成后不能独立进行生产或发挥效益的工程。

民用项目的单位工程较容易划分。以一栋住宅楼为例，其中一般土建工程、给排水、采暖、通风、照明工程等各为一个单位工程。工业项目由于工程内容复杂，且有时出现交叉，因此单位工程的划分比较困难。以一个车间为例，其中土建工程、机电设备安装、工艺设备安装、工业管道安装、给排水、采暖、通风、电器安装、自控仪表安装等各为一个单位工程。

从投资构成角度而言，一个单项工程可以划分为建筑工程、安装工程、设备及工器具购置等单位工程。

（4）分部工程　分部工程是单位工程的组成部分。一般是按单位工程的结构部位、使用的材料、工种或设备种类和型号等的不同而划分的工程。例如，一般土建工程可以划分为土石方工程、打桩工程、砖石工程、混凝土及钢筋混凝土工程、木结构工程、楼地面工程、屋面工程、装饰工程等分部工程。

（5）分项工程　分项工程是分部工程的组成部分。一般是按照不同的施工方法，不同的材料及构件规格，将分部工程分解为一些简单的施工过程，是建设工程中最基本的工程单位，即通常所指的各种实物工程量。如土方分部工程，可以分为人工平整场地、人工挖土方、人工挖地槽地坑等分项工程。安装工程的情况比较特殊，通常只能将分部分项工程合并成一个概念来表达工程实物量。

1.2　工程造价的确定与控制

1.2.1　工程造价的概念和特点

（1）工程造价的概念　工程造价有两方面含义。一是从投资者角度看，工程造价就是建设一项工程的总投资，即通过建设活动形成相应的固定资产、无形资产所需一次性费用的总和。二是从建筑市场角度看，工程造价即为建设一项工程，在土地市场、设备市场、技术劳务市场以及工程承包发包市场等交易活动中所形成的建筑安装工程价格或建设工程总价格，是由需求主体（投资者）和供给主体（建筑商）共同认可的价格。这一含义又因工程承发包方式及管理模式不同，价格内容不尽相同。

（2）工程造价的特点

① 工程造价的大额性　工程建设项目造价数额较大，许多项目造价高达数亿元，特大项目的造价可达千亿元。如地铁工程每公里造价高达6亿～7亿元。

② 工程造价的差异性　由于一项工程的功能、结构、造型等差异较大，因此每项工程的造价差异也较大。即使同一类型的工程，其造价水平及材料消耗量也存在差异。如同样为图书馆项目，造价可以由数百万元至数亿元，单位建筑面积含钢量可以从三十公斤到一百多公斤不等。

③ 工程造价的动态性　一项工程从决策到竣工交付使用，有一个较长的建设期，在建设期内，存在许多影响工程造价的动态因素。如建筑材料在不同时期价格差异很大。所以，工程造价处于不确定状态，直至竣工决算后才能最终确定工程的实际造价。

④ 工程造价的复杂性　工程项目构成复杂，影响造价因素多，造价项目内容繁多，导致了计价过程和计价方法的独特性和复杂性。

1.2.2 工程造价管理的概念

工程造价管理就是合理地确定工程造价和有效地控制工程造价。

工程造价管理的目的，不仅在于合理地确定和有效地控制工程造价，更积极的意义在于合理使用人力、物力、财力，以取得最大的投资效益。我国是一个处在社会主义初级阶段的发展中国家，如何将有限的物力、财力资源得到最有效、最合理的利用，切实发挥投资经济效益和社会效益是人们关注的首要问题。当前，在建设领域，概算超估算、预算超概算、决算超预算的三超现象十分普遍。导致投资规模失控，工程造价失真，严重影响投资效益。加之建设项目从筹建到竣工，经过的环节多，影响因素多，情况复杂，使工程建设既具有商品生产的一般属性又不同于一般商品的生产，它是一个复杂的系统工程。建设工期、建设规模、建设标准、设计施工规范、技术标准、质量要求等交织在一起，相互影响，诸因素综合反映在工程造价问题上。因此，抓住工程造价管理这一环节，以合理确定和有效控制工程造价为目标，实行全过程全方位的管理，有利于提高投资的经济效益和社会效益。

1.2.3 工程造价的确定

工程造价的合理确定，也称计价，就是在项目建设各阶段，根据有关计价依据和特定方法，对建设过程中所支出的各项费用进行准确合理地计算和确定。

（1）工程造价的计价特征

① 单件性计价　工程项目生产过程的单件性及工程产品的固定性，导致了其不能像一般商品那样，统一定价。每一项工程都有其专门的功能和用途，都是按不同的用户要求、不同的建设规模、标准等，单独设计单独生产的。即使用途相同，按同一标准设计和生产的产品，也会因其具体建设地点的水文地质及气候等条件不同，引起结构及其他方面的变化。这就造成工程项目在建造过程中，所消耗的活劳动和物化劳动差别很大，其价值也必然不同。为衡量其投资效果，就需要对每项工程产品进行单独定价。其次，每一项工程，其建造地点在空间上是固定不动的，这势必导致施工生产的流动性。施工企业必须在不同的建设地点组织施工，各地不同的自然条件和技术经济条件，使构成工程产品价格的各种要素变化很大，诸如地区材料价格、工人工资标准、运输条件等。另外，工程项目建设周期长、程序复杂、环节多、涉及面广，在项目建设周期的不同阶段构成产品价格的各种要素差异较大，最终导致工程造价的千差万别。总之，工程项目在实物形态上的差别和构成产品价格要素的变化，使工程产品不同于一般商品，不能统一定价，只能就各个项目，

通过特殊的程序和方法单件计价。

② 分阶段多次性计价　工程项目的建造过程是一个周期长、工程量大的生产消费过程。对其工作的科学总结及其客观规律性的集中体现就是项目建设程序。由于项目建设程序的不同阶段，工作深度不同，计价所依据的资料需逐步细化，所以需要采用分阶段多次计价的办法。即：项目建议书和可行性研究阶段，要编制投资估算；初步设计阶段要编制设计概算；施工图设计阶段要编制施工图预算；竣工验收阶段要编制竣工结算和竣工决算。这是工程造价管理的客观要求。其过程如图 1-1 所示，这是一个由粗到细，由浅到深，最终确定工程实际造价的过程。

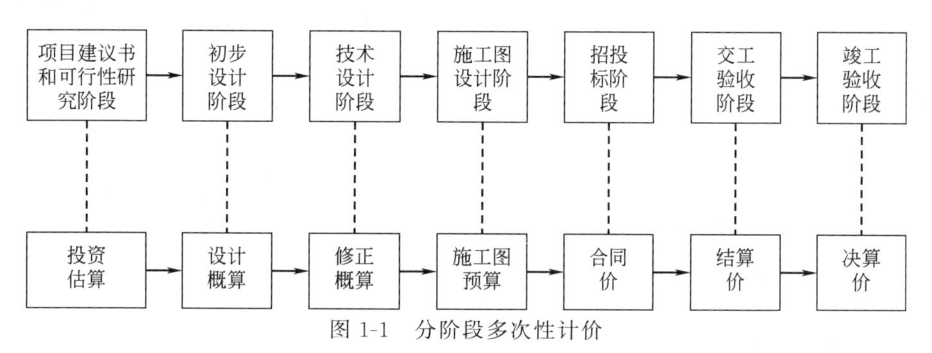

图 1-1　分阶段多次性计价

③ 分部组合计价　一个建设项目由若干个单项工程组成，单项工程又可分解为若干个单位工程，单位工程可进一步划分为若干个分部工程，而每一分部工程又可划分为若干个分项工程。分项工程是能用较为简单的施工过程生产出来的，是可以用计量单位计算并便于测定的工程基本构造要素。对不同的工程项目，完成相同计量单位的分项工程所需消耗的人工、材料、机械台班量基本是相同的，因而对其工料消耗可以制定统一的概预算定额，有了分项工程概预算定额，再根据其他资料，就可以确定出分项工程造价。再以分项工程为对象，依次形成分部工程造价和单位工程造价，再考虑到工程建设其他费用等形成单项工程造价和建设项目总造价。其计算过程和计算顺序是：分部分项工程造价→单位工程造价→单项工程造价→建设项目总造价。

④ 计价方法的多样性　工程造价计价方法较多。从计价模式上讲，有定额计价法和清单计价法；从合同形式上讲，有固定单价法、固定总价法、可调单价法和可调总价法；从建设程序上讲，有概算编制法、估算编制法、预算编制法、结算和决算编制法；造价具体计算方法有单价法和实物法等。

⑤ 计价依据的复杂性　由于影响造价的因素多，计价依据复杂繁多。主要包括计价规范，可行性研究报告，设计文件，概预算定额，人工、材料、机械台班单价，相关的费用定额，法律法规文件，工程造价指数等。

（2）工程造价文件的主要内容和作用　在建设程序的不同阶段需分别确定投资估算、设计概算、施工图预算、施工预算、工程结算和竣工决算，各阶段造价文件的主要内容和作用如下。

① 投资估算　投资估算是指在项目投资决策过程中，依据现有的资料和一定的方法，对建设项目的投资数额进行的粗略估计。由于投资决策过程可进一步分为项目建议书阶段、可行性研究阶段和可行性研究报告审批阶段，所以，投资估算工作也相应分为上述几个阶段。不同阶段所具备的条件和掌握的资料不同，投资估算的准确程度不同，进而每个阶段投资估算所起的作用也不同。项目建议书阶段，应编制初步投资估算，作为有权部门审批项目建议书的依据之一；可行性研究阶段的投资估算，经有权部门批准后，是编制投资计划，进

行资金筹措及申请贷款的主要依据，也是控制初步设计概算的依据。

② 设计概算　设计概算是指在初步设计或扩大初步设计阶段，由设计单位根据初步设计图纸、概算定额或概算指标、设备预算价格，各项费用定额或取费标准，建设地区的技术经济条件等资料，预先对工程造价进行的概略计算，是设计文件的组成部分。其内容包括建设项目从筹建到竣工验收的全部建设费用。设计概算是确定和控制建设项目总投资的依据，是编制基本建设计划的依据，是筹措项目建设资金的依据，是评价设计方案的经济合理性，选择最优设计方案的重要尺度，同时也是控制施工图预算，考核建设成本和投资效果的依据。

当基本建设工程采用三阶段设计时，在技术设计阶段，随着设计内容的具体化，建设规模、结构性质、设备类型和数量等方面内容与初步设计相比可能有出入，为此，设计单位应对投资进行具体核算，对初步设计概算进行修正，这时形成的经济文件，叫做修正概算。

③ 施工图预算　施工图预算是指在施工图设计阶段，根据施工图纸、预算定额、取费标准、建设地区技术经济条件，以及其他有关规定等编制的用来确定建筑安装工程全部建设费用的文件。施工图预算是落实和调整年度基本建设投资计划的依据，是设计单位评价设计方案的经济尺度，是发包单位编制招标控制价的依据，是施工单位加强经营管理，以及进行施工准备、编制投标报价的依据。

④ 施工预算　施工预算是在施工前，在施工图预算或合同价的控制下，根据施工图纸、施工定额、施工组织设计，以及现场实际情况等，由施工单位编制的，反映完成一个单位工程所需费用的文件。施工预算是施工企业内部的一种技术经济文件，是施工企业计算施工用工、材料数量以及施工机械台班需要量的依据，是进行施工准备、编制施工作业计划，加强内部经济核算的依据，是向班组签发施工任务单，考核单位用工、限额领料的依据，也是企业开展经济活动分析，进行“两算”对比，控制工程成本的主要依据。

⑤ 工程结算　工程结算是施工单位与建设单位清算工程款的一项日常性工作。按工程施工阶段的不同，工程结算有中间结算与竣工结算之分。

a. 中间结算。中间结算是由施工单位按月度或季度工程统计报表列明的当期已完工程实物量，经建设单位核定认可，以合同价为依据，向建设单位办理工程价款结算的一种过渡性结算，待将来工程竣工后，再作全面的最终结算。

b. 竣工结算。竣工结算是在施工单位完成它所承包的工程项目，并经建设单位和有关部门验收合格后，施工企业根据施工时现场实际情况记录、工程变更通知书、现场签证等资料，在原有预算造价的基础上编制的向建设单位办理最后应收取工程价款的文件。工程竣工结算是施工单位核算工程成本、劳动力和机械设备耗用情况的依据，是施工企业取得最终收入，用以补偿资金耗费的依据，也是建设单位编制工程竣工决算和核算工程建设费用的主要依据之一。

⑥ 竣工决算　工程竣工决算是在整个建设项目或单项工程完工并经验收合格后，由建设单位根据竣工结算等资料，编制的反映整个建设项目或单项工程从筹建到竣工交付使用全过程实际支付的建设费用的文件。竣工决算是基本建设经济效果的全面反映，是核定新增固定资产价值和办理固定资产交付使用的依据，是考核竣工项目概预算与基建计划执行水平的基础资料。

由此可见，投资估算、设计概算和综合预算是一个建设项目或单项工程在不同建设阶段的预算造价；合同价和竣工结算是承发包工程在建筑市场的预期交换价和实际交换价；竣工决算是一个建设项目或单项工程的实际总造价。

1.2.4　工程造价的控制

（1）工程造价控制的概念　工程造价的有效控制就是在投资决策阶段、设计阶段、建设项目发包阶段和建设实施阶段，把建设工程造价的发生控制在批准的限额以内，随时纠正发生的偏差，以保证项目造价管理目标的实现，以求在各个建设项目中能合理使用人力、物力、财力，取得较好的投资效益和社会效益。

工程建设的不同主体对工程造价进行控制的对象、目标、方法及手段都是不同的。建设单位作为工程项目的投资者，对工程项目从筹建直到竣工验收所花费的全部费用进行控制。设计单位对工程造价的控制是在要满足建设单位提出的建设要求基础上，将工程造价限制在批准的投资限额之内。施工单位对工程造价的控制是在特定的技术、质量、进度前提下使生产的实际成本小于预期成本。工程造价管理部门通过制定有关法律法规和各种规章制度、规范参与工程建设的各个主体的行为，使工程造价管理工作步入良性发展的轨道。

（2）工程造价控制的基本原理　工程造价控制的基本原理是在工程项目建设过程中，首先确定造价控制目标，制定工程费用支出计划，在计划执行过程中对其进行跟踪检查，收集有关反映费用支出的数据，将实际费用支出额与计划费用支出额进行比较，通过比较发现实际支出额与计划支出额之间的偏差，然后分析产生偏差的原因，并采取有效措施加以控制，以保证造价控制目标的实现。其过程如图 1-2 所示。

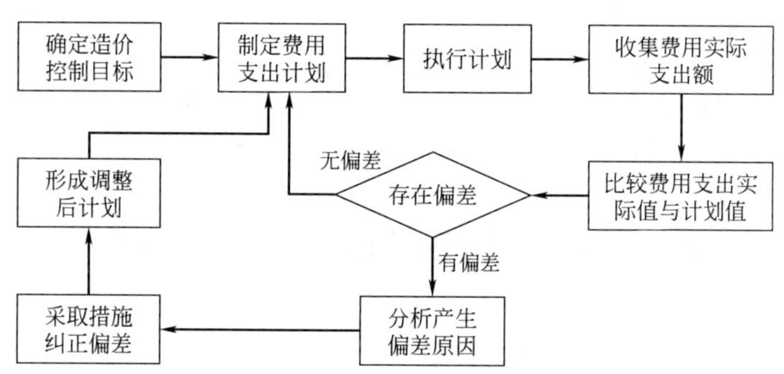

图 1-2　工程造价控制的基本原理

（3）工程造价控制应遵循的原则　工程造价的有效控制应遵循以下原则。

① 合理设置建设工程造价控制目标。工程造价控制目标的设置应随工程项目建设过程的不断深入而分阶段进行。投资估算是进行初步设计的造价控制目标；设计概算是施工图设计的造价控制目标；建安工程承包合同价是施工阶段控制建安工程造价的目标。

② 以投资决策和设计阶段为重点的建设全过程控制。据统计分析，咨询设计费一般只相当于工程总费用的1％以下，但正是这少于1％的费用对工程造价的影响度占90％以上。由此可见，要有效地控制工程造价，关键在于投资决策和设计阶段，只有把控制重点转移到建设前期上来，才能取得事半功倍的效果。

③ 对工程造价进行主动控制。长期以来，人们一直把控制理解为目标值与实际值的比较，以及当实际值偏离目标值时，分析产生偏差的原因，并确定下一步的对策。但这种控制方法是一种被动控制。只有立足于事先主动采取措施，以尽可能地减少以至避免目标值与实际值的偏离，这才是积极的控制方法，也是进行工程造价控制的基本指导思想。

④ 技术与经济相结合进行工程造价的控制。要有效地控制工程造价，应从组织、技术、

经济、合同及信息管理等多方面采取措施。

(4) 工程造价控制的基本内容 工程造价控制贯穿于项目建设全过程，各阶段造价控制的主要内容如下。

① 决策阶段工程造价的控制。进行项目可行性研究，编制项目投资估算。

② 设计阶段工程造价的控制。开展工程设计招标和设计方案竞选，推行限额设计和标准设计，编制和审查设计概算及施工图预算。

③ 施工承发包阶段工程造价的控制。主要内容有：建设单位编制招标文件，确定招标控制价；承包单位编制投标文件，确定投标报价；通过评标定标，选择中标单位，并确定承包合同价。

④ 施工阶段工程造价的控制。a. 建设单位在控制工程造价方面应做好的主要工作有：仔细审查合同价和工程量清单单价及其他有关文件；编制资金使用计划；正确进行工程计量，复核工程付款账单，按规定进行工程价款结算；严格控制设计变更，合理进行现场签证；审核承包商编制的施工组织设计。b. 施工承包商在控制工程造价方面应做好的主要工作有：编制施工组织设计，选择可行合理的施工方案；以承包合同价为造价控制目标，进行造价控制目标分解，编制施工单位费用支出计划；进行跟踪检查计划执行情况，分析出现偏差的原因，并采取针对性的纠偏措施；正确处理工期、质量、造价三者之间的关系，在保证工程质量前提下，节省费用支出，缩短工期；按规定进行工程价款结算。

⑤ 竣工验收阶段工程造价的控制。该阶段工程造价控制工作主要内容有：建设单位应及时组织竣工验收，及时准确地编报竣工决算。施工单位认真做好项目回访与保修工作，以使项目达到最佳的使用状况，发挥最大的经济效益。

1.3 工程造价管理制度的产生与发展

1.3.1 我国工程造价管理制度的形成背景

新中国成立初期我国引进和吸收了前苏联工程建设的经验，形成了一套标准设计和定额管理制度，相继颁布了多项规章制度和定额，规定了不同建设阶段需要编制概算和预算，初步建立了我国工程领域的概预算制度。十年动乱期间，概预算定额管理工作遭到破坏，概预算和定额管理机构被撤销，大量基础资料被销毁。

20 世纪 70 年代末期，我国首先恢复了工程造价管理机构，并进一步组织制定了工程建设概预算定额和费用标准。1988 年我国建设部新增标准定额司，各地区相继建立定额管理站，全国范围内推动工程概预算定额管理。随后我国建设工程造价管理协会成立，这标志着我国工程造价管理由单一的概预算管理向工程造价全过程管理的转变。

20 世纪 90 年代初期，首次提出了“量”、“价”分离的新思想，改变了国家对定额管理的方式，同时，提出了“控制量”、“指导价”、“竞争费”的改革设想。初步建立了“在国家宏观控制下，以市场形成造价为主的价格机制，项目法人对建设项目的全过程负责，充分发挥协会和其他中介组织作用”的工程造价管理体制。

2003 年，建设部推出了《建设工程工程量清单计价规范》(GB 50500—2003)，这标志着建设工程计价依据第一次以国家强制性标准的形式出现，初步实现了从传统的定额计价形式到工程量清单计价模式的转变。2008 年和 2013 年在不断总结经验的基础上，更新了两次《建设工程工程量清单计价规范》(GB 50500)。

1.3.2　我国工程造价的改革经验与成果

几十年来工程造价经历了一系列的变革。其经验与成果，可以归纳如下。

① 观念的变化。从理论上突破了计划经济时代的旧观念，把基本建设工程当作商品来经营，把概预算造价当作商品价格来管理，从而为建立适应社会主义市场经济需要的工程造价管理制度奠定了理论基础。

② 计价模式的变化。我国在 2004 年以前实行的是定额计价模式，2004 年以后各地区开始实行清单计价模式，这种计价模式有利于市场竞争水平提高，也有利于我国建筑业走向国际市场。

③ 工程造价构成的变化。改革开放以前，基本建设概预算的费用从构成上是“直接费＋施工管理费＋法定利润”的模式，这是一种不完全的价格构成。有一段时间甚至取消了法定利润，只是一个施工成本的构成模式。改革开放以来，工程造价的构成几经变化，1993 年我国财务会计制度改革以后，实施“直接工程费＋间接费＋计划利润＋税金”的构成模式。目前，我国实施“工程量清单计价”模式，这个构成模式符合市场经济的要求，基本上与国际惯例相接轨。

④ 管理机构的变化。与工程造价管理制度的建立相适应，原来的中国工程建设概算预算定额委员会改名为中国建设工程造价管理协会。这标志着概预算定额管理转变为全面的工程造价管理，也标志着政府职能部门与行业协会分工合作体制的确立。管理机构的变化对提高我国工程造价管理水平产生了重要的作用。

⑤ 基础资料的变化。改革开放以来，建设部标准定额司为编制工程造价管理所需的基础资料做了大量的工作，其中最突出的成果包括编制《全国统一安装工程预算定额》、《全国统一建筑工程基础定额》、《全国统一建筑工程预算工程量计算规则》、2003 年颁布了《建设工程工程量清单计价规范》，以后又进行了多次修订。这些基础资料的编制对改进我国的工程造价管理工作产生了重大的作用。

⑥ 准入制度的建立。为了加强对工程造价管理人员和工程造价咨询单位的资质管理，改革开放以来，我国已逐步建立起工程造价管理准入制度。20 世纪 80 年代实行工程建设概预算人员资格证书制度。1997 年起，国家人事部和建设部又联合实施造价工程师执业资格制度和造价工程师注册管理办法。通过多年的培训考试，形成了人数众多的工程造价管理工作者队伍。工程造价咨询单位，作为一种社会中介机构，适应社会主义市场经济的需求，已在全国各地建立起来。各级建设行政主管理部门加强了对工程造价咨询单位的资质管理。对工程造价咨询单位采取资质认证和登记管理制度，从而保证了工程造价咨询业的有序发展。

第2章　建设工程造价构成

工程项目建设所需要的全部费用称为项目建设总投资，包括固定资产投资和铺底流动资金两部分。其中，固定资产投资包括工程建设投资和建设期贷款利息。从投资的角度看，固定资产投资就是建设工程造价。为了合理地确定和有效地控制工程造价，必须按照一定的标准对工程造价的费用构成进行分解。根据国家发改委和住建部的规定，建设投资包括工程费用、工程建设其他费用和预备费三部分。工程费用指直接构成固定资产实体的各种费用，可分为建筑安装工程费和设备及工器具购置费；工程建设其他费用指除建筑安装工程费和设备工器具购置费以外，根据有关规定列入项目总投资的其他费用。预备费是为了保证项目顺利实施，避免在难以预料的情况下造成投资不足而预先安排的费用。其构成内容如表2-1所示。

表2-1　项目建设总投资构成表

<table>
<tr><td rowspan="6">项目建设总投资</td><td rowspan="5">固定资产投资
（工程总造价）</td><td rowspan="4">建设投资</td><td rowspan="2">工程费用</td><td>建筑安装工程费</td></tr>
<tr><td>设备及工器具购置费</td></tr>
<tr><td colspan="2">工程建设其他费用</td></tr>
<tr><td colspan="2">预备费</td></tr>
<tr><td colspan="3">建设期贷款利息</td></tr>
<tr><td>铺底流动资金</td><td colspan="3"></td></tr>
</table>

2.1　建筑安装工程费用

为适应工程计价改革的需要，住房和城乡建设部、财政部于2013年03月21日印发了《建筑安装工程费用项目组成》的通知，现行建筑安装工程费用构成内容有两种划分方法。

2.1.1　按费用构成要素划分

建筑安装工程费按照费用构成要素划分为由人工费、材料（包含工程设备，下同）费、施工机具使用费、企业管理费、利润、规费和税金组成。其中人工费、材料费、施工机具使用费、企业管理费和利润包含在分部分项工程费、措施项目费、其他项目费中，见图2-1。

（1）人工费　是指按工资总额构成规定，支付给从事建筑安装工程施工的生产工人和附属生产单位工人的各项费用，内容包括。

① 计时工资或计件工资。计时工资是指按照劳动者的技术水平或岗位等级预先规定的工资标准，并以劳动者的实际工作时间支付劳动报酬的一种工资形式。计件工资是按照劳动者生产合格产品的数量和预先规定的计件单价计量和支付劳动报酬的一种工资形式。

② 奖金。指支付给职工的超额劳动报酬和增收节支的劳动报酬，如节约奖、劳动竞赛奖等。我国在50年代初开始建立奖金制度，1958年和1966年两次被取消。现行的奖金制度，是1978年以后恢复和建立的。

③ 津贴、补贴。是指为了补偿职工特殊或额外的劳动消耗和因其他特殊原因支付给个

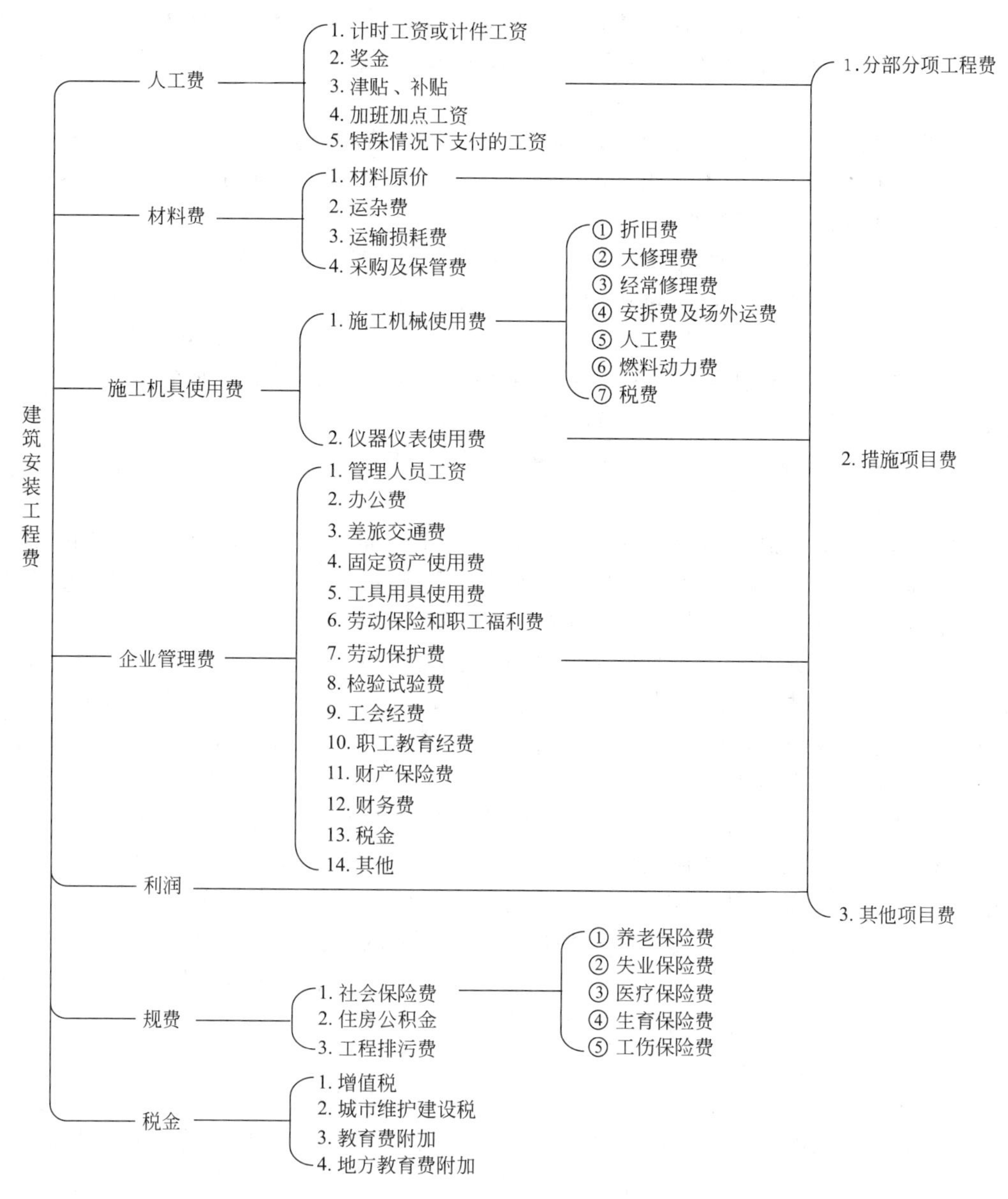

图 2-1　按构成要素划分的费用组成

人的津贴，以及为了保证职工工资水平不受物价影响支付给个人的物价补贴。如流动施工津贴、特殊地区施工津贴、高温（寒）作业临时津贴、高空津贴等。

④ 加班加点工资。是指按规定支付的在法定节假日工作的加班工资和在法定日工作时间外延时工作的加点工资。

⑤ 特殊情况下支付的工资。是指根据国家法律、法规和政策规定，因病、工伤、产假、计划生育假、婚丧假、事假、探亲假、定期休假、停工学习、执行国家或社会义务等原因按计时工资标准或计时工资标准的一定比例支付的工资。

（2）材料费　是指施工过程中耗费的原材料、辅助材料、构配件、零件、半成品或成品、工程设备（指构成或计划构成永久工程一部分的机电设备、金属结构设备、仪器装置及其他类似的设备和装置）的费用，内容包括。

① 材料原价。是指材料、工程设备的出厂价格或商家供应价格。

② 运杂费。是指材料、工程设备自来源地运至工地仓库或指定堆放地点所发生的全部费用。一般包括调车和驳船费、装卸费、运输费和附加工作（搬运、分类堆放、整理）费等。

③ 运输损耗费。是指材料在运输装卸过程中不可避免的损耗。

④ 采购及保管费。是指为组织采购、供应和保管材料的过程中所需要的各项费用。包括采购费、仓储费、工地保管费、仓储损耗。

（3）施工机具使用费　是指施工作业所发生的施工机械、仪器仪表使用费或其租赁费。

① 施工机械使用费。指施工过程中使用施工机械所发生的各项费用，以施工机械台班耗用量乘以施工机械台班单价表示，施工机械台班单价应由下列七项费用组成。

a. 折旧费。折是抵作代换，折旧是对机械损耗价值进行补偿的一种的方式。折旧费是指施工机械在规定的使用年限内，陆续收同其原值的费用。

b. 大修理费。指施工机械按规定的大修理间隔台班进行必要的大修理，以恢复其正常功能所需的费用。

c. 经常修理费。指施工机械除大修理以外的各级保养和临时故障排除所需的费用。包括为保障机械正常运转所需替换设备与随机配备工具附具的摊销和维护费用，机械运转中日常保养所需润滑与擦拭的材料费用及机械停滞期间的维护和保养费用等。

d. 安拆费及场外运费。安拆费指施工机械（大型机械除外）在现场进行安装与拆卸所需的人工、材料、机械和试运转费用以及机械辅助设施的折旧、搭设、拆除等费用；场外运费指施工机械整体或分体自停放地点运至施工现场或由一施工地点运至另一施工地点的运输、装卸、辅助材料及架线等费用。

e. 人工费。指机上司机（司炉）和其他操作人员的人工费。

f. 燃料动力费。施工机械在运转作业中所消耗的各种燃料及水、电费等。

g. 税费。施工机械按规定应缴纳的车船使用税、保险费及年检费等。

② 仪器仪表使用费。工程施工所需使用的仪器仪表的摊销及维修费用。

（4）企业管理费　是指建筑安装企业组织施工生产和经营管理所需的费用，内容包括。

① 管理人员工资。是指按规定支付给管理人员的计时工资、奖金、津贴补贴、加班加点工资及特殊情况下支付的工资等。

② 办公费。是指企业管理办公用的文具、纸张、账表、印刷、邮电、书报、办公软件、现场监控、会议、水电、烧水和集体取暖降温（包括现场临时宿舍取暖降温）等费用。

③ 差旅交通费。是指职工因公出差、调动工作的差旅费、住勤补助费，市内交通费和误餐补助费，职工探亲路费，劳动力招募费，职工退休、退职一次性路费，工伤人员就医路费，工地转移费以及管理部门使用的交通工具的油料、燃料等费用。

④ 固定资产使用费。是指管理和试验部门及附属生产单位使用的属于固定资产的房屋、设备、仪器等的折旧、大修、维修或租赁费。

⑤ 工具用具使用费。是指企业施工生产和管理使用的不属于固定资产的工具、器具、家具、交通工具和检验、试验、测绘、消防用具等的购置、维修和摊销费。

⑥ 劳动保险和职工福利费。是指由企业支付的职工退职金、按规定支付给离休干部的经费，集体福利费、夏季防暑降温、冬季取暖补贴、上下班交通补贴等。

⑦ 劳动保护费。是企业按规定发放的劳动保护用品的支出。如工作服、手套、防暑降温饮料以及在有碍身体健康的环境中施工的保健费用等。

⑧ 检验试验费。是指施工企业按照有关标准规定，对建筑以及材料、构件和建筑安装物进行一般鉴定、检查所发生的费用，包括自设试验室进行试验所耗用的材料等费用。不包

括新结构、新材料的试验费，对构件做破坏性试验及其他特殊要求检验试验的费用和建设单位委托检测机构进行检测的费用，对此类检测发生的费用，由建设单位在工程建设其他费用中列支。但对施工企业提供的具有合格证明的材料进行检测不合格的，该检测费用由施工企业支付。

注：关于材料检验试验费的归属问题。材料检验试验费的项目归属经历了较长的过程：1985年国家计委以计标（85）352号文将材料检验试验费纳入间接费中的施工管理费；1989年建设部以建标［1989］248号文对计标（85）352号文的有关规定作了修订，检验试验费归属于其他直接费，1993年建标［1993］894号文检验试验费依然属于其他直接费；2003年建标［2003］206号文将检验试验费纳入了材料费的范围；2013年建标［2013］44号文材料的检验试验费列入企业管理费中。

⑨ 工会经费。是指企业按《工会法》规定的全部职工工资总额比例计提的工会经费。

⑩ 职工教育经费。是指按职工工资总额的规定比例计提，企业为职工进行专业技术和职业技能培训，专业技术人员继续教育、职工职业技能鉴定、职业资格认定以及根据需要对职工进行各类文化教育所发生的费用。

⑪ 财产保险费。是指施工管理用财产、车辆等的保险费用。

⑫ 财务费。是指企业为施工生产筹集资金或提供预付款担保、履约担保、职工工资支付担保等所发生的各种费用。

⑬ 税金。是指企业按规定缴纳的房产税、车船使用税、土地使用税、印花税等。

⑭ 其他。包括技术转让费、技术开发费、投标费、业务招待费、绿化费、广告费、公证费、法律顾问费、审计费、咨询费、保险费等。

（5）利润　是指施工企业完成所承包工程获得的盈利。

（6）规费　是指按国家法律、法规规定，由省级政府和省级有关权力部门规定必须缴纳或计取的费用，包括。

① 社会保险费

a. 养老保险费。是指企业按照规定标准为职工缴纳的基本养老保险费。

b. 失业保险费。是指企业按照规定标准为职工缴纳的失业保险费。

c. 医疗保险费。是指企业按照规定标准为职工缴纳的基本医疗保险费。

d. 生育保险费。是指企业按照规定标准为职工缴纳的生育保险费。

e. 工伤保险费。是指企业按照规定标准为职工缴纳的工伤保险费。

② 住房公积金。是指企业按照规定标准为职工缴纳的住房公积金。

③ 工程排污费。是指按规定缴纳的施工现场工程排污费。

其他应列而未列入的规费，按实际发生计取。

（7）税金　税收是政府依照法律规定，按照预先规定的标准，对个人或组织无偿征收实物或货币的总称，是国家财政收入的一种形式，是国家参与国民收入分配和再分配的工具。工程造价中的税金是指按国家税法规定应计入建筑安装工程造价内的增值税、城市维护建设税、教育费附加以及地方教育附加。

① 增值税。增值税是对在我国境内销售货物或者提供加工、修理修配劳务以及进口货物的单位和个人，就其实现的增值额征收的一种流转税。建筑安装工程造价中的增值税指销项税额，建筑企业应纳增值税是销项税与进项税的差额。

② 城市维护建设税。城市维护建设税，简称城建税，是我国为了加强城市的维护建设，

扩大和稳定城市维护建设资金的来源开征的一个税种。城市维护建设税是1984年工商税制全面改革中设置的一个新税种，从1985年度起施行，1994年税制改革时，保留了该税种，作了一些调整。

③ 教育费附加。教育费附加是国家为扶持和加快地方教育事业发展，扩大地方教育经费的资金来源而征收的一种专用基金。从1986年7月起，以各单位和个人实际缴纳的增值税、消费税总额的2%计征。2005年10月，国务院规定教育费附加率提高为3%，分别与增值税、消费税同时缴纳。教育附加费作为专项收入，由教育部门统筹安排使用。

④ 地方教育费附加。2010年财政部关于统一地方教育附加政策有关问题的通知（财综[2010] 98号）：尚未开征地方教育附加的省份，统一开征地方教育附加，地方教育附加征收标准统一为单位和个人（包括外商投资企业、外国企业及外籍个人）实际缴纳的增值税和消费税税额的2%。

2.1.2 按造价形成划分

建筑安装工程费按照工程造价形成过程划分为分部分项工程费、措施项目费、其他项目费、规费、税金五部分。其中，分部分项工程费、措施项目费、其他项目费包含人工费、材料费、施工机具使用费、企业管理费和利润，见图2-2。

(1) 分部分项工程费　是指各专业工程的分部分项工程应予列支的各项费用。

① 专业工程。是指按现行国家计量规范划分的房屋建筑与装饰工程、仿古建筑工程、通用安装工程、市政工程、园林绿化工程、矿山工程、构筑物工程、城市轨道交通工程、爆破工程等各类工程。

② 分部分项工程。指按现行国家计量规范对各专业工程划分的项目。如房屋建筑与装饰工程划分的土石方工程、地基处理与桩基工程、砌筑工程、钢筋及钢筋混凝土工程等。

各类专业工程的分部分项工程划分见现行国家或行业计量规范。

(2) 措施项目费　是指为完成建设工程施工，发生于该工程施工前和施工过程中的技术、生活、安全、环境保护等方面的费用，内容包括如下几项。

① 安全文明施工费。在合同履行过程中，承包人按照国家法律、法规、标准等规定，为保证安全施工、文明施工，保护现场内外环境和搭拆临时设施等所采用的措施而发生的费用，包括。

a. 环境保护费。是指施工现场为达到环保要求所需要的各项费用。

b. 文明施工费。是指施工现场文明施工所需要的各项费用。

c. 安全施工费。是指施工现场安全施工所需要的各项费用。

d. 临时设施费。是指施工企业为进行建设工程施工所必须搭设的生活和生产用的临时建筑物、构筑物和其他临时设施费用。包括临时设施的搭设、维修、拆除、清理费或摊销费等。

② 夜间施工增加费。是指因夜间施工所发生的夜班补助费、夜间施工降效、夜间施工照明设备摊销及照明用电等费用。

③ 二次搬运费。是指因施工场地条件限制而发生的材料、构配件、半成品等一次运输不能到达堆放地点，必须进行二次或多次搬运所发生的费用。

④ 冬雨季施工增加费。是指在冬季或雨季施工需增加的临时设施、防滑、排除雨雪，人工及施工机械效率降低等费用。

⑤ 已完工程及设备保护费。是指竣工验收前，对已完工程及设备采取的必要保护措施

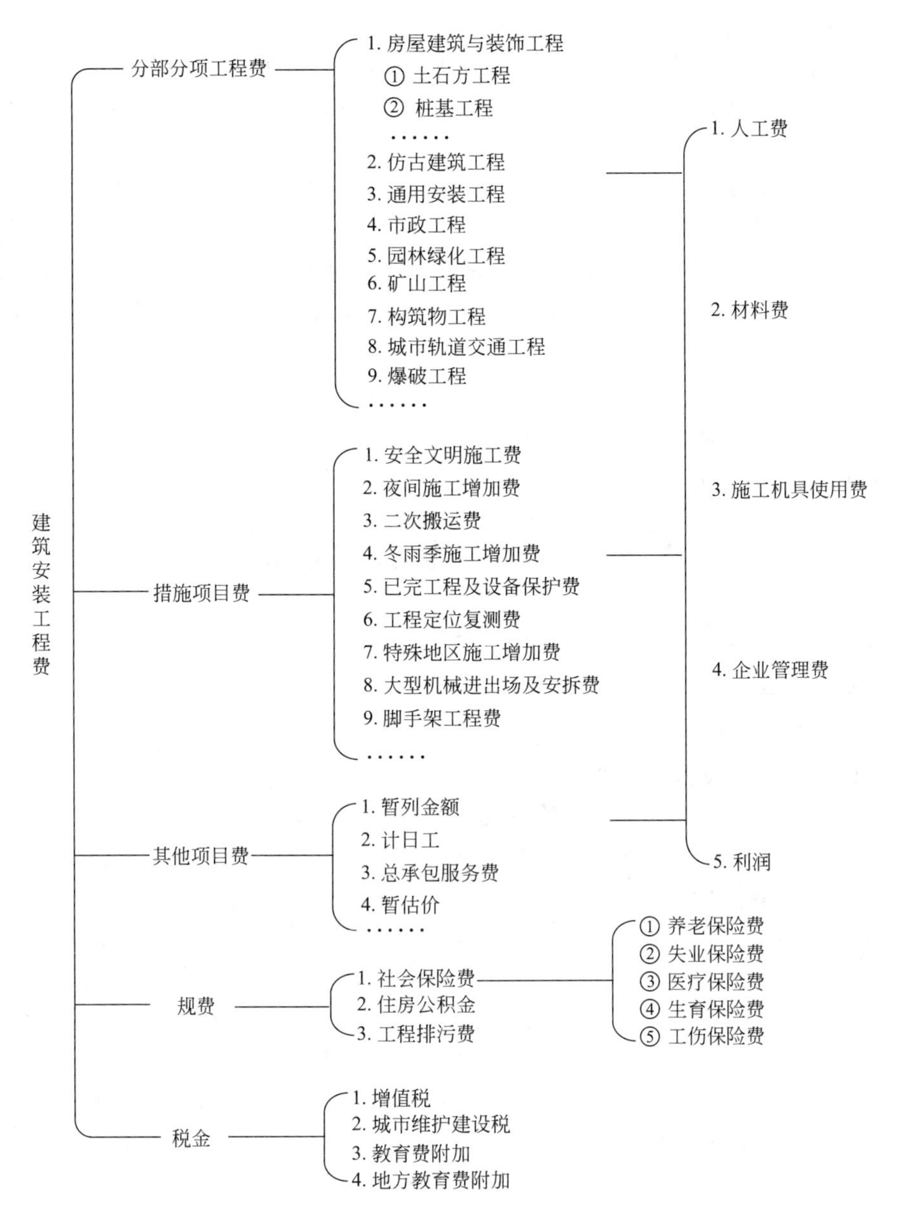

图 2-2　按造价形成划分的费用组成

所发生的费用。

⑥ 工程定位复测费。是指工程施工过程中进行全部施工测量放线和复测工作的费用。

⑦ 特殊地区施工增加费。是指工程在沙漠或其边缘地区、高海拔、高寒、原始森林等特殊地区施工增加的费用。

⑧ 大型机械设备进出场及安拆费。是指机械整体或分体自停放场地运至施工现场或由一个施工地点运至另一个施工地点，所发生的机械进出场运输和转移费用及机械在施工现场进行安装、拆卸所需的人工费、材料费、机械费、试运转费和安装所需的辅助设施的费用。

⑨ 脚手架工程费。是指施工需要的各种脚手架搭拆、运输费用以及脚手架购置费的摊销或租赁费用。

措施项目及其包含的内容详见各类专业工程的现行国家或行业计量规范。

（3）其他项目费

① 暂列金额。是指建设单位在工程量清单中暂定并包括在工程合同价款中的一笔款项。用于施工合同签订时尚未确定或者不可预见的所需材料、工程设备、服务的采购，施工中可能发生的工程变更、合同约定调整因素出现时的工程价款调整以及发生的索赔、现场签证确认等的费用。

② 计日工。是指在施工过程中，施工企业完成建设单位提出的施工图纸以外的零星项目或工作所需的费用。

③ 总承包服务费。是指总承包人为配合、协调建设单位进行的专业工程发包，对建设单位自行采购的材料、工程设备等进行保管以及施工现场管理、竣工资料汇总整理等服务所需的费用。

④ 暂估价。

（4）规费　定义同前。

（5）税金　定义同前。

2.2　设备及工器具购置费用

设备及工器具购置费由设备购置费和工具器具及生产家具购置费组成。

2.2.1　设备购置费

设备购置费是指为建设项目购置或自制的达到固定资产标准的各种国产或进口设备的购置费用，由设备原价和设备运输费组成。计算公式为

设备购置费＝设备原价＋设备运输费

（1）设备原价的确定　设备原价是指国产设备出厂价或进口设备的抵岸价。

① 国产标准设备原价　国产标准设备是指按照主管部门颁布的标准图纸和技术要求，由我国设备生产厂批量生产的，符合国家质量检测标准的设备。国产标准设备原价有两种，即带有备件的原价和不带备件的原价。在计算时，一般采用带有备件的原价。

② 国产非标准设备原价　国产非标准设备是指国家尚无定型标准，各设备生产厂不可能在工艺过程中采用批量生产，只能按一次订货，并根据具体的设计图纸制造的设备。非标准设备原价有多种不同的计算方法，如按成本估价法时。非标准设备原价由以下各项组成：材料费、加工费、辅助材料费、专用工具费、废品损失费、外购配套件费、包装费、利润、税金、非标准设备设计费等。单台非标准设备原价可用下面公式计算：

非标准设备原价＝{[(材料费＋加工费＋辅助材料费)×(1＋专用工具费率)×(1＋废品损失费率)＋外购配套件费]×(1＋包装费率)－外购配套件费}×(1＋利润率)＋销项税金＋非标准设备设计费＋外购配套件费

【例 2.1】 某项目购买一台国产非标准设备，已知本设备耗费材料 12 万元，加工费 1.5 万元，辅助材料费 1 万元，专用工具费率 2%，废品损失率 7%，外购配套件费 6 万元，包装费率 3%，利润率 10%，增值税率 17%，非标准设备设计费 1 万元，求该国产非标准设备的原价。

解： 专用工具费＝(12＋1.5＋1)×2%＝0.29(万元)

废品损失费＝(12＋1.5＋1＋0.29)×7%＝1.04(万元)

包装费＝(12＋1.5＋1＋0.29＋1.04＋6)×3%＝0.655(万元)

利润＝(12＋1.5＋1＋0.29＋1.04＋0.655)×10%＝1.65(万元)

销项税金＝(12＋1.5＋1＋0.29＋1.04＋6＋0.655＋1.65)×17%＝4.10(万元)

非标准设备原价＝12＋1.5＋1＋0.29＋1.04＋0.655＋1.65＋4.10＋1＋6＝29.235(万元)

③ 进口设备原价　进口设备原价是指进口设备抵达买方边境港口或边境车站，且交完关税等税费后形成的价格。通常由进口设备到岸价格（CIF）和进口设备从属费构成。进口设备到岸价指进口设备运至买方港口，包括国际运费、运输保险费在内的货价。进口设备从属费包括银行财务费、外贸手续费、关税、增值税、消费税、海关监管手续费、车辆购置附加费。

进口设备原价＝进口设备到岸价格(CIF)＋进口设备从属费

其中，进口设备到岸价格(CIF)＝货价＋国际运费＋国际运输保险

进口设备从属费＝银行财务费＋外贸手续费＋关税＋增值税＋消费税＋海关监管手续费＋车辆购置附加费

a. 货价。一般指装运港船上交货价（FOB），又称为离岸价格。设备货价分为原币货价和人民币货价，原币货价一律折算为美元表示，人民币货价按原币货价乘以外汇市场美元兑换人民币中间价确定。进口设备货价按有关生产厂商询价、报价、订货合同价计算。

b. 国际运费。即从装运港（站）到达我国抵达港（站）的运费。我国进口设备大部分采用海洋运输，小部分采用铁路运输，个别采用航空运输。

c. 国际运输保险费。对外贸易货物运输保险是由保险人与被保险人订立保险契约，在被保险人交付保险费后，保险人根据保险契约规定对货物在运输过程中发生的承保责任范围内的损失给予经济上的补偿。

d. 银行财务费。一般是指中国银行手续费。

e. 外贸手续费。指按规定的外贸手续费率计取的费用。

f. 关税。由海关对进出国境或关境的货物和物品征收的一种税。

g. 增值税。是对进口货物的单位和个人就其实现的增值额征收的一个税种。进口应税产品均按组成计税价格和增值税税率直接计算应纳税额。

h. 消费税。对部分进口设备征收的一种税金。

i. 海关监管手续费。指海关对进口货物实施监督、管理、提供服务的手续费。对于全额征收进口关税的货物不计本项费用。

j. 车辆购置附加费。进口车辆需缴进口车辆购置附加费。

（2）设备运输费的确定　国产设备运输费一般是指从生产厂到工地仓库发生的采购、运输、保管、装卸以及其他有关费用；进口设备国内运输费指从我国港口、机场、车站运到目的地所发生的港口费（港口建设费、港务费、堆放保管费、报关、转单、监卸）、装卸、运输、保管及国内运输保险等费用。设备运输费可按下式计算：

设备运输费＝设备原价×设备运输费率

2.2.2　工具器具及生产家具购置费

工具器具及生产家具购置费是指新建或扩建项目初步设计规定的，为保证初期正常生产必须购置的没有达到固定资产标准的设备、仪器、工卡模具、器具、生产家具和备品备件等的购置费用。一般以设备购置费为计算基数，按照相应费率计算。计算公式为：

工具器具及生产家具购置费＝设备购置费×定额费率

2.3　工程建设其他费用

工程建设其他费用是指从工程筹建起到工程竣工验收交付使用止的整个建设期间，除建

筑安装工程费用和设备及工、器具购置费用以外的，为保证工程建设顺利完成和交付使用后能够正常发挥效用而发生的各项费用。工程建设其他费用，按其内容大体可分为三类：固定资产其他费用、无形资产费用、与未来企业生产经营有关的其他费用。

2.3.1 固定资产其他费用

固定资产其他费用是指工程建设费用中除建安工程费用、设备购置费以外按规定形成固定资产的其他费用。包括：建设单位管理费、工程建设监理费、建设用地费、可行性研究费、研究试验费、勘察设计费、环境影响评价费、劳动安全卫生评价费、场地准备及临时设施费、引进技术和引进设备其他费、工程保险费、联合试运转费、特殊设备安全监督检验费、市政公用设施费。

（1）建设单位管理费　建设单位管理费是指建设项目从立项筹建、建设、联合试运转、竣工验收交付使用等全过程管理所需的费用。包括建设单位开办费和建设单位经费。建设单位开办费指新建项目为保证筹建和建设工作正常进行所需办公设备、生活家具、用具、交通工具等购置费用。建设单位经费包括工作人员的基本工资、工资性补贴、职工福利费、劳动保护费、劳动保险费、办公费、差旅交通费、工会经费、职工教育经费、固定资产使用费、工具用具使用费、技术图书资料费、生产人员招募费、工程招标费、合同契约公证费、工程质量监督检测费、工程咨询费、法律顾问费、审计费、业务招待费、排污费、竣工交付使用清理及竣工验收费、建设项目后评估等费用。不包括应计入设备、材料预算价格的建设单位采购及保管设备所需的费用。建设单位管理费按照单项工程费用之和（包括设备工器具购置费和建筑安装工程费）乘以建设单位管理费率计算。其计算公式为：

建设单位管理费＝工程费用×建设单位管理费费率

（2）工程建设监理费　工程建设监理费是项目法人依据签订的工程建设监理合同支付给监理单位的监理酬金，是工程建设的一种技术性服务费。工程建设监理费，根据委托监理业务的范围和工程规模以及工作条件等情况，按所监理工作概预算的百分比计收，或按照参与监理工作的年度平均人数计算，或由建设单位和监理单位按商定的其他方法计收。

（3）建设用地费　建设用地费是指建设单位为获得建设土地使用权而支付的费用，如土地征用及迁移补偿费、土地使用权出让金等。土地使用权是建设单位因项目建设需要使用国有土地的权利，建设用地使用权只存在于国有土地上，不包括集体所有的农村土地。国有土地上设立的建设用地使用权的产生方式包括以下几种。

① 划拨方式。划拨土地使用权是指经县级以上人民政府依法批准，在土地使用者缴纳补偿、安置等费用后，取得的国有土地使用权，或经县级以上人民政府依法批准后无偿取得的国有土地使用权。通过划拨方式取得的建设用地包括：国家机关用地、军事用地、城市基础设施和公益事业用地，以及法律规定的其他用地。

② 出让方式。建设用地使用权出让是国家以土地所有人身份将建设用地使用权在一定期限内让与土地使用者，并由土地使用者向国家支付建设用地使用权出让金的行为。建设用地使用权出让有协议、招标和拍卖三种形式。根据我国《物权法》的规定，经营性用地应当采取拍卖、招标等公开竞价的方式出让。

③ 流转方式。建设用地使用权流转，是指土地使用人将建设用地使用权再转移的行为，如转让、互换、出资、赠予等。

集体所有的土地依照我国《土地管理法》的规定，其土地使用权不得出让、转让或出租于非农业建设。集体所有的土地只有在经过征收转化为国家所有之后才能设立建设用地使用权，而在集体所有土地上的建筑物的建造，应当依照土地管理法的有关规定办理审批手续。

(4) 研究试验费　研究试验费是指为建设项目提供和验证设计参数、数据、资料等所进行的必要的试验费用以及设计规定在施工中必须进行试验、验证所需费用。

(5) 可行性研究及勘察设计费　指委托有关咨询单位进行可行性研究、项目评估等工作按规定支付的前期工作费用，或委托勘察设计单位进行勘察设计工作按规定支付的勘察设计费用，或在规定的范围内由建设单位自行完成有关的可行性研究或勘察设计工作所需的有关费用。可行性研究及勘察设计费按照有关规定和标准确定。

(6) 环境影响评价费　指按照我国环境保护法和环境影响评价法等规定，为评价建设项目对环境可能产生的污染或造成的重大影响所需的费用。

(7) 劳动安全卫生评价费　指按照我国建设项目劳动安全卫生监察规定和劳动安全卫生预评价管理办法的规定，为预测和分析建设项目存在的职业危险、危害因素和危害程度，并提出科学可行的劳动安全卫生技术和管理对策所需的费用。

(8) 场地准备及临时设施费

① 场地准备费　指建设项目为达到工程开工条件进行的场地平整和对建设场地余留的有碍于施工的设施进行拆除清理的费用。

② 临时设施费　指为满足施工建设需要应供到场地界区的、未列入工程费用的临时水、电、路、气、通信、房屋等工程费用，以及施工期间专用路桥的加固、养护、维修等费用。不包括由施工单位承担的场区内的临时设施费。

(9) 引进技术和引进设备其他费　包括引进项目图纸资料翻译复制费、备品备件测绘费、出国人员费用、来华人员费用、银行担保及承诺费、技术引进费、分期或延期付款利息、进口设备检验鉴定费用。

(10) 工程保险费　工程保险费是指建设项目在建设期间根据工程需要实施工程保险所需的费用，包括以各种建筑工程及其在施工过程中的物料、机器设备为保险标的的建筑工程一切险，以安装工程中的各种物料、机器设备为保险标的的安装工程一切险，以及机器损坏保险等所支出的保险费用。该项费用一般根据不同的工程类别，按照其建筑安装工程费用乘以相应的建筑安装工程保险费率计算。

(11) 联合试运转费　联合试运转费是指新建项目或新增加生产能力的工程，在交付生产前按照设计所规定的工程质量标准和技术要求，进行整个生产线或装置的负荷联合试运转或局部联动试车所发生的费用。内容包括：试运转所需要的原料、燃料动力费、机械使用费、低值易耗品及其他物品的购置费和施工单位参加联合试运转人员的工资等。不包括应由设备安装工程费开支的单台设备调试费及无负荷联动试运转费用。以单项工程费用总和为基础，按项目不同规模的试运转费率计算。

(12) 特殊设备安全监督检验费　特殊设备安全监督检验费是指在施工现场组装的锅炉及压力容器、压力管道、消防设备、燃气设备、电梯等特殊设备和设施，由安全监察部门按照有关安全监察条例和实施细则以及设计技术要求进行安全检验，应由建设项目支付的、向安全监察部门缴纳的费用。

(13) 市政公用设施费　指使用市政公用设施的建设项目，按照项目所在地省一级人民政府有关规定建设或缴纳的市政公用设施建设配套费用，以及绿化工程补偿费用。

2.3.2　无形资产费用

无形资产是指企业拥有或控制的没有实物形态的可辨认的非货币性资产。无形资产费用指直接形成无形资产的建设投资，主要是指专利及专有技术使用费。专利及专有技术使用费的主要内容包括：①国外设计及技术资料费，引进有效专利、专有技术使用费和技术保密费；②国内有效专利、专有技术使用费；③商标权、商誉和特许经营权费等。

2.3.3 与未来企业生产经营有关的其他费用

其他与未来企业有关的费用指建设投资中除形成固定资产和无形资产以外的其他费用，主要包括生产准备费及办公费等。

(1) 生产准备费　指新建企业，为保证竣工交付使用进行必要的生产准备所发生的费用以及必备的生产办公、生活家具及工器具等购置费用。费用内容包括以下方面。

① 生产人员培训费。培训人员的工资、工资性补贴、职工福利费、差旅交通费、劳动保护费、培训及教学实习费等。

② 生产单位提前进厂参加设备安装调试、熟悉工艺流程及设备性能等人员的工资、工资性补贴、职工福利费、差旅交通费、劳动保护费等。

生产准备费一般根据需要培训和提前进厂人员的人数及培训时间按生产准备费指标进行估算。

(2) 办公和生活家具及工器具购置费　是指为保证项目初期正常生产、使用和管理所需购置的办公和生活家具用具的费用。这项费用按照设计定员人数乘以综合指标计算或按各部门人数计算。

2.4 预备费及建设期贷款利息

2.4.1 预备费

预备费包括基本预备费和涨价预备费。

(1) 基本预备费　基本预备费是指在初步设计及概算内难以预料的工程费用，包括以下方面。

① 在批准的初步设计范围内，施工图设计阶段及施工过程中所增加的工程费用，以及设计变更、局部地基处理等增加的费用。

② 一般自然灾害造成的损失和预防自然灾害所采取的措施费用。

③ 竣工验收时为鉴定工程质量对隐蔽工程进行必要的挖掘和修复费用。

基本预备费是以设备及工器具购置费、建筑安装工程费用和工程建设其他费用三者之和为计取基础，乘以基本预备费率计算。计算公式为：

基本预备费=(设备工具购置费+建安费+其他费)×基本预备费率

基本预备费率的取值应执行国家及部门的有关规定。

(2) 涨价预备费　涨价预备费是项目在建设期内可能发生的因材料、人工、设备、施工机械等价格上涨，以及费率、利率、汇率变化，引起项目投资增加，需要事先预留的费用，亦称价差预备费。涨价预备费一般根据国家规定的投资综合价格指数，以估算年份价格水平的投资额为基数，采用复利方法计算。

关于涨价预备费的计算问题，由于考虑的因素和角度不同，尚无统一的计算方法。例如，中国建设工程造价管理协会《建设项目估算编审规程》推荐的计算公式为：

$$P_f = \sum_{t=1}^{n} I_t[(1+f)^m(1+f)^{0.5}(1+f)^{t-1}-1]$$

式中　n——计算期年数；

f——投资价格指数；

m——估算年到项目开工年的间隔年数，为便于计算，一般情况下可不考虑项目批准建设到项目开工的间隔年数，即取 $m=0$；

I_t——计算期第 t 年的用款额，包括建安工程费和设备及工器具构置费。有些行业给出的公式中，计算基础为工程费用、其他费用和基本预备费之和；

$(1+f)^{0.5}$——按第 t 年投资分期均匀投入考虑的涨价幅度。按国际惯例，假定资金的使用发生在年中，而不是发生在年末。另从资金使用较为合理的角度，可用半年物价上涨率按复利方法计算各年的涨价预备费。

中国国际工程咨询公司《投资项目可行性研究指南》推荐的计算公式为：

$$P_f = \sum_{t=1}^{n} I_t[(1+f)^t - 1]$$

式中符号意义同前。

实际选用时应结合各行业的具体情况、实践经验等确定。

【例2.2】 某项目建安工程费2200万元，设备购置费400万元，工程建设其他费用300万元。建设期为3年，投资分年使用比例为第一年40%，第二年50%，第三年10%，建设期内年平均价格上涨率为10%，基本预备费费率为7%，建设前期年限为1年，则估计该项目建设期的涨价预备费为多少万元?

解： 基本预备费=(2200+400+300)×7%=203(万元)

静态投资=2200+400+300+203=3103(万元)

建设期第一年完成投资=3103×40%=1241.2(万元)

第一年涨价预备费=1241.2×[(1+10%)(1+10%)$^{0.5}$−1]=190.76(万元)

第二年完成投资=3103×50%=1551.5(万元)

第二年涨价预备费=1551.5×[(1+10%)(1+10%)$^{0.5}$(1+10%)−1]=417.44(万元)

第三年完成投资=3103×10%=310.3(万元)

第三年涨价预备费=310.3×[(1+10%)(1+10%)$^{0.5}$(1+10%)^2−1]=122.87(万元)

合计，建设期涨价预备费为 190.76+417.44+122.87=731.07（万元）

2.4.2 建设期利息

建设期利息是指工程项目在建设期间内发生并计入固定资产的利息，主要是建设期发生的支付银行贷款、出口信贷、债券等的借款利息和融资费用。国内银行借款按现行贷款规定计算，国外贷款利息按协议书或贷款意向书确定的利率计算。国外贷款利息的计算还应包括国外贷款银行根据贷款协议以年利率的方式向贷款方收取的手续费、管理费，以及国内代理机构以年利率的方式向贷款方收取的转贷费、担保费、管理费等。

① 贷款一次贷出且利率固定时，利息的计算

$$I=P\times(1+i)^n-P$$

式中 I——建设期末利息和；

P——贷款金额；

i——年利率；

n——贷款期限。

② 贷款是分年均衡发放时，利息的计算 为了简化计算，通常假定借款均在每年的年中支用，借款第一年按半年计息，其余各年份按全年计息。计算公式为：

$$各年应计利息=(年初借款本息累计+本年借款额/2)\times 年利率$$

即

$$Q_j=(P_{j-1}+A_j/2)\times i$$

式中 Q_j——建设期第 j 年应计利息；

P_{j-1}——建设期第（$j-1$）年末贷款累计金额与利息累计金额之和；

A_j——建设期第 j 年贷款金额；

i——年利率。

【例 2.3】 某项目建设期为 3 年，第一年贷款 300 万元，第二年贷款 400 万元，第三年贷款 50 万元，年利率为 12%，建设期贷款利息只计息不支付，计算建设期贷款利息。

解：依题意列式如下：

$Q_1=A_1/2\times i=300/2\times 12\%=18$(万元)

$Q_2=(P_1+A_2/2)\times i=(300+18+400/2)\times 12\%=62.16$(万元)

$Q_3=(P_2+A_3/2)\times i=(300+18+400+62.16+50/2)\times 12\%=96.62$(万元)

建设期利息$=18+62.16+96.62=176.78$(万元)

第3章　计价定额

3.1　建设工程定额概述

3.1.1　建设工程定额的概念及发展过程

定额就是规定的限额。在社会物质生产的不同部门，定额的含义不尽相同。建设工程定额是在正常施工条件下，完成单位合格建筑安装产品所必须消耗的人工、材料、机械台班的数量标准。例如，砌 $10m^3$ 砖基础消耗：人工 11.790 工日；标准砖 5.236 千块；M10 水泥砂浆 $2.360m^3$；水 $2.5m^3$；200L 灰浆搅拌机 0.393 台班。

我国建筑工程定额，经历了一个从无到有，从不完善到逐步完善，从分散到集中，统一领导与分级管理相结合的发展过程。1955 年原劳动部和原建筑工程部联合第一次编制了《全国统一建筑安装工程劳动定额》，1962 年、1966 年原建筑工程部先后两次修订并颁发了《全国建筑安装统一劳动定额》，文革期间，定额管理制度被取消。文革后，国家主管部门为恢复和加强定额工作，1979 年编制并颁发了《建筑安装工程统一劳动定额》，在此基础上各地区编制了本地区的《建筑工程施工定额》。1985 年原城乡建设环境保护部编制颁发了《全国建筑安装工程统一劳动定额》。1994 年原劳动部和原建设部颁布的《建筑安装工程、建筑装饰工程劳动定额》、1997 年原劳动部和原建设部发布的《市政工程劳动定额》、2009 年 1 月 8 日经住房和城乡建设部、人力资源和社会保障部审查批准，以人社部发［2009］10 号文件联合发布了《建设工程劳动定额》，自 2009 年 3 月 1 日开始实施。

随着工程预算制度的建立，1955 年原建筑工程部编制了《全国统一建筑工程预算定额》，1957 年国家建委在此基础上进行了修订并颁发全国统一的《建筑工程预算定额》，之后国家建委通知将建筑工程预算定额的编制和管理工作，下放到省、市、自治区。1981 年国家建委组织编制了《建筑工程预算定额》，各地区在此基础上于 1984 年、1985 年先后编制了适合本地区的建筑安装工程预算定额。1995 年原建设部发布了《全国统一建筑工程基础定额》，2002 年颁布了《全国统一建筑装饰装修工程消耗量定额》，2006 年发布了《全国统一安装工程基础定额》。2003 年实行工程量清单计价后，各地区一般仍有其预算定额或消耗量定额，依然是编制招标控制价或投标报价的主要依据之一。

建筑工程定额的编制与管理是工程计价管理工作的重要方面。对提高工程项目投资效益，促进我国经济实现又好又快发展有着十分重要的意义。

3.1.2　建设工程定额的分类

工程建设定额按照不同的原则和方法可进行不同的分类。

（1）按生产要素分类

① 劳动消耗定额。简称劳动定额（也称人工定额），是指完成一定计量单位的合格产品所消耗的活劳动的数量标准，如铺贴地面 0.1 工日/m^2。

② 材料消耗定额。简称材料定额，是指完成一定计量单位的合格产品所需消耗的材料、成品、半成品、构配件、燃料动力等资源的数量标准。

③ 机械消耗定额。又称机械台班定额，是指为完成一定计量单位的合格产品所需消耗的施工机械台班的数量标准。

(2) 按定额的编制程序和用途分类

① 施工定额。施工定额是在正常的施工技术和组织条件下，按平均先进水平制定的为完成单位合格产品所需消耗的人工、材料、机械台班的数量标准。施工定额是工程建设定额中分项最细、定额子目最多的一种定额，也是工程建设定额中的基础性定额。

② 预算定额。预算定额是指在合理的施工组织设计和正常施工条件下，完成一定计量单位合格产品所需人工、材料和机械台班的社会平均消耗量标准，是计算建筑安装产品价格的基础。

③ 概算定额。概算定额是以扩大分项工程或扩大结构构件为对象编制的，完成一定扩大计量单位产品所需消耗的人工、材料和机械台班的数量标准。它是在预算定额的基础上，进行适当合并扩大的一种定额。

④ 概算指标。概算指标是概算定额的扩大与合并，是完成单位工程或单项工程所需消耗的主要资源的数量标准。通常以建筑面积或座、项等为计量单位，规定所需人工、材料、机械台班消耗量和资金数量的指标。

⑤ 投资估算指标。它是以独立的单项工程或建设项目为对象编制的，是确定和控制建设项目全过程各项投资支出的技术经济指标，一般以项目的生产能力或使用功能的单位投资表示，如“元/吨”、“元/千瓦”等。

上述各种定额的相互联系与区别参见表3-1。

(3) 按主编单位和管理权限分类

① 全国统一定额，是由国家建设行政主管部门综合全国工程建设中技术和施工组织管理的情况编制，并在全国范围内执行的定额。

② 行业统一定额，是考虑到各行业部门专业技术特点，以及施工生产和管理水平编制的。一般是在本行业和相同专业性质的范围内使用。

表3-1 各种定额的比较

定额分类	施工定额	预算定额	概算定额	概算指标	投资估算指标
对象	工序	分部分项工程	扩大的分部分项工程	单位工程或单项工程	单项工程或建设项目
用途	编制施工预算	编制施工图预算	编制设计概算	编制初步设计概算	编制投资估算
项目划分	最细	细	较粗	粗	很粗
定额水平	平均先进	平均	平均	平均	平均
定额性质	生产性定额	计价性定额			

③ 专业专用定额，是特殊专业的定额，只能在指定的范围内使用。

④ 地区统一定额，包括省、自治区、直辖市定额。地区统一定额主要是考虑地区性特点，对全国统一定额水平作适当调整和补充编制。

⑤ 企业定额，是由施工企业考虑本企业具体情况，参照国家或地区定额的水平制定的定额。在企业内部使用，是企业素质的标志。

上述各种定额虽然适用于不同的情况和用途，但是它们是一个互相联系的、有机的整体，在实际工作中配合使用。

3.1.3 建设工程定额的特点

(1) 科学性 定额的科学性，一是指工程建设定额和生产力发展水平相适应，反映出工程建设中生产消费的客观规律；另一含义是指工程建设定额管理在理论方法和手段上适应现代科学技术和信息社会发展的需要。

(2) 系统性 工程建设定额是由相对独立的多种定额有机结合而成的整体，每一种定额本身结构严谨、内容全面、作用明确，体现了定额的系统性。

(3) 统一性 按照工程建设定额的制定、颁布和贯彻使用来看，工程建设定额有统一的程序、统一的原则、统一的要求和统一的用途。

(4) 指导性 随着我国建设市场的不断成熟和规范，定额原具备的法令性逐渐弱化，对建设产品交易不再具有强制性，只具有指导作用。国家颁布后，企业可以参照执行，也可以根据市场情况和自身条件进行合理的调整和修改。

(5) 稳定性与时效性 定额是一定时期技术发展和管理水平的反映，在一段时间内表现出稳定的状态。但定额的稳定性是相对的，当生产力发展时，需要重新编制或修订。

3.2 工时消耗研究

3.2.1 施工过程及其分类

施工过程就是在建设工地范围内所进行的生产过程，如浇注混凝土、支模板、砌墙等。对施工过程进行细致分析，能更深入地确定施工过程各个工序组成的必要性及其顺序的合理性，从而正确地制定各个工序所需要的工时消耗。根据不同要素，施工过程分类如下。

(1) 根据施工过程的复杂程度分类 根据施工过程的复杂程度，可将施工过程分解为工序、工作过程和综合工作过程。

① 工序是在组织上不可分割的、技术上属于同类的施工过程。特征是劳动者、劳动对象、劳动工具和工作地点一般不变。工作中如有一项改变，就说明已经由一项工序转入另一项工序了，如钢筋制作由钢筋平直、除锈、切断、弯曲等工序组成。编制施工定额时，工序是基本的施工过程和测定对象。

② 工作过程是由同一工人或同一小组所完成的在技术操作上相互有机联系的工序的总和。其特点是人员编制不变，工作地点不变，而材料和工具则可以变换。例如，砌墙和勾缝、抹灰和粉刷。

③ 综合工作过程是同时进行的，在组织上有机地联系在一起的，并且最终能获得一种产品的施工过程的总和。例如，浇灌混凝土结构的施工过程，由调制、运送、浇灌和捣实等工作过程组成。

(2) 根据施工过程的工艺特点分类 按照工艺特点，施工过程可以分为循环施工过程和非循环施工过程两类。凡各个组成部分按一定顺序依次循环进行，并且每一次重复都可以生产出同种产品的施工过程，称为循环施工过程，如挖掘机挖土。反之，若施工过程的工序或其组成部分不是以同样的次序重复，或者生产出来的产品各不相同，则称为非循环的施工过程，如混凝土浇灌振捣。

3.2.2 工作时间分析

工作时间分析的主要目的是对工作时间按其消耗性质进行分类，以便研究工时消耗的数量及其特点。对工作时间消耗的研究，可以分为工人工作时间消耗和机械工作时间消耗。

（1）工人工作时间消耗分析　工人在工作班内消耗的工作时间，按其消耗的性质，可以分为两大类：定额时间和损失时间。

① 定额时间　定额时间也称必要消耗的工作时间，必要消耗时间是工人在正常施工条件下，为完成一定产品或工作任务所必须消耗的时间。它是制定定额的主要根据。

必要消耗的工作时间，包括有效工作时间、休息和不可避免中断时间的消耗。

有效工作时间是与产品生产直接有关的时间消耗。其中包括基本工作时间、辅助工作时间、准备与结束工作时间的消耗。

基本工作时间是工人完成一定产品的施工工艺过程所消耗的时间，如砌墙。

辅助工作时间是为保证基本工作能顺利完成所消耗的时间，如给砖浇水。

准备与结束时间是执行任务前后必要的准备工作时间，如场地准备。

不可避免的中断时间是由施工工艺特点引起的工作中断时间，如临时移动水电线路、移动操作台。

休息时间是工人在工作过程中为恢复体力所必需的短暂休息和生理需要的时间消耗。这种时间属正常的中断时间。

② 损失时间　损失时间也称非定额消耗时间，损失时间与产品生产无关，而与施工组织和技术上的缺陷有关，是由工人在施工过程中的个人过失或某些偶然因素造成的时间消耗。包括多余和偶然工作时间，停工或违背劳动纪律所引起的工时损失。

多余工作时间是工人进行任务以外而又不能增加产品数量的工作，如重砌质量不合格的墙体。

停工时间是工作班内停止工作造成的工时损失。违背劳动纪律造成的工作时间损失是指工人在工作班开始和午休后的迟到、早退、擅自离开工作岗位、工作时间内聊天或办私事等造成的工时损失。

（2）机械工作时间消耗分析　机械工作时间也分为必要消耗的工作时间和损失的工作时间两大类。

① 必要消耗的工作时间　必要消耗的工作时间包括有效工作、不可避免的无负荷工作和不可避免的中断时间。而有效工作时间又包括正常负荷下和合理降低负荷下的工时消耗。

正常负荷下的工作时间，是机械在规定的负荷下进行工作的时间。

合理降低负荷下的工作时间，是在个别情况下由于技术上的原因，机械在低于其计算负荷下工作的时间，如汽车运输重量轻而体积大的货物时，不能充分利用汽车的载重量而不得不降低其工作负荷。

不可避免的无负荷工作时间，是由施工特点和机械结构特点造成的机械无负荷工作时间，如筑路机在工作区末端调头等的时间消耗。

不可避免的中断工作时间，包括机械工作地点转移、机械使用和保养、工人休息时的工作中断时间等。

② 损失的工作时间　损失的工作时间，包括多余工作、停工、违背劳动纪律所消耗的工作时间和低负荷下的工作时间。

机械的多余工作时间，是机械进行不必要的工作而延续的时间，如工人没有及时供料而使机械空运转的时间。

机械的停工时间，是由于施工组织不当、气候条件等所引起的停工现象，如由于未及时供给机械燃料而引起的停工、暴雨时机械的停工。

违反劳动纪律引起的机械的时间损失，是指由于工人迟到、早退或擅离岗位等原因引起的机械停工时间。

低负荷下的工作时间，是由于工人的过错所造成的施工机械在低负荷下工作的时间，如工人装车的材料数量不足引起汽车在低负荷下工作的时间。

3.2.3 工时研究方法

常用的工时研究方法主要有技术测定法和其他工时研究方法，如图 3-1 所示。

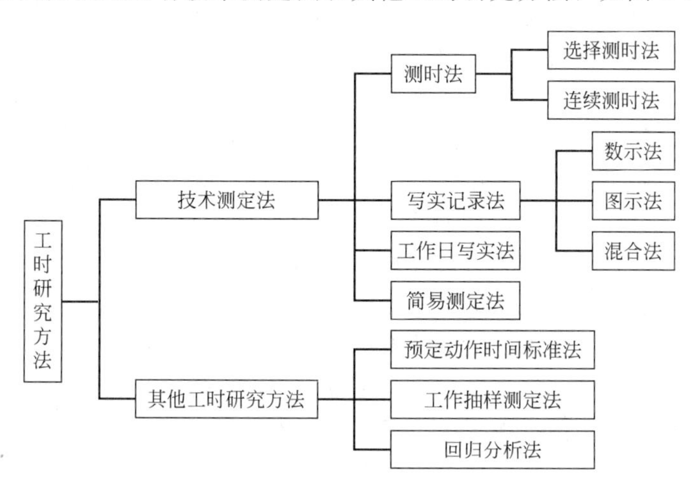

图 3-1 工时研究方法分类

技术测定法，也称计时观察法，它是以观察测时为手段，通过抽样技术进行现场观察确定时间消耗的一种方法。技术测定法主要用于编制劳动定额和机械定额所需要的基础资料。技术测定法能够把现场工时消耗情况和施工组织条件联系起来加以考察，不仅能为制定定额提供基础数据，也能为改善施工组织管理和操作方法，消除不合理工时损失和进一步挖掘生产潜力提供技术根据。

技术测定法种类很多，最主要的有四种：测时法、写实记录法、工作日写实法、简易测定法。

（1）测时法　测时法主要适用于测定重复循环工作的工时消耗，是精确度比较高的一种计时观察法。测时法有选择测时法和连续测时法。

① 选择测时法。选择测时法是将工序分开一一测定，当被观察的某一工序开始，观察者即开动秒表，当该工序终止，则立即停止秒表。然后把秒表上指示的延续时间记录到选择法测时记录表上，并把秒针拨回到零点，下一动作开始，再开动秒表，依次类推。如某次测得挖土机提升斗臂 15s、回转斗臂卸土 22s，斗臂重新回转落下 13s。

② 连续测时法。它是对一个施工过程各工序所消耗的工时进行不间断连续测定的方法。其特点是在工作进行中和非循环动作出现之前一直不停止秒表，连续记录每一动作的起止时间，并计算出本动作的延续时间。如塔式起重机吊装楼板从挂钩、起吊、转臂、就位、脱钩、空回，秒表不间断从 20s 到 5min+20s，总延续时间 5min。连续测时法比选择测时法准确完善，但技术要求较高。

（2）写实记录法　写实记录法是一种研究非循环施工过程中全部工作时间消耗的方法。采用这种方法，可以获得一段时间内观察对象的各种活动及时间消耗的全部资料，以及完成的产品数量。按记录时间的方法不同分为数示法、图示法和混合法。

① 数示法写实记录。数示法的特征是用数字记录工时消耗，可以同时对整个工作班或半个工作班进行长时间观察，因此能反映工人或机械工作日全部情况，适用于组成动作较少而且比较稳定的施工过程，如观察到 240min 砌了 $2.3m^3$ 一砖清水外墙。

② 图示法写实记录。图示法是在规定格式的图表上用时间进度线条表示工时消耗量的一种记录方式，可同时对 3 个以内的工人进行观察。这种方法的主要优点是记录简单，时间一目了然，原始记录整理方便。

③ 混合法写实记录。混合法吸取数字和图示两种方法的优点，以图示法中的时间进度线条表示工序的延续时间，在进度线的上部加写数字表示各时间区段的工人数。混合法适用于 3 个以上工人工作时间的集体写实记录。

(3) 工作日写实法　工作日写实法是对工人在整个工作班内的各种工时消耗，按时间顺序进行现场写实记录的一种方法。它按一个工作班记录定额时间消耗和非定额时间消耗，以及完成产品的数量，侧重于研究工作日的工时利用情况。如 4 人工作小组一个工作班内安装混凝土模板 $68m^2$，定额时间消耗 1157min，非定额时间消耗 285min，安装混凝土模板的可能产量为：$(4\times8\times60/1157)\times68=112.84m^2$/工日。

工作日写实法与测时法、写实记录法相比较，具有技术简便、应用面广和资料全面的优点，在我国是一种采用较广的编制定额的方法。

(4) 简易测定法　上述方法虽然均可满足技术测定的要求，但都需要花费较多的人力和时间。在实际工作中可采用简易测定法，取得所需要的各种技术资料。

所谓简易测定法，指在采用前述某一种方法在现场观察时，将观察的组成部分简化，只测定组成时间中的某一种定额时间，如基本工作时间（含辅助工作时间），然后借助“工时消耗规范”计算出所需数据的一种简易方法。

简易测定法省去了技术测定前诸多准备工作，减少了现场取得资料的过程，节省了人力和时间。其优点是简便、速度快，缺点是不适合用来测定全部工时消耗。

(5) 其他工时研究方法　主要包括工作抽样测定法、回归分析法和预定动作时间标准法。

① 工作抽样测定法　工作抽样测定法是通过对操作者或机械设备进行随机连续观测，记录各种作业项目在生产活动中发生的次数和发生率，由此取得工时消耗资料，推断各观测项目的时间结构或其演变状况，掌握工作现状的一种工时研究方法。工时抽样测定法既可用来确定工时利用率、设备利用率，也可用于规范标准工时和制定定额。

② 回归分析法　回归分析法是应用数理统计原理，对施工生产过程中从事多种作业的一个或几个影响工时消耗的随机因素及操作者的工作成果进行分析，确立时间消耗与工作成果之间关系的一种工时研究方法。

运用回归分析方法进行工时研究来制定定额，具有速度快、工作量小等特点，特别是对一些难以直接进行计时观测的工作尤为有效。

③ 预定动作时间标准法　预定动作时间标准法，简称 PTS 法（Predetermined Time Standard），是运用动作经济原理，把人所操作的作业分解为若干动作要素，对每个动作要素预先规定时间标准值。要想知道完成某一作业的标准时间，只要把这个作业各动作要素的时间值加起来，就是这个作业的标准时间。

预定动作时间标准法，其标准时间是经过长期而广泛的时间研究和分析得出的。它的优点是几乎适用于所有的手工操作，而不需要再做直接的观察，而且具有较高精确性。但是这种方法不适用于机器控制的操作及需要人加以仔细思考判断的工作。预定动作时间标准法，到目前已有十几种，其中最著名而且应用较广的有时间测定法（MTM 法），工作因素法（WF 法），模特计时法（MOD 法）等。

3.3 施工定额与企业定额

3.3.1 施工定额概述

（1）施工定额概念　施工定额是在正常的施工条件下，按平均先进水平制定的完成单位合格产品所需消耗的人工、材料和机械台班的数量标准。

（2）施工定额的作用　施工定额在施工企业生产与经营活动中发挥着重要作用，主要表现如下：

① 施工定额是施工企业编制施工组织设计和施工作业计划的依据；

② 施工定额是施工队向施工班组签发施工任务单和限额领料单的依据；

③ 施工定额是计算工人劳动报酬的依据；

④ 施工定额是企业激励工人，提高生产率的手段；

⑤ 施工定额有利于推广先进技术；

⑥ 施工定额是编制施工预算，加强企业成本管理和经济核算的基础；

⑦ 施工定额是编制预算定额和单位估价表的基础。

（3）施工定额的编制原则　为了保证施工定额编制的质量和良好的适用性，应遵循以下原则。

① 平均先进性原则　所谓平均先进水平，就是在正常施工条件下，大多数生产者经过努力能够达到或超过的水平，是一种可以鼓励先进，勉励中间，鞭策落后的定额水平。

② 简明适用性原则　简明适用性原则，要求施工定额内容要具有多方面的适应性，能满足组织施工生产和计算工人劳动报酬等各种需要，同时又要简单明了，便于工人掌握。

③ 贯彻专群结合，以专为主的原则　施工定额的编制具有很强的技术性和政策性，要求有一定政策水平、经验丰富的专家队伍负责组织编制。同时，必须走群众路线，因为广大建筑安装工人是施工生产的实践者又是定额的执行者，最了解施工定额的执行情况及存在的问题。

（4）施工定额的编制依据

① 经济政策和劳动制度　编制施工定额必须以党和国家的有关方针、政策为依据。

② 技术依据　技术依据主要指各类技术规范规程、标准和技术测定数据、统计资料等。

③ 经济依据　主要是指日常积累的有关材料、机械台班、能源消耗等资料。

（5）施工定额的组成　施工定额由劳动定额、材料消耗定额、机械台班定额组成。

3.3.2 劳动定额

（1）劳动定额的概念　劳动定额也称人工定额，是建筑安装工人在正常的施工条件下，按平均先进水平制定的，完成单位合格产品所必须消耗的活劳动的数量标准。

劳动定额按其表现形式和用途不同，可分为时间定额和产量定额。

① 时间定额　时间定额是指某种专业、某种技术等级的工人，在合理的劳动组织、合理的使用材料和施工机械条件下，完成某种单位合格产品所必须的工作时间。一般以完成单位合格产品所消耗的工日表示，如内墙面抹灰0.1工日/m^2，公式如下：

$$\text{单位产品时间定额(工日)}=\frac{\text{需要消耗的工日数}}{\text{生产的产品数量}}$$

② 产量定额　产量定额是指在合理的劳动组织、合理使用材料和施工机械条件下，某一工种、某一等级的工人在单位工日内完成的合格产品的数量，如内墙面抹灰10m^2/工日。

$$单位时间产量定额=\frac{生产的产品数量}{消耗的工日数}$$

产量定额和时间定额互为倒数，即

$$产量定额=\frac{1}{时间定额} \quad 或 \quad 时间定额=\frac{1}{产量定额}$$

如内墙面抹灰产量定额是10m²/工日，时间定额是0.1工日/m²。

(2) 劳动定额的作用　劳动定额是施工定额极其重要的组成部分，其作用如下：

① 劳动定额是制定施工定额和预算定额的基础；

② 劳动定额是计划管理的基础；

③ 劳动定额是衡量工人劳动生产率的主要尺度；

④ 劳动定额是贯彻按劳分配原则的依据；

⑤ 劳动定额是企业经济核算的依据。

(3) 劳动定额的制定方法　制定劳动定额，通常采用技术测定法、经验估工法、统计分析法和比较类推法四种方法来确定。

① 技术测定法　技术测定法是一种典型调查的方法，依据比较充分，准确程度较高，是制定定额的主要科学方法。但采用这种方法技术要求高，工作量大，容易受到一定的局限，通常只有在制定新定额或对原定额作较大幅度修改时采用。

② 经验估工法　经验估工法是根据有经验的工人和技术人员的实践经验，参照有关资料，通过座谈讨论，反复平衡来制定定额的一种方法。

经验估工法具有简便易行，工作量小，制定过程较短等优点，在工程零星、批量小及新品试制和制定临时性定额的情况下，这种方法尤为适用，其缺点是制定定额的技术根据不足，有相当程度的主观性和偶然性，定额水平不易平衡，准确性和可靠性较差，对于常用的施工项目，不宜采用经验估工法制定定额。

③ 统计分析法　统计分析法是根据过去一定时间内实际生产中的工时消耗和产品数量的统计资料，经过整理，并结合当前的技术组织条件，进行分析研究来制定定额的方法。

统计分析方法简便易行，有统计资料作为确定定额的依据，较经验估工法更能反映实际水平，适用于生产条件正常，产品稳定，批量大，统计工作健全的施工过程或施工企业。但由于统计资料只是实耗工时的记录，在统计时没有剔除不合理的因素，以致影响定额的准确性。为提高其准确性，一般采用“二次平均法”。

【例 3.1】 已知由统计资料得到的完成某合格单位产品的工时消耗数据为30工日、40工日、60工日、50工日、40工日、60工日、30工日、50工日、40工日、50工日、80工日，试用二次平均法求其时间定额。

解： ① 剔除明显偏高的数值80；

② 求算术平均值：$t_1=(2\times30+3\times40+3\times50+2\times60)/10=45$（工日）

③ 求平均先进值，原数据中小于算术平均值45者有30和40共五个数，故

$$t_2=(2\times30+3\times40)/5=36(工日)$$

$$二次平均先进值为\ t_3=(45+36)/2=40.5(工日)$$

④ 比较类推法　比较类推法也称典型定额法，是以同类型工序、同类型产品的典型定额项目水平为标准，经过分析比较，类推出同一组定额中相同类型定额水平的一种方法。

【例 3.2】 已知挖地槽的一类土时间定额及一类土与二、三、四类土的劳动消耗量比例如表3-2所示，试计算二、三、四类土的时间定额。

表 3-2 土方工程定额标准技术比例数据

挖地槽	深度1.5m以内，上口宽度1.5m以内			
	一类土	二类土	三类土	四类土
耗工时比例	1	1.52	2.37	3.84
时间定额	0.144	0.219	0.341	0.553

解： 按下式计算二、三、四类土在相应条件下的时间定额：

$$t=Pt_0$$

式中 t——需计算项目的时间定额；

P——需计算项目耗用工时的比例；

t_0——典型定额项目的时间定额。

挖二类土时间定额为：$t=1.52\times0.144=0.219$（工日/m^3）

同理挖三四类土时间定额如表3-2所示。

比较类推法简便易行，工作量小，只要典型定额选择恰当，切合实际，具有代表性，类推出的定额水平一般比较合理。这种方法适用于同类型产品规格多、批量小的施工生产过程。采用这种方法制定定额时，要特别注意掌握施工工艺过程和劳动组织类似或近似的特征，认真分析这种影响因素，防止将因素变化很大的项目作为典型定额来进行类推。

3.3.3 材料消耗定额

（1）材料消耗定额的概念 材料消耗定额是指在节约和合理使用材料的条件下，生产单位合格产品所必须消耗的一定品种规格的原材料、成品、半成品、配件等的数量标准。

材料消耗量包括材料净用量和必要的损耗量。材料净用量是指直接用于产品上、构成产品实体的材料消耗量。材料必要的损耗是指材料从工地仓库、加工堆放地点运至操作或安放地点的运输损耗、施工操作损耗和现场堆放损耗。公式如下：

$$材料损耗率=\frac{材料损耗量}{材料总耗量}$$

$$材料总损耗量=材料净用量+材料损耗量=\frac{材料净用量}{1-材料损耗率}$$

实际工作中，为简化计算，常以损耗量与净用量的比率表示损耗率。

则，材料总耗量=材料净用量×(1+材料损耗率)

（2）材料消耗定额的作用 材料消耗定额的主要作用有：

① 材料消耗定额是企业确定材料需要量和储备量的依据；

② 材料消耗定额是企业编制材料需要量计划的基础；

③ 材料消耗定额是向班组签发限额领料的依据，考核班组材料使用情况的依据；

④ 材料消耗定额是实行材料核算，推行经济责任制的重要手段；

⑤ 材料消耗定额是反映企业生产技术管理水平的重要标志。

（3）主要材料消耗定额的制定方法 主要材料消耗定额的制定方法有观测法、实验法、统计法和计算法四种。

① 观测法 观测法是对施工过程中实际完成产品的数量与所消耗的各种材料数量进行现场观测、计算，而确定各种材料消耗定额的一种方法。通过现场观测，能正确区别哪些是可以避免的损耗，不应计入定额内，哪些是不可以避免的损耗，应该计入定额内。所以观测法适宜制定材料的损耗定额。

采用观测法测定材料消耗定额时，要正确选择观测对象和测定方法，这是提高定额质量的重要条件，同时还要注意所使用的建筑材料品种、规格和质量应符合设计和施工规范的要求。

② 实验法　实验法是在实验室内通过专门的实验仪器设备，制定材料消耗定额的一种方法。主要是编制材料净用量定额；通过试验，能够对材料的结构、化学成分和物理性能以及按强度等级控制的混凝土、砂浆配合比做出科学的结论，给编制材料消耗定额提供有技术根据的、比较精确的计算数据。

③ 统计法　统计法是通过对现场进料、用料的大量统计资料进行分析计算，获得材料消耗的数据。这种方法由于不能分清材料消耗的性质，因而不能作为确定材料净用量定额和材料损耗定额的依据。

应用上述方法确定材料消耗定额时，必须符合国家有关标准规范，即材料的产品标准、计量要使用标准容器和称量设备，质量符合施工验收规范要求，以保证获得可靠的定额编制依据。

④ 计算法　计算法是通过对工程结构、图纸要求、材料规格及特性、施工规范、施工方法等进行研究，用理论计算拟定材料消耗定额的一种方法。它适宜于不易生产损耗，且容易确定废料的规格材料，如块料、锯材、油毡、玻璃、钢材、预制构件等的消耗定额。因为这些材料，只要根据设计图纸、材料规格及施工规范等就可以通过理论计算确定出它们的消耗量，不可避免的损耗也有一定规律可找。

【例 3.3】 计算 1.5 标准砖外墙每立方米砌体中砖和砂浆的消耗量。假定砖和砂浆的损耗率为 1%，灰缝 0.01m。

解：
$$\text{每立方米砌体标准砖的净用量}=\frac{2\times\text{墙厚的砖数}}{\text{墙厚}\times(\text{砖长}+\text{灰缝})\times(\text{砖厚}+\text{灰缝})}$$
$$=\frac{2\times1.5}{0.365\times(0.24+0.01)\times(0.053+0.01)}=522(\text{块})$$

$$\text{砖的消耗量}=\text{砖净用量}\times(1+\text{砖损耗率})=522\times(1+1\%)=528(\text{块})$$

$$\text{砂浆的消耗量}=(1-\text{砖净用量}\times\text{每块砖的体积})\times(1+\text{砂浆损耗率})$$
$$=(1-522\times0.24\times0.115\times0.053)\times(1+1\%)=0.239(\text{m}^3)$$

(4) 周转性材料消耗定额的确定　周转性材料的定额消耗量是指周转性材料每使用一次的摊销数量。以混凝土模板为例，确定方法如下。

① 现浇混凝土构件木模板用量的计算

a. 计算一次使用量　一次使用量是指周转性材料使用一次的投入量。计算方法如下：

$$\text{一次使用量}=\frac{10\text{m}^3\text{混凝土和模板的接触面积}\times1\text{m}^2\text{接触面积模板的用量}}{1-\text{模板制装损耗率}}$$

b. 材料周转次数　周转材料可以重复使用的次数，用观察法或统计法测定。

c. 计算补损率　损耗率是指周转材料每使用一次后，为了下一次正常使用，必须用相同数量的周转材料对上次的损失进行修补，所需补充损失的材料数量占一次使用量的百分比。

$$\text{补损率}=\frac{\text{平均每次损耗量}}{\text{一次使用量}}\times100\%$$

d. 计算周转使用量　周转使用量是指在周转使用和补充消耗的条件下，周转材料每周转一次的平均消耗量。等于使用周期内的总耗量与周转次数之比。

$$\text{周转使用量}=\frac{\text{一次使用量}+\text{一次使用量}\times(\text{周转次数}-1)\times\text{补损率}}{\text{周转次数}}$$

$$=\frac{一次使用量\times[1+(周转次数-1)\times补损率]}{周转次数}$$

e. 计算材料回收量 指周转材料去掉损耗后，平均分摊到每次可以回收的量。

$$材料回收量=\frac{一次使用量\times(1-补损率)}{周转次数}$$

f. 计算材料的摊销量 摊销量指周转材料每使用一次可分摊到单位产品上的消耗量。等于每次周转使用量与回收量之差。

$$材料摊销量=周转使用量-回收量\times回收折价率$$

【例 3.4】 现浇钢筋混凝土矩形柱选定的模板设计图纸，混凝土模板的接触面为 $100m^2/10m^3$，$10m^2$ 接触面积需木材 $0.7m^3$，每次周转补损率 10%，周转次数为 6 次，模板制作损耗率为 4%，回收折价率为 50%，试计算模板的周转使用量、回收量及摊销量。

解：
$$一次使用量=\frac{10m^3模板的接触面积\times 1m^2接触面积模板的用量}{1-模板制作损耗率}$$

$$=(100\times0.7/10)/(1-4\%)=7.29(m^3)$$

周转使用量=一次使用量×[1+(周转次数-1)×补损率]/周转次数

$$=7.29\times[1+(6-1)\times10\%]/6=1.823(m^3)$$

回收量=一次使用量×(1-补损率)/周转次数

$$=7.29\times(1-10\%)/6$$

$$=1.094(m^3)$$

摊销量=周转使用量-回收量×回收折价率

$$=1.823-1.094\times50\%$$

$$=1.276(m^3)$$

② 预制混凝土构件木模板用量的计算 预制构件模板每次损耗较小，周转次数较多，在计算模板消耗指标时，可以不考虑补损和回收。模板摊销量计算公式为：

$$摊销量=一次使用量/周转次数$$

【例 3.5】 预制钢筋混凝土方桩，选定的设计图纸，$10m^3$ 方桩的模板接触面为 $75m^2$，$10m^2$ 接触面积需木材 $0.928m^3$，模板周转次数为 20 次，制作损耗率为 5%，试计算模板的摊销量。

解： 一次使用量$=(75\times0.928/10)/(1-5\%)=7.33(m^3)$

摊销量=一次使用量/周转次数$=7.33/20=0.367(m^3)$

③ 组合钢模板用量的计算 组合钢模板补损率较小，不分现浇与预制，摊销量按下式计算：

$$摊销量=\frac{一次使用量}{周转次数}$$

3.3.4 机械台班定额

(1) 机械台班定额概念 机械台班定额又称施工机械使用定额，是指在正常施工生产和合理使用施工机械条件下，完成单位合格产品所必须消耗的某种施工机械的工作时间标准。其计量单位以台班表示，每台班按八小时计算。

(2) 机械台班定额的作用 机械台班定额是建筑机械化施工中十分重要的定额，它标志着建筑施工机械生产率水平的高低，也反映了机械管理水平和机械化施工水平。在考核机械效率、组织施工生产、编制施工作业计划、签发施工任务书和按劳分配等方面起着重要的作用。因此，编制高质量的机械台班消耗定额是合理组织机械化施工，有效利用施工机械，进一步提高机械生产率的必备条件。

(3) 机械台班消耗定额的制定　制定机械台班定额，要事先拟定好正常施工条件、合理配备工人编制等，其制定的基本方法如下。

① 确定机械净工作一小时的生产率　机械净工作一小时的生产率，就是在正常施工组织条件下，具有必需的知识和技能的技术工人操纵机械一小时的生产率。

施工机械可分为循环动作和连续动作两种类型，对于两种类型机械净工作一小时生产率应分别测定和研究。

对于循环动作机械，机械净工作一小时的生产率计算公式如下：

机械一小时的生产率＝机械一小时的循环次数×每次循环中生产的产品数量

例如，某工程用塔式起重机吊装构件，由1名司机、7名起重工和2名电焊工组成的劳动小组共同完成，每次吊装3块构件，经计时观测起重机每循环一次，平均延续时间6min。

则，机械净工作一小时的循环次数＝60/6＝10（次）

机械净工作一小时的生产率＝10×3＝30（块）

对于连续动作机械，其净工作一小时的正常生产率，一般根据试验或观测在一定时间内完成的合格产品的数量来确定。如混凝土搅拌机，15min完成了$1m^3$的混凝土搅拌量，则工作一小时完成$4m^3$混凝土。

② 确定机械台班时间利用系数　机械台班时间利用系数是指机械在一个工作班内的净工作时间与法定工作时间之比。计算公式如下：

$$\text{机械台班时间利用系数}=\frac{\text{机械在一个工作班内的净工作时间}}{\text{一个工作班法定工作时间(8h)}}$$

如前所述，塔吊在8h内的净工作时间为6.4h，则其时间利用系数为0.8。

③ 确定机械台班产量定额　机械正常工作条件下的产量定额采用下列公式计算：

机械台班产量定额＝机械1h净工作生产率×8×机械利用系数

如前例，塔吊台班产量定额＝30×8×0.8＝192块/台班

以上只是制定机械台班定额的一个基本原理，实际测定时，由于机械工作性质、功能，以及工程特点等不同，具体确定方法各异，实例说明如下。

【例3.6】 试求利用$1m^3$反铲挖土机挖三类土并装车的台班挖土产量。挖土深度取定5m，已知机械时间利用系数0.75，铲斗定额容量$0.77m^3$，每次挖土时间36s。

解： 台班1h挖土量＝60×60/36×0.77＝77（m^3）

台班产量定额＝77×8×0.75＝462（m^3）

【例3.7】 对走管式打桩机打桩过程进行调查研究，取得的技术数据是：桩断面25cm×25cm，桩长8m，一类土，锤重4t，固定操作时间15min，每米平均沉桩时间0.94min，台班作业时间390min，试求台班产量。

解： 单根桩作业时间＝15＋0.94×8＝22.52（min）

台班产量＝390/22.52＝17.3（根）

3.3.5 企业定额

(1) 企业定额概念　企业定额是指建筑安装企业根据自身的技术水平和管理水平，确定的完成单位合格产品所必须消耗的人工、材料和施工机械台班的数量标准。企业定额的实质就是施工企业的“施工定额”，它反映了企业的施工投入与产出之间的数量关系，企业的技术和管理水平不同，企业定额的水平也就不同。因此，企业定额工、料、机消耗量要比社会

平均水平低，能够表现本企业在某些方面的技术优势和管理优势，能够体现本企业的综合生产能力水平。

（2）企业定额的作用

① 企业定额是施工企业内部编制施工预算、进行施工管理的重要标准，也是施工企业对招标工程进行投标报价的重要依据。

② 企业定额是企业生产力和生产水平的综合反映，是加强企业内部监控、进行成本核算的基础依据，是有效控制工程造价的手段。

③ 企业定额是施工企业编制施工组织设计、制定施工计划和作业计划的依据。

（3）企业定额与政府施工定额的区别　企业定额在编制原则和方法等方面与政府编制颁布的施工定额相似，主要区别如表3-3所示。

表3-3　企业定额与施工定额的比较

比较内容	企业定额	施工定额
编制主体	企业	地区、行业
使用范围	企业内部	地区、行业
作用与性质	兼具生产性和计价性	生产性定额
定额水平	企业平均先进	社会平均先进

3.4　预算定额

3.4.1　预算定额的概念和作用

（1）预算定额的概念　预算定额，是指在合理的施工组织和正常施工条件下，按社会平均水平编制的，完成一定计量单位合格产品所需的人工、材料和机械台班的消耗量标准。

（2）预算定额的作用

① 预算定额是编制招标控制价的依据。预算定额起着控制劳动消耗、材料消耗和机械台班消耗的作用，进而起着控制建筑产品价格的作用。

② 预算定额是编制施工组织设计的依据。在缺乏施工定额的情况下，可根据预算定额计算施工中各项资源的需要量，为组织管理工作提供依据。

③ 预算定额是编制概算定额的基础。概算定额是在预算定额基础上综合扩大项目编制的。

3.4.2　预算定额的编制原则和依据

（1）预算定额的编制原则

① 社会平均水平的原则　预算定额是在正常的生产条件下，在社会平均的劳动熟练程度和劳动强度下，以大多数施工单位的社会平均水平为基础编制的。

② 简明适用的原则　编制预算定额时，在项目划分、计算单位的选择、工程量的计算、项目步距的确定等，要主次分明、粗细合理、简明适用。

③ 统一性和差别性相结合的原则　统一性，就是由建设行政主管部门负责全国统一定额的制定或修订。差别性，就是在统一性的基础上，各部门和各地区主管部门可以在自己的管辖范围内，根据本部门和地区的具体情况，制定部门和地区性定额和管理办法。

（2）预算定额编制的依据

① 现行劳动定额和施工定额。

② 现行设计规范、施工验收规范、质量评定标准和安全操作规程。

③ 具有代表性的典型工程施工图及有关标准图。

④ 新技术、新结构、新材料和先进的施工方法等。

⑤ 有关科学实验、技术测定和统计、经验资料。

⑥ 现行的预算定额、材料预算价格及有关文件规定等。

3.4.3 预算定额编制的方法步骤

（1）准备工作阶段　包括拟定编制方案，收集资料，确定编制原则、确定计量单位等。其中，预算定额的计量单位关系到预算工作的繁简和准确性。因此，要正确地确定各分部分项工程的计量单位。一般依据建筑构件形状的特点确定。

① 凡建筑结构构件的断面有一定形状和大小，但是长度不定时，可按长度以延长米为计量单位。如踢脚线、楼梯栏杆、木桩饰条、管道线路安装等。

② 凡建筑结构构件的厚度有一定规格，但是长度和宽度不定时，可按面积以平方米为计量单位。如地面、楼面、墙面和天棚面抹灰等。

③ 凡建筑结构构件的长度、厚（高）度和宽度都变化时，可按体积以立方米为计量单位。如土方、钢筋混凝土构件等。

④ 钢结构由于重量与价格差异很大，形状不固定，采用以吨为计量单位。

⑤ 凡建筑结构没有一定规格，而其构造又较复杂时，可按个、台、座、组为计量单位。如卫生洁具安装、铸铁水斗等。

⑥ 人工按“工日”、机械按“台班”计量。

⑦ 各种材料的计量单位与产品计量单位基本一致，贵重材料，取三位小数，如钢材以吨计取三位小数，木材以立方米计取三位小数。一般材料取两位小数。

（2）按典型图纸和资料计算工程数量　在编制预算定额时，通过计算典型设计图纸所包括的施工过程的工程量，有可能利用施工定额的人、材、机消耗指标确定预算定额所含工序的消耗量。

（3）确定预算定额各项目人工、材料和机械台班消耗指标　按施工定额的工序逐项计算人、材、机消耗指标，再按预算定额的项目加以综合，可确定预算定额人、材、机消耗指标。

（4）编制定额表和拟定有关说明　预算定额的说明包括定额总说明、分部工程说明及分项工程说明。说明要求简明扼要，但是必须分门别类注明，力求使用简便，避免争议。

（5）定额报批阶段　审核定稿，预算定额水平测算，整理资料。

3.4.4 预算定额人、材、机消耗量的确定方法

（1）预算定额人工工日消耗量的计算　预算定额中人工工日消耗量是指在正常施工条件下，完成一定计量单位的分项工程或结构构件所必须消耗的各种用工量总和。包括基本用工、超运距用工、辅助用工、人工幅度差。定额人工工日不分工种、技术等级一律以综合工日表示，一般以劳动定额为基础确定。遇到劳动定额缺项时，可采用现场测时法确定。

$$综合工日=\sum(基本用工+超运距用工+辅助用工)\times(1+人工幅度差系数)$$

① 基本用工　基本用工指完成单位合格产品所必须消耗的主要用工量。按综合取定的工程量和相应劳动定额进行计算。

$$基本用工=\sum(综合取定的工程量\times时间定额)$$

② 超运距用工　超运距用工是指劳动定额中已包括的材料场内水平运距与预算定额规定的现场材料堆放地点到操作地点的水平运距之差引起的用工量。

超运距＝预算定额取定运距－劳动定额已包括的运距

超运距用工＝$\sum$(超运距材料数量×相应的劳动定额)

实际工程现场运距超过预算定额取定的运距时，可另行计算现场二次搬运费。

③ 辅助用工　指劳动定额内未包括而在预算定额内又必须考虑的用工。例如机械土方工程配合用工、材料加工（筛砂、洗石）、电焊点火用工等，计算公式如下：

辅助用工＝$\sum$(材料加工数量×相应的加工劳动定额)

④ 人工幅度差　主要是指在劳动定额中未包括而在正常施工情况下不可避免但又很难准确计量的用工和各种工时损失。内容包括：工序搭接及交叉作业相互影响所发生的停歇用工；施工机械在场内转移及临时移动水电线路所造成的停工；质量检查和隐蔽工程验收影响的工时损失；班组操作地点转移用工；工序交接时对前一工序不可避免的修整用工；施工中不可避免的其他零星用工。人工幅度差计算公式为：

人工幅度差＝(基本用工＋辅助用工＋超运距用工)×人工幅度差系数

人工幅度差系数一般为10％～15％。人工幅度差列入其他用工量中。

【例 3.8】 以全国统一基础定额有梁板混凝土定额（5-417）为例，定额综合取定板厚10cm内者60％，板厚15cm内者为40％，每10m^3混凝土按9m^3石子计算，采用接水管子冲洗，加工系数乘以0.52。混凝土养护按0.12工日/10m^3，混凝土损耗率1.5％。混凝土超运距100m，砂石超运距50m，草袋子用量10.99m^2，草袋子超运距50m按0.002工日/m^2工日取定。人工幅度差15％。计算过程如表3-4所示。

表 3-4　有梁板混凝土人工计算

项目名称	单位	计算量	劳动定额编号	时间定额	工日/10m^3
捣制有梁板10cm内	m^3	6	10-7-73	0.840	5.040
捣制有梁板15cm内	m^3	4	10-7-74	0.787	3.148
冲洗石子	m^3	9×1.015	1-4-97	0.286×0.52	1.359
混凝土养护	m^3	1	取定	0.12	0.120
混凝土超运100m	m^3	10.15	10-24-407	0.091	0.924
砂石超运50m	m^3	10.15	10-24-406	0.074	0.751
草袋子运输50m	m^2	10.99	取定	0.002	0.022
小计					11.364
定额工日	(人工幅度差15％)11.364×1.15				13.069

(2) 预算定额材料消耗量的计算

① 施工定额与预算定额中材料消耗量指标的差异　预算定额材料消耗量指标的确定方法与施工定额相应内容基本相同，常用的有观测法、试验法、统计分析法和理论计算法。但由于预算定额中分项子目内容已经在施工定额基础上做了某些综合，有些工程量计算规则也做了调整，因此，材料消耗量指标也有了变化。两种定额材料消耗量指标的差异主要有以下几个方面。

a. 施工定额材料消耗指标反映的是平均先进水平，预算定额中材料消耗量指标反映的是平均水平，二者水平差对主要材料是通过不同的损耗率来体现的，对周转材料可通过周转补损率和周转次数来体现。即编制预算定额时应采用比施工定额较大的损耗率，周转材料周转次数应按平均水平确定。

b. 预算定额的某些分项内容比施工定额的内容具有较大的综合性。例如某些地区预算定额一砖内墙砌体就综合了施工定额中的双面清水墙、单面清水墙和混水墙的用料，以及附属于内墙中的烟囱、孔洞等结构的加工材料。因此编制预算定额材料消耗量指标时应根据定额分项子目内容进行相应综合。

c. 有些项目在计算方法上不一致。例如模板用量的计算，在施工定额中模板用料指标是按照图示实际接触面用量加规定的损耗率来确定的，而预算定额的模板摊销量指标是以混凝土体积为单位，综合若干同类分项子目的模板消耗量进行加权平均求得的，它的数据较粗。由于结构形体和规格差异等致使预算定额模板消耗量指标与实际情况有较大差别。但从预算定额的长期多工程广泛使用来看，求其概率、定额数据还是接近实际数据的。

d. 对于某些具有尺寸规格要求的材料，预算定额的规定较笼统，有的不列规格，有的则只列主材规格，而施工定额规定必须按图示的不同规格分别计算，因此在编制材料消耗量指标时应区别对待。

e. 施工定额中一般是按材料品种、类型、规格逐项制定其损耗率，从而确定各项材料消耗量指标。预算定额是综合考虑每一分项子目的不同构造做法、不同施工方法的材料品种和消耗量指标。因此，预算定额的材料消耗量指标只能是一个近似于实际情况的数值。

以上只列举了预算定额和施工定额在确定材料消耗量方面的主要不同之处，其他方面的不同之处，不再详述。

② 预算定额主要材料消耗量的确定

主要材料消耗量＝材料净用量×(1＋损耗率)

【例 3.9】 现浇有梁板混凝土基础定额（5-417）材料消耗量的计算。

解： ① 有梁板混凝土用量

混凝土用量＝计算单位×(1＋损耗率)＝$10m^3$×(1＋1.5％)＝10.15(m^3)

② 有梁板草袋子用量

草袋子摊销量＝混凝土露明面积×摊销系数

式中，有梁板混凝土露明面积按取定的标准图计算得 36.63m^2，有梁板草袋子摊销系数取定为 0.3，则

草袋子用量＝36.63×0.3＝10.99(m^2)

③ 定额用水量　水冲洗搅拌机等按 $10m^3$ 混凝土用水 $2m^3$ 计算，冲洗石子按每 $10m^3$ 混凝土用水 $5m^3$ 计算，润湿模板按接触面积每 $100m^2$ 用水 $0.6m^3$ 计算需 $0.92m^2$，混凝土养护按外露面积每 $100m^2$ 用水 $6m^3$ 计算需 $2.2m^2$，水的损耗 15％。

则有梁板混凝土定额项目用水为 $12.04m^3$。

【例 3.10】 砖墙抹石灰砂浆两遍基础定额（11-1）材料消耗量的确定，定额计量单位 $100m^2$。抹石灰砂浆定额综合了以下内容。

① 内墙面抹石灰砂浆，门窗洞口侧面积增加 4％，墙面 1∶2 水泥砂浆护角，其护角面积系数取 1.56％，损耗率为 2％。

② 砖墙面先洒水润湿，用水量每 $100m^2$ 墙面按 $0.4m^3$ 取定。

③ 底层抹 1∶3 石灰砂浆 16mm 厚，损耗率 1％，并考虑 9％压实偏差系数。

④ 面层用纸筋石灰浆罩面 2mm 厚，损耗率为 1％，压实偏差系数为 5％。

⑤ 松厚板用于 3.6m 以下脚手架推销量，综合取定 $0.005m^3$。

消耗量计算公式：

石灰砂浆量＝计算单位×抹灰厚度×(1＋洞口侧壁面积系数－护角砂浆面积系数)×(1＋压实偏差系数＋砂浆损耗率)

护角砂浆量＝计算单位×抹灰厚度×护角面积系数×(1＋压实偏差系数＋砂浆损耗率)

具体计算过程如表 3-5 所示。

③ 预算定额周转材料消耗量的确定　周转材料消耗定额的编制与施工定额一样，也是按多次使用，分次摊销的方法计算。只是编制预算定额时，周转材料损耗率和周转次数应按平均水平确定，即应该采用比施工定额较大的损耗率和较小的周转次数。以模板工程为例，其材料消耗量确定方法如下。

表 3-5　砖墙抹灰材料消耗量表

材料名称	单位	计　算　式	定额用量
1∶3 石灰砂浆	m^3	$100m^2 \times 0.016m \times (1+4\%-1.56\%) \times (1+9\%+1\%)$	1.803
1∶2 水泥砂浆	m^3	$100m^2 \times 0.016m \times 1.56\% \times (1+9\%+2\%)$	0.028
纸筋石灰浆	m^3	$100m^2 \times 0.002m \times (1+4\%) \times (1+5\%+1\%)$	0.220
水	m^3	湿润砖墙面 $0.4m^3$＋冲洗搅拌机 $0.3m^3$	0.700
松厚板	m^3	取定	0.005

a. $组合式钢模版摊销量=\frac{一次使用量\times(1+施工损耗率)}{周转次数}$

一次使用量是指每 $100m^2$ 模板接触面积（现浇）或每 $10m^3$ 构件混凝土模板接触面积（预制），按选用的构件图纸，计算出应配备的模板所需要的材料量，再换算成以模板与混凝土每 $100m^2$ 接触面积所需用的模板材料量。

【例 3.11】 现浇有梁板组合钢模板定额（5-100）摊销量计算如表 3-6 所示。

表 3-6　现浇有梁板组合钢模板材料摊销量　　单位：$100m^2$

材 料 名 称	百平方米接触面积		周转次数/次	净摊销量	损耗率/%	定额摊销量
	一次使用量	单位				
工具式钢模板	3567	kg	50	71.34	1	72.05
木模板	0.275	m^3	5	0.055	5	0.058
留洞增加木模板	0.008	m^3		0.008		0.008
木支撑	1.276	m^3	10	0.128	5	0.134
木楔	0.116	m^3	2	0.058		0.058
零星卡具	691.2	kg	20	34.56	2	35.25
铁钉	1.667	kg		1.67	2	1.70
8# 铁丝	21.71	kg		21.71	2	22.14
草板纸 80#	取定	张	0.3 张/m^2×100			30.00
脱模隔离剂	取定	kg	0.1kg/m^2×100			10.00
1∶2 水泥砂浆块	取定	m^3	板 30×30×10×3 块＋梁 40×40×25			0.007
22# 铁丝	取定	kg				0.18
支撑钢管及扣件	6896.40	kg	120	57.47	1	58.04
梁卡具	297.50	kg	50	5.95	2	6.07

b. 木模板摊销量＝一次使用×(1＋施工损耗率)×摊销系数 K

式中，$摊销系数\ K=\frac{1+(周转次数-1)\times补损率-(1-补损率)\times 50\%}{周转次数}$

摊销系数、周转次数、补损率、制作损耗率已列入表3-7中，可直接查用。

表3-7 木模板周转次数和损耗率

名　称	周转次数/次	补损率/%	摊销系数K	施工损耗/%
圆柱	3	15	0.2917	5
异形梁	5	15	0.2350	5
整体楼梯阳台	4	15	0.2563	5
小型构件	3	15	0.2917	5
支撑、垫板	15	10	0.1300	5
木楔	2	33.3	0.500	5

(3) 预算定额机械台班消耗量计算　预算定额机械台班消耗量主要是根据施工定额或劳动定额中机械台班产量再增加一定的机械幅度差加以确定。机械台班幅度差是指在施工定额中没有包括，而在实际施工中又不可避免的机械停歇时间。其内容包括：机械转移工作面及配套机械相互影响损失的时间；工程开工或收尾时工作量不饱满所损失的时间；检查工程质量影响机械操作的时间；临时停机、停电影响机械操作的时间；机械维修引起的停歇时间、班组操作地点转移用工。

大型机械幅度差系数为：土方机械25%，打桩机械33%，吊装机械30%。砂浆、混凝土搅拌机以小组产量计算机械台班产量，不另增加机械幅度差。其他专用机械的幅度差为10%。

预算定额机械台班消耗量按下式计算：

预算定额机械台班消耗量＝施工定额机械台班用量×(1＋机械幅度差系数)

【例3.12】 基础定额中轨道式柴油打桩机打预制方桩，桩长12m以内定额（2-1）机械台班消耗量确定。定额综合取定12m内预制方桩体积为：

$0.25\times0.25\times6\text{m}=0.38\text{m}^3$，占20%

$0.30\times0.30\times8\text{m}=0.72\text{m}^3$，占40%

$0.35\times0.35\times10\text{m}=1.23\text{m}^3$，占20%

$0.35\times0.35\times12\text{m}=1.47\text{m}^3$，占10%

$0.40\times0.40\times10\text{m}=1.6\text{m}^3$，占10%

计算公式：$\text{打桩机定额台班}=\sum\left[\dfrac{\text{计量单位}\times\text{权数}}{\text{台班产量}\times\text{桩体积}}\times(1+\text{机械幅度差系数})\right]$

计算过程如表3-8所示。

表3-8 轨道式柴油打桩机桩长12m内定额台班计算表

方桩规格及体积/m³	劳动定额编号	台班产量/根	权数	计算量	幅度差	台班/10m³
0.25×0.25×6＝0.38	17-2-63	29.21	20%	10	1.33	0.24
0.30×0.30×8＝0.72	17-2-71	20.8	40%	10	1.33	0.356
0.35×0.35×10＝1.23	17-2-81	14.6	20%	10	1.33	0.149
0.35×0.35×12＝1.47	17-2-81	14.6	10%	10	1.33	0.062
0.40×0.40×10＝1.6	17-2-92	11.7	10%	10	1.33	0.071
定额台班	一级土，桩锤重2.5t					0.878

3.5 概算定额、概算指标和投资估算指标

3.5.1 概算定额

(1) 概算定额的概念　概算定额是在预算定额基础上确定的完成合格的扩大分项工程或

扩大结构构件所需消耗的人工、材料和机械台班的数量标准。

概算定额是预算定额的合并与扩大。它将预算定额中有联系的若干个分项工程项目综合为一个概算定额项目。如砖基础概算定额项目，就是以砖基础为主，综合了平整场地、挖地槽、铺设垫层、砌砖基础、铺设防潮层、回填土及运土等预算定额中分项工程项目。由于概算定额综合了若干分项工程的预算定额，因此，设计概算的编制，比编制施工图预算简化一些。

（2）概算定额的作用

① 是初步设计阶段编制概算、修正概算的主要依据。

② 是对设计项目进行技术经济分析的基础资料。

③ 是建设工程主要材料计划编制的依据。

④ 是编制概算指标的依据。

（3）概算定额的编制依据　概算定额的编制依据一般有：

① 现行的设计规范和建筑工程预算定额；

② 具有代表性的标准设计图纸和其他设计资料；

③ 现行人工工资标准、材料价格、机械台班单价及其他的价格资料。

（4）概算定额的编制步骤　概算定额的编制一般分准备、编制初稿和审查定稿三个阶段。

① 准备阶段　确定编制机构和人员组成，进行调查研究，了解现行概算定额执行情况和存在问题，明确编制的目的，制定概算定额的编制方案和确定概算定额的项目。

② 编制初稿阶段　根据已经确定的编制方案和概算定额的项目，收集整理各种编制依据，对各种资料进行深入细致的测算和分析，确定人工、材料和机械台班的消耗量指标，最后编制概算定额初稿。

③ 审查定稿阶段　测算概算定额水平，即测算新编制概算定额与原概算定额及现行预算定额之间的水平差。测算的方法既要分项进行测算，又要通过编制单位工程概算进行综合测算。概算定额经测算比较后，可报送国家授权机关审批。

3.5.2 概算指标

（1）概算指标的概念　建筑安装工程概算指标通常是以整个建筑物和构筑物为对象，以建筑面积、体积或成套设备装置的台组为计量单位而规定的人工、材料、机械台班的消耗量标准和造价指标。如 $100m^2$ 建筑面积人、材、机消耗量标准。因此概算指标比概算定额更加综合与扩大。

（2）概算指标的分类　概算指标可分为两大类：一类是建筑工程概算指标，包括一般土建工程概算指标、给排水工程概算指标、采暖工程概算指标、通信工程概算指标、电气照明工程概算指标；另一类是安装工程概算指标，包括机械设备安装工程概算指标、电气设备安装工程概算指标、工器具及生产家具购置费概算指标等。

（3）概算指标的组成内容　概算指标的组成内容一般分为文字说明、工程项目表以及必要的附录。文字说明一般包括概算指标的编制范围、编制依据、分册情况、指标包括的内容与未包括的内容、指标的使用方法、指标允许调整的范围及调整方法等。工程项目表包括工程特征、经济指标、构造内容及工程量指标等。

（4）概算指标的表现形式　概算指标在具体内容的表示方法上，分综合概算指标和单项概算指标两种形式。

① 综合概算指标。综合概算指标是按照工业或民用建筑及其结构类型而制定的概算指

标。综合概算指标的概括性较大，其准确性、针对性不如单项指标。

② 单项概算指标。单项概算指标是指为某种建筑物或构筑物而编制的概算指标。单项概算指标的针对性较强，只要工程项目的结构形式及工程内容与单项指标中的工程概况相吻合，编制出的设计概算就比较准确。

(5) 概算指标的编制依据

① 标准设计图纸和各类工程典型设计。

② 国家颁发的建筑标准、设计规范、施工规范等。

③ 各类工程造价资料。

④ 现行的概算定额或预算定额及补充定额。

⑤ 人工工资标准、材料预算价格、机械台班预算价格及其他价格资料。

(6) 概算指标的编制步骤

① 拟订工作方案，明确编制原则和方法，确定指标的内容及表现形式。

② 收集具有代表性的工程设计图纸、设计预算等资料，充分利用有使用价值的已经积累的工程造价资料。

③ 计算工程量和工、料、机消耗指标，可按不同类型工程划分项目计算。

④ 定额水平测算、审查定稿。

(7) 概算指标的应用 概算指标的应用比概算定额具有更大的灵活性。由于它是一种综合性很强的指标，不可能与拟建工程的建筑特征、结构特征、自然条件、施工条件完全一致，因此选用的指标与设计对象在各个方面应尽量一致或接近，不一致的地方要进行换算，以提高准确性。概算指标的应用一般有两种情况：

① 如果设计对象的结构特征与概算指标一致时，可以直接套用；

② 如果设计对象的结构特征与概算指标的规定局部不同时，要对指标的局部内容进行调整后再套用。

用概算指标编制工程概算，工程量的计算工作很小，也节省了大量的定额套用和工料分析工作，因此比用概算定额编制工程概算的速度要快，但是准确性差一些。

3.5.3 投资估算指标

(1) 投资估算指标概念 投资估算指标是以单项工程或建设项目为对象编制的，是确定项目单位生产能力所需投资额的一种技术经济指标，是编制项目投资估算的依据，也可以作为编制固定资产长远规划投资额的参考。

(2) 投资估算指标的编制原则 以投资估算指标为依据编制的投资估算，包含项目建设的全部投资额。这就要求投资估算指标比其他各种计价定额具有更大的综合性和概括性。

① 投资估算指标的分类、项目划分、项目内容、表现形式等要结合各专业的特点，并且要与项目建议书、可行性研究报告的编制深度相适应。

② 投资估算指标的编制内容，典型工程的选择，必须遵循国家有关建设方针政策，符合国家技术发展方向，使指标的编制既能反映现实的高科技成果，反映正常建设条件下的造价水平，也能适应今后若干年的科技发展水平。

③ 投资估算指标的编制要反映不同行业、不同项目和不同工程的特点。

④ 投资估算指标的编制要贯彻能分能合、有粗有细、细算粗编的原则，既能反映一个建设项目的全部投资及其构成，又要有各单项工程的投资标准，做到既能综合使用，又能个别分解使用。

⑤ 投资估算指标的编制要贯彻静态和动态相结合的原则。考虑到建设期价格、利息、

汇率等因素的变动，对投资估算的影响，给予必要的调整办法和调整参数。

(3) 投资估算指标的内容　投资估算指标的内容因行业不同而各异，一般分为建设项目综合指标、单项工程指标和单位工程指标三个层次。

① 建设项目综合指标　指按规定应列入建设项目总投资，从立项筹建开始至竣工验收交付使用的全部投资额，包括单项工程投资、工程建设其他费用和预备费等。

② 单项工程指标　指按规定应列入能独立发挥生产能力或使用效益的单项工程内的全部投资额，包括建筑工程费、安装工程费、设备、工器具及生产家具购置费和其他费用。

③ 单位工程指标　指按规定应列入能独立设计施工的单位工程的费用，即建筑安装工程费用。

(4) 投资估算指标的编制阶段划分

① 收集整理资料阶段　收集整理已建成或正在建设的，符合现行技术政策和技术发展方向、有可能重复采用的、有代表性的工程设计施工图、标准设计以及相应的竣工决算或施工图预算资料等，这些资料是编制工作的基础。对收集到的资料要进行认真的分析整理、归类，调整成编制年度的造价水平及相应比例。

② 平衡调整阶段　由于调查收集的资料来源不同，虽然经过一定的分析整理，难免会由于设计方案、建设条件和建设时间上的差异带来的某些影响，使数据失准或漏项等，必须对有关资料进行综合平衡调整。

③ 测算审查阶段　测算是将新编的指标和选定工程的概预算，在同一价格条件下进行比较，检验其“量差”的偏离程度是否在允许偏差的范围之内，如偏差过大，则要查找原因，进行修正，以保证指标的确切、实用。

第4章　工程量清单计价法

建设工程总造价主要由建筑安装工程费、设备工器具购置费、工程建设其他费等构成，工程估价的核心问题是确定建筑安装工程费，现行确定建筑安装工程费的方法是采用工程量清单计价法。

4.1　工程量清单计价法概述

4.1.1　工程量清单计价的概念及原理

（1）工程量清单计价的概念　工程量清单计价有广义与狭义之分。狭义的工程量清单计价是指由招标人提供工程量清单，投标人根据工程量清单和计价规范等自主填报清单项目综合单价，确定分部分项工程费、措施项目费、其他项目费、规费和税金等费用的过程。广义的工程量清单计价是指依照建设工程量清单计价规范等，通过市场手段确定建设工程施工全过程相关费用的活动，包括：工程量清单编制、工程量清单招标控制价编制、工程量清单投标报价编制、工程合同价款的约定、竣工结算的办理以及工程施工过程中工程计量与工程价款的支付、索赔与现场签证、工程价款的调整和工程计价争议处理等活动。

工程量清单计价法适用于建设工程的新建、扩建、改建项目。此处的建设工程包括建筑工程、装饰装修工程、安装工程、市政工程、园林绿化工程和矿山工程。

在工程造价计价活动中，工程量清单、招标控制价、投标报价、工程价款结算等所有的工程造价文件的编制与核对，以及施工过程中有关工程造价的工作，均应由具有相应资格的工程造价专业人员承担。造价专业人员应在其承担的工程造价业务文件上签字、加盖专用章，并承担相应的岗位责任。

（2）工程量清单计价的基本原理　从建筑安装工程造价形成过程看，工程量清单计价主要是解决分部分项工程费、措施项目费、其他项目费等的确定问题，基本原理如下。

① 分部分项工程费＝Σ（分部分项工程量×分部分项工程综合单价）

② 措施项目费＝Σ（措施项目工程量×措施项目综合单价）

或，措施项目费＝措施项目计算基数×相应措施项目费率

③ 其他项目费＝Σ（其他项目工程量×其他项目综合单价）

或，其他项目费＝其他项目费计算基础×其他项目费费率

④ 规费＝规费计算基础×费率

⑤ 税金＝税金计算基础×税率

⑥ 工程造价＝分部分项工程费＋措施项目费＋其他项目费＋规费＋税金

以上费用根据计算方法不同可分两类，一类是按清单项目工程量乘以综合单价确定，另一类是按规定的计算基础乘以相应费率确定。相对而言，计算工程量和确定综合单价的工作比较复杂，这是工程量清单计价的两个核心问题。

4.1.2　工程量清单计价法的适用范围

工程量清单计价法的适用范围，按投资来源划分为以下情况。

（1）使用国有资金投资的建设工程　国有资金投资的工程建设项目包括使用国有资金投资和国家融资投资的工程建设项目，不分工程建设规模，均必须采用工程量清单计价。

① 使用国有资金投资项目的范围包括：使用各级财政预算资金的项目；使用纳入财政管理的各种政府性专项建设基金的项目；使用国有企事业单位自有资金，并且国有资产投资者实际拥有控制权的项目。

② 国家融资项目的范围包括：使用国家发行债券所筹资金的项目；使用国家对外借款或者担保所筹资金的项目；使用国家政策性贷款的项目；国家特许的融资项目。

③ 国有资金为主的工程建设项目：指国有资金占投资总额50%以上，或虽不足50%但国有投资者实质上拥有控股权的工程建设项目。

（2）非国有资金投资的建设工程

① 对于非国有资金投资的工程建设项目，是否采用工程量清单方式计价由项目业主自主确定。但《建设工程工程量清单计价规范》鼓励采用清单计价方式。

② 当确定采用工程量清单计价时，则应执行工程量清单计价规范的规定。

（3）不采用工程量清单计价的建设工程　对于确定不采用工程量清单方式计价的非国有投资工程建设项目，除不执行工程量清单计价的专门性规定外，应执行工程量清单计价规范中工程价款调整、工程计量和价款支付、索赔与现场签证、竣工结算以及工程造价争议处理等内容。

4.1.3　工程量清单计价规范体系及特点

（1）计价规范体系组成　现行工程量清单计价规范体系由《建设工程工程量清单计价规范》（GB 50500）和相关的九个专业工程计量规范组成。九个专业工程计量规范分别是：《房屋建筑与装饰工程工程量计算规范》（GB 50854，代码01）；《仿古建筑工程工程量计算规范》（GB 50855，代码02）；《通用安装工程工程量计算规范》（GB 50856，代码03）；《市政工程工程量计算规范》（GB 50857，代码04）；《园林绿化工程工程量计算规范》（GB 50858，代码05）；《矿山工程工程量计算规范》（GB 50859，代码06）；《构筑物工程工程量计算规范》（GB 50860，代码07）；《城市轨道交通工程工程量计算规范》（GB 50861，代码08）；《爆破工程工程量计算规范》（GB 50862，代码09）。

（2）计价规范的特点

① 强制性。工程量清单计价规范是由建设主管部门按照强制性国家标准的要求批准发布的，是编制工程量清单、招标控制价、投标报价、计算工程量、支付工程款、调整合同价款、办理竣工结算以及工程索赔等的依据之一，为建立全国统一的建设市场和规范计价行为提供了依据。

② 竞争性。计价规范充分体现了工程造价由市场竞争形成价格的原则。按照计价规范规定的原则和方法进行投标报价，将报价权交给了企业，适应了市场竞争的需要。

③ 通用性。我国采用的工程量清单计价是与国际惯例接轨的，符合工程量计算方法标准化、工程量计算规则统一化、工程造价确定市场化的要求。

④ 实用性。新规范修订了原规范中不尽合理、可操作性不强的条款及表格格式，补充完善了工程量清单和招标控制价编制、合同价款约定以及工程计量与价款支付、工程价款调整、索赔、竣工结算、工程计价争议处理等内容，可操作性强，方便实用。

4.1.4　材料供应方式不同时的计价处理原则

（1）发包人提供材料和工程设备

① 发包人提供的材料和工程设备（简称甲供材料）应在招标文件中按规定填写《发包

人提供材料和工程设备一览表》，写明甲供材料的名称、规格、数量、单价、交货方式、交货地点等。

承包人投标时，甲供材料单价应计入相应项目的综合单价中，但在合同价款支付时，发包人应按合同约定扣除甲供材料款，不予支付。

② 承包人应根据合同工程进度计划的安排，向发包人提交甲供材料交货的日期计划。发包人应按计划提供。

③ 发包人提供的甲供材料如规格、数量或质量不符合合同要求，或由于发包人原因发生交货日期延误、交货地点及交货方式变更等情况的，发包人应承担由此增加的费用和（或）工期延误，并应向承包人支付合理利润。

④ 发承包双方对甲供材料的数量发生争议不能达成一致的，应按照相关工程的计价定额同类项目规定的材料消耗量计算。

⑤ 若发包人要求承包人采购已在招标文件中确定为甲供材料的，材料价格应由发承包双方根据市场调查确定，并应另行签订补充协议。

（2）承包人提供材料和工程设备

① 除合同约定的发包人提供的甲供材料外，合同工程所需的材料和工程设备应由承包人提供，承包人提供的材料和工程设备均应由承包人负责采购、运输和保管。

② 承包人应按合同约定将采购材料和工程设备的供货人及品种、规格、数量和供货时间等提交发包人确认，并负责提供材料和工程设备的质量证明文件，满足合同约定的质量标准。

③ 对承包人提供的材料和工程设备经检测不符合合同约定的质量标准，发包人应立即要求承包人更换，由此增加的费用和（或）工期延误应由承包人承担。对发包人要求检测承包人已具有合格证明的材料、工程设备，但经检测证明该项材料、工程设备符合合同约定的质量标准，发包人应承担由此增加的费用和（或）工期延误，并向承包人支付合理利润。

4.1.5 工程量清单计价风险的分担原则

（1）工程计价风险分担的总原则　风险是一种客观存在的、可能会带来损失的、不确定的状态，具有客观性、损失性、不确定性三大特性。在工程施工阶段，发承包双方都面临许多风险，但不是所有的风险以及无限度的风险都应由承包人承担，而是应按风险共担的原则，对风险进行合理分摊。其总原则为：建设工程发承包，必须在招标文件、合同中明确计价中的风险内容及其范围，不得采用无限风险、所有风险或类似语句规定计价中的风险内容及范围。

（2）发包人应承担的计价风险　由于下列因素出现，影响合同价款调整的，应由发包人承担。

① 国家法律、法规、规章和政策发生变化。国家法律法规发生变化影响合同价款时，应由发包人承担，此类变化主要反应在规费、税金上。

② 省级或行业建设主管部门发布的人工费调整。但承包人对人工费或人工单价的报价高于发布的除外。

各地建设主管部门根据当地人力资源社会保障部门的有关规定发布人工成本信息或人工费调整，对此类的人工费调整不应由承包人承担。

③ 由政府定价或政府指导价管理的原材料价格进行的调整。目前，我国仍有一些原材料价格实行政府定价或政府指导价，如水、电、燃油价等。按照《中华人民共和国合同法》

第六十三条规定："执行政府定价或者政府指导价的，在合同约定的交付期限内政府价格调整时，按照交付时的价格计价。逾期交付标的物的，遇价格上涨时，按照原价格执行；价格下降时，按照新价格执行。逾期提取标的物或者逾期付款的，遇价格上涨时，按照新价格执行；价格下降时，按照原价格执行。"

④ 发包人应承担的市场物价波动的风险范围。发承包双方应在合同中约定市场物价波动的调整范围。一般而言，材料价格变化在5%以上，施工机械台班单价发生变化超过10%以上或超过省级工程造价管理机构规定的范围时，发包方应予以调整。

⑤ 由于非承包人原因导致工期延误的，采用不利于发包人的原则调整合同价款。

⑥ 当不可抗力发生，影响合同价款时，属于业主财产及已完工程工程款（包括成本、利润等），由业主承担风险，工期顺延。

(3) 承包人应承担的计价风险

① 由于承包人使用机械设备、施工技术以及组织管理水平等自身原因造成施工费用增加的，应由承包人全部承担。

由于承包人组织施工的技术方法、管理水平低下造成的管理费用超支或利润减少的风险全部由承包人承担。

② 承包人应承担的市场物价波动的风险范围。由于市场物价波动影响合同价款的，应由发承包双方合理分摊。承包方承担的材料价格变化风险宜控制在5%以内，施工机械台班单价变化风险宜控制在10%以内或省级工程造价管理机构规定的变化范围内。

施工机械使用费变化未超过省级建设主管部门或其授权的工程造价管理机构规定的范围以内的风险。

③ 由于承包人原因导致工期延误的，采用不利于承包人的原则调整合同价款。

④ 当不可抗力发生，影响合同价款时，施工方自有的机械设备、财产损失、停工窝工损失等与计价有关的风险，施工方自行承担，工期顺延。

4.2 工程量清单的编制

4.2.1 工程量清单的概念

工程量清单是载明建设工程分部分项工程项目、措施项目、其他项目的名称和相应数量以及规费、税金项目等内容的明细清单。

在建设工程发承包及实施过程的不同阶段，又可分别称为"招标工程量清单"、"已标价工程量清单"等。

招标工程量清单指招标人依据国家标准、招标文件、设计文件以及施工现场实际情况编制的，随招标文件发布供投标人投标报价的工程量清单，包括其说明和表格。

已标价工程量清单指构成合同文件组成部分的投标文件中已标明价格，经算术性错误修正（如有）且承包人已确认的工程量清单，包括其说明和表格。

招标工程量清单应由具有编制能力的招标人或受其委托、具有相应资质的工程造价咨询人依据《建设工程量清单计价规范》，国家或省级、行业建设主管部门颁发的计价依据和办法，招标文件的有关要求，设计文件，与建设工程项目有关的标准、规范、技术资料和施工现场实际情况等进行编制。

招标工程量清单必须作为招标文件的组成部分，其准确性和完整性应由招标人负责。如招标人委托工程造价咨询人或招标代理人编制，其责任仍应由招标人承担。至于因为工程造价咨询人或招标代理人的错误应承担什么责任，则应由招标人与工程造价咨询人或招标代理人通过合同约定处理或协商解决。

投标人依据工程量清单进行投标报价，对工程量清单不负有核实的义务，更不具有修改和调整的权力。中标人与招标人签订工程施工合同后，在履约过程中发现工程量清单漏项或错算，引起合同价款调整的，应由发包人（招标人）承担。

4.2.2 工程量清单的组成及作用

（1）工程量清单的组成　招标工程量清单应以单位（或单项）工程为对象编制，由分部分项工程项目清单、措施项目清单、其他项目清单、规费和税金项目清单组成。

（2）工程量清单的作用

① 工程量清单是工程计价的基础，是编制招标控制价、投标报价、计算工程量、支付工程款、调整合同价款、办理竣工结算以及工程索赔等的依据之一。

② 招标文件中工程量清单所列的工程量一方面是各投标人进行投标报价的共同基础，另一方面也是对各投标人的投标报价进行评审的共同平台，是招投标活动遵循公开、公平、公正和诚实、信用原则的具体体现。

4.2.3 工程量清单的编制依据

工程量清单的编制依据有：

① 建设工程工程量清单计价规范和相关工程的国家计量规范；

② 国家或省级、行业建设主管部门颁发的计价定额和办法；

③ 建设工程设计文件及相关资料；

④ 与建设工程有关的标准、规范、技术资料；

⑤ 拟定的招标文件；

⑥ 施工现场情况、地勘水文资料、工程特点及常规施工方案；

⑦ 其他相关资料。

4.2.4 分部分项工程项目清单的编制

（1）分部分项工程项目清单的组成要件　分部分项工程项目清单必须载明项目编码、项目名称、项目特征、计量单位和工程量。这五个要件在分部分项工程项目清单中缺一不可。

分部分项工程项目清单必须根据相关工程现行国家计量规范规定的项目编码、项目名称、项目特征、计量单位和工程量计算规则进行编制。

（2）分部分项工程量清单项目编码的设置

① 项目编码是分部分项工程量清单项目名称的数字标识。项目编码应采用十二位阿拉伯数字表示。一至九位应按规定设置，十至十二位应根据拟建工程的工程量清单项目名称设置。各位数字的含义是：一至二位为工程分类顺序码，如 01 表示房屋建筑与装饰工程、02 表示仿古建筑工程、03 表示通用安装工程、04 表示市政工程、05 表示园林绿化工程、06 表示矿山工程、07 表示构筑物工程、08 表示城市轨道交通工程、09 表示爆破工程；三至四位为专业工程顺序码，如 01 表示土石方工程、02 表示地基处理与边坡支护工程、03 表示桩基工程、04 表示砌筑工程、05 表示钢筋混凝土工程等；五至六位为分部工程顺序码，如 01 表示土方工程、02 表示石方工程、03 表示回填工程等；七至九位为分项工程项目名称顺序码，如 001 表示平整场地、002 表示挖一般土方、003 表示挖沟槽土方等；十至十二位为清单项目名称顺序码，如 001 可表示 120mm 空心砖内墙、002 可表示 240mm 空心砖外墙、003 可表示 240mm 空心砖内墙。各级编码代表的含义见图 4-1。

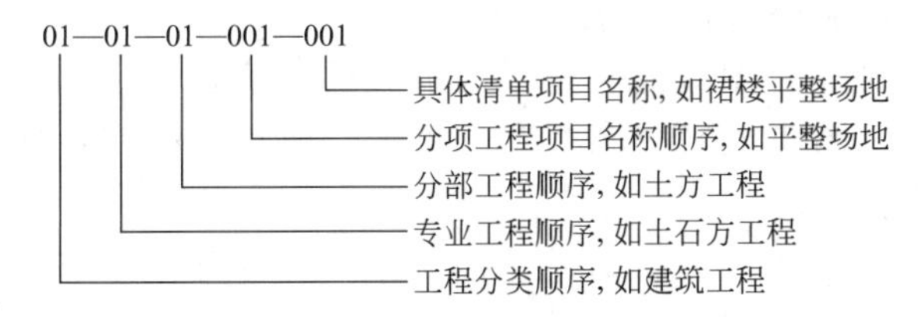

图4-1　工程量清单项目编码设置示意图

② 同一招标工程的项目编码不得有重码。当同一标段（或合同段）的一份工程量清单中含有多个单位工程且工程量清单是以单位工程为编制对象时，应特别注意对项目编码十至十二位的设置不得有重码。例如一个合同段的工程量清单中含有三个单位工程，每一个单位工程中都有项目特征相同的实心砖墙砌体，在工程量清单中又需反映三个不同单位工程的实心砖墙砌体工程量时，此时工程量清单应以单位工程为编制对象，则第一个单位工程的实心砖墙的项目编码应为010302001001，第二个单位工程的实心砖墙的项目编码应为010302001002，第三个单位工程的实心砖墙的项目编码应为010302001003，并分别列出各单位工程实心砖墙的工程量。

(3) 分部分项工程量清单项目名称的确定　分部分项工程量清单项目名称应按计价规范的项目名称结合拟建工程的实际情况确定。如平整场地、挖基础土方、实心砖墙、混凝土灌注桩、排水管安装等。

(4) 分部分项工程量清单项目特征的确定

① 项目特征的概念。项目特征是指构成分部分项工程量清单项目、措施项目自身价值的本质特征。项目特征的描述，应结合拟建工程的实际要求，以能满足确定综合单价的需要为前提。

② 描述项目特征的意义。

a. 项目特征是区分清单项目的依据。项目特征是分部分项工程实质内容的表述，是区分同一清单条目下各个具体清单项目的依据。没有项目特征的准确描述，对于相同或相似的清单项目名称，就无从区分。

b. 项目特征是确定综合单价的前提。项目特征决定了工程的实质内容，项目特征描述准确与否，直接关系到清单项目综合单价的确定。

c. 项目特征是履行合同义务的基础。工程量清单及其综合单价是施工合同的组成部分，如果项目特征描述不清甚至漏项、错误，会导致分歧和纠纷的产生。

当然，由于种种原因，对同一个清单项目，由不同的人进行编制，会有不同的描述，但体现项目本质区别的特征和对报价有实质影响的内容必须描述清楚。

③ 项目特征与工程内容的区别。项目特征与工程内容是两个不同性质的规定。

a. 项目特征必须描述，因为其直接决定工程的价值。例如实心砖墙项目，必须描述砖的品种、规格、强度等级，还必须描述墙体的厚度、类型、是否勾缝、砂浆的种类、配合比和强度等级，因为其中任何一项都会影响其综合单价的确定。

b. 工程内容无需描述，因为其主要讲的是操作程序。例如实心砖墙工程内容中的“砂浆制作、运输，砌砖，勾缝等”就不必描述。因为，发包人没必要指出承包人要完成实心砖墙的砌筑还需要制作、运输砂浆，还需要砌砖、勾缝等。

另外，实心砖墙的“项目特征”及“工程内容”栏内均包含有勾缝，但两者的性质完全不同。前者体现的是砖墙的特征，是个名词，后者表述的是操作工序，是个动词。因此，如果需要勾缝，就必须在项目特征中描述，而不能以工程内容中已有而不描述，否则，将视为清单项目漏项，施工中可能会引起索赔。

c. 对采用标准图集或施工图纸能够全部或部分满足项目特征描述要求的，项目特征描述可直接采用“详见××图集或××图号”的方式。但对不能满足项目特征描述要求的部分，仍应用文字描述进行补充。

(5) 分部分项工程量清单项目计量单位的确定　分部分项工程量清单的计量单位应按规定的计量单位确定，当计量单位有两个或两个以上时，应根据所编工程量清单项目的特征要求，选择最适宜表现该项目特征并方便计量的单位。例如计价规范对门窗工程的计量单位已修订为“樘、m^2”两个计量单位，实际工作中，应选择最适宜，最方便计量的单位来表示。

工程量计量单位应采用基本单位，除另有特殊规定外，按以下单位计量：

以重量计算的项目，吨或千克（t或kg）；

以体积计算的项目，立方米（m^3）；

以面积计算的项目，平方米（m^2）；

以长度计算的项目，米（m）；

以自然计量单位计算的项目，个、套、块、组、台、樘等；

没有具体数量的项目，系统、项等。有特殊计量单位的，另附说明。

(6) 分部分项工程量清单项目工程量有效位数的确定　分部分项工程量清单项目工程量的有效位数应遵守下列规定：

① 以吨为计量单位的应保留小数点三位；

② 以立方米、平方米、米、千克为计量单位的应保留小数点二位；

③ 以项、套、个、组等为计量单位的应取整数。

(7) 分部分项工程量清单补充项目的编制　编制工程量清单出现计价规范附录中未包括的项目，应编制补充项目。

① 补充项目的编码由九个专业工程计量规范的代码与B和三位阿拉伯数字组成，并应从（01～09）B001起顺序编制，同一招标工程的项目不得重码。如表4-1为某隔墙补充项目示例表。

② 在工程量清单中应附补充项目的项目名称、项目特征、计量单位、工程量计算规则和工作内容。

③ 将编制的补充项目报省级或行业工程造价管理机构备案。

表4-1　M.11隔墙（编码：011211）

项目编码	项目名称	项目特征	计量单位	工程量计算规则	工作内容
01B001	成品GRC隔墙	1. 隔墙材料品种、规格 2. 隔墙厚度 3. 嵌缝、塞口材料品种	m^2	按设计图示尺寸以面积计算，扣除门窗洞口及单个≥0.3 m^2孔洞所占面积	1. 骨架及边框安装 2. 隔板安装 3. 嵌缝、塞口

(8) 分部分项工程工程数量的计算　工程数量主要是按照设计文件和现行工程量计算规则确定。工程量计算规则是指对清单项目工程量的计算规定，除另有说明外，所有清单项目的工程量应以实体工程为准，并以完成后的净值计算；编制投标报价时，应在单价中考虑施工中的各种损耗和需要增加的工程量。

4.2.5 措施项目清单的编制

(1) 措施项目的概念　措施项目指为完成工程项目施工，发生于该工程施工准备和施工过程中的技术、生活、安全、环境保护等方面的项目。一般来说，措施项目费用的发生和金额的大小与使用时间、施工方法或者两个以上工序相关，与实际完成的实体工程量的多少关系不大。如大中型施工机械进出场及安拆费，文明施工和安全防护及临时设施费等。

（2）措施项目的分类　计量规范将措施项目划分为两类：一类是不能计算工程量的措施项目，如文明施工和安全防护、临时设施等，就以项计价，称为总价措施项目；另一类是可以计算工程量的项目，如脚手架、防水工程等，就以量计价，称为单价措施项目。房屋建筑工程措施项目清单如表 4-2 所示。

表 4-2　措施项目清单分类

类别	序号	项目编码	项目名称
总价措施项目	1	011707001	安全文明施工
	2	011707002	夜间施工
	3	011707003	非夜间施工照明
	4	011707004	二次搬运
	5	011707005	冬雨季施工
	6	011707006	地上地下设施、建筑物临时保护设施
	7	011707007	已完工程及设备保护
单价措施项目	1	011701	脚手架工程
	2	011702	混凝土模板及支架
	3	011703	垂直运输
	4	011704	超高施工增加
	5	011705	大型机械设备进出场及安拆
	6	011706	施工排水、降水

（3）措施项目清单列项要求

① 措施项目的内容已列入房屋建筑与装饰工程、园林绿化工程、通用安装工程等相关工程的国家计量规范，因此，措施项目清单必须根据相关工程现行国家计量规范的规定编制。

② 鉴于工程施工特点和承包人的施工装备水平、施工方案及其管理水平的差异，同一工程、不同承包人组织施工采用的施工措施有时并不完全一致，因此，措施项目清单应根据拟建工程的实际情况列项。也就是说，招标人提出的措施项目清单是根据一般情况确定的，没有考虑不同施工方案的差异，投标人可根据自己的施工方案和管理水平对招标人提供的措施项目进行调整。

③ 由于影响措施项目设置的因素很多，相关工程的国家计量规范不可能将施工中可能出现的措施项目全部列出，如出现计量规范未列的措施项目，可根据工程的具体情况对措施项目清单做补充，补充项目的编码、格式等应符合规范规定。

④ 投标人清单一经报出，即被认为是包括了所有应该发生的措施项目的全部费用。如果报出的清单中没有列项，且施工中又必须发生的项目，业主有权认为，其已经综合在分部分项工程量清单的综合单价或其他措施项目中。将来措施项目发生时，投标人不得以任何借口提出索赔与调整。

⑤ 措施项目清单的设置、项目特征的描述、计量单位、工作内容及包含范围应符合计量规范的要求。措施项目编码亦采用十二位阿拉伯数字表示，与分部分项工程项目清单编码

方法基本一样。

（4）措施项目清单的编制方式　措施项目清单的编制根据能否计算工程量分为两种情况：单价措施项目清单和总价措施项目清单。

① 单价措施项目，能计算工程量的措施项目清单，宜采用综合单价的方式编制，必须列出项目编码、项目名称、项目特征、计量单位和工程量计算规则。其清单格式如表 4-3 所示。

表 4-3　单价措施项目清单与计价表

序号	项目编码	项目名称	项目特征	计量单位	金额	
					单价	全价
1	011701001001	综合脚手架	1. 结构形式:框架 2. 檐口高度:60m	m^2		
2	011701002001	外脚手架	…	…		
3	…	…				

② 总价措施项目，不能计算工程量的措施项目清单，必须按规范列出项目编码、项目名称、计算方法，不必描述项目特征、确定计量单位。其清单格式如表 4-4 所示。

表 4-4　总价措施项目清单与计价表

序号	项目编码	项目名称	计算基础	费率	金额	调整费率	调整后金额
1	011707001001	安全文明施工					
2	011707002001	夜间施工					
3	…	…					

4.2.6　其他项目清单的编制

（1）其他项目清单的项目组成　其他项目清单宜按照“暂列金额；暂估价；计日工；总承包服务费”等内容列项。若有不足部分，编制人可根据工程的具体情况进行补充。

① 暂列金额。暂列金额是指招标人在工程量清单中暂定并包括在合同价款中的一笔款项。用于工程合同签订时尚未确定或者不可预见的所需材料、工程设备、服务的采购，施工中可能发生的工程变更、合同约定调整因素出现时的合同价款调整以及发生的索赔、现场签证等确认的费用。

暂列金额的性质：包括在签约合同价之内，但并不直接属承包人所有，而是由发包人暂定并掌握使用的一笔款项。只有按照合同约定程序实际发生后，才能成为中标人的应得金额，纳入合同结算价款中。扣除实际发生金额后的暂列金额余额仍属于招标人所有。

暂列金额的用途：a. 由发包人用于在施工合同协议签订时尚未确定或者不可预见的在施工过程中所需材料、工程设备、服务的采购；b. 由发包人用于施工过程中合同约定的各种合同价款调整因素出现时的合同价款调整以及索赔、现场签证确认的费用；c. 其他用于该工程并由发承包双方认可的费用。

设立暂列金额并不能保证不会出现结算价超过合同价格的情况，是否超出合同价格完全取决于工程量清单编制人对暂列金额预测的准确性，以及工程建设过程是否出现了其他事先未预测到的事件。

② 暂估价。暂估价是指招标人在工程量清单中提供的用于支付必然发生但暂时不能确定价格的材料、工程设备的单价以及专业工程的金额。包括材料暂估单价、专业工程暂估价。一般而言，为方便合同管理和投标人组价，a. 材料暂估价应以材料、设备费形式纳入分部分项工程量清单项目综合单价中；b. 专业工程的暂估价应是综合暂估价，包括除规费、税金以外的管理费、利润等。

暂估价是在招标阶段预见肯定要发生，只是因为标准不明确或者需要由专业承包人完成，暂时又无法确定具体价格时采用的一种价格形式。采用这种价格形式，对施工招标阶段中一些无法确定价格的材料、设备或专业工程分包提出了具有操作性的解决办法。

③ 计日工。计日工是对承包人完成发包人提出的工程合同范围以外的零星项目或工作采取的一种计价方式，包括完成该项工作的人工、材料、施工机械台班。计日工适用的所谓零星项目或工作一般是指合同约定之外或者因变更而产生的、工程量清单中没有相应项目的额外工作，尤其是那些无法事先商定价格的额外工作。计日工为额外工作和变更的计价提供了一个方便快捷的途径，计价时，a. 计日工的单价由投标人通过投标报价确定；b. 计日工的数量按完成发包人发出的计日工指令的数量确定，竣工时按实结算。

由于计日工是用于一些额外工作，缺少计划性，在资源调动方面会影响已经计划好的工作，生产效率也有一定的降低。因此，计日工单价水平一般高于工程量清单的价格水平。为了获得合理的计日工单价，计日工表中一定要给出暂定数量，并且需要根据经验，尽可能估算一个比较贴近实际的数量。

④ 总承包服务费。总承包服务费是指总承包人为配合协调发包人进行的专业工程发包，对发包人自行采购的材料、工程设备提供保管以及施工现场管理、竣工资料汇总整理等服务所需的费用。

总承包服务费的性质：由发包人支付给总承包人因发包人原因产生的协调服务费。承包人进行的专业分包或劳务分包不在此列。

总承包服务费的用途：a. 当招标人在法律、法规允许的范围内对专业工程进行发包，要求总承包人进行协调服务；b. 发包人自行采购供应部分材料、工程设备时，要求总承包人提供收、发和保管等相关服务。

（2）其他项目清单的编制方法　其他项目清单形式如表 4-5 所示，其编制时应注意：

表 4-5　其他项目清单与计价汇总表

序号	项目名称	计量单位	金额	备注
1	暂列金额			
2	暂估价			
2.1	材料暂估价			
2.2	专业工程暂估价			
3	计日工			
4	总承包服务费			
5	索赔与现场签证			计价时填写
合计				

① 暂列金额表由招标人填写，应详列项目名称、计量单位、暂定金额等。如不能详列，也可只列暂定金额总额，投标人应将上述暂定金额计入投标总价中。

② 材料暂估单价表由招标人填写，并在备注栏说明暂估价的材料、工程设备拟用在哪些清单项目上，投标人应将上述材料、工程设备暂估单价计入相应的工程量清单项目综合单价报价中。专业工程暂估价由招标人填写，投标人应将暂估金额计入投标总价中，结算时按合同约定金额填写。

③ 计日工表中的项目名称、数量由招标人填写，编制招标控制价时，单价由招标人按有关计价规定确定；编制投标报价时，单价由投标人自主报价，按暂定数量计算合价计入投标总价中。结算时，按发承包双方确定的实际数量计算合价。

④ 总承包服务费中，项目名称、服务内容由招标人填写，编制招标控制价时费率及金额由招标人按有关计价规定确定；投标时，费率及金额由投标人自主报价，计入投标总价中。

⑤ 出现清单计价规范中未列的项目，可根据工程实际情况补充，如可将索赔、现场签证列入其他项目中。

4.2.7 规费项目清单的编制

规费是根据国家法律、法规规定，由省级政府或省级有关权力部门规定施工企业必须缴纳的，应计入建筑安装工程造价的费用。规费项目清单应按照下列内容列项。

① 社会保险费，包括养老保险费、失业保险费、医疗保险费、工伤保险费、生育保险费。

② 住房公积金，是指企业按规定标准为职工缴纳的住房公积金。

③ 工程排污费，是指按规定缴纳的施工现场工程排污费。

说明：按照2013年计价规范，从事危险作业的职工意外伤害保险，另在企业管理费中列支。工程定额测定费从2009年1月1日起取消，停止征收。

规费由施工企业根据省级政府和省有关权力部门的规定进行缴纳，但在工程建设项目施工中的计取标准和办法由国家及省级建设行政主管部门依据省级政府和省有关权力部门的相关规定制定。政府和有关权力部门可根据形势发展的需要，对规费项目进行调整。

规费项目清单与计价见表4-6。

表4-6 规费、税金项目清单与计价表

序号	项目名称	计算基础	费率/%	金额/元
1	规费			
1.1	社会保险费			
(1)	养老保险费			
(2)	失业保险费			
(3)	医疗保险费			
(4)	工伤保险费			
(5)	生育保险费			
1.2	住房公积金			
1.3	工程排污费			
2	税金			
合计				

4.2.8 税金项目清单的编制

目前按规定应计入建筑安装工程造价内的税种包括增值税，以及城市维护建设税、教育费附加、地方教育附加和河道管理费等附加税费。

随着国家税务部门依据职权对税种进行调整，税金项目清单也应进行相应调整。例如，建筑业实行营改增后，许多地方将城市维护建设税、教育费附加和地方教育附加等纳入企业管理费中。

税金项目清单应包括以下内容：

① 增值税；

② 城市维护建设税；

③ 教育费附加；

④ 地方教育费附加。

税金项目清单见表 4-6。

4.3 工程量清单项目的计价

工程量清单计价主要是确定建筑安装工程费，建筑安装工程费用按工程造价形成顺序划分为分部分项工程费、措施项目费、其他项目费、规费和税金五部分。

4.3.1 分部分项工程费的确定

分部分项工程费的确定取决于两个方面：其一，计算分部分项工程工程量；其二，是确定分部分项工程综合单价。计算公式：

$$分部分项工程费=\sum(分部分项工程量\times分部分项工程综合单价)$$

其中，分部分项工程量应根据工程施工图纸、施工方案、相关专业工程计量规范，如《房屋建筑与装饰工程工程量计算规范》、《仿古建筑工程工程量计算规范》等，按分部分项工程的实体数量计算，具体方法见清单工程量计算。分部分项工程综合单价由人工费、材料费、机械费、管理费和利润组成，确定方法后述。

4.3.2 措施项目费的确定

措施项目清单计价应根据拟建工程的施工组织设计，可以计算工程量的措施项目，如脚手架工程、混凝土模板及支架、垂直运输、超高施工增加、大型机械设备进出场及安拆、施工降排水，应以量计价，即单价措施项目。不能计算工程量的措施项目，如安全文明施工费、夜间施工增加费、二次搬运费、冬雨季施工增加费、已完工程及设备保护费等，可按项计价，即总价措施项目。

(1) 计量规范规定应予计量的单价措施项目费确定

$$措施项目费=\sum(措施项目工程量\times综合单价)$$

(2) 计量规范规定不宜计量的总价措施项目费确定

① 安全文明施工费

$$安全文明施工费=计算基数\times安全文明施工费费率$$

② 夜间施工增加费

$$夜间施工增加费=计算基数\times夜间施工增加费费率$$

③ 二次搬运费

$$二次搬运费=计算基数\times二次搬运费费率$$

④ 冬雨季施工增加费

冬雨季施工增加费=计算基数×冬雨季施工增加费费率

⑤ 已完工程及设备保护费

已完工程及设备保护费=计算基数×已完工程及设备保护费费率

(3) 相关问题说明

①《建设工程工程量清单计价规范》3.1.5规定：措施项目中的安全文明施工费必须按国家或省级、行业建设主管部门的规定计算，不得作为竞争性费用。

② 不宜计量的措施项目费的计算基数可为（分部分项工程费+可以计量的措施项目费）、或（人工费+机械费）、或人工费。

③ 不宜计量的措施项目费率由工程造价管理机构根据各专业工程的特点综合确定，作为招投标计价参考依据。

④ 除不可竞争性费用外，措施项目费由投标人根据工程特点、施工组织设计等自主确定。

⑤ 不宜计量的措施项目费率根据其计算基础不同，测算公式不同，如以计算基础是分部分项工程费为例，测算公式：

$$\text{某措施项目费费率}=\frac{\text{本项费用年度平均支出}}{\text{全年建安产值}\times\text{分部分项工程费占总造价比例}}$$

4.3.3 其他项目费的确定

其他项目费包括暂列金额、暂估价、计日工和总承包服务费。

(1) 暂列金额　暂列金额由建设单位根据工程特点，按有关计价规定估算，施工过程中由建设单位掌握使用、扣除合同价款调整后如有余额，归建设单位。根据工程的复杂程度、设计深度、工程环境条件（包括地质、水文、气候条件等）等不同，暂列金额一般可按分部分项工程费的10%～15%作为参考。投标时，暂列金额应按照其他项目清单中列出的金额填写，不得变动。

(2) 暂估价　暂估价包括材料暂估价和专业工程暂估价。招标人在工程量清单中提供了暂估价的材料和专业工程属于依法必须招标的，由承包人和招标人共同通过招标确定材料单价与专业工程分包价。若材料不属于依法必须招标的，材料暂估单价应按工程造价管理机构发布的工程造价信息中的材料单价计算，工程造价信息未发布的材料单价，其单价参考市场价格，经发、承包双方协商确认单价后计价。若专业工程不属于依法必须招标的，专业工程金额应分不同专业，由发包人、总承包人与分包人按有关计价依据进行计价。投标时，暂估价不得变动和更改。

(3) 计日工　计日工由建设单位和施工企业按施工过程中的签证计价。计日工包括计日工人工、材料和施工机械。在编制招标控制价时，对计日工中的人工单价和施工机械台班单价应按省级、行业建设主管部门或其授权的工程造价管理机构公布的单价计算；材料应按工程造价管理机构发布的工程造价信息中的材料单价计算，工程造价信息未发布材料单价的材料，其价格应按市场调查确定的单价计算。投标时，计日工应按照其他项目清单列出的项目和估算的数量，自主确定各项综合单价，并计算费用。

(4) 总承包服务费　总承包服务费由建设单位在招标控制价中根据总包服务范围和有关计价规定编制，施工企业投标时自主报价，施工过程中按签约合同价执行。

编制招标控制价时，总承包服务费应按照省级或行业建设主管部门的规定计算，下述标准可供参考。

① 招标人仅要求对分包的专业工程进行总承包管理和协调时，按分包的专业工程估算

造价的 1.5%计算。

② 招标人要求对分包的专业工程进行总承包管理和协调，并同时要求提供配合服务时，根据招标文件列出的配合服务内容和提出的要求，按分包的专业工程估算造价的 3%～5%计算。

③ 招标人自行供应材料的，按招标人供应材料价值的 1%计算。

投标时，总承包服务费应依据招标人在招标文件中列出的分包专业工程内容和供应材料、设备情况，按照招标人提出的协调、配合与服务要求和施工现场管理的需要自主确定。

4.3.4　规费的确定

规费是政府和有关部门规定必须缴纳的费用，不得作为竞争性费用。

(1) 社会保险费

① 养老保险费。用人单位和劳动者必须依法参加社会保险，缴纳社会保险费。企业缴纳基本养老保险费的比例，一般不得超过企业工资总额的 20%，具体比例由省、自治区、直辖市人民政府确定。个人缴纳基本养老保险费的比例，不得低于本人缴费工资的 8%。

② 失业保险费。城镇企业事业单位按照本单位工资总额的 2%缴纳失业保险费。城镇企业事业单位职工按照本人工资的 1%缴纳失业保险费。城镇企业事业单位招用的农民合同制工人本人不缴纳失业保险费。

③ 医疗保险费。基本医疗保险费由用人单位和职工个人共同缴纳。用人单位缴费应控制在职工工资总额的 6%左右，职工一般为本人工资收入的 2%。随着经济发展，用人单位和职工缴费率可作相应调整。

④ 生育保险费。生育保险是在职业妇女因生育子女而暂时中断劳动时由国家和社会及时给予生活保障和物质帮助的一项社会保险制度。主要包括两项：一是生育津贴；二是生育医疗待遇。适用对象职工应当参加生育保险，由用人单位按照国家规定缴纳生育保险费，职工不缴纳生育保险费。

⑤ 工伤保险费。为了保障因工作遭受事故伤害或者患职业病的职工获得医疗救治和经济补偿，促进工伤预防和职业康复，分散用人单位的工伤风险，用人单位应当依照《工伤保险条例》(国务院令第 586 号) 规定参加工伤保险，为本单位全部职工或者雇工缴纳工伤保险费。

(2) 住房公积金　职工和单位住房公积金的缴存比例均不得低于职工上一年度月平均工资的 5%；有条件的城市，可以适当提高缴存比例。具体缴存比例由住房公积金管理委员会拟订，给本级人民政府审核后，报省、自治区、直辖市人民政府批准。

(3) 工程排污费　工程排污费等其他应列而未列入的规费应按工程所在地环境保护等部门规定的标准缴纳。按实计取。

(4) 规费计算方法　根据规费的计费基础不同，计算方法不同，一般计算公式如下：

规费＝(分部分项工程费＋措施项目费＋其他项目费)×规费费率

或，社会保险费＝Σ(人工费×社会保险费率)

住房公积金＝Σ(人工费×住房公积金费率)

式中，社会保险费和住房公积金费率可以每万元发承包价的生产工人人工费和管理人员工资含量与工程所在地规定的缴纳标准综合分析取定。工程排污费按实计取。

4.3.5　税金的确定

工程计价时，建筑安装工程税金不得作为竞争性费用，按规定计取。主要包括增值税和附加税。

4.3.5.1 增值税的确定

建筑安装工程增值税的计税方法，包括一般计税法和简易计税法。

一般纳税人提供建筑服务的，适用一般计税方法计税；小规模纳税人提供建筑服务的，适用简易计税方法计税。其中，一般纳税人为甲供材工程或者以清包工方式提供建筑服务的，可以选择简易计税方法计税。

一般纳税人是指应税服务年销售额超过规定标准（如建筑企业连续12个月营业额超过500万元以上）的纳税人；小规模纳税人指应税服务年销售额未超过规定标准的纳税人。应税服务年销售额超过规定标准的其他个人不属于一般纳税人，应税服务年销售额超过规定标准但不经常提供应税服务的单位和个体工商户可选择按照小规模纳税人纳税。

（1）一般计税方法的应纳税额

$$应纳税额=当期销项税额-当期进项税额$$

其中，销项税额=(不含增值税)销售额×税率

进项税额=(不含增值税)进货价×税率

销项税额是指纳税人销售货物或者提供应税劳务，按照销售额或提供应税劳务收入和规定的税率计算并向购买方收取的增值税税额。销售额或应税劳务收入是指一般纳税人当期取得的全部价款和价外费用（指价外向购买方收取的手续费、奖励费、违约金、代收代垫款项、延期付款利息等）。对于甲供材工程，如果纳税人选用一般计税方法，销售额中不包括甲供材料款。

进项税额是指纳税人购进货物或者接受应税劳务所支付或者负担的增值税额。

增值税税率是增值税税额与货物销售额或应税劳务收入的比率。

【例4.1】 假设某承包商在某纳税期只承接了一项工程（亦无其他业务），该工程总价1800万元，甲供主材料费700万元，当期结算工程款1100万元，购买材料116万元，增值税率16%，支付分包商工程款103万元，分包商为小规模纳税人。承包商选择一般计税法，计算当期应纳增值税税额。

解：（1）分包商开具普通发票

1100/(1+10%)×10%-116/(1+16%)×16%=84（万元）

（2）分包商到税务机关代开了增值税专用发票

1100/(1+10%)×10%-［116/(1+16%)×16%+103/(1+3%)×3%］=91（万元）

一般计税法涉及的销售额中不包括甲供材料费，采购材料及接受服务支付的增值税额可以扣除。

（2）简易计税方法的应纳税额　简易计税方法的应纳税额，是指按照销售额和增值税征收率计算的增值税额，不得抵扣进项税额。

$$应纳税额=(不含增值税)销售额×增值税征收率$$

式中，增值税征收率是指在纳税人不能提供规定计税资料的条件下，经税务机关核定的应纳税额与销售额的比率，是增值税率的一种补充。

销售额是指纳税人取得的全部价款和价外费用扣除支付的分包款后的余额，销售额中不包含甲供材料和设备费用。

【例4.2】 某工程总价1830万元，当期结算工程款1130万元，甲供主材料费700万元，支付地材及辅材费总计200万元，支付分包商工程款100万元。承包商选择简易计税法，计算该工程当期应纳增值税税额。

解：(1130-100)/(1+3%)×3% =30(万元)

简易计税法涉及的销售额中不包括甲供材料费及分包工程款，采购材料支付的增值税额不扣除。

（3）增值税发票及抵扣　一般纳税人销售货物或提供应税服务可以开具增值税专用发票，购进货物或接受应税劳务所支付或者承担的增值税税额可以作为当期进项税抵扣。一般纳税人应纳增值税额不仅与销售额有关，亦与购进货物的金额及发票性质有关。

小规模纳税人销售货物或提供应税服务只能开具普通发票，普通发票不能用于进项税额抵扣，但可以到税务机关申请代开增值税专用发票，采购方用于抵扣进项税额。小规模纳税人购进货物或接受应税服务所支付或者承担的增值税税额不能抵扣，即使取得了增值税专用发票也不能抵扣。即，小规模纳税人应纳增值税额与购进货物的金额和发票性质没有关系。

（4）增值税税率及征收率的规定　根据应税行为不同，一般纳税人增值税率有16％、12％、10％、6％等，小规模纳税人增值税征收率为3％。建筑工程一般纳税人增值税率10％，一般纳税人提供建筑服务适用简易计税方法的，以及小规模纳税人提供建筑服务的，增值税征收率均为3％。

（5）增值税纳税地点的规定　纳税人跨地区提供建筑服务，应以取得的销售额或劳务收入，按照规定的预征率在建筑服务发生地预缴税款后，向机构所在地主管税务机关进行纳税申报。向机构所在地申报纳税时，如果计算的应纳税额小于已预缴税额，且差额较大的，由国家税务总局通知建筑服务发生地省级税务机关，可在一定时期内暂停预缴增值税。

（6）纳税主体　建筑业增值税的纳税主体是提供建筑服务的企业，征税对象是建筑服务的增值额。工程造价中的增值税只涉及销项税，不涉及进项税抵扣，也就说承发包双方约定的工程合同价与进项税无关。如**【例4.1】**第一种情况，不含税价1000万元，增值税84万元，销项税100万元，其承发包合同价1100万元，非1084万元。

（7）免税的规定　工程项目在境外的建筑服务、工程监理服务、工程勘察勘探服务免征增值税。

4.3.5.2　附加税的计取

（1）附加税的计取基础　根据国家《城市维护建设税暂行条例》和国家《征收教育费附加的暂行规定》，凡缴纳增值税的单位和个人，都应当缴纳城市维护建设税和教育费附加。城市维护建设税和教育费附加以纳税人实际缴纳的增值税税额为计税依据。

（2）附加税税率

①城市维护建设税率　依据纳税人所在地不同实行不同税率，纳税人所在地在市区者，为其计税依据的7％；在县镇者，为其计税依据的5％；在农村者，为其计税依据的1％。

②教育费附加税率　教育费附加税率3％，地方教育费附加率2％。

（3）附加税的缴纳　城市维护建设税和教育费附加应与增值税同时缴纳。营改增后，纳税人异地预缴增值税涉及的城市维护建设税和教育费附加按如下政策执行：

纳税人异地预缴增值税时，以预缴增值税税额为计税依据，并按预缴增值税所在地的城市维护建设税适用税率和教育费附加征收率就地计算缴纳城市维护建设税和教育费附加。

预缴增值税的纳税人在其机构所在地申报缴纳增值税时，以其实际缴纳的增值税税额为计税依据，并按机构所在地的城市维护建设税适用税率和教育费附加征收率就地计算缴纳城市维护建设税和教育费附加。

【例4.3】　假设某工程不含税价1000万元，按一般计税法计税，增值税率10％，无进项税抵扣。城建税率7％，教育费附加3％，地方教育费附加2％，试确定该工程应纳税额。

解： 应纳增值税＝1000×10％＝100(万元)

应纳附加税＝100×(7％＋3％＋2％)＝12(万元)

（4）附加税的调整　目前，许多地方将城市维护建设税和教育费附加划入管理费开支，相应地调整了管理费费率，简化了计税过程。随着国家关于增值税及附加税收制度的调整，建筑安装工程税金计算方法应做相应调整。

4.3.5.3　总税金的计算

综上所述，建筑安装工程税金计算公式为：

税金＝增值税＋城市维护建设税＋教育费附加税＋地方教育费附加税

＝增值税×(1＋附加税率)

式中，附加税率＝城市维护建设税率＋教育费附加税率＋地方教育费附加税率

4.4　工程量清单项目综合单价的确定

综合单价指完成一个规定清单项目单位工程量所需的人工费、材料和工程设备费、施工机具使用费和企业管理费、利润以及一定范围内的风险费用。即：

综合单价＝(人工费＋材料费＋机械费＋管理费＋利润＋风险费)

实际计价工作中，风险费主要是根据约定方法或计价规范调整合同价款，一般不单独列入综合单价。另外，该综合单价并不是真正意义上的全费用综合单价，规费和税金等费用并不包括在项目单价中。

发承包双方确定清单项目综合单价的方法基本相同，但依据不同。

发包方编制招标控制价时，综合单价的计算依据是消耗量定额及其预算价格、拟建工程设计文件、拟建工程工程量清单、合理的施工方法及相关价格信息等。

承包方编制投标报价时，应根据本企业实际消耗量水平，并结合拟定的施工方案确定完成清单项目需要消耗的各种人工、材料、机械台班的数量。在没有企业定额或企业定额缺项时，可参照与本企业实际水平相近的社会定额，并通过调整来确定清单项目的人、材、机单位用量。各种人工、材料、机械台班的预算价格，则应根据询价的结果和市场行情综合确定。

4.4.1　人工费的确定

完成清单项目单位工程量所需的人工费取决于人工工日消耗量和日工资单价。计算公式：

清单项目人工费＝$\sum$（清单项目工日消耗量×日工资单价）

（1）清单项目工日消耗量的确定　由于目前尚无完成清单项目单位工程量所需消耗的人工工日的数量标准，需要利用企业定额或地区预算定额相应子目的工日消耗量确定清单项目工日消耗量，然而现行工程量清单计价规范对建设工程项目子目的划分与消耗量定额和企业定额中的项目子目划分不是一一对应关系，工程量计算规则以及计量单位也不同，如清单项目“010606008 钢梯”一般包括了消耗量定额中的钢梯制作、运输、安装、刷防锈漆等子目。所以，需要清单计价编制人根据计价规范和工程量清单中的项目特征进行分析，结合施工现场情况和拟定的施工方案确定完成各清单项目实际应发生的工程内容，确定清单项目所包含的消耗量定额子目或企业定额子目，再根据定额子目规定计量单位的人工消耗量和工程量计算定额人工消耗量，汇总折算成清单项目单位工程量所需消耗的人工工日量。计算公式：

① 依据定额确定的人工消耗量＝依据定额计算的工程量×劳动定额

为简便，依据定额确定的人工消耗量简称定额人工消耗量，下同。

② 清单项目人工消耗量$=\sum$(定额人工消耗量/清单项目工程量)

或直接用定额人工消耗量与日工资单价相乘确定清单项目人工费。

清单项目人工费$=\sum$(定额人工消耗量×日工资单价）/清单项目工程量

（2）日工资单价的确定　人工日工资单价是指施工企业平均技术熟练程度的生产工人在每工作日（国家法定工作时间内）按规定从事施工作业应得的日工资总额。反映了建筑安装工人的工资水平和报酬。内容包括：计时或计件基本工资、奖金、津贴补贴、加班加点工资、特殊情况下支付的工资。确定公式：

$$日均基本工资=\frac{生产工人平均月基本工资(计时计件)}{年平均每月法定工作日}$$

$$日均奖金补贴=\frac{生产工人平均月(奖金+津贴补贴)}{年平均每月法定工作日}$$

$$日均特殊情况下支付的工资=\frac{生产工人平均月特殊情况下支付的工资}{年平均每月法定工作日}$$

影响建筑安装工人人工单价的因素很多，如社会平均工资水平、生活消费指数、劳动力市场供需变化、社会保障和福利政策等。企业计价时，应根据建设造价主管部门公布的人工价格或市场价格确定。造价主管部门确定日工资单价时，应通过市场调查、根据工程项目的技术要求等综合分析确定，最低日工资单价不得低于工程所在地人力资源和社会保障部门所发布的最低工资标准的：普工 1.3 倍、一般技工 2 倍、高级技工 3 倍。

工程计价定额不可只列一个综合工日单价，应根据工程项目技术要求和工种差别适当划分多种日工资单价，确保各分部工程人工费的合理构成。

营改增对人工单价的确定方法无影响，工程计价时，人工单价一律为不含税单价。

4.4.2　材料费及工程设备费的确定

清单项目材料费及工程设备费的确定原理与人工费相同，计算公式：

清单项目材料费$=\sum$（清单项目材料消耗量×材料单价）

工程设备费$=\sum$（工程设备量×工程设备单价）

（1）清单项目材料消耗量确定　清单项目单位工程量所需的材料消耗量确定方法：

① 依据定额确定的材料消耗量=依据定额计算的工程量×材料消耗定额

② 清单项目材料消耗量$=\sum$(依据定额材料消耗量/清单项目工程量)或直接用定额材料消耗量与材料单价相乘确定清单项目材料费。

清单项目材料费$=\sum$(定额材料消耗量×材料单价)/清单项目工程量

（2）材料单价的确定　材料价格是指材料（包括构件、成品及半成品等）从其来源地（或交货地点、供应者仓库提货地点）到达施工工地仓库（施工地点内存放材料的地点）后的出库价格。材料价格一般由材料原价（或供应价格）、材料运杂费、运输损耗费、采购及保管费组成。

材料价格确定方法如下：

① 材料原价（或供应价格）。材料原价是指材料的出厂价格。按销售部门的批发牌价、或市场采购价格确定。

在确定材料原价时，凡同一种材料因来源地、交货地、供货单位、生产厂家不同而有几种原价时，根据不同来源地供货数量比例，应采取加权平均的方法确定其综合原价。

$$加权平均原价=(K_1C_1+K_2C_2+\cdots+K_nC_n)/(K_1+K_2+\cdots+K_n)$$

式中　K_1，K_2，…，K_n——不同供应地点的供应量；

C_1，C_2，…，C_n——不同供应地点的原价。

② 材料运杂费。材料运杂费是指材料自来源地运至工地仓库或堆放地点所发生的全部费用。包括车船费、装卸费、运输费及附加工作费等。材料预算单价中的运杂费指不含税运杂费。材料不含税运杂费计算公式：

不含税运杂费＝材料含税运杂费÷（1＋增值税率）

同一种材料有若干个来源地，应采用加权平均方法计算材料运杂费。

$$加权平均运杂费=(K_1T_1+K_2T_2+\cdots+K_nT_n)/(K_1+K_2+\cdots+K_n)$$

式中　K_1，K_2，…，K_n——不同供应点的供应量；

T_1，T_2，…，T_n——不同运距的运费。

由于材料原价、运输费、装卸及附加工作费增值税率不同，应当分别核算、分别除税；未分别核算的，从高适用税率。

③ 运输损耗。是指材料在运输装卸过程中不可避免的损耗。运输损耗计算公式：

不含税运输损耗＝(不含税材料原价＋不含税运杂费)×相应材料损耗率

④ 采购及保管费。是指材料采购部门（包括工地仓库及其以上各级材料主管部门）在组织采购、供应和保管材料过程中所需的各项费用，包含采购费、仓储费、工地管理费和仓储损耗。采购保管费一般按材料到库价格以费率取定。材料采购及保管费中含增值税的主要是差旅费、仓库租赁费等，一般情况下，需要低扣的进项税额非常小，可忽略不计。计算公式如下：

除税后采购及保管费＝(不含税材料原价＋不含税运杂费＋不含税运输损耗费)×采购及保管费率

⑤ 材料单价的确定公式。综上所述，材料单价的一般计算公式为：

材料单价＝[(不含税材料原价＋不含税运杂费)×(1＋运输损耗率)]×(1＋采购及保管费率)

同理，工程设备费计算公式：

工程设备单价＝(不含税设备原价＋不含税运杂费)×(1＋采购及保管费率)

(3) 材料单价确定示例

【例 4.4】 某建筑工地需用某种材料 1800t，由供销部门供应，每吨原价 1160 元，增值税率 16%，运输费为 11 元/（t·千米），增值税率 10%，平均运距 10km，场外运输损耗率为 1%，采购及保管费率为 2%，每吨材料检验试验费为 18 元，则该种材料的预算价格为多少？

解： 材料价格＝［1160/(1＋16%)＋11×10/(1＋10%)］×(1＋1%)×(1＋2%)

＝1133.22(元/t)

检验试验费 18 元计入企业管理，不计入材料单价。该材料不含税预算价格为 1133.22 元/t。如果材料市场信息价格以含税价形式发布，报价时应进行除税。

4.4.3 施工机械使用费的确定

清单项目机械费＝Σ（清单项目机械台班消耗量×机械台班单价）

(1) 施工机械台班消耗量确定　清单项目单位工程量所需的机械台班消耗量确定方法：

① 依据定额确定的机械台班消耗量＝依据定额计算的工程量×机械台班消耗定额

② 清单项目机械台班消耗量＝Σ定额机械台班消耗量/清单项目工程量

或直接利用定额机械台班消耗量确定清单项目机械费。

清单项目机械费＝(Σ定额机械台班消耗量×台班单价)/清单项目工程量

（2）机械台班单价确定　施工机械台班单价是指机械在正常运转条件下，一个工作台班所发生的全部费用。台班单价包括：台班折旧费、大修理费、经常修理费、安拆费及场外运费、人工费、燃料动力费、车船费等七项费用。即：

机械台班单价＝台班折旧费＋台班大修费＋台班经常修理费＋台班安拆费及场外运费＋台班人工费＋台班燃料动力费＋台班车船费

根据《全国统一施工机械台班费用定额》，机械台班单价确定方法如下。

① 折旧费。折旧费指机械在规定期限内，每个台班以折旧的方式所摊销的机械总购置费及购置资金的时间价值。计算公式如下：

台班折旧费＝[机械预算价格×(1－残值率)＋贷款利息]/耐用总台班数

或，台班折旧费＝$\dfrac{\text{机械预算价格}\times(1-\text{残值率})\times\text{时间价值系数}}{\text{耐用总台班}}$

a. 机械预算价格。机械预算价格包括机械的买价及其价外费用。其中，国产机械预算价格按照机械的买价、供销部门手续费和一次运杂费以及车辆购置费之和计算。进口机械的预算价格按照机械的买价、关税、消费税、外贸手续费和国内运杂费、财务费、车辆购置费之和计算。如果机械预算价格含增值税应进行除税处理。

不含税机械预算价格＝含税机械预算价格÷（1＋增值税率）

如果采购、运输等环节增值税率不同，应分别除税。

b. 残值率。残值率是指机械报废时回收的残值占机械原值的百分比。残值率按目前有关规定执行：运输机械 2%，掘进机械 5%，特大型机械 3%，中小型机械 4%。

c. 时间价值系数。时间价值系数指购置施工机械的资金在施工生产过程中随着时间的推移而产生的单位增值。意即购置施工机械的资金如果不购机械而作其他用途可产生的增值，其值等于贷款购置机械设备的贷款利息。

设：折现率 i，折旧年限 n，机械预算价值 p（贷款 p 购置机械），每年计提（本金减少）p/n。贷款利息为：

第一年利息为 pi

第二年利息为 $\left(p-\dfrac{p}{n}\right)i$

第三年利息为 $\left(p-\dfrac{2p}{n}\right)i$

…

第 n 年利息 $\left[p-\dfrac{(n-1)p}{n}\right]i$

将每年的利息相加

$$
\begin{aligned}
&pi+\left(p-\frac{p}{n}\right)i+\left(p-\frac{2p}{n}\right)i+\left(p-\frac{3p}{n}\right)i+\cdots+\left[p-\frac{(n-1)p}{n}\right]i\\
&=pi\left[1+\left(1-\frac{1}{n}\right)+\left(1-\frac{2}{n}\right)+\left(1-\frac{3}{n}\right)+\cdots+\left(1-\frac{n-1}{n}\right)\right]\\
&=pi\left[n-\frac{1+2+3+\cdots+(n-1)}{n}\right]\\
&=pi\left(n-\frac{n-1}{2}\right)\\
&=\frac{n+1}{2}pi
\end{aligned}
$$

即，时间价值系数$=1+\dfrac{\text{折旧年限}+1}{2}\times$年折现率

其中，年折现率应按编制期银行年贷款利率确定。

d. 耐用总台班。耐用总台班指施工机械从开始投入使用至报废前使用的总台班数，按施工机械的技术指标及寿命期等相关参数确定，计算公式为：

耐用总台班＝折旧年限×年工作台班＝大修间隔台班×大修周期

其中，大修周期＝寿命期大修理次数＋1

② 大修理费。大修理费是指机械设备按规定的大修间隔台班进行必要的大修理，以恢复机械正常功能所需的费用。台班大修理费是机械使用期限内全部大修理费之和在台班费用中的分摊额，其计算公式为：

台班大修理费＝(一次检修费×检修次数)÷耐用总台班×[自行检修比例＋委托检修比例÷(1＋增值税率)]

③ 经常修理费。指施工机械除大修理以外的各级保养和临时故障排除所需的费用，分摊到台班费中，即为经常修理费。可按下列公式计算：

台班经常修理费＝｛各级维护一次费用×［自行检修比例＋委托检修比例÷（1＋增值税率)］×各级维护次数＋临时故障排除费｝÷耐用总台班＋替换设备和工具附具台班摊销费÷（1＋增值税率）

或，台班经修费＝台班大修费×K

式中　K——台班经常修理费系数。

④ 安拆费及场外运费。安拆费指施工机械在现场进行安装与拆卸所需的人工、材料、机械和试运转费用以及机械辅助设施的折旧、搭设、拆除等费用；场外运费指施工机械整体或分体自停放地点运至施工现场或由一施工地点运至另一施工地点的运输、装卸、辅助材料及架线等费用。

安拆费及场外运费根据施工机械不同分为三种类型。

a. 工地间移动较为频繁的中小型机械，安拆费及场外运费应计入台班单价。运输距离均应按25km考虑。

一般情况下，安拆费及场外运费增值税率不同应分别计算。

台班安拆费＝一次安装拆卸费×［不可扣减比例＋可扣减比例÷（1＋增值税率)］×年平均安拆次数÷年工作台班

台班场外运输费＝一次场外运输费×［不可扣减比例＋可扣减比例÷（1＋增值税率)］×年平均运输次数÷年工作台班

式中，可扣减比例指安拆、运输过程中，征收增值税的比例。

b. 移动有一定难度的大型机械，其安拆费及场外运费应单独计算，计入措施费中。单独计算的安拆费及场外运费除应计算安拆费、场外运费外，还应计算辅助设施（包括基础底座、固定锚桩、轨道枕木等）的折旧、搭设和拆除等费用。同样应对征收增值税的环节进行除税处理。

c. 不需安装、拆卸且自身又能开行的机械和固定在车间不需安装、拆卸及运输的机械，其安拆费及场外运费不计算。

⑤ 机上司机的人工费。人工费指机上司机和其他操作人员在规定的工作日的人工费。机械台班定额人工费计算公式：

台班人工费＝人工消耗量×人工单价

⑥ 燃料动力费。燃料动力费是指施工机械在运转作业中所耗用的燃料及水、电等费用。

台班燃料动力费＝台班燃料动力消耗量×燃料动力单价÷（1＋增值税率）

燃料动力消耗量应根据施工机械技术指标及实测资料综合确定。燃料动力单价一般为含税价，应以购进燃料动力的相应税率或征收率除税计入。

⑦ 机械台班税费。机械台班税费指施工机械按照国家和有关部门规定应缴纳的车船使用税、保险费及年检费等。计算公式：

$$台班税费=\frac{年车船使用税+年保险费+年检费用}{年工作台班}$$

（3）相关说明

① 工程造价管理机构在确定计价定额中的施工机械使用费时，应根据《建筑施工机械台班费用计算规则》结合市场调查编制施工机械台班单价。

② 施工企业可以参考工程造价管理机构发布的台班单价，自主确定施工机械使用费的报价。如为租赁的施工机械，施工机械使用费计算公式为：

施工机械使用费＝台班消耗量×台班含税租赁单价÷（1＋增值税率）

③ 由于机械在购买、运输、安装、拆除等环节增值税率不同，应当分别核算除税。如果未分别核算的，从高适用税率。

（4）机械台班单价确定示例

【例 4.5】 甲公司为增值税一般纳税人，通过供销公司G购入某台施工机械，向G公司支付机械价款116万元，向运输公司H支付运杂费11万元，上述公司均为一般纳税人，且以上价款均含增值税。寿命期8年，机械残值率为8%，编制期银行年贷款利率5%。大修理间隔700台班，使用周期5次，一次大修理费15000元，委托检修比例70%，台班经常修理费系数 $k=2.6$，台班耗柴油35kg，每千克柴油除税单价为8元，机上人员工日为1.25，日工资标准为100元，台班税费60元，试计算其台班使用费。

解：（1）计算台班折旧费

预算价格＝1160000÷(1＋16%)＋110000÷(1＋10%)＝1100000(元)

$$时间价值系数=1+\frac{8+1}{2}\times5\%=1.225$$

台班折旧费＝[1100000×(1－0.08) ×1.225] /(700×5)＝354.20(元/台班)

（2）台班大修理费＝15000×(5－1)÷(700×5)×(0.3＋0.7÷1.17)＝15.39(元/台班)

（3）台班经常修理费＝15.39×2.6＝40.01（元/台班）

（4）人工费＝100×1.25＝125（元/台班）

（5）台班燃料费＝35×8＝280（元/台班）

（6）台班使用费＝354.2＋15.39＋40.01＋125＋280＋60＝874.60（元/台班）

4.4.4　企业管理费的确定

（1）企业管理费的确定方法　根据计费依据不同，企业管理费的确定一般分三种情况：

① 以分部分项工程直接工程费为计算基础

企业管理费＝直接工程费×管理费费率

令，直接工程费＝人工费＋材料费＋机械费，下同。

$$企业管理费费率=\frac{生产工人年人均管理费支出}{年有效施工天数\times人工单价}\times人工费占直接工程费比例$$

② 以人工费和机械费合计为计算基础

企业管理费＝(人工费＋机械费)×管理费费率

其中，企业管理费费率$=\dfrac{\text{生产工人年人均管理费支出}}{\text{年有效施工天数}\times(\text{人工单价}+\text{每工日机械使用费})}$

③ 以人工费为计算基础

企业管理费=人工费×管理费费率

其中，企业管理费费率$=\dfrac{\text{生产工人年人均管理费支出}}{\text{年有效施工天数}\times\text{人工单价}}$

（2）相关说明

① 上述公式适用于施工企业投标报价时自主确定管理费，也是工程造价管理机构编制计价定额确定企业管理费的参考依据。

② 工程造价管理机构在确定计价定额中企业管理费率时，应根据历年工程造价积累的资料，辅以调查数据确定，列入分部分项工程和措施项目中。

③ 以上相关价格均为不含税价。

4.4.5 利润的确定

（1）利润的确定方法　根据取费基础不同，利润的计算分三种情况：

① 以直接工程费和管理费之和为基础

利润=(直接工程费+管理费)×相应利润率

其中，直接工程费=人工费+材料费+机械费

② 以人工费为计算基础

利润=人工费×相应利润率

③ 以人工费和机械费之和为基础

利润=(人工费+机械费)×相应利润率

（2）相关说明

① 施工企业根据企业自身需求并结合建筑市场实际自主确定利润率，列入报价中。

② 工程造价管理机构在确定利润率时，应根据历年工程造价积累资料，结合建筑市场实际情况，以单位或单项工程为对象进行测算。利润在税前建筑安装工程费的比重可按不低于5%且不高于7%的费率计算。利润应列入分部分项工程和措施项目中。

4.4.6 综合单价确定实例

【例 4.6】 某施工企业为一般纳税人，拟承包某屋面防水工程，其工程做法为 20 厚水泥砂浆找平，冷粘法上铺 APP 改性沥青卷材。

假定：屋面防水清单项目（010902001001）工程量 500m²，此清单项目对应某地消耗量定额子目（8-20）混凝土基层上水泥砂浆找平及子目（9-26）冷粘法改性沥青卷材，定额消耗量如表 4-7 所示，定额工程量计量单位 100m²。当时当地人工、材料、机械台班单价如表 4-7 所示。除施工用水费增值税率 10%外，其他材料采购费及机械台班租赁费增值税率 16%，材料销售及机械出租方等均开具增值税专用发票，管理费（包含城市维护建设税、教育费附加、地方教育费附加）按直接工程费的 7%计取，利润按（直接工程费+管理费）的 5%计取。金额单位：元。人工费不抵扣。

（1）试确定该清单项目的综合单价。

（2）如果措施项目费 10000 元、其他项目费 5000 元，规费按分部分项工程费、措施项目费、其他项目费之和的 3.5%计取。试确定该工程的增值税及总造价。

解：（1）本清单项目对应消耗量定额（8-20）和（9-26）两个子目。

（2）定额子目工程量确定

本清单项目工程量 500m²，与其对应的消耗量定额工程量计算规则相同，但计量单位不同，两定额子目计量单位 100m²，所以两定额子目工程量均为 500m²。

（3）定额人工、材料、机械台班消耗量确定

人工工日量：8-20 子目，10.2×5=51（工日）

9-26 子目，3.9×5=19.5（工日）

如表中序号列⑥=④×5+⑤×5，计 70.5 工日

材料消耗量：9-26 子目，改性沥青卷材用量 120×5=600（m²）

同理，可得其他材料消耗量，具体见表 4-7 中第 6 列。

表 4-7　屋面防水工程定额消耗量及材料市场价　　定额单位：100m²

(010902001001)屋面防水								
序号		①	②	③	④	⑤	⑥	⑦
资源种类		单位	含税单价	不含税单价	8-20 定额量	9-26 定额量	总消耗量	合价
人工	综合工日	工日		100	10.2	3.9	70.5	7050
材料	沥青卷材	m²	58	50		120	600	30000
	氯丁胶乳	kg	11.6	10		65	325	3250
	二甲苯	kg	11.6	10		16	80	800
	乙酸乙酯	kg	11.6	10		6.0	30	300
	聚合物砂浆	m³	1740	1500		0.1	0.5	750
	镀锌铁皮	m²	58	50		0.5	2.5	125
	水泥钢钉	kg	11.6	10		0.3	1.5	15
	素水泥浆	m³	696	600	0.1		0.5	300
	水泥砂浆	m³	348	300	2.0		10	3000
	水	m³	6.6	6	2		10	60
	小计	元	38600					
机械	砂浆搅拌机	台班	69.6	60	0.6		3	180
	小计	元	180					

机械消耗量：8-20 子目，灰浆搅拌机 0.6×5=3(台班)

（4）人工、材料、机械台班单价确定

根据当地相关规定及建筑市场的人工、材料、机械台班含税单价，确定不含税单价，不含税单价=含税单价÷(1+增值税率)，如沥青卷材不含税单价=58÷(1+16%)=50 元，同理，可得其他材料不含税单价，具体见表 4-7 中第 3 列。

（5）定额人工费、材料费、机械费确定

定额人工费=∑(定额工日消耗量×日工资单价)=7050(元)

定额材料费=∑(定额材料消耗量×材料单价)=38600(元)

定额机械费=∑(定额机械消耗量×机械单价)=180(元)

具体计算过程见表 4-7，表中序号列⑦=③×⑥。

（6）清单项目人工、材料、机械费单价确定

清单项目人工费单价=定额人工费÷清单工程量

=7050/500=14.1（元/m²）

清单项目材料费单价=定额材料费÷清单工程量

=38600/500=77.2（元/m²）

清单项目机械费单价=定额机械费÷清单工程量

=180/500=0.36（元/m²）

（7）清单项目管理费单价=(人工费+材料费+机械费)×管理费率

=(14.1+77.2+0.36)×7%=6.42(元/m²)

(8) 清单项目利润单价=(人工费+材料费+机械费+管理费)×利润率

=(14.1+77.2+0.18+6.42)×5%=4.90(元/m²)

(9) 屋面防水综合单价=人工费+材料费+机械费+管理费+利润

=14.1+77.2+0.18+6.42+4.90=102.98(元/m²)

(10) 分部分项工程费=综合单价×工程量

=102.98×500=51490.01(元)

(11) 措施项目费=10000(元)

(12) 其他项目费=5000(元)

(13) 规费=(分部分项工程费+措施项目费+其他项目费)×费率

=(51490.01+10000+5000)×3.5%=2327.15(元)

(14) 不含税总造价(已含附加税)

=分部分项工程费+措施项目费+其他项目费+规费

=51490.01+10000+5000+2327.15=68817.16(元)

(15) 当期销项税额=不含税总造价×增值税税率

=68817.16×10%=6881.72(元)

(16) 当期进项税额=∑不含税进项价×增值税税率

= (38600-60+180) ×16%+60×10%=6201.2(元)

当期应纳增值税=当期销项税额—当期进项税额

=6881.72-6201.2=680.52(元)

(17) 总报价=不含税造价+增值税销项额

=68817.16+6881.72=75698.88(元)

4.4.7 综合单价确定中的若干问题

(1) 建筑业增值税是对工程项目建造、服务过程中的新增价值征收的一种流转税，增值税额是进项税与销项税的差额，其纳税主体是提供建筑服务的企业。工程造价中所含的增值税只涉及建筑企业的销项税，与进项税抵扣无关。即

工程造价=不含税造价+销项增值税

工程造价≠不含税造价+销项增值税-进项增值税

(2) 清单项目综合单价中的人工费、材料费、机械费可以采用含税单价、也可以采用不含税单价，各地区计价程序有别，但增值税是价外税，均以不含税价为计算基础。如果材料费、机械费等采用含税单价，确定出的工程造价应进行除税处理。

① 如果综合单价含税

税前工程造价= (分部分项工程费+措施项目费+其他项目费+规费) ×综合系数

综合系数一般在0.91～0.97之间。

增值税=税前工程造价×增值税税率或征收率

② 如果综合单价不含税

税前工程造价=分部分项工程费+措施项目费+其他项目费+规费

增值税=税前工程造价×增值税税率或征收率

(3) 关于附加税，目前各地区计取方式有别，概括起来有以下三种：

① 管理费及附加税= (人工费+材料费+机械费) ×管理费费率 (含附加税)

税前造价=分部分项工程费+措施项目费+其他项目费+规费

总造价=税前造价含附加税+增值税销项税额

② 税前造价＝分部分项工程费＋措施项目费＋其他项目费＋规费
附加税＝税前造价（不含附加税）×附加税计算系数
总造价＝税前造价（不含附加税）＋附加税＋增值税销项税额
③ 附加税＝增值税应纳税额×附加税税率
总造价＝税前造价（不含附加税）＋附加税＋增值税销项税额
以上方法各有优缺点，工程估价时，应根据当地计价程序正确计取附加税。

第5章　定额工程量计算

由于历史原因，我国现阶段工程建设计价方法与定额编制管理体系呈现出一种全国统一定额与地方定额并存、清单计价与定额计价相结合的模式。清单项目的综合单价需要通过企业定额或地区消耗量定额确定。因此，熟练掌握定额工程量计算方法是清单计价的一项基础工作。虽然目前各地区预算定额或消耗量定额差异性较大，但工程量计算原理和方法基本相同。

5.1　建筑面积

5.1.1　基本术语

（1）建筑面积

建筑面积是指建筑物各层围成的二维水平面图形的大小，即建筑物各层展开面积之和。它包括使用面积、辅助面积和结构面积；使用面积是指建筑物各层中可直接为人们的生产或生活使用的净面积。例如：客厅、居室、车间、教室等。辅助面积为辅助人们的生产或生活所占的净面积之和，包括房屋的楼梯、走道。结构面积为建筑物各层中的墙体、柱、垃圾道、通风道等结构在平面布置中所占的面积。

（2）建筑空间

建筑空间是指以建筑界面限定的、供人们生活和活动的场所。具备可出入、可利用条件（设计中可能标明了使用用途，也可能没有标明使用用途或使用用途不明确）的围合空间，均属于建筑空间。

（3）自然层、结构层、架空层

自然层是指按楼地面结构分层的楼层；结构层是指整体结构体系中承重的楼板层，包括板、梁等构件。结构层承受整个楼层的全部荷载，并对楼层的隔声、防火等起主要作用；架空层是指仅有结构支撑而无外围护结构的开敞空间层。

（4）结构层高、结构净高

结构层高是指楼面或地面结构层上表面至上部结构层上表面之间的垂直距离；结构净高是指楼面或地面结构层上表面至上部结构层下表面之间的垂直距离。

（5）主体结构、围护结构、围护设施

主体结构是指接受、承担和传递建设工程所有上部荷载，维持上部结构整体性、稳定性和安全性的有机联系的构造。围护结构是指围合建筑空间的墙体、门、窗；围护设施是指为保障安全而设置的栏杆、栏板等围挡。

（6）落地橱窗

落地橱窗是指在商业建筑临街面设置的下槛落地、可落在室外地坪也可落在室内首层地板，用来展览各种样品的玻璃窗。

（7）凸窗（飘窗）

凸窗（飘窗）是指凸出建筑物外墙面的窗户。凸窗（飘窗）既作为窗，就有别于楼（地）板的延伸，也就是不能把楼（地）板延伸出去的窗称为凸窗（飘窗）。凸窗（飘窗）的窗台应只是墙面的一部分且距（楼）地面应有一定的高度。

(8) 檐廊、挑廊、门廊

檐廊是指建筑物挑檐下的水平交通空间，附属于建筑物底层外墙有屋檐作为顶盖，其下部一般有柱或栏杆、栏板等的水平交通空间；挑廊是指挑出建筑物外墙的水平交通空间；门廊是指在建筑物出入口，无门，三面或二面有墙，上部有板（或借用上部楼板）围护的部位。

(9) 门斗、雨篷

门斗是指建筑物入口处两道门之间的空间；雨篷是指建筑物出入口上方、凸出墙面、为遮挡雨水而单独设立的建筑部件。雨篷划分为有柱雨篷（包括独立柱雨篷、多柱雨篷、柱墙混合支撑雨篷、墙支撑雨篷）和无柱雨篷（悬挑雨篷）。

(10) 地下室、半地下室

地下室是指室内地平面低于室外地平面的高度超过室内净高的1/2的房间；半地下室是指室内地平面低于室外地平面的高度超过室内净高的1/3，且不超过1/2的房间。

(11) 骑楼、过街楼

骑楼是指建筑底层沿街面后退且留出公共人行空间的建筑物，沿街二层以上用承重柱支撑骑跨在公共人行空间之上，其底层沿街面后退的建筑物；过街楼是指当有道路在建筑群穿过时为保证建筑物之间的功能联系，设置跨越道路上空使两边建筑相连接的建筑物。

(12) 勒脚

勒脚是指在房屋外墙接近地面部位设置的饰面保护构造。

5.1.2　建筑面积的作用

建筑面积计算规则在建筑工程造价管理方面起着非常重要的作用，是计算建筑工程量的主要指标，是计算单位工程每平方米预算造价的主要依据，是统计部门汇总发布房屋建筑面积完成情况的基础。

① 建筑面积是一项重要的技术经济指标，是国民经济发展状况、人民生活居住条件改善和文化生活福利设施发展的重要标志性指标。

② 建筑面积是编审招投标文件、造价管理或投资控制等工作的主要依据和重要指标。

③ 建筑面积是建筑企业计算工程产值、竣工面积、优良工程率等重要指标的依据，也是地区、行业等相关部门确定建设规模的依据。

④ 建筑面积是确定建筑工程的单位面积造价、人工单耗指标、材料单耗指标、工程量单耗指标的依据。

⑤ 建筑面积是计算有关分项工程量的依据。如场地平整、楼地面的工程量计算与建筑面积计算密切相关。

⑥ 建筑面积也是房产测量规范、住宅设计规范等经常涉及到的重要指标，建筑面积与居民生活关系非常密切。

5.1.3　建筑面积计算规则

我国的建筑面积计算规则最初是在20世纪70年代制订的，之后根据需要进行了多次修订。1982年国家经委基本建设办公室（82）经基设字58号对20世纪70年代制订的《建筑面积计算规则》进行了修订。1995年建设部发布《全国统一建筑工程预算工程量计算规则》对1982年的《建筑面积计算规则》进行了修订。2005年建设部以国家标准的形式发布了《建筑工程建筑面积计算规范》（GB/T 50353—2005）。随着我国建筑市场发展，建筑新材料、新技术、新方法层出不穷，为了解决由于建筑技术的发展产生的面积计算问题，本着不重算、不漏算的原则，2013年工作人员在总结2005年版建筑面积计算规范实施情况基础上，对建筑面积的计算范围和计算方法进行了修改、统一和完善，颁布了《建筑工程建筑面积计算规范》(GB/T 50353—2013)。现行建筑面积计算规则如下。

① 建筑物的建筑面积，按建筑物外墙勒脚以上外围水平面积之和计算。结构层高在2.20m及以上者应计算全面积；高度不足2.20m者应计算1/2面积。

建筑面积的计算是以勒脚以上外墙结构外边线计算，勒脚是墙根部的一部分墙体加厚，不能代表整个外墙结构，因此要扣除勒脚墙体加厚部分。主体结构外的室外阳台、雨篷、檐廊、室外走廊、室外楼梯等按相应条款规定计算建筑面积。当外墙结构本身在一个层高范围内不等厚时，以楼地面结构标高处的外围水平面积之和计算。

【例5.1】 已知建筑物内外墙为240mm，计算图5-1中五层建筑物的建筑面积。

解： ① 计算一层建筑面积

$$S_1=(13.2+0.24)\times(9.6+0.24)-4.5\times3.3-5.1\times2.1-4.5\times4.5$$
$$=132.25-14.85-10.71-20.25=86.44\ (\mathrm{m}^2)$$

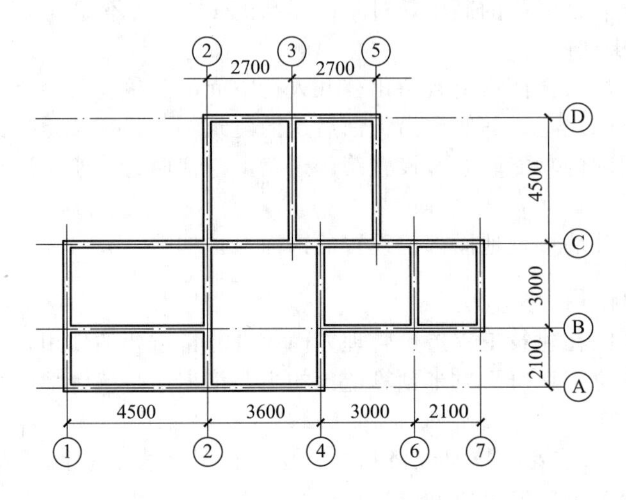

图5-1　五层建筑物平面图

② 计算五层总建筑面积

$$S=S_1\times5=86.44\times5=432.2\ (\mathrm{m}^2)$$

② 建筑物内设有局部楼层者，首层建筑面积已包括在单层建筑物内，二层及二层以上楼层，有围护结构的应按围护结构的外围水平面积计算，无围护结构的按结构底板的水平面积计算。层高超过2.2m的计算全面积；层高不足2.2m的部位计算1/2面积。

【例5.2】 如图5-2所示，已知墙厚为240mm，求建筑面积。图示尺寸为中心线尺寸。

解： S＝底层建筑面积＋部分建筑楼层的建筑面积

$$=(24+0.24)\times(10.2+0.24)+(6+0.24)\times(10.2+0.24)$$
$$=253.07+65.15$$
$$=318.22\ (\mathrm{m}^2)$$

③ 利用坡屋顶内空间时，顶板下表面至楼面的净高超过2.10m的部位计算全面积；净高在1.20～2.10m的部位计算1/2面积；净高不足1.20m的部位不应计算面积。净高指楼面或地面至上部楼板底或吊顶底面之间的垂直距离。

④ 场馆看台下的建筑空间，当设计加以利用时净高超过2.10m的部位应计算全面积；净高在1.20～2.10m的部位应计算1/2面积；当设计不利用或室内净高不足1.20m时不应计算面积。室内单独设置的有围护设施的悬挑看台，应按看台结构底板水平投影面积计算建筑面积。有顶盖无围护结构的场馆看台应按其顶盖水平投影面积的1/2计算面积。

场馆看台下的建筑空间因其上部结构多为斜板，所以采用净高的尺寸划定建筑面积的计算范围和对应规则。室内单独设置的有围护设施的悬挑看台，因其看台上部设有顶盖且可供

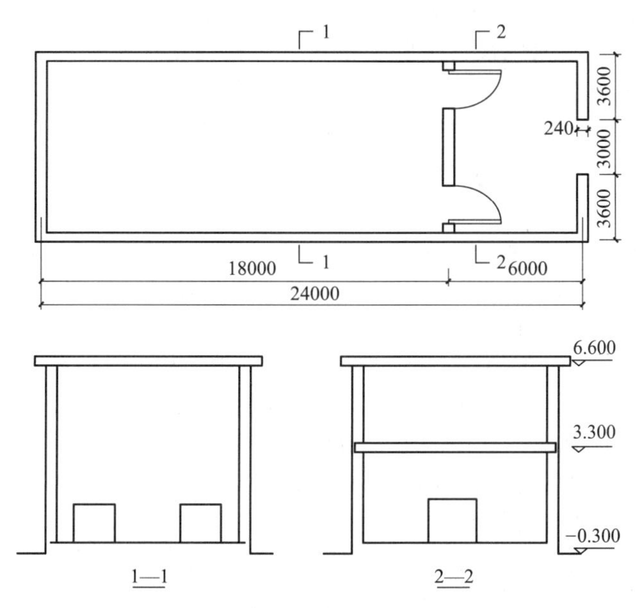

图 5-2 单层建筑物带有部分楼层示意图

人使用，所以按看台板的结构底板水平投影计算建筑面积。“有顶盖无围护结构的场馆看台”中所称的“场馆”为专业术语，指各种“场”类建筑，如：体育场、足球场、网球场、带看台的风雨操场等。

⑤ 地下室、半地下室（车间、商店、车站、车库、仓库等），应按其结构外围水平面积计算。结构层高在 2.20m 及以上的，应计算全面积；结构层高在 2.20m 以下的，应计算1/2 面积。

【例 5.3】 如图 5-3 所示，计算地下室及其出入口的建筑面积。外墙防潮层及其保护墙厚 120mm。

解： 地下室建筑面积：$S_1=(14.1+0.24)\times(10.8+0.24)=158.31$（$m^2$）

出入口建筑面积：$S_2=2.1\times(0.5+0.12)+6.3\times2.1=14.53$（$m^2$）

总建筑面积：$S=S_1+S_2=158.31+14.53=172.84$（$m^2$）

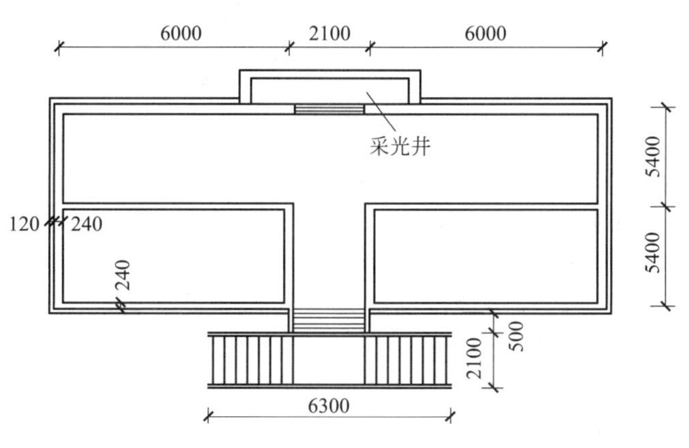

图 5-3 地下室平面图

⑥ 出入口外墙外侧坡道有顶盖的部位，应按其外墙结构外围水平面积的 1/2 计算面积。出入口坡道分有顶盖出入口坡道和无顶盖出入口坡道，出入口坡道顶盖的挑出长度，为顶盖结构外边线至外墙结构外边线的长度；顶盖以设计图纸为准，对后增加及建设单位自行增加的顶盖等，不计算建筑面积。顶盖不分材料种类（如钢筋混凝土顶盖、彩钢板顶盖、阳光板

顶盖等)。

⑦ 建筑物架空层及坡地建筑物吊脚架空层，应按其顶板水平投影计算建筑面积。结构层高在 2.20m 及以上的，应计算全面积；结构层高在 2.20m 以下的，应计算 1/2 面积。建筑物吊脚架空层、深基础架空层建筑面积，部分住宅、学校教学楼等工程在底层架空或在二楼或以上某个甚至多个楼层架空，作为公共活动、停车、绿化等空间的建筑面积，均按此规则计算。

⑧ 建筑物内门厅、大厅及有篷天井，不论其高度如何均按一层建筑面积计算。门厅、大厅及有篷天井内设有回廊时，按其结构底板水平面积计算。层高在 2.20m 及以上计算全面积，不足 2.20m 计算 1/2 面积。

⑨ 建筑物间有围护结构的架空走廊，有顶盖和围护结构的，应按其围护结构外围水平面积计算全面积；无围护结构、有围护设施的，应按其结构底板水平投影面积计算 1/2 面积。

⑩ 立体书库、立体仓库、立体车库，有围护结构的，应按其围护结构外围水平面积计算建筑面积；无围护结构、有围护设施的，应按其结构底板水平投影面积计算建筑面积。无结构层的应按一层计算，有结构层的应按其结构层面积分别计算。结构层高在 2.20m 及以上的，应计算全面积；结构层高在 2.20m 以下的，应计算 1/2 面积。

图书馆中的立体书库、仓储中心的立体仓库、大型停车场的立体车库等一般属于建筑结构层，应计算建筑面积。起局部分隔、存储等作用的书架层、货架层或可升降的立体钢结构停车层均不属于结构层，此类分层结构不计算建筑面积。

⑪ 有围护结构的舞台灯光室，应按其围护结构外围水平面积计算。层高在 2.20m 及以上者应计算全面积；层高不足 2.20m 者应计算 1/2 面积。

⑫ 建筑物外有围护结构的落地橱窗、门斗，应按其围护结构外围水平面积计算。层高在 2.20m 及以上者应计算全面积；层高不足 2.20m 者应计算 1/2 面积。门斗见图 5-4。

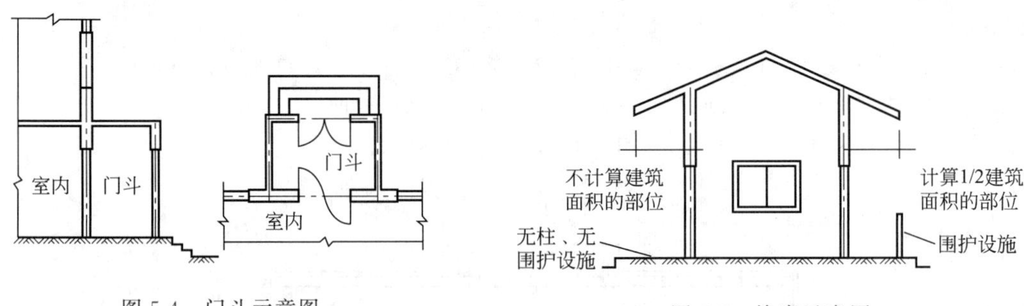

图 5-4 门斗示意图

图 5-5 檐廊示意图

⑬ 窗台与室内楼地面高差在 0.45m 以下且结构净高在 2.10m 及以上的凸（飘）窗，应按其围护结构外围水平面积计算 1/2 面积。

⑭ 有围护设施的室外走廊（挑廊），应按其结构底板水平投影面积计算 1/2 面积；有围护设施（或柱）的檐廊，应按其围护设施（或柱）外围水平面积计算 1/2 面积，廊檐如图 5-5所示。无围护设施（或柱）的檐廊不计算建筑面积。

⑮ 门廊应按其顶板水平投影面积的 1/2 计算建筑面积；有柱雨篷应按其结构板水平投影面积的 1/2 计算建筑面积；无柱雨篷的结构外边线至外墙结构外边线的宽度在 2.10m 及以上的，应按雨篷结构板的水平投影面积的 1/2 计算建筑面积。

雨篷分为有柱雨篷和无柱雨篷。有柱雨篷，没有出挑宽度的限制，也不受跨越层数的限制，均计算建筑面积。无柱雨篷，其结构板不能跨层，并受出挑宽度的限制，设计出挑宽度大于或等于 2.10m 时才计算建筑面积。出挑宽度，系指雨篷结构外边线至外墙结构外边线的宽度，弧形或异形时，取最大宽度。

⑯ 建筑物顶部有围护结构的楼梯间、水箱间、电梯机房等，层高在 2.20m 及以上者应计算全面积；层高不足 2.20m 者应计算 1/2 面积。

⑰ 围护结构不垂直于水平面的楼层，应按其底板面的外墙外围水平面积计算。结构净高在 2.10m 及以上的部位，应计算全面积；结构净高在 1.20m 及以上至 2.10m 以下的部位，应计算 1/2 面积；结构净高在 1.20m 以下的部位，不应计算建筑面积。

斜围护结构与斜屋顶采用相同的计算规则，即只要外壳倾斜，就按结构净高划段，分别计算建筑面积。

⑱ 建筑物的室内楼梯、电梯井、提物井、管道井、通风排气竖井、烟道，应并入建筑物的自然层计算建筑面积。有顶盖的采光井应按一层计算面积，且结构净高在 2.10m 及以上的，应计算全面积；结构净高在 2.10m 以下的，应计算 1/2 面积。

⑲ 室外楼梯应并入所依附建筑物自然层，并应按其水平投影面积的 1/2 计算建筑面积。层数为室外楼梯所依附的楼层数，即梯段部分投影到建筑物范围的层数。利用室外楼梯下部的建筑空间不得重复计算建筑面积；利用地势砌筑的室外踏步，不计算建筑面积。

⑳ 在主体结构内的阳台，应按其结构外围水平面积计算全面积；在主体结构外的阳台，不论是凹阳台、挑阳台、封闭阳台、不封闭阳台均按其结构底板水平投影面积计算 1/2 面积。

㉑有顶盖无围护结构的车棚、货棚、站台、加油站、收费站等，应按其顶盖水平投影面积的 1/2 计算建筑面积。由于建筑技术的发展，货棚柱不再是单纯的直立柱，而出现正 V 形、倒 Λ 形等不同类型的货棚柱，给建筑面积计算带来许多争议，为此，不再以货棚柱来确定面积的计算，而依据顶盖的水平投影面积计算。在货棚、站台、收费站内设有有围护结构的管理室、休息室等，另按相关条款计算面积。

【例 5.4】 如图 5-6 所示，计算货棚建筑面积。

解： $S=1/2\times9\times15=67.5$（$m^2$）

【例 5.5】 如图 5-7 所示，高跨为中跨，求建筑面积。已知该厂房总长（轴线）为 20m，柱子截面尺寸为 400mm×400mm。

解： S＝高跨面积＋低跨面积

$=(20+0.4)\times(6.6+0.4)+(20+0.4)\times4.2\times2=314.16$（$m^2$）

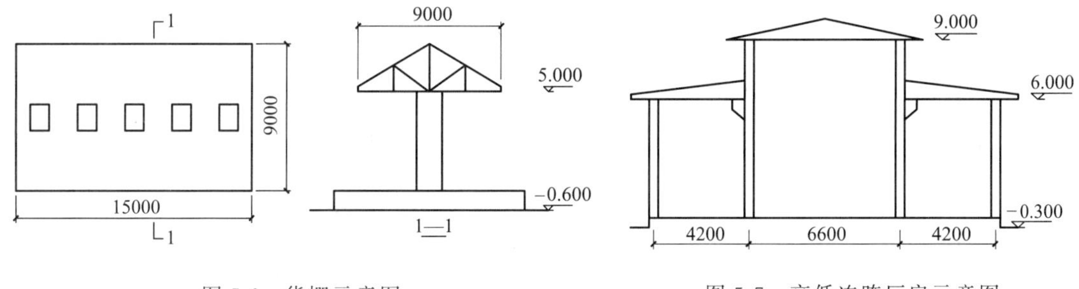

图 5-6　货棚示意图

图 5-7　高低连跨厂房示意图

㉒以幕墙作为围护结构的建筑物，应按幕墙外边线计算建筑面积。幕墙以其在建筑物中所起的作用和功能来区分。直接作为外墙起围护作用的幕墙，按其外边线计算建筑面积；设置在建筑物墙体外起装饰作用的幕墙，不计算建筑面积。

㉓建筑物的外墙外保温层，应按其保温材料的水平截面积计算，并计入自然层建筑面积。

保温隔热层以保温材料的净厚度乘以外墙结构外边线长度按建筑物的自然层计算建筑面积，其外墙外边线长度不扣除门窗和建筑物外已计算建筑面积构件（如阳台、室外走廊、门斗、落地橱窗等部件）所占长度。当建筑物外已计算建筑面积的构件（如阳台、室外走廊、门斗、落地橱窗等部件）有保温隔热层时，其保温隔热层也不再计算建筑面积。外墙是斜面者按楼面楼板处的外墙外边线长度乘以保温材料的净厚度计算。外墙外保温以沿高度方向满铺为准，某层外墙外保温铺设高度未达到全部高度时（不包括阳台、室外走廊、门斗、落地橱窗、雨篷、飘窗等），不计算建筑面积。保温隔热层的建筑面积是以保温隔热材料的厚度来计算的，不包含抹灰层、防潮层、保护层（墙）的厚度。

㉔建筑物内的变形缝，应按其自然层合并在建筑物建筑面积内计算。

㉕对于建筑物内的设备层、管道层、避难层等有结构层的楼层，结构层高在 2.20m 及以上的，应计算全面积；结构层高在 2.20m 以下的，应计算 1/2 面积。设备、管道楼层归为自然层，其计算规则与普通楼层相同。在吊顶空间内设置管道的，则吊顶空间部分不能被视为设备层、管道层。

㉖高低联跨的建筑物，应以高跨结构外边线为界分别计算建筑面积；其高低跨内部连通时，其变形缝应计算在低跨面积内。

a. 当高跨为边跨时，其建筑面积按勒脚以上两端山墙外表面间水平长度，乘以勒脚以上外墙表面至高跨中柱外边线的水平宽度计算；

b. 当高跨为中跨时，其建筑面积按勒脚以上外墙表面间的水平长度乘以中柱外边线的水平宽度计算。

5.1.4 不计算建筑面积的项目

下列项目不应计算面积。

① 与建筑物内不相连通的建筑部件。

② 骑楼、过街楼底层的开放公共空间和建筑物通道。

③ 舞台及后台悬挂幕布和布景的天桥、挑台等。

④ 露台、露天游泳池、花架、屋顶的水箱及装饰性结构构件。

⑤ 建筑物内的操作平台、上料平台、安装箱和罐体的平台。

⑥ 勒脚、附墙柱、垛、台阶、墙面抹灰、装饰面、镶贴块料面层、装饰性幕墙，主体结构外的空调室外机搁板（箱）、构件、配件，挑出宽度在 2.10m 以下的无柱雨篷和顶盖高度达到或超过两个楼层的无柱雨篷。

⑦ 窗台与室内地面高差在 0.45m 以下且结构净高在 2.10m 以下的凸（飘）窗，窗台与室内地面高差在 0.45m 及以上的凸（飘）窗。

⑧ 室外爬梯、室外专用消防钢楼梯。

⑨ 无围护结构的观光电梯。

⑩ 建筑物以外的地下人防通道，独立的烟囱、烟道、地沟、油（水）罐、气柜、水塔、贮油（水）池、贮仓、栈桥等构筑物。

5.2 土石方工程

土石方工程量包括平整场地、挖沟槽、基坑、挖土、回填土、运土和井点降水等项目。

5.2.1 土石方工程有关规定

① 人工土石方子目中已综合考虑了土壤类别的权重，使用时不进行调整换算。土石方施工应按土壤及岩石分类等级选用相应的子目。

② 人工土方子目是按干土编制的。干土和湿土的划分是以地下水常水位为准，常水位以上为干土，以下为湿土。如挖湿土时，需要换算。

③ 按竖向布置进行挖、填土方时，不得再计算平整场地工程量。

④ 挖土深度：从室外地坪到设计图示的开挖底面，如图 5-8 所示。

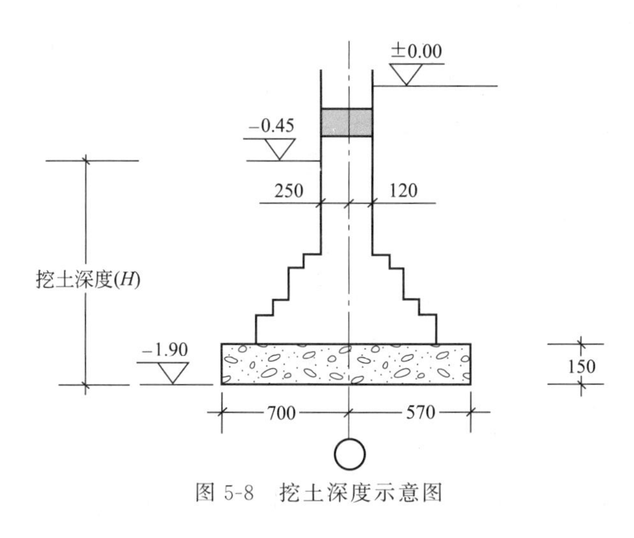

图5-8　挖土深度示意图

⑤ 放坡系数。开挖土方时，为了保证土壁稳定和安全，防止出现土壁坍塌，采用放坡或支撑是有效的方法。由于放坡形式简单，常采用放坡的方法，放坡坡度用开挖深度 H 和边坡宽度 B 之比表示。即

土方边坡坡度 $=H/B=1/k$

式中，$k=B/H$，称为放坡系数。

当挖土深度超过一定深度（放坡起点高度）时，应计算放坡，且不分土壤类别，均按表5-1计算工程量。

⑥ 工作面。工作面指一个人或一台机械，按正常工作效率所能负担的工作区域或操作所需的空间。定额中的工作面是指为了发挥正常的工作效率而需要预留的最小操作空间。对于一般工程基础施工时所需工作面按表5-2计算。

表5-1　放坡系数

放坡起点/m	放坡系数
1.5	1∶0.33

表5-2　基础施工所需工作面宽度计算表

序号	基础材料	每边各增加工作面的宽度/mm
1	砖基础	200
2	砌毛石、条石基础	150
3	混凝土基础支模板	300
4	基础垂直面做防水层	800(防水面层)

⑦ 人工挖土方、挖沟槽、挖地坑、挖桩孔子目综合了施工现场内100m土方倒运，如发生100m以上的土方倒运套用土方运输子目。

⑧ 人工挖桩间土方，或在有挡土板支撑下挖土时，人工需要换算。

⑨ 机械土方是按天然含水率编制的，如含水率超过25%时，需要换算。

5.2.2　人工挖土方工程量计算规则

（1）场地平整及原土夯实

① 场地平整是指厚度在±30cm以内的就地挖、填、找平，其工程量以建筑物（或构筑物）底面积的外边线每边各增加2m以平方米计算。

场地平整的计算公式：$S_{平}=S_{底}+L_{外}\times2+16$

② 原土夯实以夯实的面积计算工程量。

【例5.6】 已知墙厚为240mm，求如图5-9所示人工平整场地工程量。

解： $S_{底}=(30.8+0.24)\times(29.2+0.24)-21\times(10.8-0.24)=692.06(\text{m}^2)$

$L_{外}=(30.8+0.24)\times2+(29.2+0.24)\times2+21\times2=162.96\ (\text{m})$

$S_{平}=S_{底}+L_{外}\times2+16=692.06+162.96\times2+16=1033.98\ (\text{m}^2)$

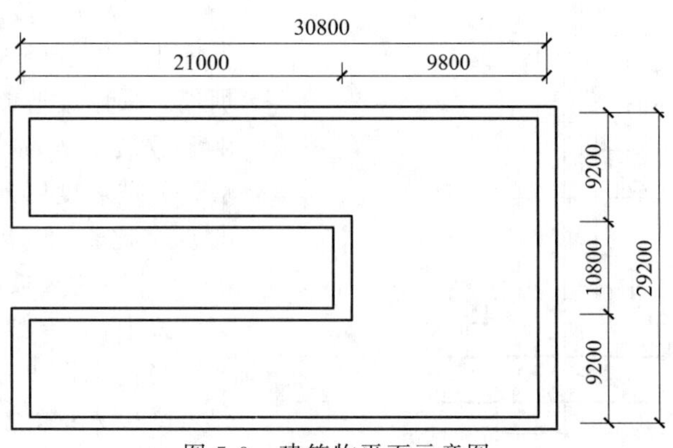

图 5-9 建筑物平面示意图

(2) 挖沟槽工程量计算 凡图示槽底宽 3m 以内，且槽长大于槽宽 3 倍以上者为挖沟槽。挖沟槽工程量按设计要求尺寸以 m^3 计算。

① 不放坡和不支挡土板挖沟槽时，如图 5-10 所示。

$$V=L\times(B+2C)\times H$$

式中 B——垫层宽度；

H——挖土深度；

C——工作面宽度；

L——沟槽长度，外墙沟槽长按图示尺寸中心线长计算；内墙沟槽长按图示尺寸沟槽净长计算。其突出部分应并入沟槽工程量内。

② 双面支挡土板挖沟槽时，如图 5-11 所示，当设计没有挡土板宽度时，其宽度按图示沟槽底宽，单面加 10cm，双面加 20cm 计算。挡土板面积按沟槽垂直支撑面积计算。

$$V=H\times(B+2C+2a)\times L$$

式中 a——挡土板宽度；

其他符号同上。

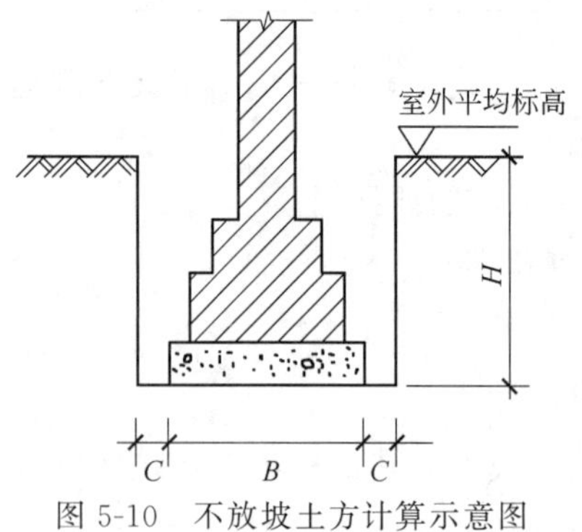

图 5-10 不放坡土方计算示意图

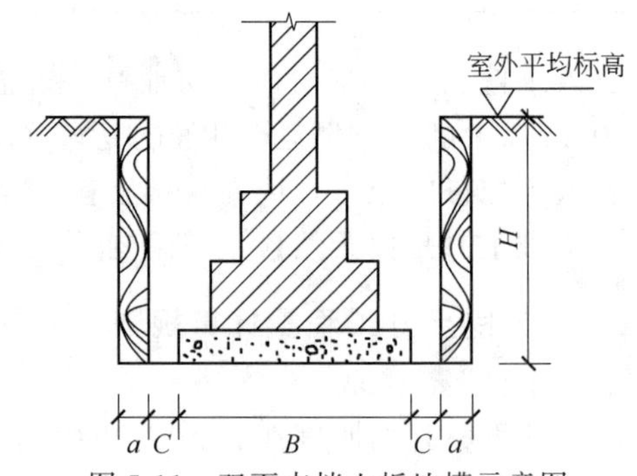

图 5-11 双面支挡土板地槽示意图

③ 由垫层下表面放坡挖沟槽时，如图 5-12 所示。

$$V=H\times(B+2C+KH)\times L$$

式中 K——放坡系数；

其他符号同上。

④ 由垫层上表面放坡挖沟槽时，如图 5-13 所示。

$$V=H_1\times B\times L+(B+KH_2)\times H_2\times L$$

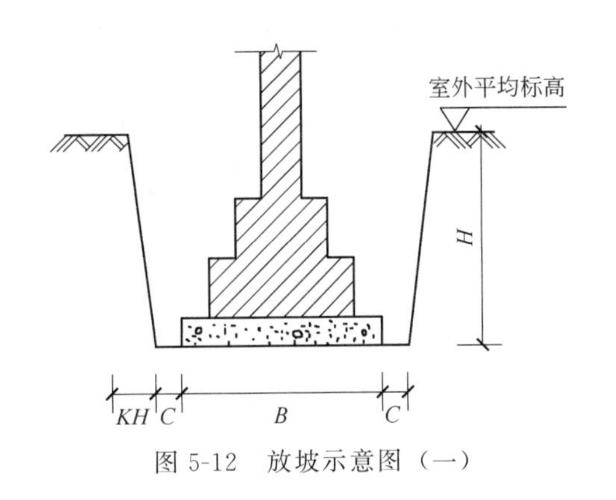

图 5-12　放坡示意图（一）

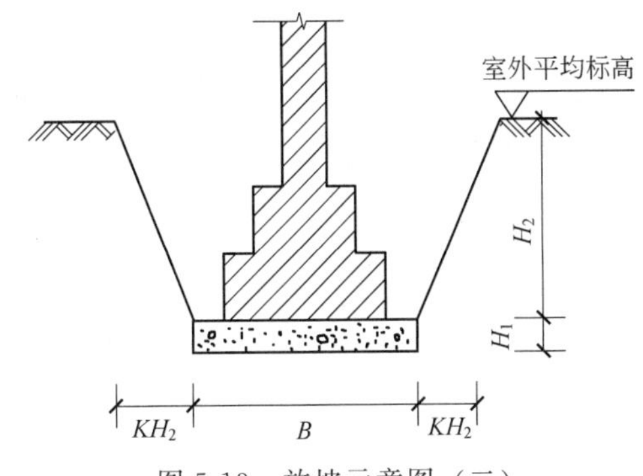

图 5-13　放坡示意图（二）

式中　H_1——垫层高度；

H_2——挖土深度；

其他符号同上。

(3) 挖地坑工程量计算　凡图示基坑底面积在 $20m^2$ 以内为挖基（地）坑。挖地坑工程量按设计要求尺寸以 m^3 计算。

① 放坡并带工作面，挖正方形或长方形地坑时，如图 5-14 所示。

$$V=(A+2C+KH)(B+2C+KH)H+K^2H^3/3$$

式中　A——地坑或土方底面长度；

B——地坑或土方底面宽度；

C——工作面宽度；

K——放坡系数；

H——挖土深度。

② 放坡并带工作面，挖圆形地坑时，如图 5-15 所示。

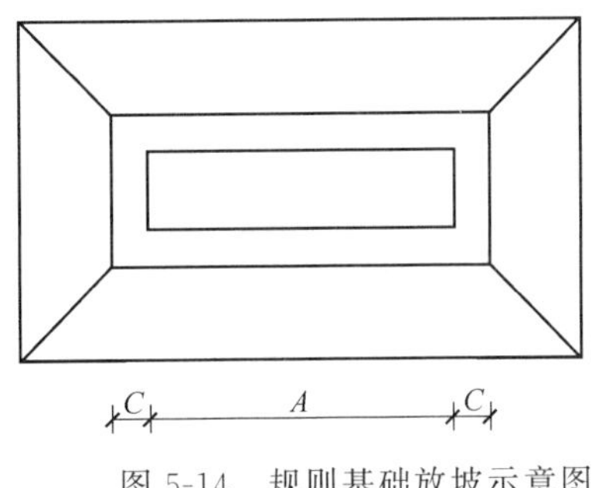

图 5-14　规则基础放坡示意图

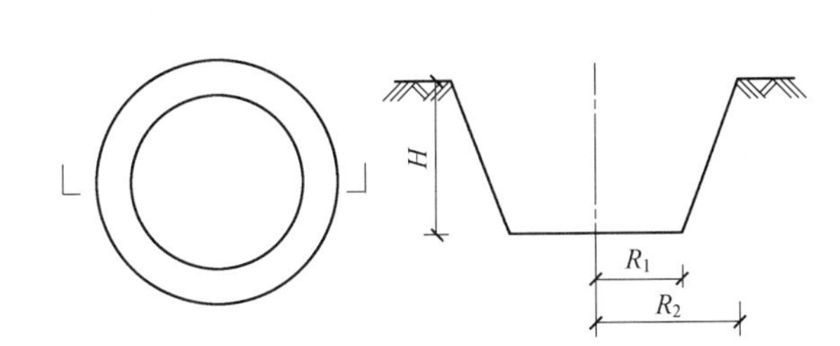

图 5-15　圆形地坑放坡示意图

$$V=\frac{1}{3}\pi H(R_1^2+R_2^2+R_1R_2)$$

式中　R_1——坑底半径；

R_2——坑口半径。

③ 不规则形状地坑

$$V=\frac{H}{3}(S_{上}+\sqrt{S_{上}S_{下}}+S_{下})$$

式中　$S_{上}$——地坑或土方顶面面积；

$S_{下}$——地坑或土方底面面积。

(4) 挖土方工程量计算　凡图示沟槽底宽 3m 以外，坑底面积 $20m^2$ 以外，平整场地挖土方厚度 30cm 以外的，均按挖土方计算。挖土方工程量按设计要求尺寸以 m^3 计算。

(5) 挖管道地沟工程量计算　挖管道地沟按图示中心线长度计算。沟底宽度有规定时按设计规定的尺寸计算；设计没有规定的，按表 5-3 计算。

表 5-3　管道地沟宽度计算　　单位：m

序号	管径/mm	铸铁管、钢管、石棉水泥管	混凝土及钢筋混凝土管	陶土管
1	50～70	0.60	0.80	0.70
2	100～200	0.70	0.90	0.80
3	250～350	0.80	1.00	0.90
4	400～450	1.00	1.30	1.10
5	500～600	1.30	1.50	1.40
6	700～800	1.60	1.80	—
7	900～1000	1.80	2.00	—
8	1000～1200	2.00	2.30	—
9	1300～1400	2.20	2.60	—

(6) 回填土工程量计算

① 基础回填土　土方回填以挖方体积减去设计室外地坪以下埋设物（垫层、基础等）的体积计算。

② 管道沟槽回填　管道沟槽回填土体积，以挖土体积减去管道基础体积、垫层体积，以及管道体积计算。当管道直径在 500mm 以下时，可不扣除管道所占体积。当管径超过 500mm 以上时，按表 5-4 规定扣除管道所占的体积。

表 5-4　管道扣除土方体积　　单位：m^3/m

管道名称	管道直径/mm					
	501～600	601～800	801～1000	1001～1200	1201～1400	1401～1600
钢管	0.21	0.44	0.71			
铸铁管	0.24	0.49	0.77			
混凝土管	0.33	0.60	0.92	1.15	1.35	1.55

③ 房心回填土　房心回填土按主墙（承重墙或厚度在 15cm 以上的墙）之间的净面积乘以填土平均厚度计算，不扣除垛、附墙烟囱、垃圾道及地洞所占的体积。

④ 钻探及回填孔　钻探及回填孔，按建筑物底层外边线每边各加 3m 以 m^2 计算。设计要求放宽者按设计要求计算。

(7) 余土或取土工程量计算

余土外运工程量＝挖土总体积－回填土总体积

计算的结果为正值时为余土外运体积；负值时为取土回填体积。

5.2.3　机械土方工程量计算规则

① 土方体积以天然密实体积（自然方）计算，碾压工程按压实方计算。运土量若按自然方计算时，素土按压实体积乘以系数 1.22 折算为自然方，灰土按压实体积乘以系

数1.31计算。

② 机械场内施工的运距，按以下规定计算。

a. 推土机按挖方区重心至回填方区重心间的直线距离计算。

b. 铲运机按挖方区重心至卸土区重心加转向距离45m计算。

c. 装载机现场倒运土，自卸汽车运土以挖方区重心至填卸土区重心距离计算。

③ 机械土方若需放坡和开挖（填）临时坡道时，按施工组织设计计算工程量，招投标时可暂不计算此项费用，结算时按实调整。

【例5.7】 已知某铸铁给水管线全长6000m，管径1200mm，管底设计宽度2400mm，槽深2600mm，普硬土，放坡。求管线的挖土方工程量。

解： 已知 $H=2.6\text{m}$，$K=0.33$，$C=0$

$$\text{管道沟的体积 } V_{总}=(B+2C+KH)HL$$

$$=(2.4+2.6\times0.33)\times2.6\times6000=50824.8\ (\text{m}^3)$$

【例5.8】 某工程基础平面见图5-16，基础剖面见图5-17。二类土，人工挖土、双轮车运土，余土运距为100m，无地下水。混凝土垫层体积14.03m³，工作面30cm，砖基础体积37.3m³，地面垫层、面层厚度共计85mm。计算土方工程量。

解： ① 计算基数：设底层建筑面积 $S_{底}$，外墙中心线 $L_{中}$，外墙外边线 $L_{外}$，内墙净长线 $L_{内}$，内墙基槽净长线 $L_{内槽净}$。

$$S_{底}=(11.4+0.48)\times(9.9+0.48)=123.31\ (\text{m}^2)$$

$$L_{外}=[(11.4+0.48)+(9.9+0.48)]\times2=44.52\ (\text{m})$$

$$L_{中}=L_{外}-4\times\text{外墙厚}=44.52-4\times0.365=43.06\ (\text{m})$$

$$L_{内}=(4.8-0.12\times2)\times4+(9.9-0.12\times2)\times2=37.56\ (\text{m})$$

垫层工作面 $C=0.3\ (\text{m})$

$$L_{内槽净}=(4.8-0.44-0.45-0.6)\times4+(9.9-0.44\times2-0.6)\times2=30.08\ (\text{m})$$

② 计算场地平整工程量

$$S_{场平}=S_{底}+L_{外}\times2+16=123.31+44.52\times2+16=228.35\ (\text{m}^2)$$

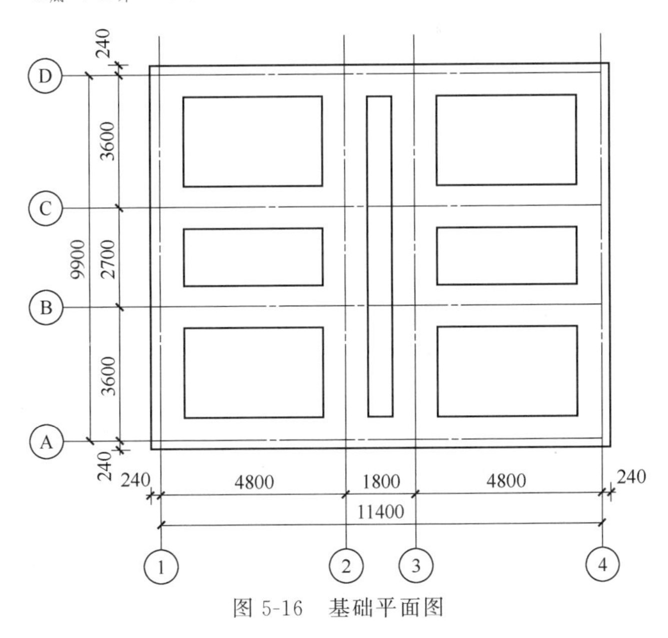

图5-16 基础平面图

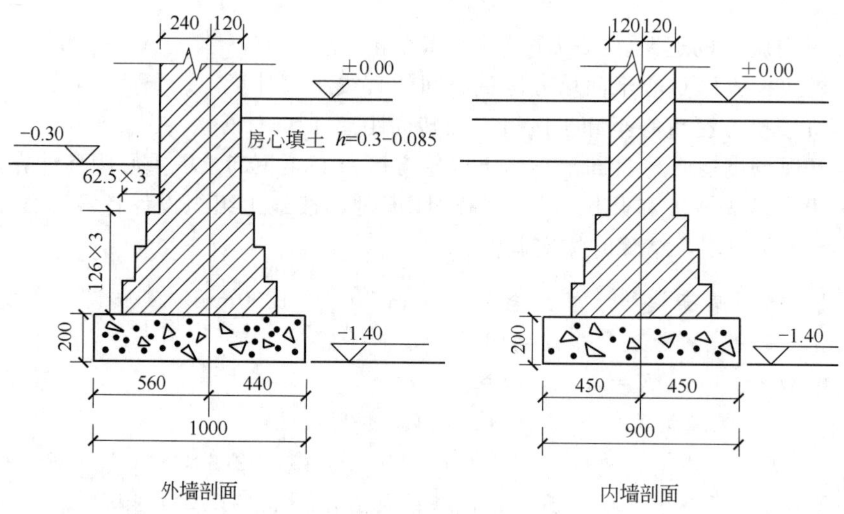

图 5-17　基础剖面图

③ 挖地槽工程量的计算

挖土深度 H=1.4−0.3=1.1m，无须放坡，如图 5-18。

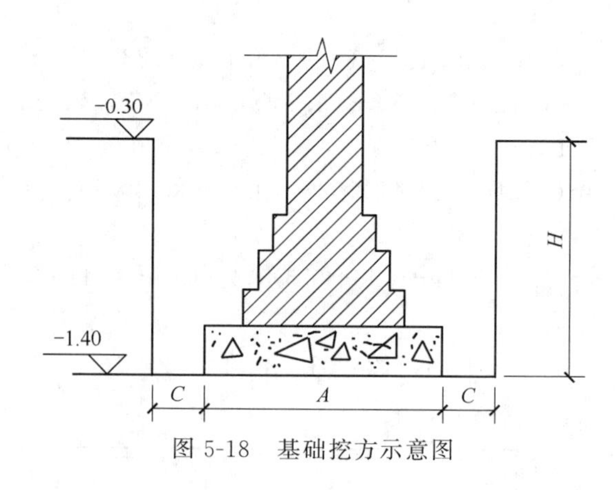

图 5-18　基础挖方示意图

$$外槽截面积\ S_{外}=(1+2\times0.3)\times1.1=1.76\ (m^2)$$

$$内槽截面积\ S_{内}=(0.9+2\times0.3)\times1.1=1.65\ (m^2)$$

$$地槽挖方量=1.76\times43.06+1.65\times30.08=125.42\ (m^3)$$

④ 地槽回填土

地槽回填土量=地槽挖方量−室外地坪下砖基础及垫层体积

=125.42−37.3−14.03=74.09 (m^3)

房心回填土量=室内净面积×房心回填土厚度

=(底层建筑面积−外墙面积−内墙面积)×(0.3−0.085)

=[123.31−(外墙厚×$L_{中}$+内墙厚×$L_{内}$)]×0.215

=[123.31−(0.365×43.06+0.24×37.56)]×0.215

=21.19 (m^3)

所以，总回填土量=74.09+21.19=95.28 (m^3)

⑤ 余土外运

余土外运量＝总挖土方量－总回填土量

＝125.42－95.28＝30.14（m^3）

【例 5.9】 某铸铁排水管，管径为 800mm，长度为 1000m，埋深为 1.2m，管底设计宽度为 1.6m，普硬土。求土方工程量。

解： ① 挖土量＝1.6×1.2×1000＝1920（m^3）

② 余土外运，查表 5-4，管道基础及管道体积 0.49m^3/m，故

余土外运量＝0.49×1000＝490（m^3）

③ 回填土量＝1920－490＝1430（m^3）

5.3 桩基工程

消耗量定额中桩基工程一般包括预制桩、灌注桩、其他桩（灰土井桩、灰土挤密桩、震动水冲桩、灌砂石桩），以及基坑降水、地基深层加固、基坑支护等内容。

5.3.1 预制桩

预制桩定额项目一般划分为：打入预制钢筋混凝土方桩、打入预制钢筋混凝土管桩、打入预制钢筋混凝土板桩、静力压入预制钢筋混凝土桩、型钢接桩、安拆导向夹具等。

(1) 打压入预制桩工程量计算　打压预制钢筋混凝土方桩、管桩和板桩的工程量，均按预制桩体积以 m^3 计算。桩的体积，按设计桩长（包括桩尖，不扣除桩尖虚体积）乘以截面面积计算。管桩的空心体积应扣除，如管桩的空心部分按设计要求灌注混凝土或其他填充材料时，应另行计算。

打压入预制桩工程量＝按图纸计算的桩体积×1.015(1.5%是打桩损耗)

计算工程量时应注意以下几点。

① 打压入钢筋混凝土桩定额，综合考虑了喂桩、送桩因素，不再另列项目计算。喂桩是指将现场的预制桩由排放位置吊运安放到桩架上并校正的全过程。送桩是指当预制桩的桩顶需打入地面以下时，采用工具式短桩置于桩顶，通过锤击或静压此短桩而将预制桩送到设计标高的过程。喂桩、送桩应根据消耗量定额的规定，确定是否需要另列项目计算。

② 在桩间补桩或在强夯后的地基上打桩时，按相应定额项目人工、机械、摊销材料乘以系数 1.15。

③ 桩的制作、运输，以及钢筋应按钢筋混凝土有关项目另列项计算。

④ 预制钢筋混凝土桩制作、运输及打桩损耗率按表 5-5 规定计算后并入构件工程量内。

表 5-5　预制钢筋混凝土桩制作、运输及打桩损耗率

名　　称	制作废品率	运输堆放损耗	打桩损耗
预制钢筋混凝土桩	0.1%	0.4%	1.5%

(2) 接桩　接桩是由于受到沉桩机械、桩架高度和运输吊装以及沉桩的限制，当设计桩长在 15m 以上，一般需将桩分段预制、分段沉入的过程。接桩的方法主要有型钢焊接法接桩和浆锚法接桩。接桩工程量：电焊接桩按设计接头以个计算；硫黄胶泥接桩按桩断面以平方米计算。

(3) 安拆导向夹具　安拆导向夹具定额内，已包括安装、拆除导向夹具的全部内容。使用定额时，不分打桩机的型号及导向夹具的形式，均执行本综合定额。安拆导向夹具的工程量，按设计规定的水平长度，以延长米计算。

（4）打入钢筋混凝土预制桩工程量计算实例

【例5.10】 某工程采用C25钢筋混凝土预制方桩，要求打入地坪下1m处。二类土，单根桩长20m（包括桩尖），总根数100根；每根桩分两节预制，桩截面400mm×400mm。计算桩制作、运输、打桩工程量。

解：① 制作量：20×0.4×0.4×100×(1+0.1%+0.4%+1.5%)=326.4（m^3）

② 运输量：20×0.4×0.4×100×(1+0.4%+1.50%)=326.08（m^3）

③ 打桩工程量：20×0.4×0.4×100×(1+1.5%)=324.8（m^3）

④ 喂桩、送桩：打桩定额均包括喂桩、送桩因素，不另列项计算。

⑤ 接桩工程量=桩总根数×(每根桩节段数－1)=100×(2－1)=100（个）

【例5.11】 某工程地基需打桩108根，采取0.45m×0.45m×12m预制钢筋混凝土方桩接成，打入总深度为45m，试计算打入和接桩工程量。

解：① 打桩工作量=0.45×0.45×45×108×（1+1.5%）=998.91（m^3）

② 需接桩的根数=45m÷12m=3.75，约4根

接桩工作量=(4－1)×108=324（个）

5.3.2 灌注桩

灌注桩是指在工程现场通过机械钻孔、钢管挤土或人力挖掘等手段在地基土中形成桩孔，并在其内放置钢筋笼，灌注混凝土而成的桩。依照成孔方法不同，灌注桩定额子目划分为走管式打桩机打孔、螺旋钻机成孔、重锤夯扩、回旋钻机成孔、锅锥钻成孔及旋挖钻机成孔、中心压灌式桩等。

（1）走管式冲击成孔灌注桩　走管式冲击成孔是指用锤击或振动方法，将端部带有桩尖的钢管沉入到规定深度后，向管内放入钢筋笼后再浇注混凝土，随之拔出钢套管，并利用拔管时的冲击或振动使混凝土捣实而形成桩，故又称套管成孔或打孔灌注桩。常用桩尖有两种：一种是钢筋混凝土桩尖，施工时先将桩尖埋设在桩位处，垫上缓冲材料后，钢套管套在桩尖上后沉入；另一种是钢套管端部带有钢质活瓣式桩尖，沉管前，先将活瓣合严。

冲击成孔灌注桩按桩尖形式分两种情况，以设计桩长、桩径计算工程量。

① 带有活瓣式桩尖成孔的灌注桩，以设计图示灌注桩体积包括桩尖计算，不扣除桩尖虚体积。

② 先埋入预制混凝土桩尖成孔的灌注桩，按设计桩尖顶面算起的灌注体积计算。

计算公式：冲击成孔灌注桩工程量=桩径^2×π/4×桩长×根数

$=d^2$×0.7854×桩长×根数

（2）回旋冲击钻孔灌注桩　定额子目中的回旋冲击钻孔灌注桩即泥浆护壁钻孔灌注桩，其原理是通过钻机循环泥浆将被切削的土块屑排出孔外，水下灌注混凝土成桩。施工过程是：平整场地→泥浆制备→埋设护筒→钻机定位→钻进成孔→清孔→下放钢筋笼→灌注水下混凝土→拔出护筒→检查质量。

钻孔灌注桩混凝土工程量均按设计桩长（包括桩尖，不扣除桩尖虚体积）增加0.5m乘以设计断面面积计算，根据成孔深度套用定额，成孔深度是指护筒顶至桩底的深度，同一井深内分不同土质套用不同子目，无论其所在的深度如何，均执行总孔深子目。

钻孔灌注混凝土桩工程量=(设计桩长+0.5)×桩身设计断面面积

制备泥浆、泥浆池的开挖砌筑、埋设钢护筒和泥土外运应另套有关定额计算或协商解决。

钻孔灌注桩工程量计算规则中所增加的0.5m，是考虑到钻孔灌注桩往往采用水下浇筑

混凝土，上部的浮浆必须凿掉，因此，浇筑混凝土的高度必须高于设计标高0.5m以上，使其凿后的桩顶必须露出新鲜纯净的混凝土面，其强度也必须达到设计强度。

（3）螺旋钻机灌注混凝土桩　螺旋钻机灌注混凝土桩是指当桩底位于地下水位以上，且土质较好时，直接用带长螺旋钻杆的钻孔机在地基下钻孔后，将钢筋笼置放于孔中，浇注混凝土的一种施工方法。螺旋钻机成孔以设计入土深度计算。

灌注桩工程量＝(设计桩长＋0.5m)×桩身设计断面面积

（4）其他灌注桩工程量计算

① 锅锥钻机、旋挖钻机成孔以设计入土深度乘以断面面积计算。

② 人工挖孔混凝土灌注桩按设计图示桩长乘以断面以“m^3”计算。

③ 中心压灌式CFG桩按设计桩长乘以桩截面积以“m^3”计算。

（5）灌注桩的充盈系数　灌注桩的充盈系数如表5-6所示。

表5-6　灌注桩的充盈系数

项目名称	充盈系数	损耗/%	合　计
冲击成孔灌注混凝土桩	1.25	1.5	1.269
其他成孔灌注混凝土桩	1.18	1.5	1.198
人工挖孔灌注混凝土桩	1.00	1.5	1.015

【例5.12】 某工程设计采用钻孔C30碎石混凝土灌注桩，设计桩长20m，桩径800mm，共300根。桩基施工后，核实实际浇灌混凝土量为3750m^3（现场签证量），求多用C30碎石混凝土量为多少？

解： ① 桩基工程量 $V=(20+0.5)\times0.8\times0.8\times3.14/4\times300=3090$（$m^3$）

② 多用C30碎石混凝土量 $3750-3090\times1.18\times1.015=49.1$（$m^3$）

（6）混凝土灌注桩钢筋笼定额的套用和工程量计算　各种混凝土灌注桩定额内，未包括灌注桩中的钢筋笼制作。如果设计为钢筋混凝土灌注桩，应对钢筋笼的安放、制作套有关定额子目。凿桩头及桩头处理另列项目。

5.3.3　其他桩

（1）灰土井桩　灰土井桩包括挖灰土井、灰土夯实、钢筋混凝土井盖浇注、回填、余土外运等工作内容。灰土井桩按设计图示回填灰土部分的实际体积计算。灰土井桩上混凝土井盖如有配筋时，按图示用量计算钢筋工程量套钢筋制作相应子目，加深井之井盖上的矮柱，以矮柱实体积计算工程量，按钢筋混凝土基础梁定额计算。

（2）灌砂石桩　灌砂石桩是指按设计要求先在桩位处成孔，而后灌注砂或石所成的桩。其填料用量是按正常的充盈因素和操作损耗综合取定的，灌砂石桩的工程量按设计图示尺寸计算体积以m^3表示。

（3）震动水冲桩　震动水冲桩，是采用带有震动器的高压喷头，通过喷射高压水流冲击出桩孔，将填灌在上部的砾石震动下沉而成的桩。震动水冲桩的工程量，按设计图示尺寸计算体积以m^3表示。

震动水冲桩定额中已考虑了正常的充盈因素，如实际采用的填料不同或粒径不同时，可予换算，但填料用量不变。工程结算时，按现场签证资料，调整定额中的填料量，其他不得换算。

（4）灰土挤密桩　灰土挤密桩就是采用沉管先成孔，后逐层填入拌和好的灰土，逐层夯实而成的桩。灰土挤密桩的工程量，按设计图示桩长加0.25m乘以断面以m^3计算。桩长是指回填灰土部分的长度。若施工中发生缩孔，须再次进桩达设计要求时，另增加重桩部分消耗量。桩孔发生缩颈但经原设计部门批准弃之不用或灌料至批准部位的材料量，按灌注深度占设计全长比例计算。

5.3.4 基坑降水

当建筑物基础埋置深度在地下水位以下，为了保证施工能顺利进行，需将地下水位降到基坑开挖深度以下，这项工作称为降水。降水方法较多，常用的有轻型井点、管井井点等。

轻型井点、管井井点（大口径降水井）按不同井管深度分别计算安装、拆除和使用工程量。

① 安装、拆除工程量，均以 10 根为单位，锅锥成孔大口径降水井点，成孔及安拆井管以个为单位；集水管安装拆除以 100 延长米为单位计算。

② 成井及使用工程量，轻型井点降水每 50 根、24h 为 1 套·天，大口径降水井成井以口为单位计算，且管以上空孔部分不得计算工程量。抽水台班以水泵出水口径按设备台班消耗定额计算。降水系统维护按单井单泵台班计算。井管间距和使用天数依施工组织设计确定，结算时，使用天数按发生的签证增补使用费用。

5.3.5 地基深层加固及基坑支护

（1）地基深层加固　地基深层加固定额子目包括深层搅拌粉喷桩、深层搅拌桩、高压旋喷桩。

① 深层搅拌粉喷桩和深层搅拌桩工程量计算　深层搅拌法是通过特制的深层搅拌机械，在地基中就地将软黏土和固化剂（多数用水泥浆）强制拌和，使软黏土硬结成具有足够强度的地基土。深层搅拌粉喷桩和深层搅拌桩施工工艺基本相同，不同的是粉喷桩喷的是粉，深层搅拌桩喷的是水泥浆。工程量均按设计图示桩长加 0.5m 后乘以设计断面以 m^3 计算。

② 高压旋喷桩工程量计算　高压旋喷桩的原理是利用工程钻机钻孔至设计深度后，用高压旋喷机把安有水平喷嘴的注浆管下到孔底，利用高压设备把浆液喷射出去，冲击切割土体，使一定范围内的土体结构破坏，并与土体搅拌混合，随着注浆管的旋转和提升而形成圆柱形桩体。旋喷桩工程量按设计支护深度以孔计算。

（2）基坑支护　当基坑开挖深度较大时，使用挡土板支护已无法保证土壁的稳定和施工安全，需采用深基坑支护方法。常用的深基坑支护方法较多，如钢板桩、预制混凝土板桩、钻孔灌注钢筋混凝土排桩、地下连续墙、喷锚支护等。消耗量定额基坑支护主要编制了喷锚支护，定额子目包括锚杆成孔、孔内注浆、喷射混凝土、锚杆施压预应力。

锚杆（土钉）墙支护以设计支护面积计算，不计算翻边、射角面积。锚杆（土钉）注浆按成孔体积以 m^3 计算，砂石层注浆乘以 1.2 系数，锚杆设计长度计算至悬臂桩外侧。土钉、锚杆的钢腰梁（含垫铁）执行钢吊车梁子目，联结螺栓制安按“零星铁件制安”子目计算。

5.4 砖石工程

消耗量定额中的砖石工程主要包括砖石基础、砖墙、砖砌体、砌块墙、保温砖衬墙、毛石基础、石墙、砌体内加固钢筋、砖烟囱烟道等项目。为简便起见，将砖石工程分为砖石基础、砖墙、其他砖砌体、砌石等项目。

5.4.1　砖石基础

（1）砖石基础与墙身的划分　砖石基础由基础墙及大放脚组成，其与墙身的划分，定额规定如下。

① 砖基础与砖墙身以设计室内地坪为界，室内地坪面以下为基础，以上为墙身。

② 若基础与墙身使用两种不同材料（如基础用石材，墙身用砖）时，位于设计室内地面±300mm 以内时，以不同材料为分界线，超过±300mm 时，以设计室内地面为分界线。如图 5-19、图 5-20 所示。

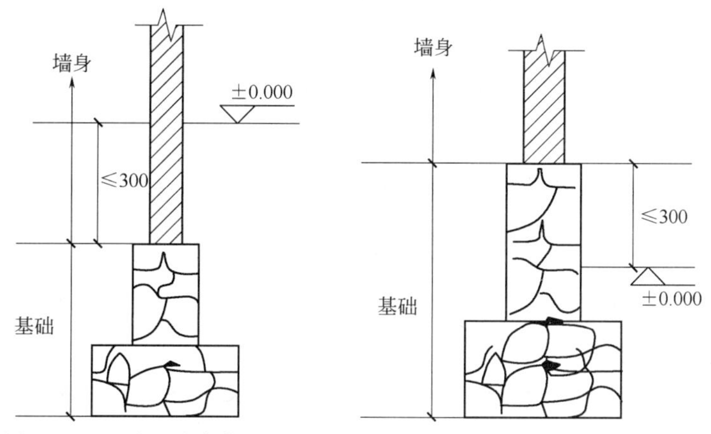

图 5-19　基础和墙身使用不同种材料，且材料分界点距±0.000≤300

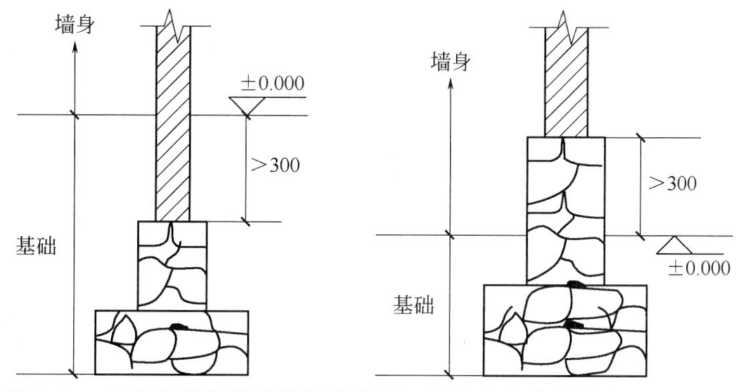

图 5-20　基础和墙身使用不同种材料，且材料分界点距±0.000>300

③ 石基础、石勒脚、石墙身的划分：基础与勒脚应以设计室外地坪为界，勒脚与墙身应以设计室内地坪为界。石围墙内外地坪标高不同时，应以较低地坪标高为界，以下为基础，内外标高之差为挡土墙时，挡土墙以上为墙身。

④ 砖围墙，以设计室外地坪为界线，以下为基础，以上为墙身。

（2）工程量计算　砖石基础按图示尺寸以 m^3 计算。基础大放脚 T 形接头处的重叠部分，嵌入基础的钢筋、铁件、管道、基础防潮层，单个面积在 0.3m^2 以内孔洞、砖平碹所占体积不予扣除，但靠墙暖气沟的挑檐亦不增加。附墙砖垛基础、烟囱、通风道、垃圾道等的扩大部分，按实体积并入所依附墙基础内。应扣除地圈梁、柱等非砖基础的体积。计算公式：

$$V=墙厚\times(设计基础高度+折加高度)\times基础长度-应扣除的体积$$

折加高度见表 5-7 所示。

表 5-7 砖石基础大放脚折加高度

放脚层数	0.5砖		1砖		1.5砖		2砖	
	等高	不等高	等高	不等高	等高	不等高	等高	不等高
1	0.137	0.137	0.066	0.066	0.043	0.043	0.032	0.032
2	0.411	0.342	0.197	0.164	0.129	0.108	0.096	0.080
3	0.822	0.685	0.394	0.328	0.259	0.216	0.193	0.161
4	1.396	1.096	0.656	0.525	0.432	0.345	0.321	0.257
5	2.054	1.643	0.984	0.788	0.674	0.518	0.482	0.386
6	2.876	2.260	1.378	1.083	0.906	0.712	0.675	0.530

5.4.2 砖墙及砖柱

消耗量定额中，分别设置了混水砖墙、单面清水墙、空斗墙、空花墙、承重与非承重黏土多孔砖墙、硅酸盐砌块墙、加气混凝土砌块墙、水泥炉渣空心砌块墙、保温砖衬墙、零星砌体等分项定额。

(1) 实体砖墙工程量计算　实体墙按设计尺寸以 m^3 计算，应扣除门窗洞口、过人洞、空圈、嵌入墙身的钢筋混凝土柱、梁、过梁、圈梁、板头、砖过梁和暖气包壁龛的体积；不扣除每个面积在 $0.3m^2$ 以内的孔洞、梁头、梁垫、檩头、垫木、木楞头、沿椽木、木砖、门窗走头、墙内的加固钢筋、木筋、铁件、钢管等所占的体积；突出砖墙面的窗台虎头砖、压顶线、山墙泛水、烟囱根、门窗套、三皮砖以下腰线、挑檐等体积亦不增加。计算公式如下：

$$V=(\text{墙长}\times\text{墙高}-\text{门窗洞口面积})\times\text{墙厚}-\text{应扣体积}+\text{应并入体积}$$

① 砖墙厚度的确定　标准砖砌体计算厚度按表 5-8 计算。

表 5-8 标准砖砌体计算厚度表

砖厚	0.25	0.5	0.75	1	1.5	2	2.5	3
计算厚度/mm	53	115	180	240	365	490	615	740

② 砖墙长度的确定　外墙长度按中心线长度计算，内墙计算长度按净长线长度计算。

③ 砖墙高度的确定　砖墙高度的起点，均以墙身与墙基的分界面开始。砖墙高度的顶点，按下列规定计算。

a. 外墙墙身计算高度：坡屋面无檐口天棚者，高度算至屋面板底。有屋架且室内外均有檐口天棚者，其高度算至设计墙高顶面或屋架下弦底另加 20cm。有屋架无天棚者算至屋架下弦底加 300mm；坡屋面有屋架，屋面出檐宽度超过 600mm 时，应按实砌高度计算。平屋面外墙计算高度算至钢筋混凝土板顶面，按平均高度计算。

b. 内墙墙身计算高度：内墙位于屋架下弦者，其高度算至屋架下弦底；无屋架者，算至天棚再加 10cm；有钢筋混凝土楼层者，按砌体实际高度计算。有框架梁时算至梁底。若同一墙体上板厚不同时，高度可按平均高度计算。

c. 山墙高度：内外山墙按其平均高度计算。

d. 女儿墙高度：从屋面板上表面算至女儿墙顶面，如有混凝土压顶时算至压顶下表面。

e. 围墙高度：高度算至压顶上表面，如为混凝土压顶时算至压顶下表面，围墙柱并入围墙体积内。

(2) 空斗砖墙工程量计算　空斗墙按图示尺寸以 m^3 计算，应扣除门窗洞口、钢筋混凝土过梁、圈梁所占部分。墙角、内外墙交接处、门窗洞口立边、砖平碹、钢筋砖过梁、窗台砖及屋檐处的实砌部分，均已包括在定额内，不另计算，但基础以上的实砌墙及嵌入空斗墙的砖柱，应分别列项计算，执行实砌砖墙和砖柱相应定额。

（3）空花墙工程量计算　空花墙按空花部分外形尺寸以 m^3 计算，空花部分不予扣除。

（4）多孔砖墙工程量计算　多孔砖墙工程量计算是按图示尺寸以 m^3 计算，应扣除门窗洞口、钢筋混凝土圈梁所占的部分。多孔砖空心砖墙中实砌标准砖部分，应另列项目，按相应定额计算。

（5）砌块墙工程量计算　砌块墙工程量按图示尺寸以 m^3 计算，应扣除门窗洞口、钢筋混凝土圈梁所占的部分。其实砌标准砖部分，已按比例综合在定额内，不得另行计算。

（6）其他执行内外砖墙定额的墙砌体

① 框架间砖砌隔墙分内外墙及不同墙厚以框架间净面积按砖墙相应定额以 m^3 计算。

② 女儿墙分不同墙厚按外墙自结构板顶面算至图示高度，执行外墙定额。

③ 附墙砖垛分基础和砖垛按实计算其体积，基础部分并入砖基础；砖垛则按所附墙的厚度折算成面积后并入墙身面积中并执行砖墙定额。

（7）砖柱　砖柱不分柱基和柱身合并按立方米计算。折加高度见表 5-9。

$$V=柱断面面积\times(全柱高度+折加高度)$$

表 5-9　标准砖柱基础大放脚折加高度表

柱断面	二层		三层		四层		五层	
	等高	不等高	等高	不等高	等高	不等高	等高	不等高
1×1	0.5646	0.3650	1.2660	1.0064	2.3379	1.96023	3.8486	3.1131
2×2	0.2339	0.1532	0.5005	0.4198	08888	0.6140	1.4153	1.1401
3×3	0.1457	0.0959	0.3057	0.2560	0.5335	0.3699	0.8363	0.6726

【例 5.13】 已知某工程基础平面见图 5-16，基础剖面见图 5-17。计算砖基础工程量。

解： ① 计算三线基数

外墙外边线 $L_{外}=[(11.4+0.48)+(9.9+0.48)]\times2=44.52$ (m)

外墙中心线 $L_{中}=L_{外}-4\times$外墙厚$=44.52-4\times0.365=43.06$ (m)

内墙净长线 $L_{内}=(4.8-0.24)\times4+(9.9-0.24)\times2=37.56$ (m)

② 计算基础工程量

解法一：$V_{外砖基}=墙厚\times(基础高度+折加高度)\times L_{中}$

$=0.365\times(1.2+0.259)\times43.06=22.93$ (m^3)

$V_{内砖基}=墙厚\times(基础高度+折加高度)\times L_{内}$

$=0.24\times(1.2+0.394)\times37.56=14.37$ (m^3)

$V_{砖基}=V_{外砖基}+V_{内砖基}=22.93+14.37=37.30$ (m^3)

解法二：$V_{外砖基}=S_{外砖基}L_{中}$

$=(0.365\times1.2+0.126\times0.0625\times6\times2)\times43.06=22.929$ (m^3)

$V_{内砖基}=S_{内砖基}L_{中}$

$=(0.24\times1.2+0.126\times0.0625\times6\times2)\times37.56=14.367$ (m^3)

$V_{砖基}=V_{外砖基}+V_{内砖基}=22.929+14.367=37.30$ (m^3)

5.4.3　其他砖砌体

（1）砖平碹　砖平碹又称平拱式过梁、平拱，用标准砖侧砌而成。砖平碹工程量，按设

计图示尺寸以 m^3 计算。设计图纸无规定，则长度按门窗洞口宽度两端共加 100mm，乘以高度（门窗洞口宽小于 1500mm 时，高度为 240mm；大于 1500mm 时，高度为 365mm）计算。即：

洞口宽≤1.5m 时，砖平碹工程量=(门窗洞口宽+0.1)×0.24×墙厚

洞口宽>1.5m 时，砖平碹工程量=(门窗洞口宽+0.1)×0.365×墙厚

（2）钢筋砖过梁　钢筋砖过梁又称平砌式过梁。用标准砖平砌，在其底部配置钢筋，两端伸入墙内 240mm。钢筋砖过梁工程量，按设计图示尺寸以 m^3 计算。若设计图纸无规定时，则长度按门窗洞口宽度两端共加 500mm，高度按 440mm，执行钢筋砖过梁定额。即：

钢筋砖过梁工程量=(门窗洞口宽+0.5)×0.44×墙厚

（3）砌体内加固钢筋　砌体内加固钢筋包括：第一，当砌体受压构件的截面尺寸受到限制时，为了提高砌体的承压能力，设计上往往采用砌体中加配钢筋网片的做法；第二，按抗震规范的构造要求在砌体中设置的拉结筋；第三，在砖砌体的转角处和交接处不能同时砌筑，而又留斜搓确实困难的临时间断处，可按规定留直阳搓，并加设拉结筋。

砌体内加固钢筋的工程量，均按钢筋设计图示尺寸以 t 计算。

砌体内加固钢筋定额子目内已考虑了钢筋的加工损耗 3%。因此，工程量计算应按图示净用量计算，不再增加损耗。扎丝的重量已综合在定额内，工程量计算时不计算扎丝重量。

（4）砖砌地沟　各种砖砌地沟（包括暖气沟、给排水管道地沟等）不分墙基和墙身，工程量合并以 m^3 计算，执行砖砌地沟定额。

（5）砖砌台阶　砖砌台阶（不包括梯带）按水平投影面积以 m^2 计算。砖砌台阶只计算阶踏部分的水平投影面积，踏步两边的挡墙（牵边、梯带）或花池等应另行计算，执行零星砌体定额。

5.4.4 砌石及石表面加工

（1）砌石　砌石定额，按部位和作用不同分为：毛石基础、石勒脚、毛石墙。按材料分为毛条石、清条石、方整石三个定额子目。此外还有石砌挡土墙、毛石地沟、毛石护坡、石砌窨井、石砌水池、安砌石踏步。

毛石基础、毛石墙、方整石墙的工程量，均按设计图示尺寸以 m^3 计算。

（2）石表面倒水扁光及加工　当对石表面有较高要求或专门装饰加工石材表面时，可套用石表面倒水扁光和石表面加工定额。石表面倒水扁光按斜面不同宽度以 m^3 计算。石表面加工按加工面积以 m^3 计算。

5.4.5 砖烟囱及水塔

（1）砖烟囱

① 砖烟囱应按设计室外地坪为界，以下为基础，以上为筒身。圆形、方形筒身均按图示筒壁平均中心线周长乘以厚度并扣除筒身各种孔洞、钢筋混凝土圈过梁等体积，以 m^3 计算。

② 烟囱内衬按不同内衬材料并扣除孔洞后，以图示实体积计算。

③ 烟囱内壁隔热层，按筒身和烟道内壁扣除孔洞后，以 m^2 计算。

（2）砖砌水塔

① 水塔基础与墙身划分应以砖砌体的扩大部分顶面为界，以上为塔身，以下为基础。

② 塔身以图示实砌体积计算，并扣除门窗洞口和构件所占的体积。

③ 砖水箱内外壁，不分壁厚，均以图示实砌体积计算。

5.5　混凝土及钢筋混凝土工程

混凝土及钢筋混凝土定额中，包括模板、钢筋和混凝土三个部分。其中，模板工程分为现浇构件模板、预制构件模板、构筑物模板。混凝土工程分为砾石混凝土、毛石混凝土、砾石预应力混凝土。钢筋工程分为冷拔丝、圆钢、螺纹钢、预埋铁件、预应力钢绞线等。

5.5.1　现浇构件模板

现浇构件模板，层高是按3.60m考虑的（包括3.60m）。设计层高超过3.60m时，计算超高支模增加消耗量，梁板合并套用梁板超高子目，墙柱合并套用墙柱超高子目。有弧度的混凝土构件，内弧半径在9m以内（包括9m）套用弧形现浇构件子目；半径超过9m者，使用相应的直形构件模板。

现浇构件模板工程量的计算，各地区规定不同，主要有两种方法：一是按混凝土体积以m^3计算，二是按混凝土与模板接触面积以m^2计算，全国基础定额采用第二种计算方法。这里主要介绍第一种方法计算，同时列出第二种计算公式。

（1）现浇混凝土基础

① 带形基础　带形基础根据基础断面几何形状分为有梁式带形基础和无梁式带形基础。有梁式带形基础适用于梁高（指基础扩大顶面至梁顶面的高）小于1.20m的钢筋混凝土基础，当梁高超过1.20m时，其扩大面以下部分按无梁式带形基础计算，扩大面以上部分按混凝土墙项目计算。

带形基础模板工程量按设计图示尺寸以混凝土体积计算。计算公式为：

$$V=\text{基础断面面积 }S\times\text{基础长 }L+\text{T 形接头体积}$$

式中　基础长L——外墙按外墙中心线长计算，内墙按基础净长计算。

当接头为十字形时，接头体积相当于2个T形接头。T形接头见图5-21，其体积的计算分以下两种情况。

a. 当基础截面为梯形时，接头体积$V_D=V_1+V_2+V_3$

式中　V_1——图示搭接部分上部矩形体积，$V_1=L_Dbh_3$；

V_2——搭接部分中部矩形体积一半，$V_2=L_Dbh_2/2$；

V_3——搭接部分两侧三角锥体积，$V_3=\frac{1}{3}\times\left(\frac{1}{2}L_Dh_2\right)\times\frac{B-b}{2}\times 2$。

即，$V_D=L_D\left(h_3b+h_2\times\frac{2b+B}{6}\right)$

式中　L_D——搭接长度；

B——基础底宽；

b——梁宽；

h_3——梁高。

b. 当基础截面为阶梯形时，每个接头搭接部分均为矩形，把每个台阶上的混凝土体积叠加起来，即为搭接部分混凝土体积。

【例5.14】　如图5-22所示，计算带形基础混凝土工程量。

解：$L_{中}=(15+9)\times 2=48$（m）

$L_{内基净}=9-1.5=7.5$（m）

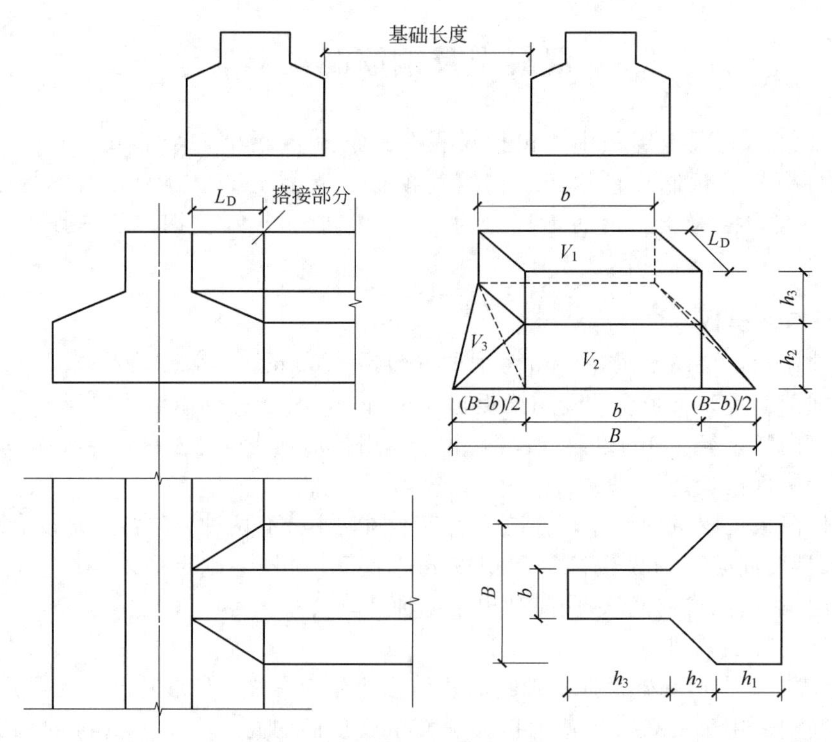

图 5-21　T 截面带形基础接头

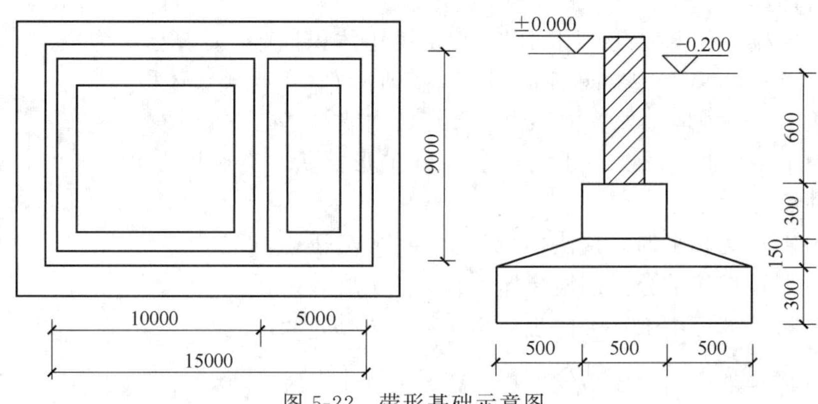

图 5-22　带形基础示意图

$$V_{基}=[(0.5\times0.3)+(1.5+0.5)\times0.15\div2+1.5\times0.3]\times(48+7.5)$$
$$=41.625\ (m^3)$$

由图可知，内墙与外墙的搭接接头共 2 个。

并且，$L_D=0.5m$，$h_3=0.3m$，$b=0.5m$，$h_2=0.15m$，$B=1.5m$

$$V_{搭}=V_1+V_2+V_3$$
$$=0.5\times0.5\times0.3+0.5\times0.5\times0.15\div2+0.5\times0.15\div6\times(1.5-0.5)\div2\times2$$
$$=0.075+0.01875+0.0125=0.10625\ (m^3)$$
$$V_{总}=V_{基}+2\times V_{搭}=41.625+0.10625\times2=41.84\ (m^3)$$

【例 5.15】 已知基础平面如图 5-23，剖面如图 5-24，求基础工程量。

解： ① 外墙基中心线长 $L_1=(21+13.2)\times2=68.4$ (m)

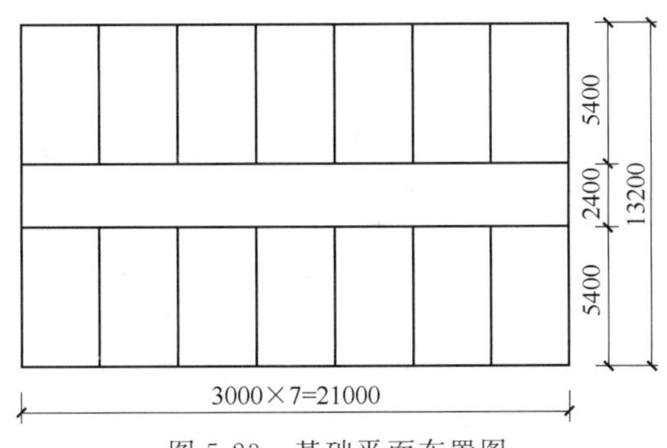

图 5-23　基础平面布置图

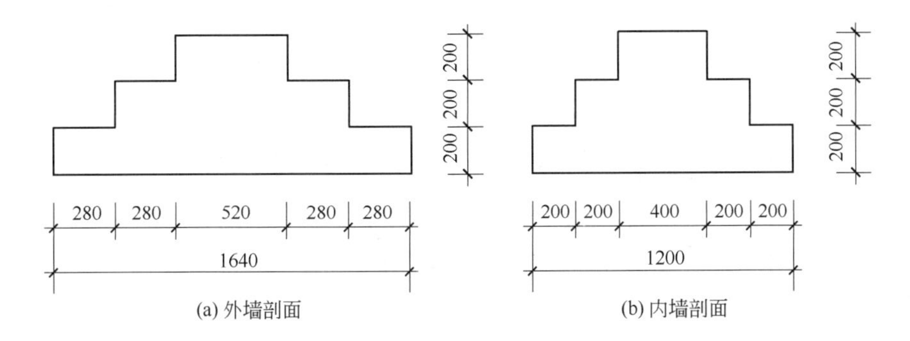

图 5-24　剖面图

外墙基断面 $S_1=1.64\times0.2+(1.64-0.28\times2)\times0.2+0.52\times0.2=0.648$（$m^2$）

外墙基体积 $V_1=L_1S_1=68.4\times0.648=44.32$（$m^3$）

② 内墙基净长 $L_2=(21-1.64)\times2+(5.4-1.64/2-1.2/2)\times12=86.48$（m）

内墙基断面 $S_2=1.2\times0.2+(1.2-0.2\times2)\times0.2+0.4\times0.2=0.48$（$m^2$）

内墙基体积 $V_2=L_2S_2=86.48\times0.48=41.51$（$m^3$）

③ T 形接头

内墙与外墙接头 16 个 $V_{D1}=(0.28\times0.8+0.56\times0.4)\times0.2\times16=1.43$（$m^3$）

内墙与内墙接头 12 个 $V_{D2}=(0.2\times0.8+0.4\times0.4)\times0.2\times12=0.77$（$m^3$）

④ 带基总体积

$$V=V_1+V_2+V_{D1}+V_{D2}=44.32+41.51+1.43+0.77=88.03\ (m^3)$$

② 独立基础　独立基础常采用矩形、截锥形或阶梯形，其中以截锥形较为常见。独立基础的工程量为基础扩大面以下部分的体积。

a. 截锥形独立基础　截锥形独立基础可分解为两部分，下部为矩形，上部为截锥形。计算工程量时，把上下两部分分别计算后再相加。可用公式表达为：

$$V=abh_1+\frac{h_2}{6}\times[a_1b_1+(a_1+a)\times(b_1+b)+ab]$$

公式中符号含义见图 5-25。

【例 5.16】 某柱下独立基础如图 5-26，求基础工程量。

解： 上部棱台体积$=(0.4\div6)[1.6\times1.4+(1.6+0.6)\times(1.4+0.6)+0.6\times0.6]=0.47$（$m^3$）

下部矩形体积$=1.6\times1.4\times0.5=1.12$（$m^3$）

所以，独立基础体积$=0.47+1.12=1.59$（m^3）

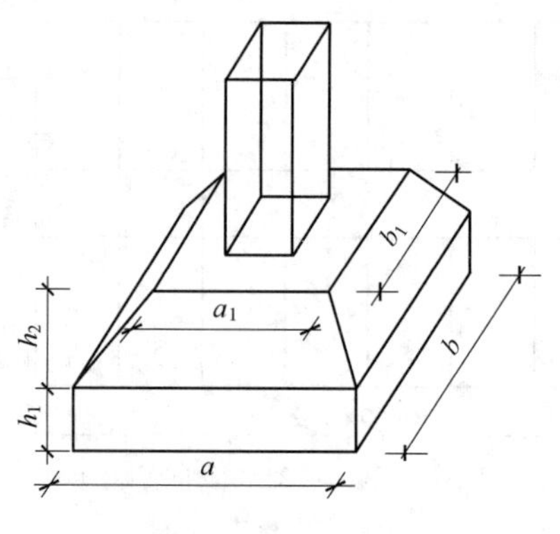

图 5-25 独立基础

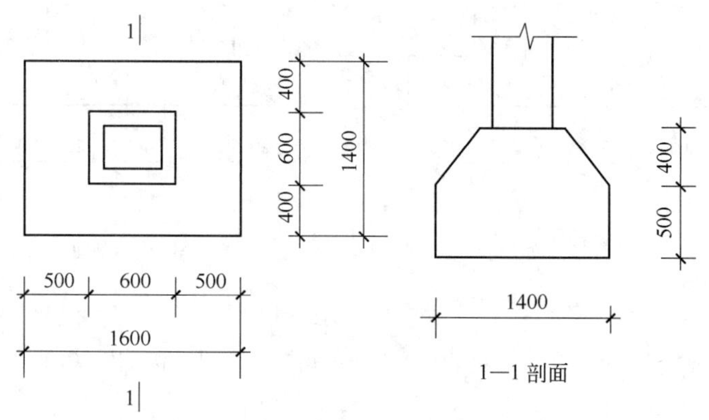

图 5-26 截锥形独立基础平面及剖面

【例 5.17】 计算图 5-27 中截锥形基础的工程量。

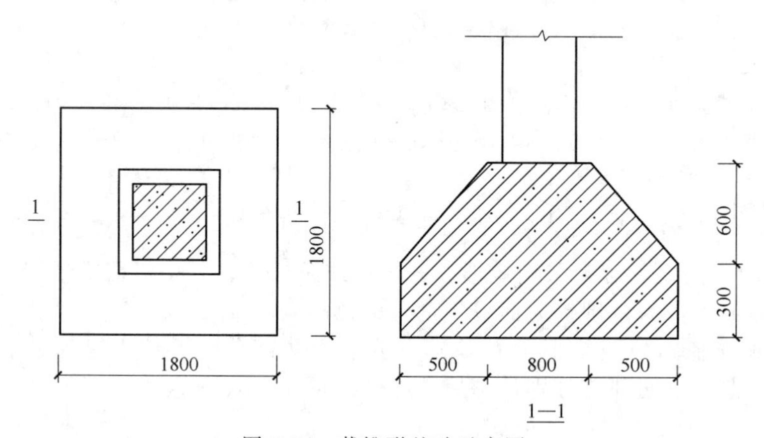

图 5-27 截锥形基础示意图

解： $V_{总}=1.8\times1.8\times0.3+[1.8^2+0.8^2+(1.8+0.8)^2]\times0.6\div6$

$=0.972+1.064=2.036\ (m^3)$

b. 阶梯形基础 其工程量为基础扩大面以下各层台阶体积之和。

【例 5.18】 某工程独立基础如图 5-28 所示，求基础工程量。

解： $V_{DJ1}=1.3\times1.2\times0.2=0.312\ (m^3)$

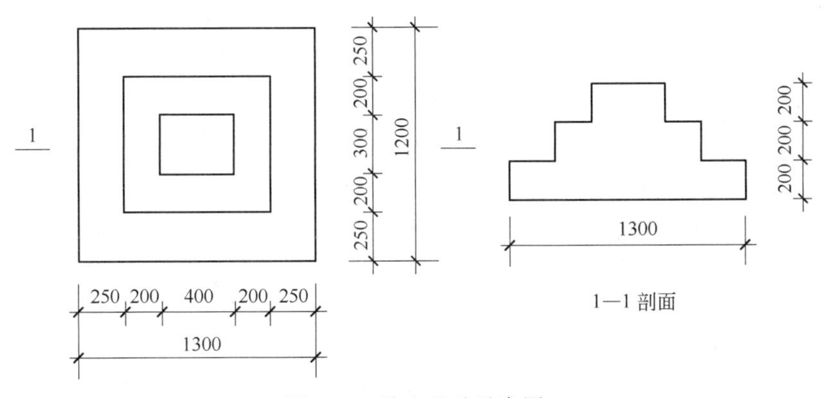

图 5-28　独立基础示意图

$V_{DJ2}=(1.3-0.25\times2)\times(1.2-0.25\times2)\times0.2=0.112$ (m^3)

$V_{DJ3}=0.4\times0.3\times0.2=0.024$ (m^3)

所以 $V_{DJ}=V_{DJ1}+V_{DJ2}+V_{DJ3}=0.312+0.112+0.024=0.448$ (m^3)

③ 杯形基础　杯形基础一般用于预制装配式工业厂房的柱下，杯形基础的类型有角锥形和阶梯形，其工程量按图示尺寸以 m^3 计算，应扣除杯芯的体积。

④ 满堂基础　满堂基础根据其形式可分为有梁式满堂基础和无梁式满堂基础。

无梁式满堂基础工程量为基础底板的实际体积，当柱有扩大部分时，扩大部分并入基础工程量中。有梁式满堂基础由底板和梁共同组成，梁高未超过 1.20m 时，其工程量为梁和底板体积之和，基础梁相交部分不能重复计算。梁高超过 1.20m 时，底板按无梁式满堂基础模板项目计算，梁按混凝土墙模板项目计算。

【例 5.19】 某有梁式满堂基础，如图 5-29 所示，底板尺寸 45.8m×19.6m，底板厚 0.3m，凸梁上断面为 0.4m×0.4m，梁的轴线间距为：纵向 6.2m，横向 5.6m，边梁轴线距板边 0.5m，求该满堂基础的体积。

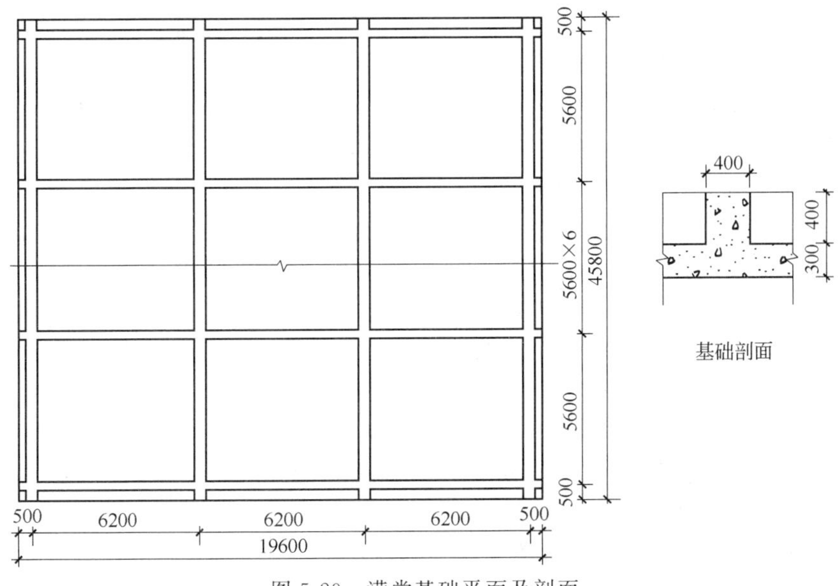

图 5-29　满堂基础平面及剖面

解：底板体积：$V_{JB}=45.8\times19.6\times0.3=269.3$（$m^3$）

凸梁体积：$V_{JL}=0.4\times0.4\times[45.8\times4+(19.6-0.4\times4)\times9]=55.23$（$m^3$）

有梁式满堂基础体积：$V_{MJ}=269.3+55.23=324.53$（$m^3$）

⑤ 箱形基础　箱形基础是由钢筋混凝土底板、顶板和纵横交错的隔墙组成一个空间整体结构。可将其分解成底板、柱、墙、梁、顶板，计算方法同相应构件，套用相应子目。

⑥ 设备基础　设备基础有块体状和框架式两种。块体状设备基础按设计图纸尺寸以立方米计算，不扣除构件内钢筋、预埋铁件、螺栓套孔所占的体积。框架式设备基础分别按基础、柱、梁、板以及墙的相应项目计算。楼层上的设备基础并入梁、板项目，如果在同一设备基础中，部分为块体状部分为框架式时，应分别计算。

⑦ 桩承台基础　桩承台基础工程量应按设计图示尺寸计算其实际体积。不扣除基础内钢筋、预埋铁件和伸入承台的桩头所占体积。

⑧ 混凝土垫层模板　混凝土垫层子目适用于支模浇灌的混凝土带形基础、杯形基础、独立基础、承台及建筑物下的垫层；凡直接浇灌入基槽、基坑内不需支模的混凝土垫层，不计算垫层模板；满堂基础的垫层套用“无梁式满堂基础”模板子目。

垫层工程量以垫层的实际体积计算。可用公式表达为：

$$垫层工程量\ V=S_{垫层截面}\times垫层的实际长度\ L$$

对于条形基础，外墙下的基础垫层，可按外墙的中心线长计算；内墙下的基础垫层，按垫层的净长线计算。

（2）现浇混凝土柱　混凝土柱的工程量按设计图示尺寸以体积计算，不扣除构件内钢筋、预埋铁件所占体积。即按柱断面乘以柱高计算。

① 柱断面按实际断面计算。构造柱断面应包括马牙槎面积。

② 柱高计算规则

a. 有梁板、平板的柱高，自柱基上表面至上一层楼板上表面的高度。

b. 无梁板的柱高，自柱基上表面至柱帽下表面的高度，柱帽体积并入板中。

c. 框架柱高，自柱基上表面至柱顶高度计算。柱上牛腿、升板的柱帽并入柱体积中。

d. 构造柱按全高计算，与圈梁相交处计入构造柱，构造柱的基础并入构造柱中。

（3）现浇混凝土梁　混凝土梁包括基础梁、矩形梁、异形梁、圈梁、过梁、拱形梁等。

现浇混凝土梁的工程量，应按设计图示尺寸以体积计算。不扣除构件内钢筋、预埋铁件所占体积，伸入墙内与梁一起整浇的梁头、梁垫应并入梁体积内。

① 基础梁　基础梁为独立基础之间连接的梁，基础梁为架空梁，这是与基础圈梁的不同点。基础梁工程量按梁的体积计算。

② 矩形梁　截面为矩形的框架梁或单梁（其上为预制板的梁）称矩形梁，工程量按梁截面面积乘以梁长计算。其中梁长度规定如下：梁与柱连接时，梁长算至柱内侧面；次梁与主梁连接时，次梁长算至主梁内侧面；梁端与混凝土墙相接时，梁长算至混凝土墙内侧面；梁端与砖墙交接时伸入砖墙的部分（包括梁头）并入梁内。

③ 异形梁　梁截面为非矩形时称为异形梁，异形梁工程量计算方法同矩形梁。

④ 圈梁　圈梁按位置不同有墙上圈梁和基础地圈梁。圈梁工程量为圈梁的实际体积，其中外墙圈梁长取外墙中心线长；内墙圈梁长取内墙净长，圈梁与主次梁或柱交接时，圈梁长算至主次梁或柱的侧面；圈梁与构造柱相交时，其相交部分体积计入构造柱内。

⑤ 过梁　当为单独现浇过梁时，按现浇混凝土过梁列项；当圈梁兼作过梁时，按现浇混凝土圈梁列项；当为预制过梁时，按预制混凝土过梁列项。过梁工程量为过梁的实际

体积。

⑥ 弧形或拱形梁　弧形梁指两支座之间在水平面内呈曲线形的梁。拱形梁指两支座之间在垂直面内呈曲线形的梁。弧形、拱形梁工程量按实际体积计算。

(4) 现浇混凝土墙　现浇混凝土墙分为直形墙和弧形墙，墙的工程量按墙体积计算，不扣除构件内钢筋、预埋铁件所占体积，应扣除门窗洞口及单个面积 0.3m² 以上的孔洞所占体积，墙垛及突出墙面部分并入墙体积内。

(5) 现浇混凝土板　现浇混凝土板包括有梁板、无梁板、平板、拱板、薄壳板、栏板、天沟、挑檐板、雨篷、阳台板和其他板。现浇混凝土板的工程量应按设计图示尺寸计算其实际体积。不扣除构件内钢筋、预埋铁件及单个面积 0.3m² 以内的孔洞所占体积。

① 有梁板　有梁板是指与梁整浇的板。有梁板的工程量按梁和板体积之和计算，不扣除构件内钢筋、预埋铁件及单个面积在 0.3m² 以内的孔洞所占体积，当板边与框架梁、圈梁、混凝土墙整浇时，板算至其内侧。

② 无梁板　无梁板是指不用梁而直接用柱支撑的板。无梁板的工程量按板体积与柱帽体积之和计算，其余规定同有梁板。

【例 5.20】 某结构平面见图 5-30，KL 截面均为 0.3m×0.5m，柱截面 0.6m×0.6m，L-1 截面为 0.3m×0.5m，L-2 截面为 0.2m×0.3m，L-3 截面为 0.3m×0.4m，XB-1 厚 0.1m，XB-2 和 XB-3 均厚 0.08m，XB-4 厚 0.12m。计算图示现浇构件工程量。

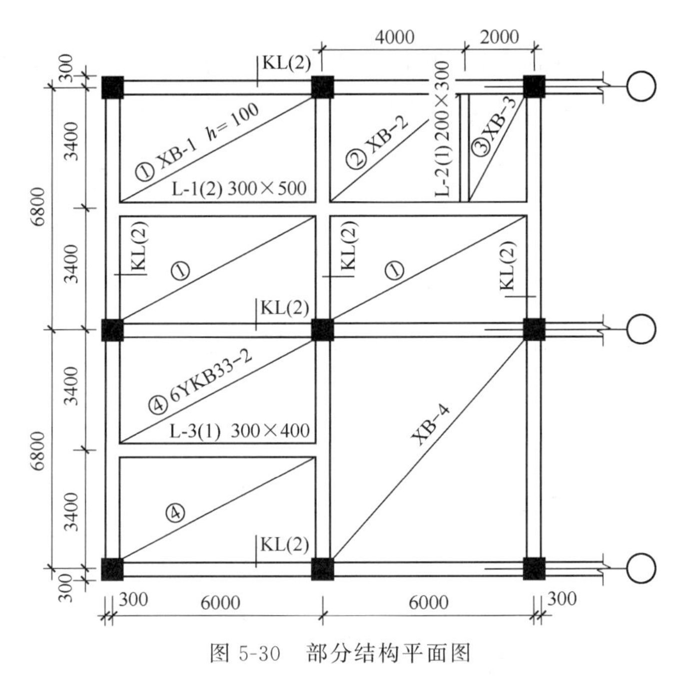

图 5-30　部分结构平面图

解： ① 矩形梁工程量，为 KL 和 L-3 体积之和

$V_{KL}=(6.0-0.3\times2)\times0.3\times0.5\times6+(6.8-0.3\times2)\times0.3\times0.5\times6=10.44$ (m³)

$V_{L3}=(6.0-0.3/2\times2)\times0.3\times0.4=0.68$ (m³)

矩形梁工程量：$10.44+0.68=11.12$ (m³)

② 有梁板工程量，为 XB-1、XB-2、XB-3 和 L-1、L-2 体积之和

XB-1 (3 块)：$[(6.0-0.15\times2)\times(3.4-0.15\times2)-0.15\times0.15\times2]\times0.1\times3=5.29$ (m³)

L-1 (2 根)：$(6.0-0.15\times2)\times0.3\times0.5\times2=1.71$ (m³)

XB-2（1块）：[(4.0－0.15－0.1)×(3.4－0.15×2)－0.15×0.15]×0.08＝0.93（m^3）

XB-3（1块）：[(2.0－0.15－0.1)×(3.4－0.15×2)－0.15×0.15]×0.08×1＝0.43（m^3）

L-2（1根）：(3.4－0.15×2)×0.2×0.3＝0.19（m^3）

有梁板工程量：5.29＋1.71＋0.93＋0.43＋0.19＝8.55（m^3）

③ 平板工程量，为XB-4体积

[(6－0.15×2)×(6.8－0.15×2)－0.15×0.15×4]×0.12＝4.44（m^3）

③ 平板　平板指周边直接由框架梁、混凝土墙或圈梁支撑的板，板下无梁。工程量按板自身体积计算，范围算至框架梁、圈梁、混凝土墙内侧。其余规定同有梁板。

④ 拱板　拱板指板面不在同一标高而呈拱形的曲板。工程量为拱形板的体积。

⑤ 薄壳板　薄壳板指由两个曲面所限定且此两曲面之间的距离远比曲面尺寸小的板。工程量按其实际体积计算，薄壳板的肋、基梁并入薄壳体积内。

⑥ 栏板　此定额子目适用于楼梯、看台、通廊、阳台等侧边的弯起，且弯起部分的高度＞30cm的防护或装饰性构件，栏板的模板工程量为栏板外侧投影面积（含压顶高度）。水平板面以上弯起部分称为栏板，下垂部分称为挂板。挂板下垂高度≤30cm者，并入所依附的构件内。高度＞30cm的挂板，不论弯折几次，按其展开面积计算工程量，套用“栏板”子目乘1.35的系数。

屋面混凝土女儿墙厚10cm以内，执行栏板子目，墙厚10cm以上，执行相应厚度墙子目，压顶另计。

⑦ 天沟及挑檐板　天沟指建筑物屋面两跨间的下凹部分。挑檐指屋面上从梁或混凝土墙上挑出的水平板及弯起部分。天沟和挑檐板的工程量按设计尺寸以体积计算。挑檐工程量可用公式表达为：

$$V=\text{挑檐水平断面}\times(L_{外}+4\times\text{挑檐宽})+\text{翻起面积}\times[L_{外}+8(\text{挑檐宽}-\text{翻起板厚}/2)]$$

式中　$L_{外}$——外墙外边线。

【例5.21】 某建筑平面及挑檐详见图5-31，求挑檐工程量。

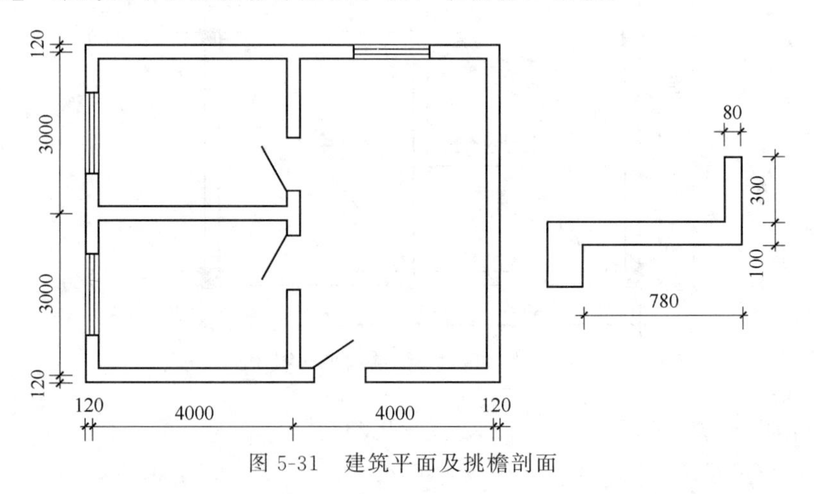

图5-31　建筑平面及挑檐剖面

解： $L_{外}=(4\times2+3\times2)\times2+4\times0.24=28.96$（m）

挑檐水平部分工程量：

$$V_{水平}=(L_{外}+4\times\text{挑檐宽})\times\text{底板断面}$$
$$=(28.96+4\times0.78)\times0.78\times0.1=2.50\ (m^3)$$

挑檐弯起部分工程量：

$$V_{翻起}=[L_{外}+8\times(挑檐宽-1/2\times翻起厚)]\times翻起断面$$
$$=[28.96+8\times(0.78-1/2\times0.08)]\times0.3\times0.08=0.84\ (m^3)$$

挑檐工程量$=2.50+0.84=3.34\ (m^3)$

⑧ 雨篷　定额中的雨篷子目是按悬挑式雨篷且悬挑尺寸≤1.50m考虑的，其工程量为雨篷的水平投影面积。已综合考虑了雨篷外侧立面30cm以内的弯起部分，当外侧立面弯起高度大于30cm时，除套用一次雨篷子目外，其增高部分套用“栏板”子目。

当实际为有柱支撑的雨篷，或者虽不以柱支撑但悬挑尺寸＞1.50m的雨篷时，可分解为柱、梁、板、栏板等构件计算，并套用相应子目。

⑨ 阳台　整体阳台的工程量以阳台的水平投影面积计算。定额内已综合考虑了伸出墙外的挑梁、捣制阳台底板、捣制或预制隔板、栏板、栏杆以及压顶扶手。当为凹阳台及采用多孔板的挑阳台时，应分解为梁、板、栏板、压顶扶手等，分别套用相应子目。

⑩ 看台阶梯　看台阶梯段模板工程量为看台阶梯段的水平投影面积，投影面积的计算范围以阶梯段下部水平梁外侧为界，与阶梯段相连的现浇板外伸宽度小于1m时并入看台，否则按板模板子目计。进入看台的底面为斜面的楼梯，套用楼梯子目。

(6) 现浇混凝土楼梯　混凝土楼梯按形式分为普通楼梯和圆弧形楼梯，工程量按设计图示尺寸以分层水平投影面积计算。水平投影面积包括休息平台、平台梁、斜梁和楼梯的联系梁，不包括楼梯栏杆（栏板）及扶手的因素，不扣除宽度小于500mm的楼梯井，伸入墙内部分不计算。当整体楼梯与现浇板之间无楼梯水平梁连接时，以楼梯的最后一个踏步边缘加300mm为界。

普通楼梯按双向整体楼梯考虑，如果为单坡楼梯按普通楼梯子目乘1.2的系数，如果为三折楼梯按普通楼梯子目乘0.9的系数。

为螺旋楼梯时，中间圆形柱和螺旋楼梯应分别按柱和螺旋楼梯列项。

(7) 现浇混凝土其他构件

① 台阶。工程量按台阶水平投影面积计算。台阶与平台连接时，其分界线以最上层踏步外沿加30cm计算，定额子目包括台阶的模板支撑消耗，不包括台阶混凝土、结合层、面层的消耗。

② 散水、坡道。散水坡道按设计图示尺寸以面积计算，不扣除单个$0.3m^2$以内的孔洞所占面积。当四周散水的宽度相同时，可用公式表达为：

$$S=(L_{外}+4\times散水宽)\times散水宽-台阶面积$$

③ 电缆沟、地沟。按设计图示尺寸以中心线长度计算。

④ 压顶、扶手。压顶、扶手按延长米计（包括伸入墙内的长度）。

⑤ 小型池槽。小型池槽的工程量按池槽混凝土的体积计算。

(8) 按全国基础定额，主要构件模板工程量的计算

① 带形基础

板式带形基础模板量＝基础长×基础模板高×2

有梁式带形基础模板量＝基础长×(梁高＋扩大面下高)×2

② 独立基础

独立基础模板量＝$\sum$阶台板周长×阶台板高×2

③ 杯形基础

杯形基础模板量＝底板周长×底板边厚＋外杯口周长×外杯边高＋里杯口周长×里杯口深

④ 满堂基础

满堂基础模板量＝板周边面积＋梁侧面积×2

⑤ 箱式基础　箱式基础模板量分解为无梁式满堂基础、墙、板等项目分别计算。

⑥ 柱

独立柱模板量＝柱断面周长×柱高

构造柱模板量＝构造柱露明面积

⑦ 梁

梁模板量＝梁底面积＋两侧展开面积＋两端头面积

⑧ 墙

墙模板量＝墙垂直面积×2

⑨ 板

板模板量＝板底面积＋梁侧面积(或柱帽展开面积)

⑩ 楼梯　楼梯模板工程量以图示露明面尺寸的水平投影面积计算，不扣除宽度小于500mm的楼梯井所占面积，楼梯踏步、平台梁等侧面模板不另计算。

5.5.2 预制构件模板

(1) 相关规定　消耗量定额中，预制构件模板工作内容包括：木模制作，钢模组装，模板及支撑件的运输、安装，刷隔离剂，木模嵌缝，模板拆除堆放，场外运输，钢模回库维修及构件起模归堆等全部操作过程。

① 预制钢筋混凝土构、配件模板子目内（预制柱除外），均已包括了构配件起模归堆时的消耗。现场预制柱的起模就位消耗，可套用构件1km运输子目。

② 预制大型板开洞增加通风圈时，通风圈按预制零星构件计算。预制大型屋面板上四角改为圆弧形后，增加部分并入预制大型板体积内计算。

③ 预制弧形梁、折线形梁，执行相应的矩形梁子目乘以系数1.1。

④ 零星构件指单体在0.5m^3内且未列子目的构件，如梁垫。

⑤ 预制板类构件，因设计模数与房间净距不一致而出现的缝隙，设计说明补现浇缝时按说明计算工程量，设计未说明者，一律按板的理论宽度计算出板缝后，以m^3计算混凝土工程量，模板执行平板子目。

(2) 工程量计算　预制构件因预制场地和立模方式有所不同，很难统一按接触面积计算，故全国各地仍按以往办法计算，即预制构件模板，除另有规定外，均按混凝土构件体积计算。

① 当预制构件为非标准设计时，按设计图示尺寸计算其实际体积。

② 当预制构件从标准图集中选用时，用图纸上该构件的数量乘以构件的混凝土含量。

③ 定额中未考虑预制构件的制作、运输和安装损耗，计算工程量时应根据表5-10规定，在按图纸设计尺寸计算构件工程量基础上增加构件损耗，即：

预制桩模板工程量＝图纸工程量×1.02

其他预制构件模板工程量＝图纸工程量×1.015

表5-10　预制构件制作、运输和安装损耗　单位：%

构件名称	制作废品率	运输堆放损耗	安装损耗
预制桩	0.1	0.4	1.5
其他预制构件	0.2	0.8	0.5

5.5.3　现浇及预制构件混凝土

① 现浇或预制构件混凝土工程量按设计图纸尺寸以构配件的实际体积计算。对于大部分构配件来说，定额混凝土工程量就等于其模板工程量，如基础、梁、柱、板等；个别构配件的混凝土量可由其模板工程量乘以表 5-11 的系数折算得到。

表 5-11　模板工程量折算系数

构配件名称	计算单位	混凝土含量/m^3
现浇普通楼梯	每 100m^2 投影面积	26.88
现浇圆形(旋转)楼梯	每 100m^2 投影面积	18.50
现浇雨篷	每 100m^2 投影面积	10.42
台阶	每 100m^2 投影面积	16.40
预制垃圾道(梯形)	每 100 延长米	2.80
预制通风道、烟道(矩形)	每 100 延长米	4.20
漏空花格	每 1m^3 虚体积	0.40

② 对于预制构配件，应在图纸工程量基础上考虑制作、运输、安装损耗，预制构配件制作、运输、安装损耗率见表 5-10。

③ 混凝土构件上单孔面积在 0.3m^2 以下的孔洞，计算混凝土工程量不予扣除；单孔面积在 0.3m^2 以上时，应予扣除。

④ 预制构件坐浆灌缝工程量，按预制构件的体积计算。设备基础螺栓孔二次灌浆工程量，按孔洞体积以 m^3 计算。

5.5.4　钢筋

(1) 钢筋构造要求

① 混凝土保护层　钢筋混凝土构件应保证有一定厚度的保护层，保护层的作用一是保护钢筋，二是保证钢筋和混凝土之间的黏结力。钢筋保护层厚度见表 5-12。

表 5-12　构件保护层厚度参考

环境类别		受力钢筋的混凝土保护层最小厚度/mm					
		墙、板、壳		梁		柱	
		≤C25	≥C25	≤C25	≥C25	≤C25	≥C25
一		20	15	25	20	25	20
二	a	25	20	30	25	30	25
	b	30	25	40	35	40	35
三	a	35	30	45	40	45	40
	b	45	40	55	50	55	50

② 钢筋锚固　当计算中充分利用钢筋的抗拉强度时，受拉钢筋在构件端头应有一定的锚固长度。常用钢筋锚固长度见表 5-13。

表 5-13 受拉钢筋锚固长度参考

钢筋种类	受拉钢筋最小锚固长度				受拉钢筋抗震锚固长度			
	C20 混凝土		C30 混凝土		C20 混凝土		C30 混凝土	
	钢筋直径 d				抗震等级			
	≤25	＞25	≤25	＞25	一、二级	三级	一、二级	三级
HPB300	$39d$	$39d$	$30d$	$30d$	$45d$	$41d$	$35d$	$32d$
HRB335	$38d$	$42d$	$29d$	$32d$	$44d$	$40d$	$33d$	$31d$

③ 钢筋搭接长度　纵向受拉钢筋的绑扎搭接长度应符合有关规定。

④ 钢筋弯曲加工规定

a. HPB300 级钢筋末端应作 180°弯钩，弯弧内径不应小于钢筋直径的 2.5 倍，弯勾的弯后平直部分长度不应小于钢筋直径的 3 倍。

b. HRB335、HRB400 级钢筋末端作 135°弯折时，弯弧内径不应小于钢筋直径的 4 倍，弯后平直部分长度应符合设计规定。

c. HPB300 级、HRB335 和 HRB400 级钢筋末端需作 90°弯折时，HPB235 级钢筋的弯曲直径 D 不小于钢筋直径的 2.5 倍；HRB335 级钢筋不小于钢筋直径的 4 倍，HRB400 级钢筋不宜小于钢筋直径的 5 倍。平直部分长度由设计确定。

⑤ 钢筋单位理论质量

钢筋每米理论质量＝$0.00617 \times d \times d$（$d$ 为钢筋直径），或按表 5-14 计算。

表 5-14 钢筋单位理论质量

直径 d	6	6.5	8	10	12	14	16	18	20
理论质量/(kg/m)	0.222	0.260	0.395	0.617	0.888	1.208	1.578	1.998	2.466
直径 d	22	24	25	28	30	32	35	36	40
理论质量/(kg/m)	2.984	3.551	3.850	4.830	5.550	6.310	7.500	7.900	9.865

（2）主要构件配筋种类

① 梁配筋种类

a. 纵向受力筋：配置在梁的受拉区，承受由弯矩产生的拉力；当荷载比较大时在受压区也配置受力筋，它和混凝土共同承受压力。

b. 弯起筋：由纵向受力筋在支座处弯起而成，弯起部分用来分担剪力或支座的负弯矩。

c. 架立筋：配置在梁上部两边，用以固定箍筋的位置以便形成空间骨架，当梁上部设计有纵向受力筋时，可代替架立筋。

d. 箍筋：沿着梁长间隔布置，承担斜截面剪力、限制裂缝的开展及用来固定纵向钢筋。

e. 吊筋：当主梁上有次梁时，在次梁下的主梁中布置吊筋，承担次梁集中荷载产生的剪力。

f. 腰筋：当梁在受有弯矩的同时受有扭矩，则应在梁高中部两侧沿梁长布置受扭钢筋，在施工图上用符号“N”来表示；当梁的高度超过一定的数值，为保证梁的稳定性，应在梁高中部两侧沿梁长布置构造钢筋，在施工图上用符号“G”来表示。受扭钢筋和构造钢筋一般统称“腰筋”。腰筋需用拉筋来固定，拉筋的直径一般同箍筋，沿梁长间隔布置，其间距一般为箍筋间距的 2 倍。

② 板配筋种类

a. 受力筋。沿板长跨方向配置于受拉区（即简支板的板底，悬挑板的板面或多跨连续板的支座上部），其作用是承担弯矩产生的拉力，一般从距墙边或梁边 50mm 开始配置，受力筋的配置应根据受弯构件跨中的最大弯矩或支座的负弯矩来计算确定。

b. 分布筋。与受力筋垂直分布，设置于受力筋的内侧（即在简支板中位于受力筋上部，悬挑板中位于受力筋下部）。其作用是固定受力筋、将作用在分布筋上的力传递给受力筋及限制混凝土裂缝。单向板中分布筋按构造配置。双向板中分布筋应根据板上的荷载、跨度、板边支承等计算配置。

c. 构造钢筋。对于与支承结构整体浇筑或嵌固在承重砌体墙内的现浇混凝土板，应沿支承周边配置上部构造钢筋，其直径不宜小于 8mm，间距不宜大于 200mm。挑檐转角处应配置放射性构造钢筋，构造钢筋的直径与边跨支座的负弯矩筋相同。

③ 柱配筋种类

a. 纵筋。沿柱纵向布置。在轴心受压柱和小偏心受压柱中，钢筋混凝土共同承担荷载产生的压力；在大偏心受压柱中，一部分钢筋承担荷载产生的压力，另一部分钢筋承担拉力。

b. 箍筋。沿柱高范围内间隔布置，作用是固定纵向钢筋和抵抗斜截面剪力。箍筋一般应在基础顶面或地下室顶面上、框架梁上下范围内加密。

④ 剪力墙配筋种类

a. 剪力墙柱钢筋。剪力墙柱的钢筋有纵筋、箍筋和拉筋。拉筋主要起施工时固定钢筋网作用、约束协调两侧钢筋网共同作用抵抗剪力，类似箍筋的作用。纵筋的下端应深入基础底面的钢筋网上并做弯折锚固。箍筋应在基础顶面、楼面上下范围内加密。

b. 剪力墙身钢筋。剪力墙身中的钢筋有水平筋、竖向筋和拉筋。一般水平筋置于竖向筋的外侧，两者共同绑扎成钢筋网片。在剪力墙的洞口周边部位，应设置不少于 2Φ12 的水平和竖向构造钢筋，该钢筋从洞边算起，伸入墙内的长度不应小于 $40d$。

c. 剪力墙梁钢筋。剪力墙梁中钢筋有水平受力筋、侧面纵筋、箍筋和拉筋。

⑤ 条形基础配筋种类

a. 横向受力筋。受力筋的直径一般为 6～16mm，间距为 100～250mm，其直径和间距应根据计算确定。

b. 纵向分布筋。分布钢筋按构造要求配置。条形基础交接处钢筋的布置以设计为准，若设计未注明时，按下列方式处理。在 L 形交界处、马头形墙相交处，纵横墙受力钢筋重叠布置，该部分的分布筋取消但须与受力筋满足搭接长度。在 T 形交接处、十字形交接处，次要方向受力钢筋布置到另一方向基础底板宽度的 1/4 处。

⑥ 独立基础配筋种类

a. 独立基础底面受力筋。基础底面为双向受力，较长的受力筋一般置于较短的受力筋的上面。

b. 基础插筋。插筋的根数、直径及间距应与柱中钢筋相同，下端宜做成直弯钩，放在基础的钢筋网上。当基础高度较大时，仅四角插筋伸入基础底，其余插筋锚入基础，插筋伸入基础长度应满足规范规定的锚固长度。插筋的箍筋与柱中箍筋相同，基础内至少设置两个。

（3）钢筋弯钩长度及弯曲量度差值　在计算斜钢筋或弯曲钢筋工程量时，由于度量方法的不同，会产生钢筋弯钩增加长度及弯曲量度差值。以钢筋弯曲角度 90°为例，设钢筋弯曲直径 D，钢筋直径 d，如图 5-32(a) 所示。钢筋量度一般有两种方法。

① 量度方法一

$$钢筋量度长度=A+B=a+(D/2+d)\times 2+b$$

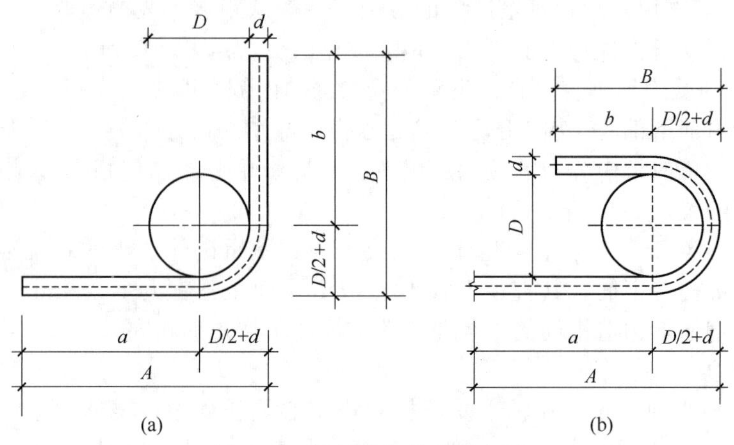

图 5-32　钢筋弯钩长度示意图

钢筋计算长度 $=a+(D+d)\times\pi/4$ 中心线弧长 $+b$

钢筋量度差值＝钢筋量度长度－钢筋计算长度

$=a+(D/2+d)\times2+b-[a+(D+d)\times\pi/4+b]$

$=D+2d-(D+d)\times\pi/4$

a. HPB300 级钢筋 $D=2.5d$，

钢筋量度差值 $=4.5d-3.5d\times\pi/4=1.75d$

即钢筋计算长度＝钢筋量度长度 $-1.75d=A+B-1.75d$

b. HRB335 级钢筋 $D=4d$，

钢筋量度差值 $=6d-5d\times\pi/4=2.075d$

即钢筋计算长度＝钢筋量度长度 $-2.075d=A+B-2.075d$

② 量度方法二

钢筋量度长度 $=A=a+D/2+d$

钢筋计算长度 $=a+(D+d)\times\pi/4+b$

钢筋弯钩增加长度＝钢筋量度长度－钢筋计算长度

$=a+D/2+d-[a+(D+d)\times\pi/4+b]$

$=D/2+d-(D+d)\times\pi/4-b$（已含量度差值）

a. HPB300 级钢筋 $D=2.5d$

弯钩长度 $=2.25d-3.5d\times\pi/4-b=-0.5d-b$

即　　钢筋计算长度＝钢筋量度长度 $+0.5d+b=A+0.5d+b$

b. HRB335 级钢筋 $D=4d$，

弯钩长度 $=3d-5d\times\pi/4-b=-0.9d-b$

即　　钢筋计算长度＝钢筋量度长度 $+0.9d+b=A+0.9d+b$

同理，钢筋弯曲角度 180°，如图 5-32(b)所示。

① 钢筋量度方法一

钢筋量度差值＝钢筋量度长度－钢筋计算长度

$=a+(D/2+d)\times2+b-[a+(D+d)\times\pi/2+b]$

$=D+2d-(D+d)\times\pi/2$

a. HPB300 级钢筋 $D=2.5d$，

钢筋量度差值 $=4.5d-3.5d\times\pi/2=-d$

即　　　　钢筋计算长度＝钢筋量度长度＋d＝$A+B+d$

b. HRB335 级钢筋 $D=4d$，

钢筋量度差值＝$6d-\pi/2\times5d=-1.85d$

即　　　　钢筋计算长度＝钢筋量度长度＋$1.85d=A+B+1.85d$

② 钢筋量度方法二

钢筋弯钩增加长度＝钢筋量度长度－钢筋计算长度

$=a+D/2+d-[a+(D+d)\times\pi/2+b]$

$=D/2+d-(D+d)\times\pi/2-b$（含量度差值）

a. HPB300 级钢筋 $D=2.5d$，

弯钩增加长度＝$2.25d-3.5d\times\pi/2-b=-3.25d-b$

即　　　　钢筋计算长度＝钢筋量度长度＋$3.25d+b=A+3.25d+b$

b. HRB335 级钢筋 $D=4d$，

弯钩增加长度＝$3d-5d\times\pi/2-b=-4.85d-b$

即　　　　钢筋计算长度＝钢筋量度长度＋$4.85d+b=A+4.85d+b$

为方便查阅，钢筋弯钩长度及弯曲量度差值见表 5-15 所示。

表 5-15　钢筋弯钩计算长度参考

项　目		180°	90°	135°
弯曲量度差值	Ⅰ级钢筋	d	$-1.75d$	
	Ⅱ级钢筋	$1.85d$	$-2.075d$	
弯钩增加长度	Ⅰ级钢筋	$6.25d$	$b+0.5d$	$b+1.9d$
	Ⅱ级钢筋		$b+0.9d$	$b+2.9d$

注：1. 计价过程中，钢筋弯曲量度差值可忽略不计。

2. b 为钢筋弯折直段长度，按设计或规范确定。

（4）钢筋铁件预算用量的计算　钢筋工程量按图纸工程量以质量计算，钢筋损耗已包括在定额子目内，不得另计。

图纸计算量＝钢筋图纸计算长度×钢筋每米理论重量

（5）钢筋长度计算

① 直钢筋长度＝构件长度－保护层厚度＋两端弯钩长度

② 弯起钢筋长度＝构件长度－保护层厚度＋弯钩长度＋弯起增加长度

其中，弯起增加长度 Δ 见图 5-33 和表 5-16。

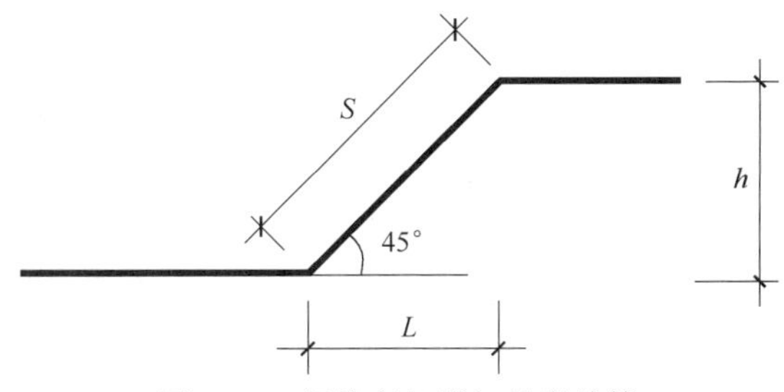

图 5-33　钢筋弯起增加长度计算

表 5-16 弯起钢筋增加长度

弯起角度	弯起段斜长 S	弯起段水平投影 L	$\Delta=S-L$
30°	2.00h	1.73h	0.27h
45°	1.41h	1.0h	0.41h
60°	1.15h	0.58h	0.57h

注：h 为梁高减去上下保护层后的高度。

③ 箍筋

a. 箍筋图纸长度。箍筋图纸长度＝单根箍筋长度×箍筋根数

b. 单根箍筋长度。设构件断面为 $B\times H$，箍筋直径 d，保护层厚度 c，弯钩 135°，弯钩平直部分 $3d$，单箍长度为 $2(B+H)-8c+4d+2\times4.9d$。

一般箍筋直径较细，弯钩平直部分 $3d$ 在施工中很难做到，在计算中按 $10d$ 考虑，即单箍长为 $2(B+H)-8c+4d+2\times11.9d$，或查表 5-17。

表 5-17 箍筋长度参考表　　单位：cm

箍筋型号	箍筋直径			
	Φ6	Φ8	Φ10	Φ12
双肢箍	$2(B+H)$	$2(B+H)+5$	$2(B+H)+11$	$2(B+H)+17$
四肢箍	$(H+2B/3)+10$	$(H+2B/3)+20$	$(H+2B/3)+33$	$(H+2B/3)+46$

c. 箍筋根数。箍筋根数＝(配筋范围长度÷平均间距)＋1，结果取整。

④ 预应力钢筋长度计算　先张法预应力钢筋按构件外形尺寸计算长度，后张法按设计规定的预应力钢筋预留孔道长度，并区别不同类型计算。

(6) 钢筋计算注意事项　计算钢筋工程量时，需要熟练掌握钢筋的结构或构造要求，常见的一些注意事项如下。

① 明确建筑物的抗震等级，抗震等级不同，钢筋锚固长度不同、箍筋加密区不同。

② 明确建筑物使用环境，使用环境不同，混凝土保护层厚度不同。

③ 明确构件的结构地位，如即使在抗震区，上部主要构件一般按抗震锚固，上部次要构件按非抗震普通锚固，下部构件按非抗震抗拉锚固。

④ 熟悉建筑结构施工图平面整体表示方法制图规则。

⑤ 熟悉建筑结构施工构造样图。如梁柱受力筋的切断位置、箍筋加密区及布筋的起始位置、现浇板布筋的起始位置及转角处钢筋的布置、基础 T 形接头处及转角处钢筋的布置，挑檐板转角处钢筋的布置，纵向钢筋非接触搭接构造、钢筋搭接接头连接区段要求等。

(7) 钢筋工程量计算实例

【例 5.22】 求如图 5-34 所示矩形柱钢筋用量，保护层厚度均按 30mm 计。

解：(1) 计算钢筋长度

①号筋长＝(0.3＋0.5－0.03×1＋0.5＋3.7－0.03×1＋1.4＋0.2－0.03×1＋12.5×0.022)×4＝27.1 (m)

②号筋长＝[2×(0.5＋0.4)＋0.05]×[(0.4－0.03)/0.25＋1]＝4.6 (m)

③号筋长＝[2×(0.5＋0.4)＋0.05]×[2.4/0.2＋(1.7＋0.6＋0.5－0.03)/0.1＋1]
＝1.85(m)×41(根)＝75.9 (m)

(2) 计算钢筋预算用量

①号筋质量＝27.1×0.00617×22×22＝80.9 (kg)

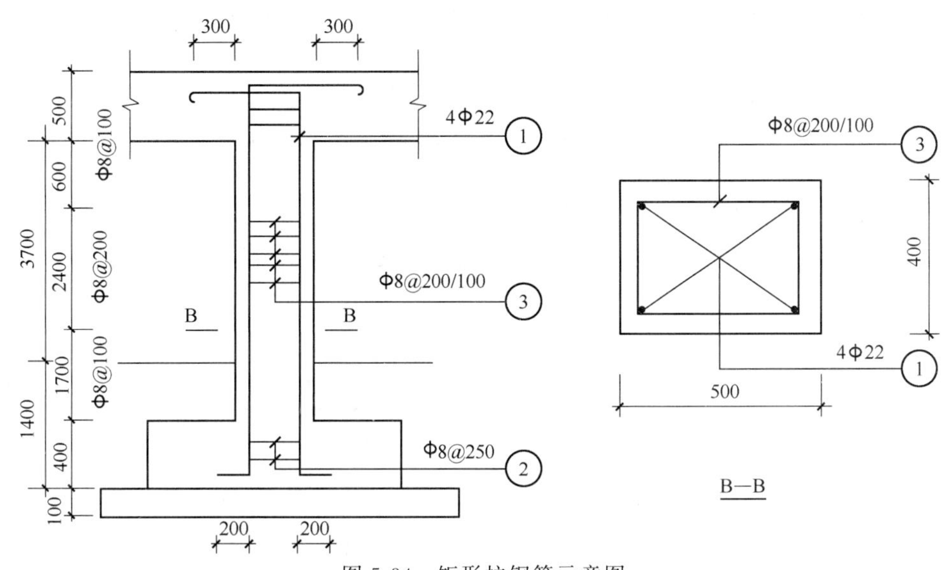

图 5-34　矩形柱钢筋示意图

②号筋质量＝4.6×0.00617×8×8＝1.8（kg）

③号筋质量＝75.9×0.00617×8×8＝30（kg）

【例 5.23】 如图 5-35 所示，墙厚 0.24m，梁截面尺寸 0.2m×0.5m，箍筋为双肢箍，求现浇 C25 混凝土矩形梁钢筋用量。保护层厚度均按 25mm 计。

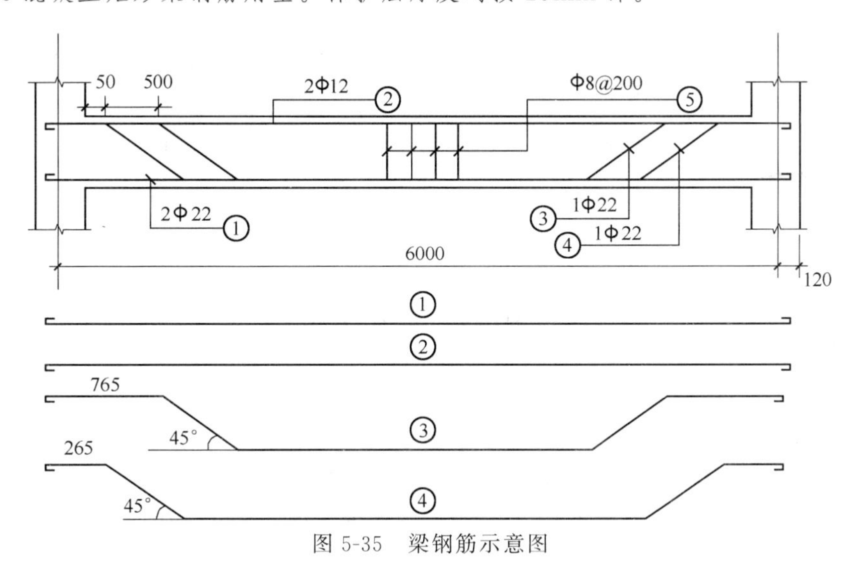

图 5-35　梁钢筋示意图

解：（1）计算钢筋长度

①号筋长＝(6＋0.12×2－0.025×2＋12.5×0.022)×2＝12.93（m）

②号筋长＝(6＋0.12×2－0.025×2＋12.5×0.012)×2＝12.68（m）

③号筋长＝6＋0.24－0.025×2＋0.41×(0.5－0.025×2)×2＋12.5×0.022＝6.83（m）

④号筋长＝6.83（m）（同③号筋）

⑤号筋长＝[2×(0.2＋0.5)＋0.05]×[(6－0.12×2－0.05×2)/0.2＋1＋2×2(注：支座内两根)]＝49.3（m）（箍筋从节点边 5cm 处开始布置）

（2）计算钢筋预算用量

$$m_1=12.93\times0.00617\times22\times22=38.61\ (\mathrm{kg})$$
$$m_2=12.68\times0.00617\times12\times12=11.27\ (\mathrm{kg})$$
$$m_3=6.83\times0.00617\times22\times22=20.40\ (\mathrm{kg})$$
$$m_4=6.83\times0.00617\times22\times22=20.40\ (\mathrm{kg})$$
$$m_5=49.3\times0.00617\times8\times8=19.47\ (\mathrm{kg})$$

【例 5.24】 某现浇钢筋混凝土板厚度为 0.12m，混凝土 C30，抗震等级三级，板配筋如图 5-36 所示，板分布筋为Φ6@200，支座现浇梁宽度 0.24m，③号筋从支座中心线向跨内延伸长度 500mm。求板的钢筋用量。

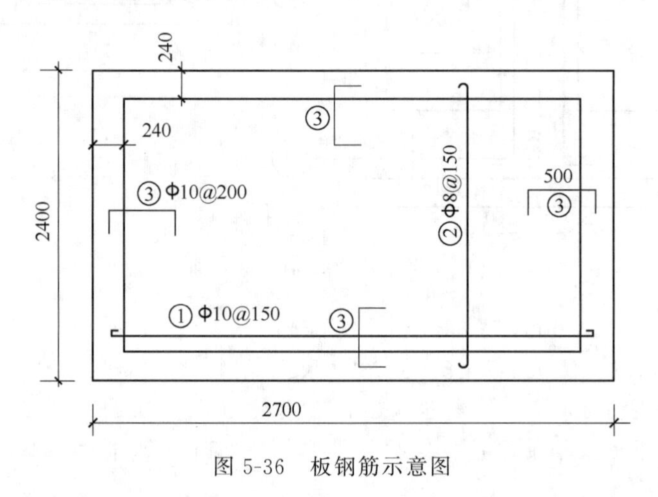

图 5-36 板钢筋示意图

解：(1) 计算钢筋长度。板受力筋、分布筋深入支座梁的长度为 $5d$，且至少到梁中线，范围从支座梁边 5cm 起布筋（见 04G101-4P25）。

①号筋 $L_1=(2.7-0.12\times2+12.5\times0.01)\times[(2.4-0.24\times2-0.05\times2)/0.15+1]$
$=2.585\times14=36.19\ (\mathrm{m})$

②号筋 $L_2=(2.4-0.12\times2+12.5\times0.008)\times[(2.7-0.24\times2-0.05\times2)/0.15+1]$
$=2.26\times16=36.16\ (\mathrm{m})$

③号筋 $L_3=[0.5+2\times(0.12-0.015)]\times\{[(2.7-0.24\times2-0.05\times2)/0.2+1]\times2+[(2.4-0.24\times2-0.05\times2)/0.2+1]\times2\}$
$=32.66(\mathrm{m})$(注：0.12－0.015 见 04G101-4,P25)

④号筋Φ6@200（③号筋之分布筋），在板转角处，分布筋切断，上部纵横向③号筋互为分布筋。分布筋形状同③号筋，与受力筋搭接长度不小于 300mm。

分布筋在切断处与③号筋搭接长度$=1.2L_a=1.2\times24\times0.006=0.17$ (m)，取 0.3m。

纵向分布筋长＝2.7－(0.12×2＋0.5×2)切断点＋0.30×2 两头搭接＋(0.12－0.015)×2 弯头＝2.27 (m)

横向分布筋长＝2.4－(0.12×2＋0.5×2)切断点＋0.30×2 两头搭接＋(0.12－0.015)×2 弯头＝1.97 (m)

分布筋根数＝[(0.5－0.12－0.05)/0.2＋1]＝3（根）

分布筋总长＝2×(2.27＋1.97)×3 根＝25.44 (m)

(2) 计算钢筋的预算用量

$$m_1=36.19\times0.00617\times10\times10=22.33\ (\mathrm{kg})$$
$$m_2=36.16\times0.00617\times8\times8=14.28\ (\mathrm{kg})$$

$m_3 = 32.66 \times 0.00617 \times 10 \times 10 = 20.15$（kg）

$m_4 = 25.44 \times 0.00617 \times 6 \times 6 = 5.65$（kg）

5.6　金属构件制作及钢门窗

金属构件制作包括钢柱、钢屋架、钢托架、钢吊车梁、制动梁、钢支撑、钢檩条、钢墙架、钢平台、钢梯、钢栏杆、钢网架等钢构件的制作，以及钢门窗、厂库钢大门制作等内容。

5.6.1　相关规定

① 金属构件制作适用于现场加工及企业附属加工厂制作的构件。

② 构件制作，包括分段制作和整体预装配的人工、材料、机械台班用量，整体预装配用的螺栓、锚固杆件用的螺栓，已包括在定额内。

③ 构件制作子目中，均已包括刷一遍防锈漆工料。

④ 金属构件制作定额未包括从加工点至安装点的构件运输，发生时，按金属构件运输子目计算。

⑤ 金属构件制作均按焊接编制，设计使用螺栓或铆接时，不予调整。

⑥ 钢筋混凝土组合屋架的钢拉杆，按屋架钢支撑计算。

⑦ 钢柱定额已综合了实腹、空腹柱。

⑧ 钢栏杆仅适应于工业建筑栏杆，民用建筑栏杆按相应装饰子目套用。

5.6.2　计算规则

① 钢屋架、钢网架、钢托架、钢桁架、钢柱、钢梁、钢构件均按设计图示尺寸以质量计算，不扣除孔眼、切边质量，焊条、铆钉、螺栓等不另增加质量，不规则或多边形钢板以其外接矩形面积（最大对角线乘以最大宽度）乘以厚度以单位理论质量计算。计算公式：

$$W = fLg$$

式中　f——钢材断面面积，m^2；

g——钢材比重，通常取 7.85t/m^3；

L——钢材的长度，m；

W——钢材的质量。

【例 5.25】 某操作平台栏杆展开长度 5m，扶手用 DN50 钢管，竖杆Φ16@250mm，长度 1m，横衬—50×5 扁钢两道。求栏杆工程量。

解： ① 扶手。平台栏杆长 5m，故钢管扶手长 5m，钢管单位长度质量 0.488kg/m，钢管工程量＝5×0.488＝2.44（kg）

② 竖杆。Φ16 钢筋单位长度质量 1.58kg/m，数量 5/0.25＋1＝21 根，竖杆工程量＝1×21×1.58＝33.18（kg）

③ 横衬。—50×5 扁钢单位长度质量 1.96kg/m，扁钢工程量＝5×2×1.96＝19.6（kg）

④ 栏杆总工程量＝2.44＋31.6＋19.6＝53.64（kg）

【例 5.26】 计算图 5-37 所示两块 8mm 厚钢板的制作工程量。

解： ① 四边形钢板的重量 $m = 0.41 \times 0.35 \times 7.85 \times 8 = 9.01$（kg）

② 多边形钢板的重量 $m = 0.33 \times 0.46 \times 7.85 \times 8 = 9.53$（kg）

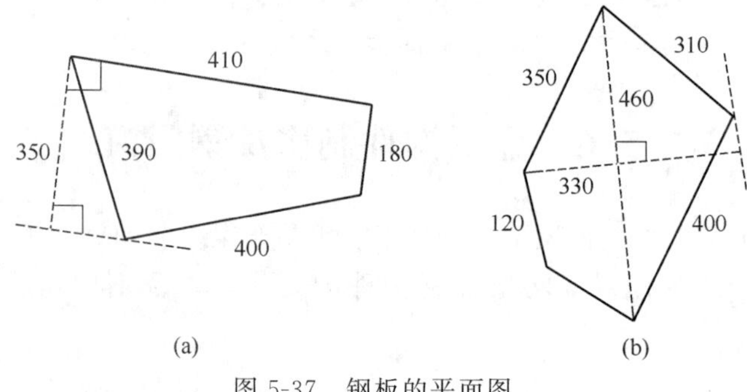

图 5-37 钢板的平面图

② 依附在钢柱上的牛腿及悬臂梁等并入钢柱工程量内。钢管柱上的节点板、加强环、内衬管、牛腿并入钢管柱工程量内。

③ 钢吊车梁上的制动梁板、制动桁架、车挡并入钢吊车梁工程量内。

④ 钢漏斗工程量按图示分片以上口宽度与高度按矩形计算，不规则的多边形漏斗以其外接矩形漏斗计算；依附漏斗的型钢并入漏斗工程量内。

⑤ 压型钢板墙板按设计图示尺寸以铺挂面积计算，不扣除单个 $0.3m^2$ 以内的孔洞所占面积，包角、包边、窗台泛水等不另增加面积。

⑥ 金属网按设计图示尺寸以面积计算。

⑦ 钢门窗不分开启方式，工程量以洞口面积计算。断面为曲折线的门窗，工程量按展开面积计算。钢门窗带纱扇定额已含纱扇数量。

⑧ 钢天窗开窗机按天窗延长米计算。

⑨ 厂库钢大门以洞口尺寸按面积计算。全板钢大门，按图示尺寸以“t”计算。五金、铁件重量已包括在定额内。

5.7 构件运输及安装

5.7.1 相关规定

① 构件运输和安装适用于由构件堆放地或加工厂至施工现场的运输。

② 构件运输按类型和外形尺寸划分为三类，见表 5-18。

表 5-18 金属结构构件分类

类 型	构 件 名 称
一	钢柱、屋架、托架梁、防风桁架
二	钢吊车梁、支撑、上下档、钢拉杆、栏杆、盖板、钢梯、零星铁件、操作台
三	钢墙架、挡风架，天窗架、檩条、轻钢屋架、管道屋架

③ 金属结构运输和安装是按单机作业制定。

④ 金属结构运输和安装是按机械起吊点中心回转半径 15m 以内的距离计算的。如超过 15m 时，应另按构件 1km 以内运输定额子目执行。

⑤ 定额中的机械型号、吨位和机械类型是综合考虑的，不予调整。

⑥ 金属构件安装是按焊接考虑的，设计用螺栓或铆接时，仍执行本定额。

⑦ 钢网架拼装定额不包括拼装台所用的材料，使用本定额时，按施工组织设计进行补充。钢网架安装是按分体吊装考虑的，若施工方法与定额不符时，可另行补充。

⑧ 构件吊装是按建筑物设计室外地坪至檐口滴水线20m以内考虑的。当建筑物上述高度超过20m至25m时，构件吊装人工和机械乘以系数1.1。

⑨ 定额未包括机械安装所需道路枕木或路基箱铺设，发生时另计。

5.7.2 工程量计算规则

① 预制混凝土构件运输及安装按图示尺寸以实体积计算，钢构件按图示尺寸以吨计算，木门窗运输以面积计算。

② 预制钢筋混凝土构件运输及安装损耗率按表5-19规定计算后，并入构件工程量内。

表5-19 预制钢筋混凝土构件成品、运输、安装损耗率

名 称	成 品	运 输	安 装
预制混凝土桩	0.1%	0.4%	1.5%
各类预制构件	0.2%	0.8%	0.5%

③ 焊接形成的预制钢筋混凝土框架结构，其柱安装按框架柱计算，梁按框架梁计算。

④ 预制钢筋混凝土工字形柱、矩形柱、空腹柱、空心柱、实心柱、管道支架等，均按柱安装计算。

⑤ 组合屋架安装，以混凝土部分实体体积计算，钢杆件部分不另计算。

⑥ 预制钢筋混凝土多层柱安装，首层按柱安装计算，其余按柱接柱计算。

5.8 木门窗和木结构工程

包括木门窗、特种门、木屋架、木檩条、木楼梯、木扶手、木基层等。

5.8.1 相关规定

① 定额是按机械和手工操作综合编制的，不论实际采取何种操作方法，均按定额执行。

② 定额中木材以自然干燥条件下含水率为准编制的，需人工干燥时，其费用可列入木材价格内，由各地区另行确定。

③ 普通木门窗均按框制作与框安装，扇制作与扇安装分列项目。

④ 除木扶手为三、四类木种外，均为一、二类木种。

⑤ 冷藏门及保温门按框制作安装与扇制作安装列项。

⑥ 冷藏门、保温门等特种门是按现行国标计算的，不得调整。

⑦ 保温门填充料可以按设计要求换算，但其他均不得调整。

⑧ 特种门安装子目的五金量均为相应图集中的一般五金，如设计有特殊要求时，可另行计算。

5.8.2 工程量计算规则

① 各类门、窗制作及安装工程量均按门窗洞口面积以m^2计算。

② 木屋架制作安装均按设计断面及长度，以竣工木料体积计算，其后备长度及配制损耗不另计算。附属于屋架的木夹板、垫木等已并入相应的屋架制作项目中，不另计算。与屋架连接的挑沿木、支撑等，其工程量并入屋架竣工木料体积内计算。

③ 檩木按竣工木料以体积计算，简支檩长度按设计规定计算。如设计未规定时，按屋架或山墙中距增加20cm接头计算；连续檩的长度按设计长度计算，如设计无规定时，其接头长度按全部连续檩的总长度增加5%计算。

④ 屋面木基层按屋面斜面积计算，天窗挑檐重叠部分按设计图示计算，屋面烟囱及斜沟部分所占面积不扣除。

⑤ 封檐板按图示檐口外围长度计算，搏风板按斜长计算。

⑥ 木楼梯按水平投影面积计算，不扣除宽度小于 30cm 的楼梯井，踢脚板、平台和伸入墙内部分不另增加，但楼梯井宽度超过 30cm 时应予扣除。定额内已包括踢脚板、平台和伸入墙内部分的工料。

5.9 楼地面工程

消耗量定额楼地面工程可分为两大类：楼地面装饰工程和楼地面其他工程。其中，楼地面装饰工程主要包括：整体面层、块料面层、栏杆扶手。楼地面其他工程主要包括：垫层、防潮层及找平层、变形缝和止水带、地沟、坡道与散水等内容。

5.9.1 垫层

垫层定额子目分地面垫层、基础垫层、散水及台阶下垫层等。

（1）室内地面下的垫层及楼面垫层　室内地面下的垫层及楼面垫层工程量为主墙间的净面积乘以垫层厚度以立方米计算。应扣除构筑物、设备基础、室内轨道所占的垫层体积，不扣除柱、垛、间壁墙和附墙烟囱及 $0.3m^2$ 以内孔洞所占的垫层体积，门洞口、空圈、暖气包槽、壁龛的开口部分所占的垫层体积亦不增加。地沟盖板上如不做垫层者，应扣除。不扣除间壁墙是因为地面完成后再做；不扣除柱垛及不增加门洞开口部分面积，是一种综合计算方法。凸出地面的构筑物、设备基础等先做好，然后再做室内地面垫层，所以要扣除所占体积。即：

$$V=(S_{底}-主墙占的面积-0.3m^2\ 以上孔洞的面积-沟道设备基础和构筑物占的面积)\times 垫层厚度$$

式中　$S_{底}$——底层建筑面积。

（2）条形基础下的垫层　条形基础下的垫层工程量为垫层的净长线乘以垫层的断面积。即：

$$V=L_{中}\times 外墙垫层断面积+L_{内垫}\times 内墙垫层断面积$$
$$=S_{外垫}L_{中}+S_{内垫}L_{内}-(B_{外垫}-外墙厚)/2\times S_{内垫}\times T\ 形接头数$$

式中　$S_{外垫}$——外墙垫层断面面积；

$L_{中}$——外墙基础中心线长；

$L_{内垫}$——内墙垫层净长；

$S_{内垫}$——内墙垫层断面面积；

$B_{外垫}$——外墙垫层宽度；

$L_{内}$——内墙基础净长。

（3）满堂基础下的整片垫层　满堂基础下的垫层，工程量按实铺面积乘以垫层厚度计算。即：

$$V=实铺面积\times 垫层厚$$

（4）明沟、散水、台阶下的垫层　明沟、散水及台阶下的垫层按实铺体积计算，当施工图未注明散水下灰土垫层宽度时，可按宽出散水 0.3m 计算。

$$V=S_{外垫}\times(L_{外}-台阶长+4\times 垫层宽)$$

式中　$S_{外垫}$——外墙垫层断面面积；

$L_{外}$——外墙外边线长度。

5.9.2　防潮层及找平层

① 地面防潮层及找平层均按主墙间净空面积以平方米计算。应扣除凸出地面构筑物、设备基础、室内管道、地沟等所占面积，不扣除柱、垛、间壁墙、附墙烟囱及面积在 $0.3m^2$ 以内的孔洞所占面积，但门洞、空圈、暖气包槽、壁龛的开口部分亦不增加。

【例 5.27】 如图 5-38 所示，M_1 至 M_4 宽度均为 1.0m，墙厚 0.24m，计算该建筑物找平层的工程量。

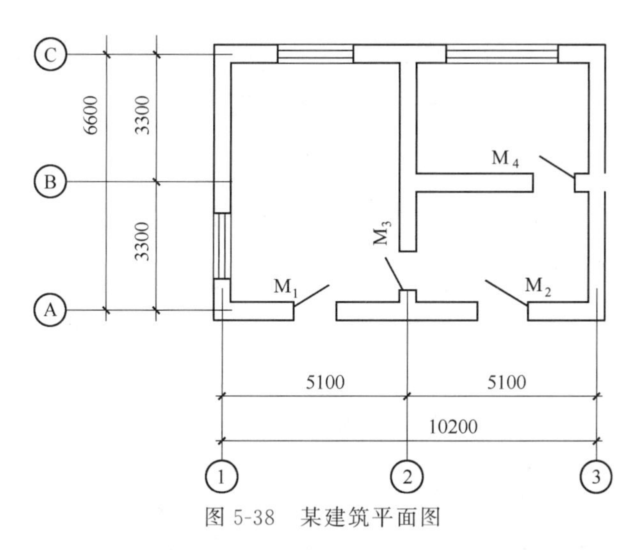

图 5-38　某建筑平面图

解： 室内找平层面积＝建筑面积－墙结构面积

$$=(10.2+0.24)\times(6.6+0.24)-[(10.2+6.6)\times2+6.6-0.24+5.1-0.24]\times0.24$$

$$=71.41-10.76=60.65\ (m^2)$$

② 墙基防潮层，外墙按外墙中心线乘以墙宽、内墙按净长线乘以墙宽，以平方米计算，墙基侧面及墙立面防水防潮层，均按设计面积以平方米计算，不扣除单个面积≤$0.3m^2$ 物件所占面积。

③ 地面防潮层周边上卷高度按设计图尺寸计算，无设计尺寸时可按 0.3m 计算；设计规定上卷高度≤0.5m 时，工程量并入平面防潮层；上卷高度＞0.5m 者，按立面防水层子目计算。

5.9.3　散水及坡道

散水、坡道工程量按设计图示尺寸以面积计算，不扣除单个 $0.3m^2$ 以内孔洞所占面积。散水工程量计算公式：

$$S=(外墙外边线+散水宽\times4)\times散水宽-坡道台阶所占面积$$

【例 5.28】 某工程平面图如图 5-39 所示，计算散水工程量。

解： $S=[(6.3+0.24+3.9+0.24)\times2+0.8\times4]\times0.8-(2.7+1.8)\times0.8$

$=16.05\ (m^2)$

5.9.4　变形缝及止水带

变形缝和止水带按设计图示尺寸以延长米计算。变形缝为综合子目，包括变形缝的制作、安装、运输、刷防锈漆、刷调和漆等。

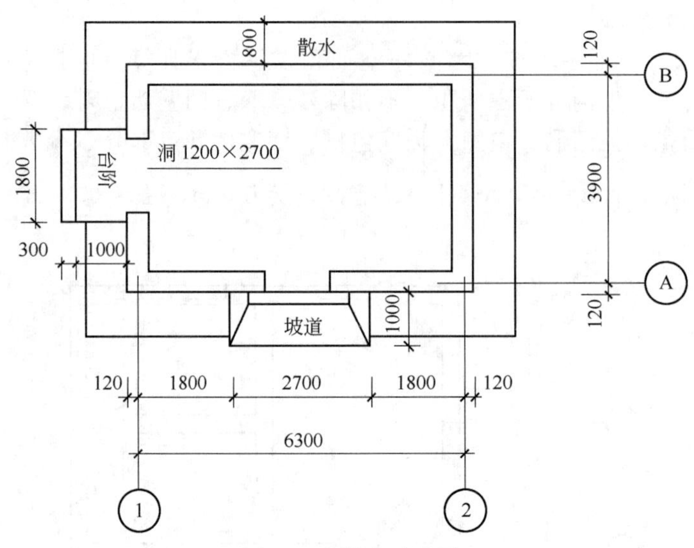

图 5-39　散水示意图

【例 5.29】 已知某建筑物采用两种变形缝：楼地面木地板变形缝，缝宽 70mm，长度为 48m；外墙镀锌铁皮变形缝，缝宽 60mm，长度为 266m。已知镀锌铁皮变形缝 100m 定额用工 24.7 工日、24# 锌铁皮 31.8m^2。木地板变形缝 100m 定额用工 75.4 工日、木质盖板 0.57m^3。试分别计算两种变形缝的综合工日，以及木盖板和镀锌铁皮盖板的用量。

解： 楼地面木地板变形缝综合工日=48/100×75.4=36.19（工日）

外墙镀锌铁皮变形缝综合工日=266/100×24.7=65.70（工日）

木盖板用量=48/100×0.57=0.27（m^3）

镀锌铁皮盖板用量=266/100×31.8=84.59（m^2）

5.9.5 地沟

① 地沟工程量按设计图示地沟中心线尺寸以延长米计算，不扣除穿墙尺寸。出外墙地沟计算长度，设计无要求时按距外墙皮 1.5m 计算。地沟中的钢筋混凝土过梁、盖板套用钢筋混凝土工程章节中相应定额子目。

② 设计地沟断面的宽度或深度与定额子目不符时，以深度判断其调整范围。

【例 5.30】 如图 5-40 所示，计算明沟工程量。

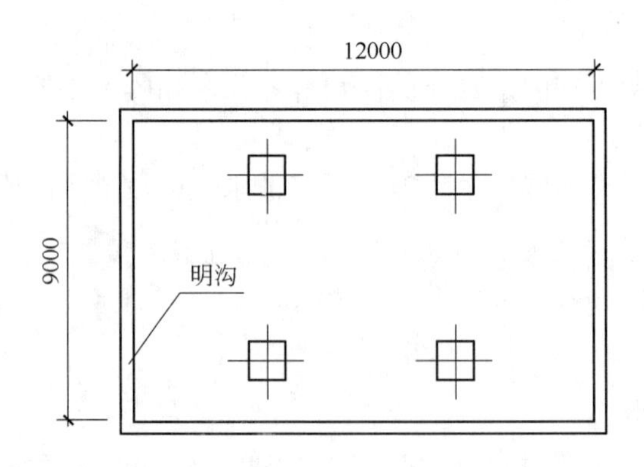

图 5-40　明沟示意图

解： $L_{明沟}=(12+9)\times2=42$（m）

【例5.31】 某办公楼设计采用室内B1型管沟不靠墙，Ⅱ级荷载，地沟断面为0.8m（宽）×1.1m（深），长度共计50m。已知定额取定B1型不靠墙地沟的基本断面1.4m×1.4m，定额用工700工日，宽度每增减0.1m人工增减30工日，深度每增减0.1人工增减20工日。试求地沟的综合工日数量。

解： 定额用工换算$=700+30/0.1\times(0.8-1.4)+20/0.1\times(1.1-1.4)$

$=460$（工日/100m）

故，地沟人工量$=460\times50/100=230$（工日）

5.9.6 整体面层

① 整体楼地面面层按主墙间的实铺面积以m^2计算，应扣除突出地面的构筑物、设备基础、室内轨道所占的面积，不扣除柱、垛、附墙烟囱、间壁墙及$0.3m^2$以内的孔洞等所占的面积，门洞、空圈、暖气包槽、壁龛的开口部分亦不增加。阳台楼地面按净尺寸以m^2计算。

② 楼梯面层工程量按楼梯分层水平投影面积以m^2计算，计算时以楼梯水平梁外侧为界，水平梁外侧以外部分套楼地面子目。宽度大于500mm的楼梯井面积应扣除。无梯梁者按上部踏步边沿外扩300mm计算。

【例5.32】 如图5-41所示，某办公楼二层房间（不包括卫生间）及走廊地面为水泥砂浆整体面层，C20细石混凝土找平，水泥砂浆踢脚线高0.15m。内外墙厚240mm。求整体面层工程量。

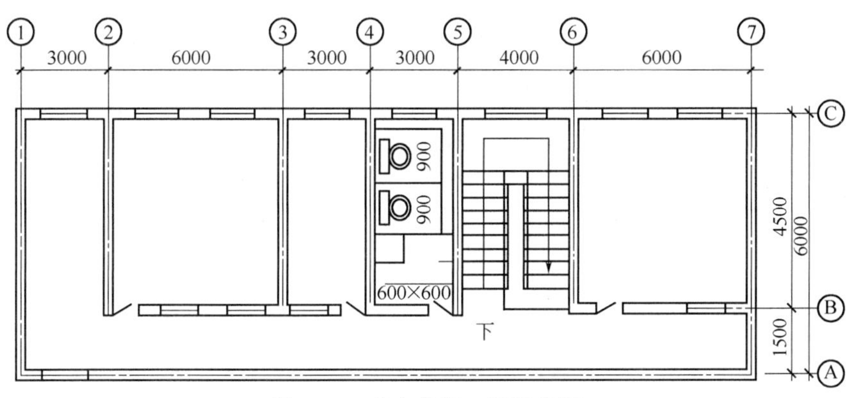

图5-41　某办公楼二层示意图

解： 按轴线序号排列进行计算：

纵向中心线长$=3+6+3+3+4+6=25$（m）

卫生间及楼梯间净面积$=[(3-0.12\times2)+(4-0.12\times2)]\times(4.5-0.12\times2)$

$=27.78$（m^2）

内横墙净长$=(4.5-0.12\times2)\times5=21.3$（m）

内纵墙全长$=(0.12+6+3+3+4+6-0.12)=22$（m）

内墙体所占面积$=0.24\times(21.3+22)=10.39$（$m^2$）

整体面层工程量$=(25-0.12\times2)\times(6-0.12\times2)-(27.78+10.39)$

$=104.45$（m^2）

5.9.7 块料面层

① 块料面层工程量，按石饰面的实铺面积以 m^2 计算。不扣除 0.3m^2 以内孔洞所占的面积；门窗、空圈和暖气包槽、壁龛的开口部分应增加。拼花部分按实贴面积计算。

② 楼梯面层工程量按楼梯分层水平投影面积（包括踏步、平台）以 m^2 计算。计算时以楼梯楼层水平梁外侧为界，水平梁外侧以外部分套用相应楼地面子目。宽度大于 500mm 的楼梯井面积应扣除。无梯梁者按上部踏步边沿外扩 300mm 计算。

③ 点缀按个计算。计算铺贴地面面积时，不扣除点缀所占面积。

④ 零星项目按实铺面积计算。

⑤ 石材底面刷养护液按底面面积加 4 个侧面面积，以 m^2 计算。

【例 5.33】 某住宅楼室内装修采用 0.6m×0.6m 防滑全瓷地砖，地面面积为 1000m^2，地砖外购。已知：地砖的采购价为 20.88 元/块，地砖的定额单价为 68 元/m^2。地砖损耗率为 3.5%。计算该地面所需地砖的数量和差价。

解： 地砖数量＝1000×(1＋3.5%)/(0.6×0.6)＝2875（块）

地砖差价＝[68－20.88/(0.6×0.6)]×1000×(1＋3.5%)＝10350（元）

【例 5.34】 如图 5-42 所示，M_1：0.8m×2.1m，M_2：1.5m×2.1m，台阶上的 M_2 居中砌筑，求房间及走廊地面铺贴复合木地板面层工程量。

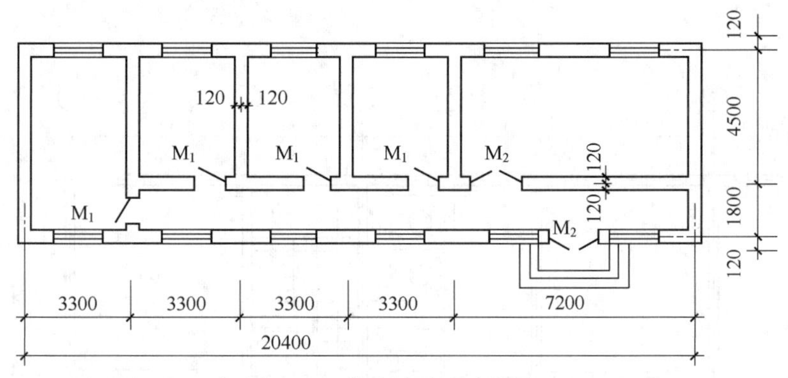

图 5-42 某建筑平面示意图

解： 内横墙净长＝(4.5＋1.8－0.12×2)＋(4.5－0.12×2)×3＝18.84（m）

内纵墙全长＝3.3＋3.3＋3.3＋7.2－0.12×2＝16.86（m）

内墙所占体积＝0.24×(18.84＋16.86)＝8.57（m^3）

门洞口所占体积＝0.8×0.24×4＋1.5×0.24＋1.5×0.12

＝1.31（m^3）

整体复合木地板工程量＝(20.4－0.12×2)×(6.3－0.12×2)－8.57＋1.31

＝114.91（m^3）

5.9.8 栏杆、栏板、扶手和踢脚线

① 栏杆、栏板、扶手均按中心线长度以延长米计算，计算扶手时不扣除弯头所占长度。弯头按“个”计算。

② 整体面层踢脚线的工程量按房间主墙间周长以延长米计算。不扣除门洞及空圈所占

长度，附墙垛、门洞和空圈等侧壁长度也不增加。块料踢脚线按实贴长度乘以高度以 m^2 计算，块料踢脚线应扣除洞口、空圈处的长度。楼梯踏步段踢脚线均按相应定额乘以1.15的系数。

【例5.35】 如图5-43所示，水磨石地面玻璃嵌条，水泥砂浆1∶3素水泥浆一道，C10混凝土垫层厚0.06m，素土夯实；预制水磨石踢脚板高度为0.15m，实验室门尺寸为1.0m×2.1m，门洞侧面宽0.12m贴预制水磨石踢脚板，求现浇水磨石面层工程量及预制水磨石踢脚线工程量。

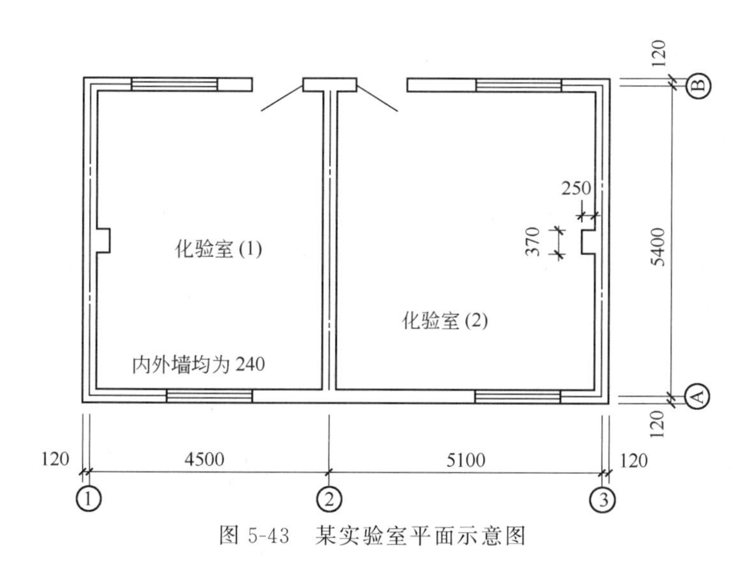

图5-43　某实验室平面示意图

解： 水磨石工程量＝(4.5＋5.1－0.12×2－0.24)×(5.4－0.12×2)＝47.06 (m^2)

踢脚线工程量＝[(4.5＋5.1－0.24×2)×2＋(5.4－0.24)×4＋0.25×4－1×2＋0.12×4]×0.15＝5.75 (m^2)

5.9.9 台阶

台阶按水平投影面积以 m^2 计算，连接地面的一个暗台（如设计无规定时按300mm计）应并入台阶工程量。

【例5.36】 如图5-44所示，求台阶工程量。

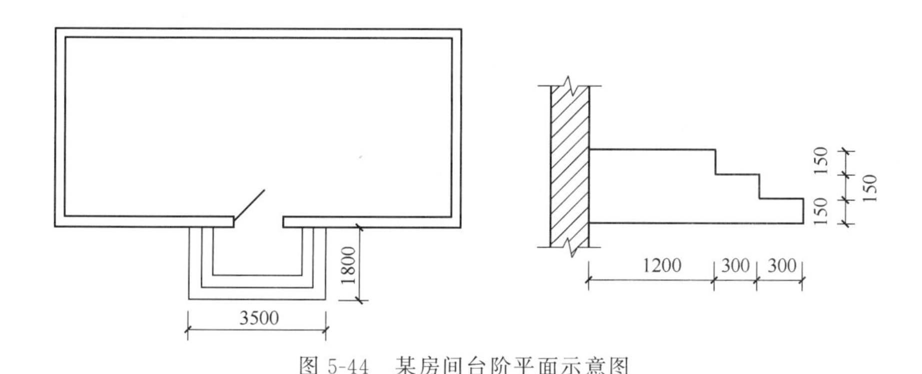

图5-44　某房间台阶平面示意图

解： 台阶工程量＝(3.5×1.8)－(3.5－0.9×2)×(1.8－0.9)＝4.77 (m^3)

5.10 防水及保温隔热

屋面防水及保温隔热包括：屋面防水（分瓦屋面、金属压型板屋面、卷材屋面防水层、涂膜屋面防水层、屋面保温隔热找坡层）；地面及墙面防水（分卷材防水层、涂膜防水层）；天棚及墙面保温隔热（分天棚保温隔热层、外墙内保温层）三部分。

5.10.1 屋面及地面防水

① 小波大波石棉瓦、玻璃纤维增强聚酯波纹瓦、彩色水泥瓦及黏土平瓦屋面工程量，均按铺瓦部分水平投影面积乘该部分屋面坡度系数以 m^2 计算。不扣除斜天沟、屋面小气窗和单个出屋面面积≤0.10m^2 物体所占面积，但屋面小气窗的出檐部分亦不增加。

② 琉璃瓦挑檐檐口附件和屋面工程量，按铺瓦面积以 m^2 计算。

③ 彩钢压型板、彩钢压型夹心板屋面，均按铺设屋面板面积以 m^2 计算，不扣除单个出屋面面积≤0.10m^2 所占面积。压型板屋面的檐沟及泛水板可按展开面积计算后并入。

④ 卷材和涂膜屋面防水层均按设计图示要求铺设卷材和涂布涂膜部分水平投影面积乘屋面坡度系数以 m^2 计算，不扣除单个屋面面积≤0.10m^2 所占面积。挑檐、女儿墙、檐沟、天沟、变形缝、天窗、出屋面房间及高低跨处等部位若采用相同材料的向上弯起部分，均按图示尺寸计算后并入屋面防水层工程量，如上述弯起部分无具体尺寸时，可统按 0.30m 计算。

⑤ 柔性屋面防水层下设找平层和刚性屋面防水层工程量，按楼地面工程量计算规则计算。

⑥ 地面、墙面卷材和涂膜防水层，均按设计图示铺设卷材和涂膜面积以 m^2 计算，不扣除单个面积≤0.30m^2 物件所占面积。地面防水层周边上卷高度按图示尺寸计算，无设计尺寸时按 0.30m 计算。上卷高度≤0.50m 时，工程量并入平面防水层；上卷高度>0.50m 者，按立面防水层子目计算。

⑦ 屋面变形缝和止水带按设计图示尺寸以延长米计算。

⑧ 屋面坡度系数的计算。

屋面坡度系数也称屋面延尺系数，含义为两坡水屋面斜长 C 与水平投影长 A 之比，见图 5-45。

$$C=\sqrt{B^2+A^2}$$

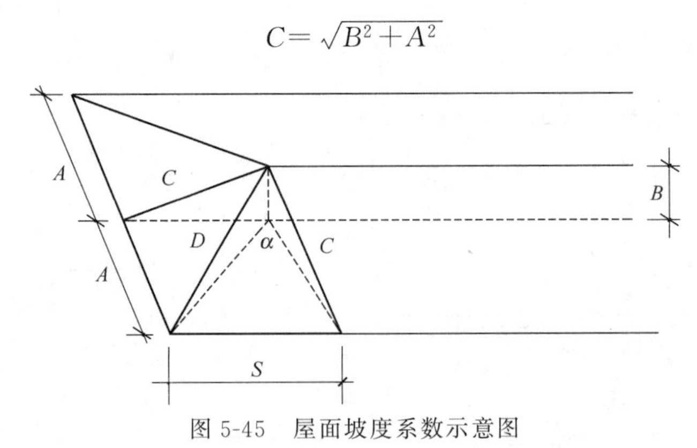

图 5-45 屋面坡度系数示意图

假设 $A=1$，当 B/A 为不同数值时，可算出延尺系数 C，见表 5-20。实际应用时，四坡水屋面面积由两个梯形及两个三角形的斜面组成，依图形几何关系，它们的面积与两坡水屋面面积相等。所以，无论是四坡水屋面或两坡水屋面，工程量计算式为：

屋面工程量＝屋面水平投影面积×延尺系数

为了计算四坡水屋面斜脊长度（两坡水屋面无斜脊），需要用到隅延尺系数，又称屋脊系数，含义为斜脊斜长 D 与其水平投影之比。

$$D=\sqrt{S^2+A^2+B^2}$$

假设 $A=S=1$，当 B/A 为不同数值时，可算出隅延尺系数，见表5-20。

四坡水屋面斜脊长度＝斜脊水平投影长度×隅延尺系数

表5-20　屋面坡度系数

坡度 B/A	夹角 θ	系数 C	系数 D	坡度 B/A	夹角 θ	系数 C	系数 D
1.000	45°	1.4142	1.7321	0.400	21°48′	1.0770	1.4697
0.700	35°	1.2208	1.5780	0.333	18°26′	1.0514	1.4530
0.600	30°58′	1.1662	1.5362	0.300	16°42′	1.0440	1.4457
0.577	30°	1.1547	1.5275	0.200	11°19′	1.0198	1.4283
0.500	26°34′	1.1180	1.5000	0.100	5°42′	1.0050	1.4177

【例5.37】 已知某屋面长50.8m，宽12.8m，屋面坡度1/3，如图5-46所示求屋面面积及屋脊长度。

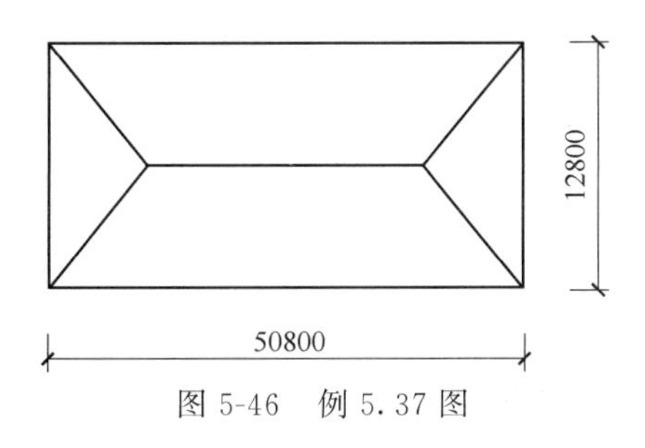

图5-46　例5.37图

解： 屋面坡度＝B/A＝1/3＝0.333，查屋面坡度系数表得：

延尺系数 C＝1.0514；隅延尺系数 D＝1.4530

屋面斜面积＝50.8×12.8×1.0514＝683.66（m^2）

屋面斜面水平投影长 $A=S$＝12.8/2＝6.4（m）

斜脊总长＝4×单面斜脊长＝4×6.4×1.4530＝37.2（m）

正脊长度＝50.8－2×6.4＝38（m）

【例5.38】 如图5-47所示，M_1 门1.0m×2.0m，C1窗1.5m×1.5m，窗台高1m，地面采用二毡三油防水，周边上卷高度0.4m。求地面防水层工程量。

解： 地面防水层上卷 S_1＝[(6.6－0.24＋3－0.24)×2＋(3.9－0.24)×4]×0.4－1×0.4×2＝12.35（m^2）

地面水平面积 S_2＝(6.6－0.24＋3－0.24)×(3.9－0.24)＝33.38（m^2）

地面防水层工程量＝12.35＋33.38＝45.73（m^2）

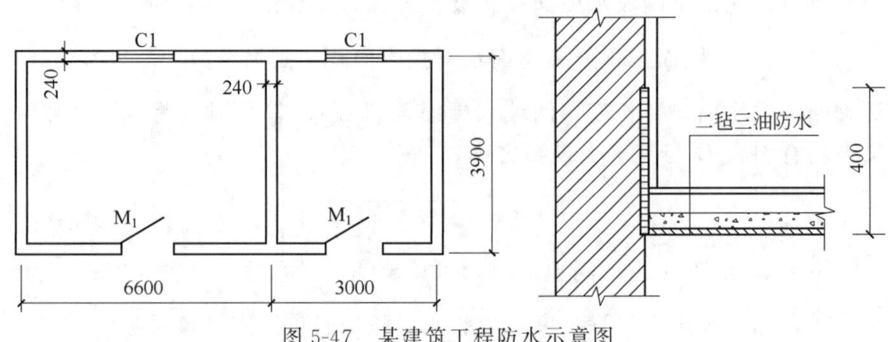

图 5-47 某建筑工程防水示意图

5.10.2 保温隔热工程

① 隔离层、保护层和架空板隔热层均按设计要求铺设范围以 m^2 计算各层工程量，不扣除 0.1m^2 内物件所占面积。

② 天棚保温、隔热层工程量，应按设计图示铺设或粉抹范围，以 m^3（粉抹为 m^2）计算，不扣除 0.1m^2 内物件所占面积。保温粉刷石膏天棚工程量要区分不同厚度计算。有梁板天棚板区梁侧保温粉刷石膏并入天棚子目，沿墙梁侧保温粉刷石膏并入墙面子目。

③ 外墙内保温层工程量，应按设计图示粘铺或粉抹面积，区分不同厚度，以 m^2 计算。扣除门窗洞口面积，不扣除 0.1m^2 内物件所占面积。

④ 耐酸防腐工程中除注明者外，工程量均按设计图示面积以 m^2 计算。应扣除凸出地面的构筑物、设备基础及 0.3m^2 以上孔洞所占面积。砖垛等突出墙面部分按展开面积计算，并入墙面防腐工程量之内。

⑤ 踢脚板防腐按净长乘以高度，以 m^2 计算，应扣除门洞所占面积，并相应增加侧壁展开面积。

⑥ 平面砌筑双层耐酸块料时，按单层面积乘以系数 2 计算。

⑦ 防腐卷材接缝、附加层、收头等的人工、材料，已计入子目中，不再另行计算。

⑧ 屋面保温隔热和找坡层工程量，除另有规定者外，均按设计图示铺设面积乘设计厚度（找坡层为平均厚度，图纸未标注找坡层最小厚度者，按 30mm 取定），以 m^3 计算，不扣除 0.1m^2 内物件所占面积。如不同部位设计要求坡度、厚度、材质不同时，应分别计算，具体如下。

a. 无女儿墙时，算到外墙皮

$$V_{保温}=S_{屋盖}\times 保温层平均厚度$$

$$V_{找坡}=S_{屋盖}\times 找坡层平均厚度+S_{檐沟}\times 檐沟找坡层平均厚度$$

b. 有女儿墙时，算到女儿墙内侧

$$V_{保温、找坡}=(S_{屋盖}-S_{女儿墙})\times 保温、找坡层平均厚度$$

c. 屋面设置天沟，应扣除天沟部分。

【例 5.39】 如图 5-48 所示，冷库门尺寸为 1.2m×2.1m，保温层厚度为 0.1m，不考虑台阶。求冷库室内保温层工程量。房屋净高 3.5m，保温层做法：木龙骨上两层 50mm 厚发泡聚苯板。

解： 保温工程量

天棚 $V_1=[(11.5-0.24)\times(4.8-0.24)-0.24\times(4.8-0.24)]\times 0.1=5.03\ (m^3)$

地面 $V_2=[(11.5-0.24)\times(4.8-0.24)-0.24\times(4.8-0.24)]\times 0.1+1.2\times 0.24\times 0.1$
$=5.06\ (m^3)$

墙面 $V_3=[(6.5-0.24+4.8-0.24+5-0.24+4.8-0.24)\times2\times3.5-1.2\times2.1\times3]\times0.1$
$=13.34\ (m^3)$

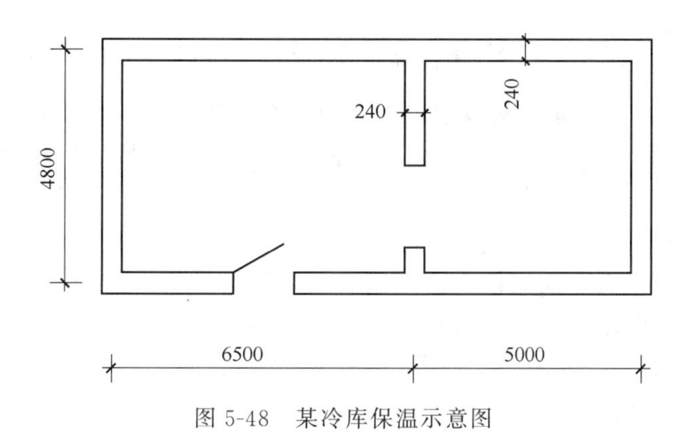

图 5-48　某冷库保温示意图

5.11　墙柱面工程

5.11.1　墙柱面抹灰

(1) 外墙面抹灰　外墙面抹灰及外墙裙抹灰按外墙不同部位、不同饰面以图示展开面积计算。应扣除门窗洞口和空圈所占面积，不扣除 $0.3m^2$ 以内的孔洞面积，门窗洞口及空圈侧壁的面积也不增加。

① 外墙面抹灰长度：外墙外边线总长，即 $L_{外}$。

② 外墙面抹灰高度：按以下几种方式取定。

平屋面有挑檐天沟者，算到檐口天棚下皮，见图 5-49(a)。

无挑檐天沟者，一般有女儿墙，算到压顶板下皮。见图 5-49(b)。

坡屋面带檐口天棚者，应算至檐口天棚下皮，见图 5-49(c)。

坡屋面无檐口天棚者，应算至屋面板下皮，见图 5-49(d)。

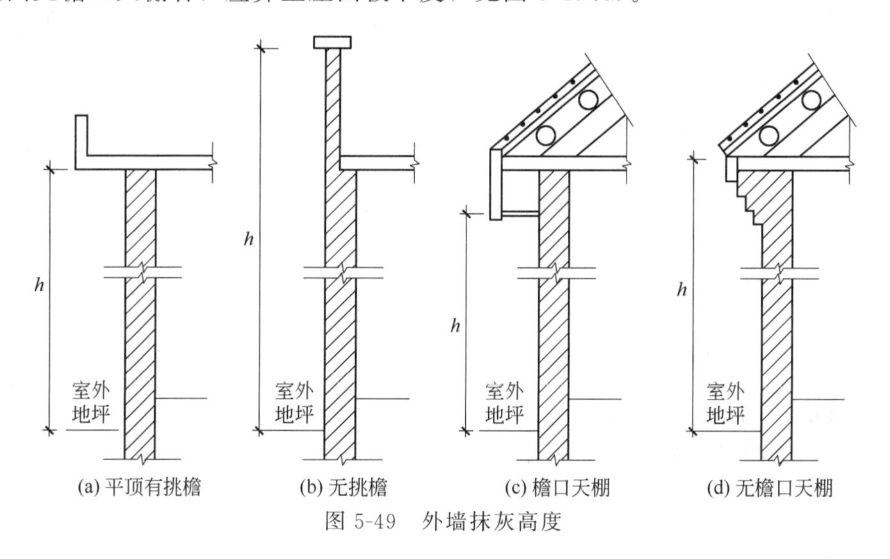

图 5-49　外墙抹灰高度

③ 外墙抹灰面积计算公式

$S=L_{外}\times$高＋外山尖面积－门窗洞口面积－0.3m^2 以上孔洞所占面积＋附墙柱侧壁面积－外墙裙所占面积

④ 外墙裙抹灰面积计算公式

$S=(L_{外}-\sum$门洞宽$)\times$墙裙高$-\sum($墙裙高－窗台高$)\times$窗宽－台阶所占面积＋附墙柱侧面积

(2) 内墙面抹灰　内墙面抹灰以图示主墙间的净面积计算。应扣除门窗洞和空圈所占面积，不扣除踢脚线、挂镜线、0.3m^2 以内的孔洞和墙与构件交接处的面积，洞口侧壁亦不增加。墙垛和附墙烟囱侧壁面积并入内墙抹灰工程量。内墙裙抹灰面积的计算同内墙面。内墙面抹灰高度规定如下。

① 无墙裙的，以室内地面或楼面至天棚底面之间的距离计算。

② 有墙裙的，以墙裙上平面至天棚底面之间的距离计算。

③ 有吊顶天棚的，其高度按吊顶高度增加 100mm 计算。

④ 内墙抹灰面积计算公式

内墙抹灰面积 S＝内墙净长×高－内墙门窗洞－0.3m^2 以上孔洞面积＋内山尖＋内墙垛侧壁面积－墙裙面积。

⑤ 内墙裙抹灰面积计算公式

内墙裙抹灰面积 S＝墙裙周长×墙裙高度－门窗面积＋垛侧壁面积

(3) 栏板抹灰按栏板的垂直投影面积乘以系数 2.2（包括立柱、扶手或压顶）计算，栏板中间有空当（200mm 以内）部分不扣减，栏板内外面抹灰种类不同时应分别计算。

(4) 压顶抹灰按展开宽度乘以长度计算。

(5) 墙面勾缝按垂直投影面积计算，应扣除墙裙和抹灰的面积，不扣除门窗洞口、腰线、门窗套等零星抹灰所占的面积，附墙垛和门窗洞口侧面的勾缝面积也不增加。独立柱、房上烟囱勾缝按图示尺寸，以 m^2 计算。

(6) 女儿墙抹灰、按相应墙面子目执行。

(7) 独立柱、附墙柱、梁抹灰按设计图示抹灰部位的结构尺寸计算。

(8) 抹灰分格、嵌缝按抹灰面积计算。

【例 5.40】 某房屋如图 5-50 所示，外墙为混凝土墙面，设计为水刷白石子浆，计算所需工程量。

解： 外墙外边线长＝(9.6＋0.24＋6.6＋0.24)×2＝33.36（m）

外墙高＝4.6＋0.3＝4.9（m）

门窗洞口面积＝2.1×1.8×4＋1×2.7＝17.82（m^2）

外墙水刷石工程量＝33.36×4.9－17.82＝145.64（m^2）

【例 5.41】 如图 5-51 所示，内墙面抹灰，计算其抹灰工程量。

解： 内墙抹灰量＝(3.6－0.24＋5.4－0.24)×4×3.3－0.9×2.5－1×2×2－2×1.6×2
＝99.81（m^2）

5.11.2 镶贴块料面层

① 镶贴块料面层按图示实际面积计算。

② 高度在 300mm 以内的墙裙贴块料，按踢脚板子目执行。

【例 5.42】 上例中，外墙门窗外侧面宽 120mm，不考虑台阶。计算外墙及挑檐立面贴外墙面砖的工程量。

解： 外墙贴砖量＝(7.2＋0.24＋5.4＋0.24)×2×(3.3＋0.2)－0.9×2.5－2×1.6×2
＝82.91(m^2)

门窗侧面贴砖量＝0.12×[(2.5×2＋0.9)＋(2＋1.6)×2×2]＝2.44 (m^2)

外墙贴面共计 82.91＋2.44＝85.35 (m^2)

挑檐立面贴砖量＝(7.2＋0.24＋1.2＋5.4＋0.24＋1.2)×2×0.28＝8.67 (m^2)

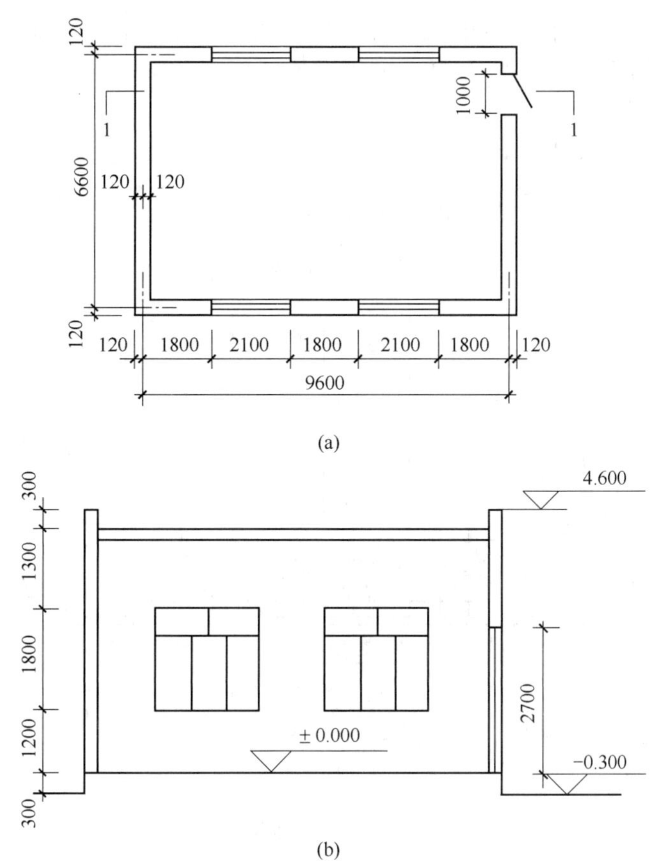

图 5-50　某房屋示意图

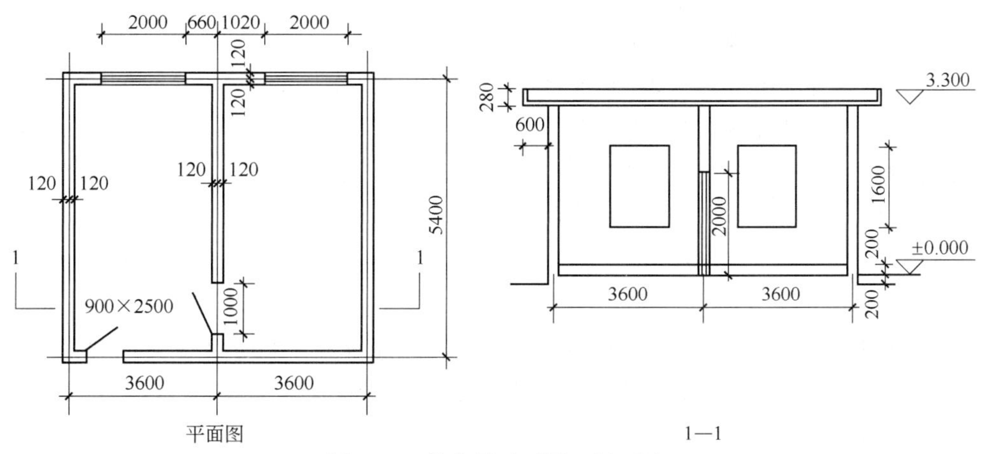

图 5-51　某房屋平面图、剖面图

5.11.3 墙柱饰面工程

① 柱饰面面积按外围饰面尺寸计算。

② 花岗岩、大理石柱墩、柱帽按最大外周长计算。

③ 除子目已列有柱墩、柱帽的项目外，其他项目的柱墩、柱帽工程量按设计图示尺寸以展开面积计算，并入相应柱面积内。

④ 隔断按净长乘净高计算，扣除门窗洞口及 0.3m^2 以上孔洞所占面积。

⑤ 全玻璃隔断的不锈钢边框工程量按边框展开面积计算。全玻璃隔断如有加强柱者，工程量按其展开面积计算。

⑥ 幕墙按设计图示尺寸以 m^2 计算。

【例 5.43】 计算图 5-52 所示墙饰面工程量。

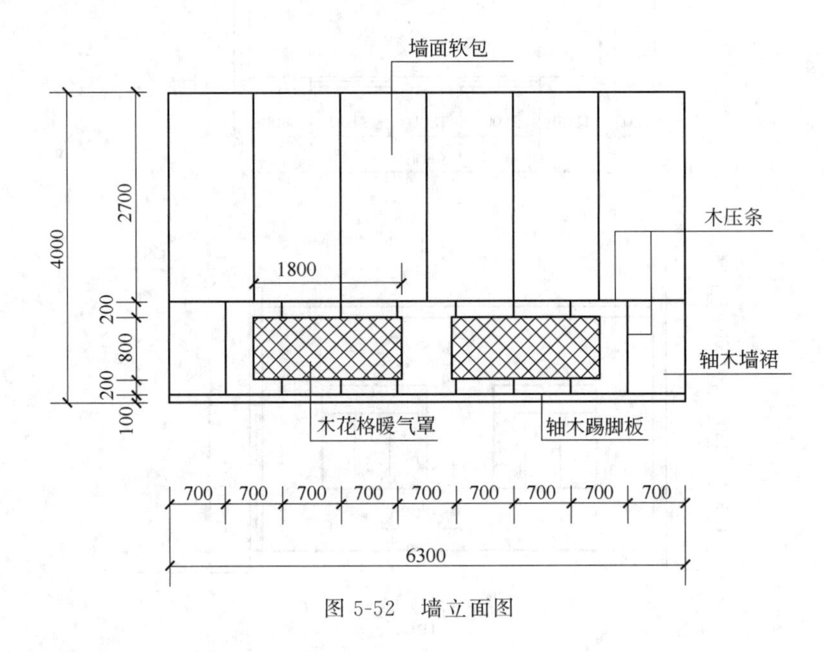

图 5-52 墙立面图

解： 柚木踢脚板工程量＝0.1×6.3＝0.63（m^2）

木花格暖气罩工程量＝0.8×1.8×2＝2.88（m^2）

柚木墙裙工程量＝1.2×6.3－2.88＝4.68（m^2）

木压条工程量＝6.3＋1.2×2＋0.2×12＝11.1（m）

软包工程量＝2.7×6.3＝17.01（m^2）

5.12 天棚工程

5.12.1 天棚抹灰

① 天棚抹灰面积按主墙间实际面积计算，不扣除间壁墙、独立柱、天棚装饰线、检查口、附墙烟囱、附墙垛和管道所占的面积。檐口天棚、带梁天棚的梁侧壁抹灰按展开面积计算，并入天棚抹灰。

② 天棚抹灰装饰线按延长米计算。预制板底勾缝按水平投影面积计算，凡预制板底抹灰者不计算板底勾缝。

5.12.2　天棚吊顶及天棚装饰

① 吊顶天棚龙骨及龙骨、基层、面层合并列项的子目按主墙间净面积计算，不扣除间壁墙、检查洞、附墙烟囱、垛和管道所占面积。

② 天棚基层和天棚装饰面层，按主墙间实钉面积计算，不扣除间壁墙、检查口、附墙烟囱、柱、垛和管道所占面积，但应扣除 0.3m^2 以上空洞、独立柱、灯槽及与天棚相连的窗帘盒所占面积。

③ 天棚中带艺术形式的折线、迭落、圆弧形、拱形、高低灯槽等的天棚面层均按展开面积计算。

5.12.3　天棚其他工程

① 板式楼梯底面的装饰工程量按水平投影面积乘 1.15 系数计算，梁式楼梯底面按展开面积计算。

② 灯光槽按延长米计算。

③ 保温层按实铺面积计算。

④ 网架按水平投影面积计算。

⑤ 嵌缝按延长线米计算。

【例 5.44】 某房间如图 5-53 所示，大厅、卧室吊顶采用装配式 U 形轻钢龙骨、钙塑板面层不上人型，书房吊顶采用装配式 T 形铝合金龙骨，铝板网面层不上人型，单层结构。试计算轻钢龙骨钙塑板面层工程量和铝合金龙骨铝板网面层工程量。

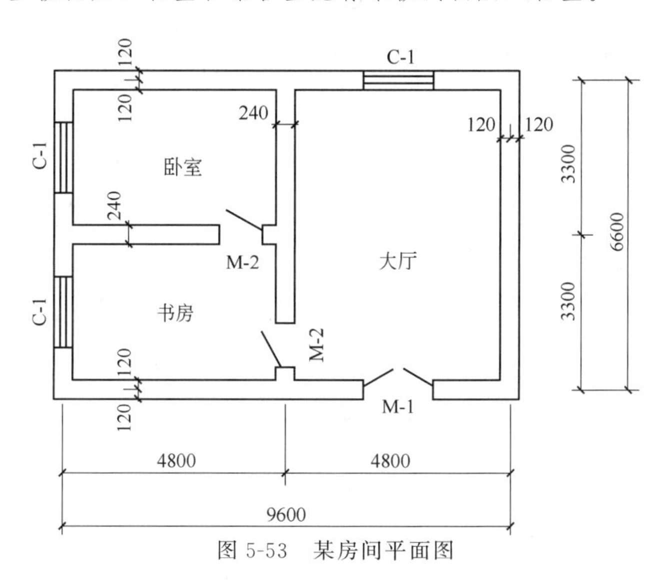

图 5-53　某房间平面图

解： 轻钢龙骨钙塑板面层工程量为

$$S=(4.8-0.24)\times(3.3-0.24)+(6.6-0.24)\times(4.8-0.24)=42.95\ (m^2)$$

铝合金龙骨铝板网面层工程量为

$$S=(4.8-0.24)\times(3.3-0.24)=13.95\ (m^2)$$

5.13　门窗工程

门窗工程仅包括装饰性门窗、铝合金门窗、塑钢门窗、彩板门窗、卷闸门窗等，不包括普通门窗、厂库房大门、特种门等项目，这些项目另列入定额木作工程和金属构件制作与门窗安装工程项目内。

5.13.1 一般规定

① 定额子目中的木材断面或厚度均为毛料，如设计所注明的断面或厚度为净料时，应增加刨光损耗。板方材一面刨光加 3mm，两面刨光加 5mm；圆木构件每立方米体积增加 $0.05m^3$ 的刨光损耗。

② 木门窗子目中普通木门窗是根据现行标准图集编制的，如设计与此不同时，可按比例进行调整。

调整后木材用量=(设计断面+损耗)/定额断面×定额木材消耗量

③ 门窗套包括门窗内沿和墙两侧的翻沿，筒子板只包括门窗内沿，贴脸只包括墙两侧的翻沿。如图 5-54 所示，门窗套包括 A 面和 B 面，筒子板指 A 面，贴脸指 B 面。

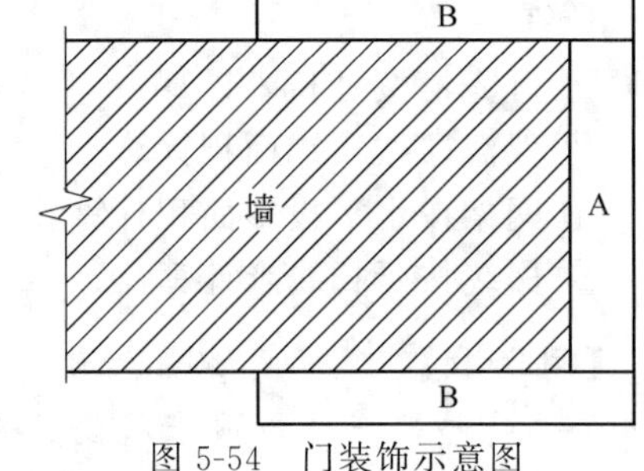

图 5-54 门装饰示意图

④ 定额消耗量指标中的玻璃均为 3mm 厚开片玻璃，并计入了安装损耗。如按整箱玻璃计算时，应在此基础上乘以 1.15 系数。

⑤ 普通门窗及特种门安装子目的五金量均为相应图集中的一般五金，如设计有特殊要求时，可另行计算。

⑥ 金属门窗安装均按外购成品列入，包含玻璃和门窗附件的价格。

⑦ 装饰板门扇制作安装按木骨架、基层、饰面板面层、门扇上安装玻璃以及门扇安装分别计算。

5.13.2 工程量计算

① 各类木门窗的制作、安装工程量均按门窗洞口尺寸计算，门亮子按所在门的洞口计算。

② 铝合金门窗、彩板组角钢门窗、塑钢门窗安装均按洞口面积以 m^2 计算。纱窗工程量同窗的工程量。

③ 卷闸门安装按其安装高度乘以门的实际宽度以“m^2”计算，安装高度算至滚筒顶点。带卷筒罩的按展开面积计算。电动装置安装以“套”计算，小门安装以“个”计算，小门面积不扣。

④ 防盗门窗、不锈钢格栅门按外围面积以“m^2”计算。

⑤ 防火门以框外围面积计算。

⑥ 实木门扇制作、安装及装饰门扇制作按框外围面积计算。装饰门扇及成品门扇安装按“扇”计算。

⑦ 木门扇包皮质或装饰板隔音面层、门窗筒子板按展开面积计算。

⑧ 不锈钢板包门框、门窗套、花岗岩门套、门窗筒子板按展开面积计算。门窗贴脸、窗帘盒、窗帘轨按延长米计算。

⑨ 窗台板按实铺面积计算。

⑩ 电子感应门、全玻转门按“樘”计算。

⑪ 不锈钢电动伸缩门按“m”计算。

【例 5.45】 某车间安装塑钢门窗如图 5-55 所示，门洞口尺寸为 1.8m×2.4m，窗洞口尺寸为1.5m×2.1m，不带纱窗，计算其门窗安装需用量。

解： 塑钢门：$1.8\times2.4=4.32$（m^2）

塑钢窗：$1.5\times2.1=3.15$（m^2）

【例5.46】 某工程电动卷帘门如图5-56所示，计算其卷帘门安装工程量。

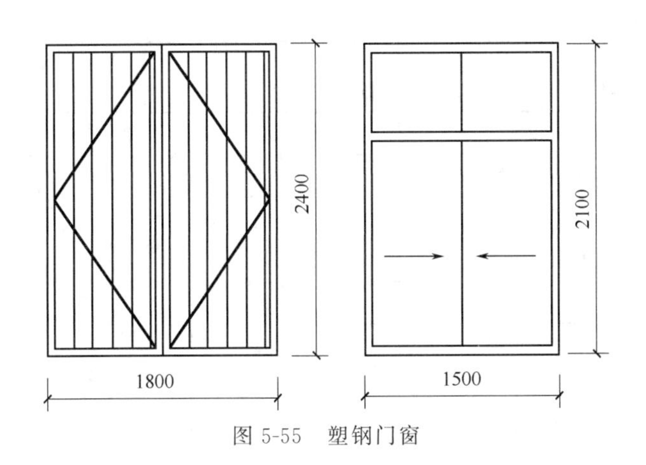

图5-55　塑钢门窗

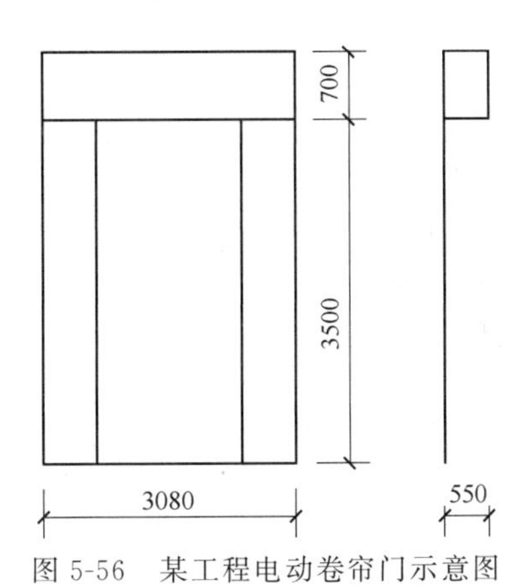

图5-56　某工程电动卷帘门示意图

解： 电动卷帘门安装工程量 S 为

$$S=3.08\times(3.5+0.7)+0.55\times0.7\times2+(0.55+0.7+0.55)\times3.08=19.25\ (m^2)$$

5.14　油漆、涂料、裱糊工程

① 天棚、墙、柱、梁面的喷刷涂料和抹灰面乳胶漆，工程量按实喷刷面积计算，不扣除$0.3m^2$以内的孔洞所占面积。

② 木材面油漆工程量分为执行木门定额、执行木窗定额、执行木扶手定额和执行其他木材定额四类，按面积或延长米乘以工程量系数计算，工程量系数见表5-21～表5-24。执行木板定额工程量系数见表5-25。

表5-21　执行木门定额工程量系数

项目名称	系　数	项目名称	系　数	计算方法
单层木门	1.00	双层木门	2.00	按单面洞口面积计算
单层全玻门	0.83	一板一纱木门	1.36	
木百叶门	1.25			

表5-22　执行木窗定额工程量系数

项目名称	系　数	项目名称	系　数	计算方法
单层玻璃窗	1.0	二玻一纱木窗	2.6	按单面洞口面积计算
一玻一纱木窗	1.3	单层组合窗	0.8	
双层木窗	2.0	双层组合窗	1.1	
木百叶窗	1.5			

表 5-23 执行木扶手定额工程量系数

项目名称	系 数	项目名称	系 数	计算方法
不带托板木扶手	1.00	封檐板、顺水板	1.74	按延长米计算
带托板木扶手	2.0	单独木线条100mm以外	0.52	
窗帘盒	2.0	单独木线条100mm以内	0.35	

表 5-24 执行其他木材定额工程量系数

项目名称	系 数	项目名称	系 数	计算方法
木板、胶合板天棚	1.00	窗台板、门窗套、踢脚线	1.00	长×宽
木护墙、木墙裙	1.00	清水板条天棚、檐口	1.07	
木方格吊顶天棚	1.20	吸音板墙面、天棚面	0.87	
暖气罩	1.28			
木间壁、木隔断	1.90	玻璃间壁露明墙筋	1.65	单面外围面积
木栅栏、木栏杆	1.82			
衣柜、壁柜	1.00	零星木装修	1.10	实际展开面积
梁柱饰面	1.00			

表 5-25 执行木地板定额工程量系数

项目名称	系 数	工程量计算方法
木地板、木踢脚线	1.00	长×宽
木楼梯	2.20	水平投影面积

③ 金属面油漆工程量分执行单层钢门窗定额和执行其他金属面定额两类，按面积或质量乘以工程量系数计算，工程量系数见表5-26、表5-27。

表 5-26 执行单层钢门窗定额工程量系数

项目名称	系 数	项目名称	系 数	计算方法
单层钢门窗	1.00	钢百叶门	2.74	按单面洞口面积计算
一玻一纱钢门窗	1.48	钢半截百叶门	2.22	
满钢门或包铁皮门	1.63	厂库房平开、推拉门	1.70	按单面框外围面积计算
钢折叠门	2.30	射线防护门	2.96	
铁丝网大门	0.81			

表 5-27 执行其他金属面定额工程量系数

项目名称	系 数	项目名称	系 数	计算方法
钢屋架、天窗架、挡风架	1.00	屋架梁、支撑、檩条	1.00	质量
墙架(空腹式)	0.50	墙架(格板式)	0.82	
轻型屋架	1.42	踏步式钢扶梯	1.05	
花式梁、空花构件	0.63	钢柱、吊车梁	0.63	
操作台、制动梁、钢车挡	0.71	钢爬梯	1.18	
钢栅栏门、栏杆、窗栅	1.71	零星铁件	1.32	

④ 抹灰面油漆工程量分楼地面、天棚、墙、柱、梁面、楼梯面等，按面积乘以工程量

系数计算，工程量系数见表 5-28。

表 5-28　抹灰面油漆、涂料

项目名称	系　数	工程量计算方法
混凝土楼梯面(板式)	1.15	水平投影面积
混凝土楼梯面(梁式)	1.00	展开面积
混凝土花格窗、栏杆花饰	1.82	单面外围面积
楼地面、天棚、墙、柱、梁面	1.00	展开面积

⑤ 隔墙、护壁、包柱、天棚木龙骨及木地板中木龙骨带毛地板，刷防火涂料工程量计算规则如下。

a. 隔墙、护壁木龙骨按其面层正立面投影面积计算。

b. 包柱木龙骨按其面层外围面积计算。

c. 天棚木龙骨按天棚水平投影面积计算。

d. 木地板中木龙骨及木龙骨带毛地板按地板面积计算。

⑥ 天棚金属龙骨刷防火涂料按天棚水平投影面积计算。

⑦ 隔墙、护壁、包柱、天棚面层及木地板刷防火涂料，执行其他木材面刷防火涂料相应子目。

⑧ 木楼梯（不包括底面）油漆，按水平投影面积乘以 2.3 系数，执行木地板子目。底面如刷油漆，工程量按展开面积计算，执行木地板天棚子目。

【例 5.47】 如图 5-57 所示为一玻一纱木窗，洞口尺寸为 1.5m×2.1m，共 11 樘，设计为刷润油粉一遍，刮腻子，刷调和漆一遍，磁漆两遍，计算木窗油漆工程量。

解： 查表 5-22，按单面洞口面积计算系数为 1.3。

木窗油漆工程量：1.5×2.1×11×1.3=45.05（m^2）

【例 5.48】 某房间如图 5-58 所示，内墙裙高 1m，窗台高 1m，墙裙为胶合板，刷调和漆 5 遍，单层全玻门，宽 1.0m×高 2.1m，一玻一纱钢窗，宽 1.8m×高 1.5m，台阶上的门居中砌筑。试计算墙裙及门窗油漆工程量。

解： 墙裙工程量=[(6.0−0.24+3.3−0.24)×2−1+0.12×2]×1=16.88（m^2）

门油漆工程量=1.0×2.1×0.83=1.743（m^2），（注：0.83 见表 5-21）

窗油漆工程量=1.8×1.5×1.48=3.996（m^2），（注：1.48 见表 5-26）

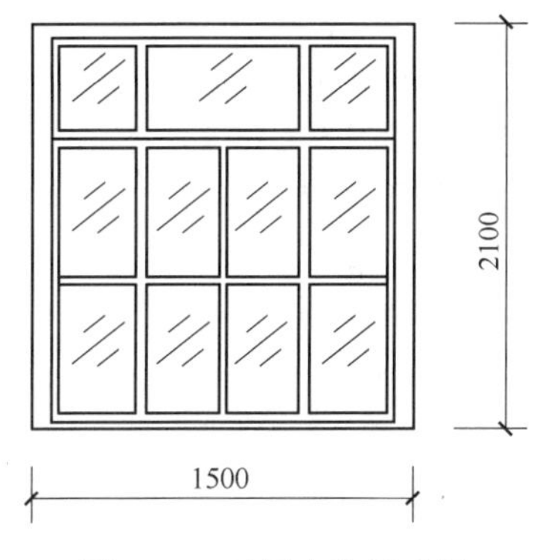

图 5-57　双层木窗示意图

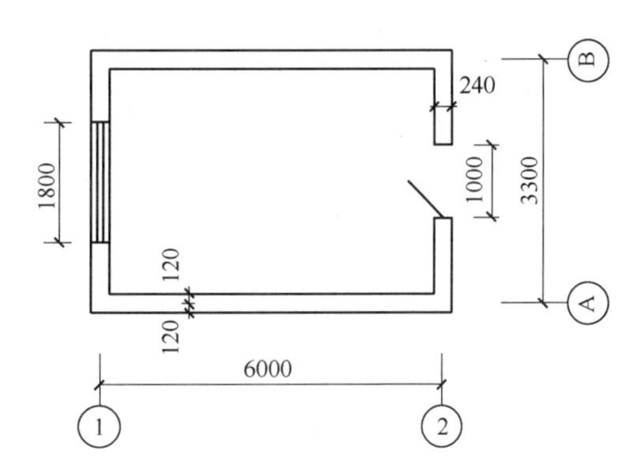

图 5-58　某建筑物平面示意图

5.15 装饰装修其他工程

其他装饰工程包括招牌、灯箱、美术字、卫生洁具制作安装等项目。其中，招牌分为平面招牌、箱体招牌、立式招牌。平面招牌指安装在门前墙面上的招牌。箱体招牌指将六面体招牌固定在门前墙面上。立式招牌指沿阳台、雨篷、挑檐走向布置的招牌。

(1) 招牌、灯箱

① 平面招牌基层按正立面面积计算，复杂的造型部分亦不增减。

② 立式招牌基层按平面招牌复杂型执行时，按展开面积计算。

③ 箱式招牌和竖式标箱的基层，按外围体积计算。突出箱外的灯饰、店徽及其他艺术装潢等，另行计算。

④ 灯箱的面层按展开面积以 m^2 计算。

⑤ 广告牌钢骨架以 t 计算。

(2) 美术字安装按字的最大外围矩形面积以个计算。

(3) 压条、装饰线条均按延长米计算。

(4) 暖气罩（包括罩脚的高度在内）按边框外围尺寸垂直投影面积计算。

(5) 镜面玻璃安装、盥洗室木镜箱以正立面面积计算。

(6) 塑料镜箱、金属链子杆、浴缸拉手、毛巾杆安装以只或副计算。不锈钢旗杆以延长米计算。大理石洗漱台以台面投影面积计算。

(7) 柜橱类均以正立面的高（包括柜脚的高度在内）乘以宽以 m^2 计算。

(8) 收银台、试衣间等以个计算，其他以延长米为单位计算。

【例 5.49】 如图 5-59 所示，求在平面招牌基层上做铝合金扣板面层工程量。

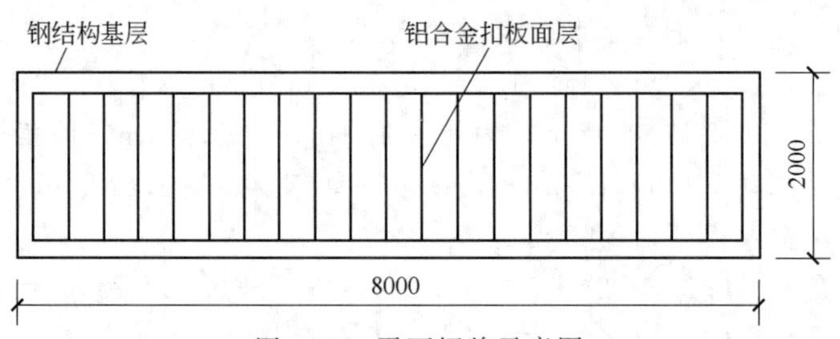

图 5-59 平面招牌示意图

解： 其工程量为：$8\times2=16$ (m^2)

【例 5.50】 某铝合金明式暖气罩如图 5-60 所示，求其工程量。

解： 暖气罩工程量 $=(2.15+0.3\times2)\times0.9+2.15\times0.3=3.12$ (m^2)

【例 5.51】 如图 5-61 所示，求镜面不锈钢装饰线、大理石洗漱台、石材装饰线及镜面玻璃工程量。镜面四周设 50mm 宽镜面不锈钢边。

解： 镜面不锈钢装饰线工程量 $=2\times(1+2\times2\times0.05+1.4)=5.2$ (m)

镜面玻璃工程量 $=1\times1.4=1.4$ (m^2)

石材装饰线工程量 $=3.3-(1+0.05\times2)=2.2$ (m)

大理石洗漱台工程量 $=1.2\times0.7=0.84$ (m)

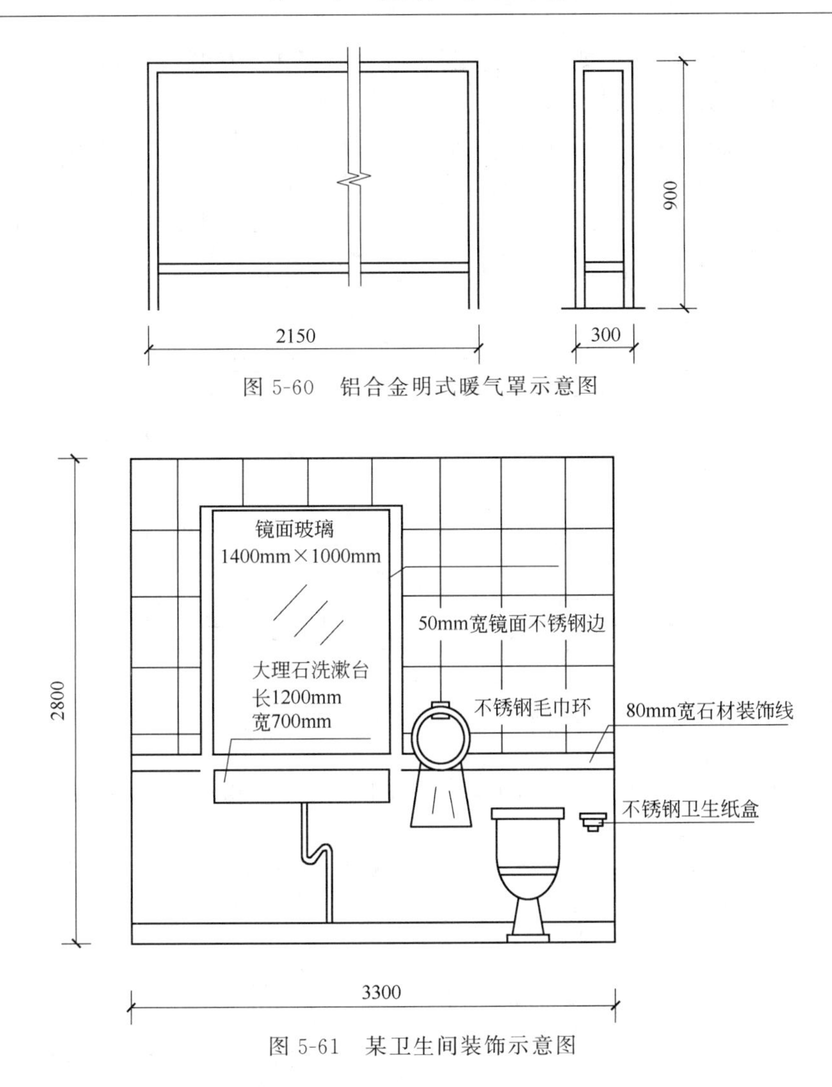

图5-60 铝合金明式暖气罩示意图

图5-61 某卫生间装饰示意图

5.16 总体工程

总体工程分道路、人行道、室外排水工程、适用于土建施工配套的一些室外总体工程。

① 道路面层面积按设计长度乘以宽度计算。基层面积如设置道路侧石时，按侧石外沿每侧增加0.15m；如无侧石设置，按道路边线每侧增加0.3m。人行道按实铺面积计算。

② 石质侧石或混凝土侧石按延长米计算。

③ 管道基础及管道铺设按实铺长度计算。

④ 管道与道路连续施工时，沟槽回填土的人工、机械乘以1.2系数。

⑤ 检查井以m^3计算，套用砌筑定额。

5.17 耐酸防腐工程

耐酸防腐工程包括整体面层、隔离层、块料面层，适用于平面、立面以及沟、坑、槽的耐酸防腐工程。

① 耐酸、防腐工程除注明者外，工程量均按设计图示面积以m^2计算。应扣除凸出地面

的构筑物、设备基础及 0.3m² 以上的孔、洞等所占的面积。砖垛等突出墙面部分按展开面积计算，并入墙面防腐工程量之内。

② 踢脚板按净长乘以高度，以“m²”计算，应扣除门洞所占面积并相应增加侧壁展开面积。

③ 砌筑双层耐酸块料时，按单层面积乘以系数 2 计算。

④ 防腐卷材接缝、附加层、收头等的人工、材料，已计入子目中，不再另行计算。

【例 5.52】 某地面要求耐磨性强，设计为环氧砂浆地面，8mm 厚，如图 5-62 所示，门居中砌筑。求地面面层工程量。

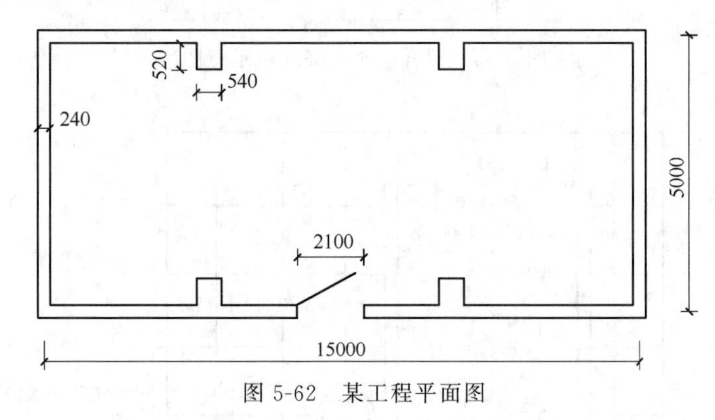

图 5-62 某工程平面图

解： 地面工程量＝(15.0－0.24)×(5.0－0.24)－0.54×0.52×4＋2.1×0.12
＝69.39 (m²)

【例 5.53】 如图 5-63 所示，求花岗岩面层耐酸沥青砂浆砌铺工程量，M_1：1.2m×2.1m，C1：1.5m×1.5m，窗台高 1m。

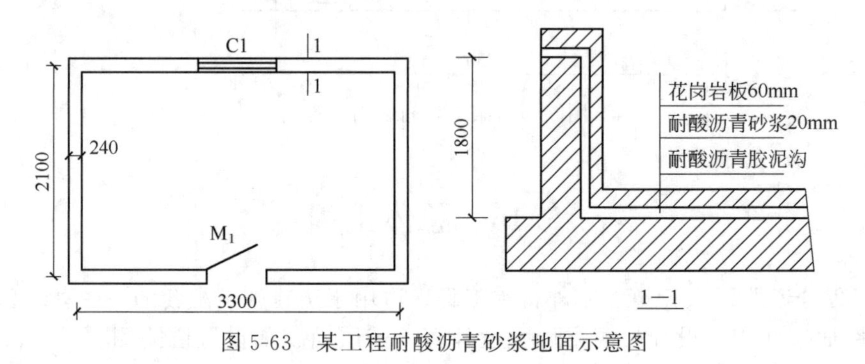

图 5-63 某工程耐酸沥青砂浆地面示意图

解： 地面工程量＝(3.3－0.24)×(2.1－0.24)＋1.8×[(3.3－0.24＋2.1－0.24)×2－1.2]－1.5×(1.8－1)＝20.04 (m²)

5.18 脚手架工程

脚手架指施工现场供工人操作、堆置材料，以及为解决垂直和水平运输而搭设的各种支架。按不同的分类方法，有多种种类。按用途不同分为砌筑脚手架、现浇混凝土脚手架、装饰脚手架、安装脚手架、防护脚手架。消耗量定额中按搭设位置不同分为外脚手架、里脚手架、满堂脚手架、悬空脚手架、挑脚手架、防护架、建筑物垂直封闭、依附斜道及架空运输、烟囱（水塔）脚手架、电梯井字架、装饰装修脚手架。

5.18.1　外脚手架

(1) 外脚手架工程量计算规则

① 外脚手架分不同墙高，按外墙外边线的凹凸（包括凸出阳台）总长度乘以设计室外地坪至外墙的顶板面或檐口的高度计算，有女儿墙者高度算至女儿墙顶面，有山墙者以山尖1/2高度计算，地下室外墙高度从设计室外地坪算至底板垫层底。计算外脚手架时，不扣除门窗洞口及穿过建筑物的通道的空洞面积。

② 凡设计室外地坪至檐口（或女儿墙上表面）的砌筑高度在15m以下的按单排脚手架计算；砌筑高度在15m以上的或砌筑高度虽不足15m，但外墙门窗及装饰面积超过外墙表面积60%以上时，均按双排脚手架计算。

③ 上层外墙或裙楼上有缩入的塔楼时，塔楼和裙楼应分别计算工程量、分别套相应定额步距子目。裙楼工程量按裙楼的外墙凹凸总长度乘以裙楼的高度（设计外地坪至裙楼顶面）计算，套用定额时也按该计算高度套相应步距。塔楼工程量按塔楼的外墙凹凸总长度乘以塔楼的高度（裙楼顶面至塔楼顶面）计算，但套用定额时人工步距的高度由设计外地坪至塔楼顶面计算，定额材料步距的高度按裙楼顶面的高度至塔楼顶面的高度计算。

④ 屋面上楼梯间、水池、电梯机房等脚手架并入主体工程量内计算。

⑤ 同一建筑檐口高度不同时，应按不同檐口高度分别计算。檐高指设计室外地坪至檐口板底的高度（滴水高度）。平屋顶带挑檐者，算至挑檐板下皮标高；平屋顶带女儿墙者，算至屋顶结构板上皮标高；坡屋面或其他曲面屋顶均算至墙的中心线与屋面结构板顶交点的高度；阶梯式建筑物按高层的建筑物计算檐高；突出屋面的水箱间、电梯间、亭台楼阁等均不计算檐高。

⑥ 现浇钢筋混凝土柱，按柱图示周长尺寸另加3.6m，乘以柱高以平方米计算，套用相应双排外脚手架定额。

⑦ 现浇钢筋混凝土梁、墙，按设计室外地坪或楼板上表面至楼板底之间的高度，乘以梁、墙净长以平方米计算，套用相应双排外脚手架定额。

⑧ 各种独立柱按图示柱结构外围周长另加3.6m，乘以砌筑高度以平方米计算，套用相应外脚手架定额。

⑨ 各种类型的预制钢筋混凝土和钢结构屋架，如跨度在8m以上吊装时，按屋架外围面积计算，执行15m以内外脚手架乘以系数1.4。

(2) 外脚手架的使用

① 一般土建工程脚手架已包括了装饰脚手架，单独发包的装饰工程且土建脚手架已拆除者可计算装饰外脚手架。即一般情况下，外墙砌筑与外墙装饰合并计算一次脚手架费用。

② 在已计算框架梁柱脚手架的部位的砖墙，不再计算砌筑脚手架。

③ 高度超过1.2m的构筑物，按其外围垂直面积计算双排外脚手架。

④ 各种独立柱按双排外脚手架计算，但能用砌墙脚手架的柱，不另计算柱脚手架费用。

⑤ 高度超过3.6m以上的内墙、围墙脚手架按15m内单排外脚手架计算。

⑥ 利用主体外脚手架改变其步高作外墙面装饰装修架时，按每100m^2外墙面垂直投影面积，增加改架工1.28工日；独立柱按柱周长增加3.6m乘柱高套用装饰装修外脚手架相应高度的子目。

5.18.2　里脚手架

(1) 里脚手架工程量计算规则

① 凡设计室内地坪至顶板下表面（或山墙高度的1/2处）的砌筑高度在3.6m以下的，按里脚手架计算；里脚手架按墙面垂直投影面积计算。

② 凡室外自然地坪至围墙顶面的砌筑高度在 3.6m 以下的围墙脚手架，按里脚手架计算。

③ 砌筑高度在 1.2m 以上 3.6m 以内的砖基础、地下室内外墙砌筑脚手架，按里脚手架计算；高度超过 3.6m 时，按单排外脚手架计算。

（2）里脚手架的使用

① 高度在 3.6m 以内的内墙和围墙砌筑，按里脚手架计算。除这两种情况外，一般不套用里脚手架。

② 计算了内墙砌筑脚手架，不再另行计算内墙装饰脚手架。

③ 在有满堂脚手架搭设的部分，不再另行计算内墙装饰脚手架（有些地区定额规定，此时内墙装饰脚手架另计，但乘以小于 1 的系数）。

5.18.3 满堂脚手架

（1）满堂脚手架工程量计算规则　满堂脚手架是指为完成满堂基础和室内天棚的安装、装饰抹灰等施工而在整个工作范围内搭设的脚手架。

① 室内天棚装饰面距设计室内地坪高度超过 3.6m 时，计算满堂脚手架。满堂脚手架按实际搭设的水平投影面积（设计无规定时，按室内净面积）计算，不扣除附墙柱、独立柱所占的面积。层高在 3.6m 以上 5.2m 以内的天棚抹灰及装饰，应计算满堂脚手架基本层；层高超过 5.2m，每增加 1.2m 计算一个增加层，不足 0.6m 不计。即，增加层的层数＝(层高－5.2)/1.2，四舍五入取整数。

② 天棚面单独刷喷涂料时，层高在 5.2m 以下者，不计算脚手架费用。高度在 5.2～10m 按满堂脚手架基本层子目的 50％计算，10m 以上按 80％计算。

③ 整体满堂钢筋混凝土基础，凡其宽度在 3m 以上，深度在 1.5m 以上时，增加的工作平台按其底板面积计算满堂基础脚手架工程量。

（2）满堂脚手架的使用

① 使用了满堂脚手架后，不再计算内墙装饰脚手架，但内墙砌筑仍按里脚手架规定计算。

② 满堂基础脚手架按满堂脚手架基本层的 50％计算。

5.18.4 其他脚手架

① 水池墙、烟道墙等高度在 3.6m 以内，按外脚手架子目的 70％计算；3.6m 以上套用外脚手架子目。石墙砌筑不论内外墙，高度超过 1.2m 时，按外脚手架计算；墙厚大于 40cm 时，按外脚手架子目乘以系数 1.7 计算。

② 砖砌、毛石挡土墙砌筑高度超过 1.2m 时，按一面外脚手架计算。

③ 悬空脚手架，按搭设水平投影面积，以 m^2 计算。

④ 挑脚手架，按搭设长度和层数，以延长米计算。

⑤ 水平防护架，按实际铺板的水平投影，以 m^2 计算。

⑥ 垂直防护架，按自然地坪至最上一层横杆之间的搭设高度，乘以实际搭设长度，以 m^2 计算。

⑦ 建筑物垂直封闭工程量按封闭面的垂直投影面积计算。

⑧ 依附斜道，区别不同高度以座计算。

⑨ 架空运输道脚手架，按搭设长度以延长米计算。

⑩ 烟囱脚手架，分不同内径、高度，以座计算。

⑪ 砌筑筒仓脚手架，按单筒外边线周长乘以室外地坪至顶面高度，以 m^2 按外脚手架子目计算。

⑫ 电梯井字脚手架按井底板面至顶板底高度，套单孔子目以座计算。

⑬ 蓄水（油）池、大型设备基础高度超过 1.2m 时，脚手架按其外形周长乘以高度以

m^2 套外脚手架子目计算。

⑭ 滑升模板施工的钢筋混凝土烟囱、筒仓，不计算脚手架。

⑮ 吊篮脚手架以墙面垂直投影面积计算，高度以设计室外地坪面至外墙顶的高度计算，长度以墙的所需外围长度计算。

⑯ 钢管移动架按“座”计算。

【例 5.54】 如图 5-64 所示，内外墙厚均为 240mm，采用钢管脚手架，计算外墙砌筑脚

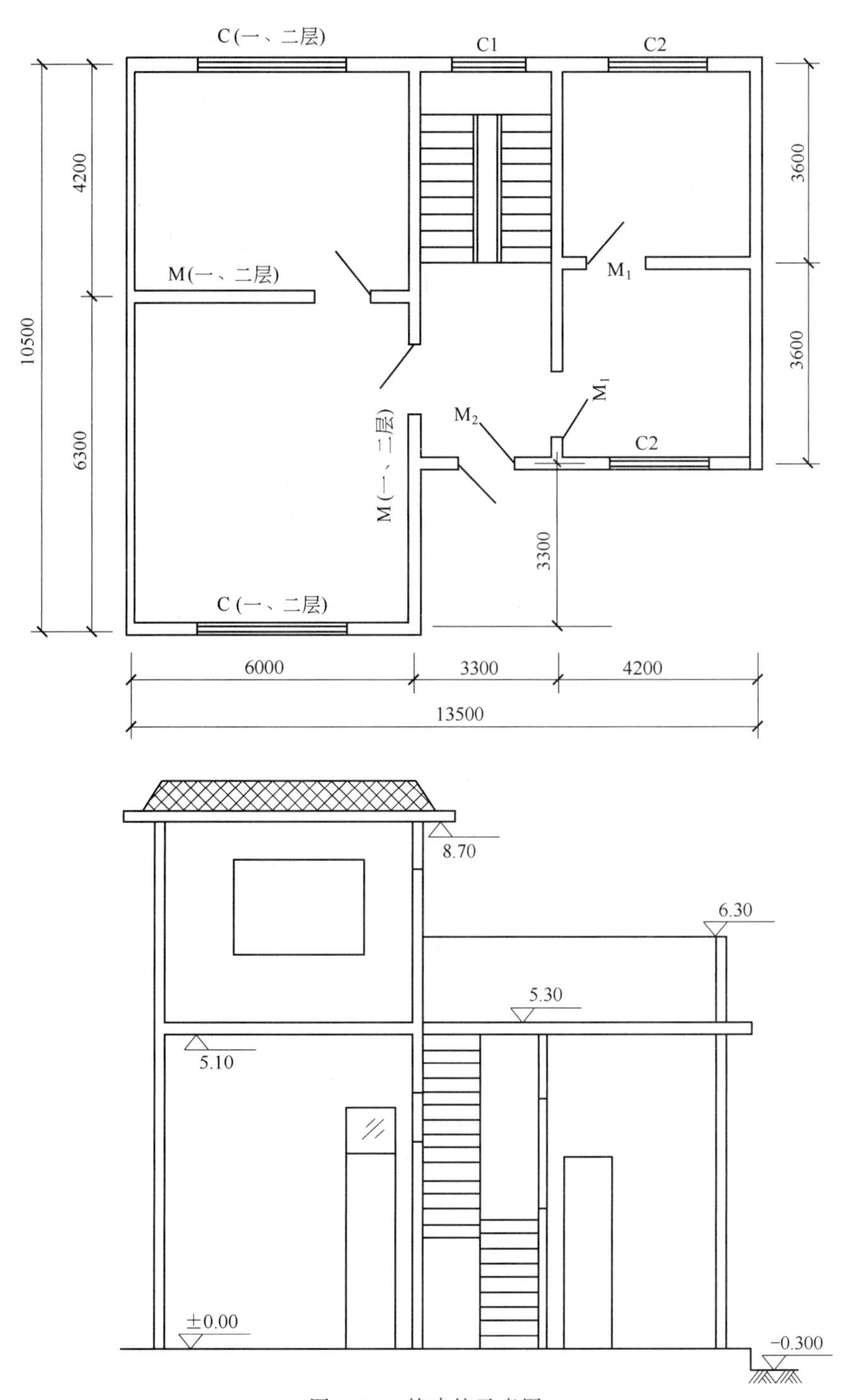

图 5-64　某建筑示意图

手架工程。

解：砌筑高度在15m以下，按单排脚手架计算。外墙砌筑脚手架工程量为：

$$S=[(13.5+10.5)\times2+0.24\times4]\times(5.3+0.3)+(7.2+0.24+7.5\times2)\times(6.3-5.3)+[(6+10.5)\times2+0.24\times4]\times(8.7-5.3)=412.08(m^2)$$

【例5.55】 某独立砖柱截面尺寸为0.8m×0.8m，柱顶标高为3.6m，基础扩大顶面标高为−0.6m，计算独立砖柱砌筑脚手架工程量。

解：独立砖柱砌筑脚手架按其外围周长加3.6m后乘以高度计算。

$$脚手架工程量=(0.8\times4+3.6)\times(3.6+0.6)=28.56\ (m^2)$$

执行双排外脚手架定额。

【例5.56】 某现浇混凝土框架结构如图5-65所示，设计室外地坪标高−0.3m，柱截面0.6m×0.6m，柱顶标高3.6m，试计算其外脚手架工程量。

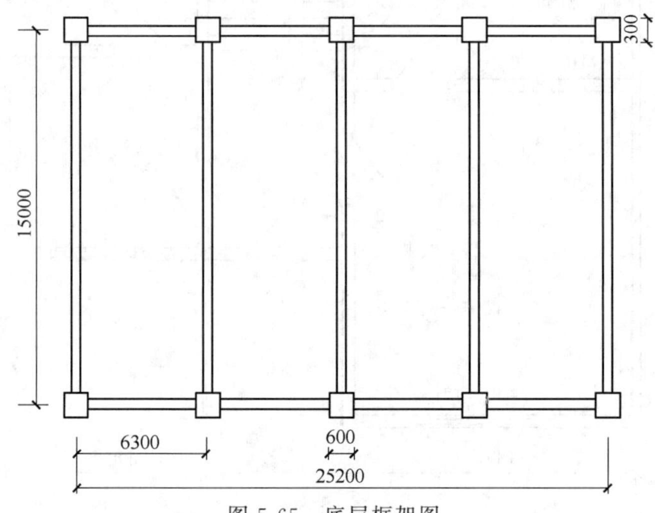

图5-65　底层框架图

解：现浇混凝土框架脚手架工程量为：

$$S_1=(25.2+0.3\times2+15+0.3\times2)\times2\times(3.6+0.3)=322.92(m^2)$$

【例5.57】 某工地长200m，宽100m，自然地面至围墙顶面高2.5m，东西向各有一面大门，门洞宽分别为3m和6m。试计算围墙砌筑脚手架工程量。

解：脚手架工程量$=(200+100)\times2\times2.5=1500\ (m^2)$

按里脚手架定额执行。

【例5.58】 某室内天棚装修，室内净宽为6m，净长为8m，设计室内地坪距天棚装饰面高为6.1m，计算天棚装饰脚手架工程量。

解：房间净面积$=6\times8=48\ (m^2)$

天棚装饰面距设计室内地坪高度大于3.6m，计算一个基本层。

增加层数$=(6.1-5.2)/1.2=0.9/1.2=0.75$，故计算一个增加层。

即，天棚装饰脚手架工程量为：$48\times2=96\ (m^2)$

【例5.59】 某工程挑出式安全网，搭设长度为60m，挑出水平宽度为1.5m，计算安全网工程量。

解：安全网工程量$=60\times1.5=90\ (m^2)$

【例5.60】 某工程立挂式安全网，长为100m，挂网高度为10m，计算安全网工程量。

解：$S=100\times10=1000$（m^2）

5.19　垂直运输工程

垂直运输是指用于建筑物高度方向的人、材、小型机具的起重设备和电梯，包括建筑物、构筑物垂直运输和装饰工程垂直运输。

5.19.1　建筑物、构筑物垂直运输

（1）一般规定

① 檐高3.6m以内的单层建筑，不计算垂直运输机械台班。

② 消耗量定额项目划分是以建筑物的檐高及层数两个指标同时界定的。凡檐高达到上限而层数未达到时，以檐高为准；如层数达到上限而檐高未达到时，以层数为准。

③ 同一建筑物有多种功能结构时，按占比例较大的结构计算。

④ 檐高20m（6层）以内，按塔式起重机或卷扬机施工考虑；檐高20m（6层）以上，按塔式起重机施工考虑。同一建筑物，其高度不同时檐口计算高度可按不同高度的各自建筑物面积加权平均计算。

⑤ 预制钢筋混凝土柱、钢屋架的单层厂房按预制排架定额计算。

⑥ 内浇外砌、内浇外挂、全装配建筑物的垂直运输参照剪力墙（滑模施工）执行，其他结构的垂直运输套用相应的现浇框架结构消耗量定额。

⑦ 檐高超过120m时，檐高每增10m的垂直运输定额，适用于现浇框架、框剪及剪力墙等结构。

⑧ 构筑物垂直运输高度，以设计室外地坪至构筑物的顶面高度为准，顶面非水平的以结构的最高点为准。

（2）工程量计算规则

① 建筑物垂直运输消耗量定额，区分不同建筑物的结构类型、功能及高度，按建筑面积以m^2计算。檐高大于120m时，按不同建筑物结构类型的120m定额为基数，均套用每增10m的垂直运输定额。建筑面积按统一规定的建筑面积计算规则计算。

② 构筑物垂直运输机械台班消耗量以台计算，超过规定高度时再按每增高1m子目计算，不足1m时按1m计算。

【例5.61】 某框架结构办公楼建筑面积1.5万平方米，局部七层。其中，0.8万平方米建筑面积的檐高24m，0.2万平方米建筑面积为单层，檐高3.3m，其余部分檐口高度为21m。计算建筑物的檐口高度。

解：有0.2万平方米建筑面积为单层，檐高3.3m，不计算垂直运输量。

需要计算垂直运输的建筑物檐口高度

$$H=[8000\times24+(15000-8000-2000)\times21]\div(15000-2000)=22.85(m)$$

以$100m^2$为单位，套用檐高20m以上、30m以内的机械垂直运输定额。

5.19.2　装饰工程垂直运输

① 装饰工程垂直运输定额不包括施工电梯25km内进出场及安装拆卸消耗量，实际装饰装修工程中确实使用了施工电梯作为垂直运输机械时（利用土建主体施工电梯除外），可参照机械台班定额中的有关规定计算一个台次的25km内进出场和安拆消耗量定额。

② 檐口高度3.6m以内的单层建筑物装饰工程，不计算垂直运输机械定额。

③ 带一层地下室的建筑物，若地下室垂直运输高度小于3.6m，则地下室不计算垂直运

输机械消耗量定额。地下层超过两层或层高超过 3.6m 时，应按全部面积计取垂直运输消耗量定额。

④ 再次装饰装修利用已有电梯进行垂直运输或通过楼梯人力进行垂直运输的，按实或协议计算。

5.20 超高增加人工、机械

超高增加人工机械是指建筑物超过 6 层和檐高超过 20m 时由于材料垂直运输，工人上下班时间增加和机械工效降低而增加的费用。包括建筑物超高增加人工、机械降效、建筑物超高加压用水泵台班和装饰装修工程超高增加人工、机械降效等项目。

① 人工降效按规定内容中的全部人工工日乘以降效系数计算。

② 吊装机械降效按全部吊装机械消耗台班量乘以降效系数计算。

③ 其他机械降效按规定内容扣除吊装机械消耗台班量乘以降效系数计算。

④ 建筑物超高施工加压用水泵台班消耗量，按±0.00 以上建筑面积计算。

⑤ 装饰装修楼层（包括楼层所有装饰装修工程量）区别不同的垂直运输高度（单层建筑物系指檐口板顶高度），按装饰装修工程的人工与机械费以“元”为单位乘以规定的降效系数。

⑥ 主体建筑屋顶的电梯间、水箱间等不计算檐高，但其建筑面积应并入相应建筑面积之内。

5.21 大型机械场外运输、安装、拆卸

大型机械场外运输、安装、拆卸是指单独计取的施工用大型机械 25km 以内场外往返运输、安装拆卸及基础铺拆等。按机械土石方工程、桩基工程、吊装工程、垂直运输工程，以不同机械、施工方式和垂直运输的层数与高度划分子目。

① 土石方工程的大型机械 25km 内场外往返运输和安装、拆卸消耗量定额依据其相对应的施工工艺，按每 1000m^3 工程量计算；基坑降水按所采取的降水工艺设备按每一个降水单位工程计算一次。未列机械场外运输项目的土石方工程量不得作为其计算大型机械 25km 以内场外运输消耗量定额的基础。

② 桩基工程依其施工工艺及所配备的大型机械设备按照一个单位工程计取一次。

③ 吊装工程以 100m^3 混凝土构件或 100t 金属构件为单位计算，适用于采用履带式吊装机械施工的工业厂房及民用建筑工程。

④ 塔式起重机和自升式塔吊，其大型机械 25km 内场外往返运输、安装、拆卸，基础铺、拆等应按一个单位工程分别计取一次。

第6章 清单工程量计算

房屋建筑与装饰工程分部分项工程量清单项目包括土石方工程（0101）；地基处理与边坡支护工程（0102）；桩基工程（0103）；砌筑工程（0104）；混凝土及钢筋混凝土工程（0105）；金属结构工程（0106）；木结构工程（0107）；门窗工程（0108）；屋面及防水工程（0109）；保温、隔热、防腐工程（0110）；楼地面装饰工程（0111）；墙、柱面装饰与隔断、幕墙工程（0112）、天棚工程（0113）；油漆、涂料、裱糊工程（0114）；其他装饰工程（0115）；拆除工程（0116）和措施项目（0117）。

6.1 土石方工程（0101）

土石方工程清单项目分为土方工程（010101）、石方工程（010102）和回填（010103）三部分，适用于建筑物和构筑物的土石方开挖及回填工程。

6.1.1 土方工程（010101）

土方工程包括平整场地（010101001）、挖一般土方（010101002）、挖沟槽土方（010101003）、挖基坑土方（010101004）、冻土开挖（010101005）、挖淤泥流砂（010101006）、管沟土方（010101007）。

（1）平整场地（010101001）

① 适用范围：建筑场地厚度在±300mm以内的挖、填、运、找平。

② 项目特征：土壤类别；弃土运距；取土运距。

③ 工作内容：土方挖填；场地找平；运输。

④ 工程量计算规则：按设计图示尺寸以建筑物首层面积计算，单位 m^2。

⑤ 当施工组织设计规定的平整场地面积超过首层面积时，超出部分应包括在报价内。首层面积指建筑物首层所占面积，不一定等于首层建筑面积。首层面积应按建筑物外墙外边线计算。落地阳台计算全面积，悬挑阳台不计算面积，地下室和半地下室的采光井等不计算建筑面积的部位也应计入平整场地的工程量。地上无建筑物的地下停车场按地下停车场外墙外边线外围面积（包括出入口、通风竖井和采光井）计算平整场地的面积。

⑥ 当出现±300mm以内全部是挖方或填方，需外运土方或借土回填时，在工程量清单项目中应描述弃土运距或取土运距，这部分土方运输应包括在平整场地项目报价内。

【例6.1】 某建筑物首层面积如图6-1所示，墙厚为240mm，计算平整场地项目的工程量。

解： 平整场地工程量 $=(30.8+0.24)\times(29.2+0.24)-21\times(10.8-0.24)=692.06$（$m^2$）

（2）挖一般土方（010101002）

① 适用范围：适用于±300mm以外的竖向布置挖土或山坡切土，以及超出基槽、基坑范围以外者均为挖一般土方。

② 项目特征：土壤类别；挖土深度；弃土运距。

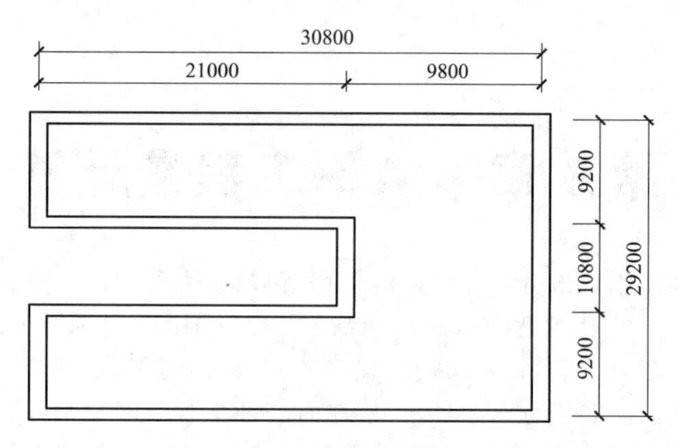

图 6-1 建筑物平面示意图

③ 工作内容：排地表水；土方开挖；围护及拆除；基底钎探；运输。

④ 工程量计算规则：按设计图示尺寸以体积计算，计量单位 m^3。

$$V=挖土平均厚度\times挖土平面面积$$

式中，挖土平均厚度应按自然地面测量标高至设计地坪标高间的平均厚度确定，如果地形起伏变化大，不能提供平均厚度时应提供方格网法或断面法施工设计。

(3) 挖沟槽土方（010101003）

① 适用范围：底宽≤7m，且底长＞3 倍底宽者为挖沟槽。

② 项目特征：土壤类别；挖土深度；弃土运距。

③ 工作内容：排地表水；土方开挖；围护及拆除；基底钎探；运输。

④ 工程量计算规则：按设计图示尺寸基础垫层底面积乘以挖土深度以体积计算，计量单位 m^3。

$$V=基础垫层长\times基础垫层宽\times挖土深度$$

式中，外墙沟槽按中心线长计算，内墙沟槽按内墙基础垫层净长计算。

【例 6.2】 某沟槽平面图如图 6-2 所示，槽深 1.8m，编制其工程量清单。

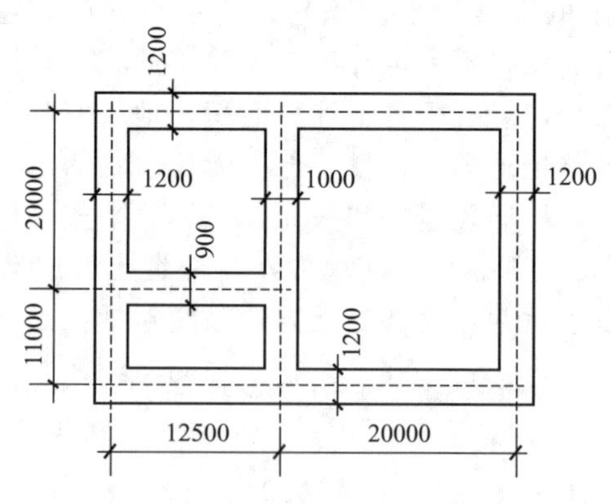

图 6-2 沟槽及槽底宽度平面图

解： 挖沟槽土方工程量＝[(20.0＋11.0＋12.5＋20.0) ×2×1.2＋(11.0＋20.0－1.20) ×1.0＋(12.5－1.20÷2－1.00÷2) ×0.9]×1.8
＝346.43(m^3)

挖沟槽土方工程量清单如表6-1。

表6-1 挖沟槽土方工程量清单

序号	项目编码	项目名称及特征	计量单位	工程数量
1	010101003001	挖沟槽土方 土壤类别：三类土 挖土深度：1.8m 弃土运距：略	m^3	346.43

（4）挖基坑土方（010101004）

① 适用范围：底长≤3倍底宽，且底面积≤150m^2者为挖基坑。

② 项目特征：土壤类别；挖土深度；弃土运距。

③ 工作内容：排地表水；土方开挖；围护及拆除；基底钎探；运输。

④ 工程量计算规则：按设计图示尺寸基础垫层底面积乘以挖土深度以体积计算，计量单位m^3。

$$V=\text{基础垫层长}\times\text{基础垫层宽}\times\text{挖土深度}$$

（5）冻土开挖（010101005）

冻土是指在0℃以下且含有冰的土，冻土按冬夏季是否冻融交替分为季度性冻土和永冻土两类。

① 项目特征：冻土厚度；弃土运距。

② 工作内容：爆破；开挖；清理；运输。

③ 工程量计算规则：按设计图示尺寸开挖面积乘以厚度以体积计算，计量单位m^3。

（6）挖淤泥、流砂（010101006）

① 项目特征：挖掘深度；弃淤泥、流砂距离。

② 工作内容：开挖；运输。

③ 工程量计算规则：按设计图示位置、界限以体积计算，单位m^3。

（7）挖管沟土方（010101007）

① 适用范围：适用于管道（给排水、工业、电力、通信）、光（电）缆沟［包括：人（手）孔、接口孔］及连接井（检查井）等。

② 项目特征：土壤类别；管外径；挖沟深度；回填要求。

③ 工作内容：排地表水；土方开挖；围护、支撑；运输；回填。

④ 工程量计算规则：a. 按设计图示以管道中心线长度计算，计量单位m；b. 按设计图示管底垫层面积乘以挖土深度计算；无管底垫层按管外径的水平投影面积乘以挖土深度计算，不扣除各类井的长度，井的土方并入其中，计量单位m^3。

【例6.3】 某工程铺设混凝土排水管道2400m，管道公称直径750mm，深度1500mm，土质为三类土，挖土运至1km处，管道铺设后全部用灰土回填，计算管沟土方工程量。

解： 管沟土方工程量（010101007）＝管道中心线长度＝2400（m）

（8）土方工程工程量计算及报价有关说明

① 如果所挖土为湿土，在工程量清单中应描述，在套用定额进行工程量计算时，应根据给定的参数对人工、机械消耗量乘以一定的系数。

② 土方体积均以挖掘前的天然密实体积为准，如需按天然密实体积折算时，土方体积折算系数见表6-2。

表 6-2 土方体积折算系数表

天然密实体积	虚方体积	夯实后体积	松填体积
0.77	1.00	0.67	0.83
1.00	1.30	0.87	1.08
1.15	1.5	1.00	1.25
0.92	1.20	0.80	1.00

③ 挖土深度应按基础垫层底表面标高至交付施工场地标高确定，无交付施工场地标高时，应按自然地面标高确定。

④ 弃、取土运距可以不描述，但应注明由投标人根据施工现场实际情况自行考虑，决定报价。

⑤ 挖方出现淤泥、流砂时，如设计未明确，在编制工程量清单时，其工程数量可为暂估量，结算时应根据实际情况由发包人与承包人双方现场签证确认工程量。

⑥ 带型基础应按不同底宽和深度，独立基础和满堂基础应按不同底面积和深度分别编码列项。

⑦ 管沟土方报价时，应按管沟不同的挖土平均深度报价。其平均深度按以下规定确定：有管沟设计时，以管沟垫层底表面标高至交付施工场地标高计算；无管沟设计时，直埋管深度应按管底外表面标高至交付施工场地标高的平均高度计算。

⑧ 挖一般土方，以及挖沟槽、基坑、管沟土方因工作面和放坡增加的工程量是否并入土方工程量中，按各地区的规定实施，或以量或以价的形式计入土方报价中。

⑨ 挖土方如需截桩头时，按桩基工程相关项目列项。

⑩ 桩间挖土不扣除桩的体积，在项目特征中加以描述。

6.1.2 石方工程（010102）

对岩石进行打眼、爆破、出渣、清理的整个开挖项目叫石方工程。石方工程分为挖一般石方（010102001）、挖沟槽石方（010102002）、挖基坑石方（010102003）、挖管沟石方（010102004）四个项目。

（1）挖一般石方（010102001）

① 项目特征：岩石类别；开凿深度；弃渣运距。

② 工作内容：排地表水；凿石；运输。

③ 工程量计算规则：按设计图示尺寸以体积计算，计量单位 m^3。

（2）挖沟槽石方（010102002）

① 项目特征：岩石类别；开凿深度；弃渣运距。

② 工作内容：排地表水；凿石；运输。

③ 工程量计算规则：按设计图示尺寸沟槽底面积乘以挖石深度以体积计算，计量单位 m^3。

【例 6.4】 开挖的某建筑物沟槽如图 6-3 所示，挖深 1.5m，土质为普通岩石，计算其沟槽开挖的工程量。

解： 挖沟槽石方工程量＝[2×(6.2＋5.8＋6.5＋5.5)＋(6.2－1.0＋5.8－1.0＋4.5＋4.5－1.0)]×1.0×1.5

＝99(m^3)

（3）挖基坑石方（010102003）

① 项目特征：岩石类别；开凿深度；弃渣运距。

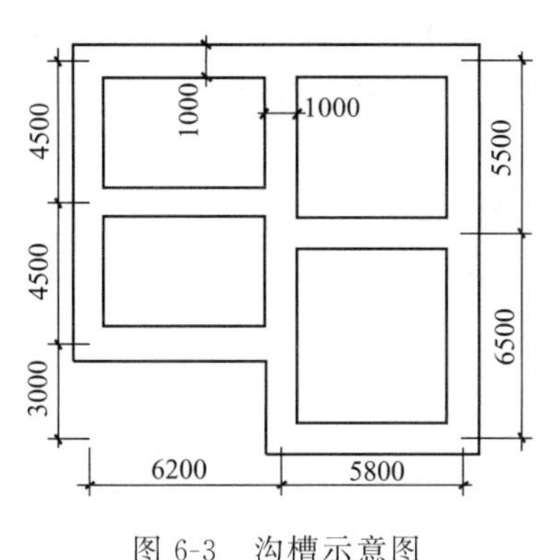

图 6-3　沟槽示意图

② 工作内容：排地表水；凿石；运输。

③ 工程量计算规则：按设计图示尺寸基坑底面积乘以挖石深度以体积计算，计量单位 m^3。

（4）挖管沟石方（010102004）

① 适用范围：适用于管道、光（电）缆沟及连接井等。

② 项目特征：岩石类别；管外径；挖沟深度。

③ 工作内容：排地表水；凿石；回填；运输。

④ 工程量计算规则：a. 按设计图示以管道中心线长度计算，计量单位 m；b. 按设计图示截面积乘以长度计算，计量单位 m^3。

（5）石方工程工程量计算及报价有关说明

① 挖石方应按自然地面测量标高至设计地坪标高的平均厚度确定。基础石方开挖深度应按基础垫层底表面标高至交付施工场地标高确定，无交付施工场地标高时，应按自然地面标高确定。

② 厚度＞±300mm 的竖向布置挖石或山坡凿石应按挖一般石方项目编码列项。

③ 沟槽、基坑、一般石方的划分为：底宽≤7m，且底长＞3 倍底宽为沟槽；底长≤3 倍底宽，且底面积≤150m^2 为基坑；超出上述范围为一般石方。

④ 弃渣运距可以不描述，但应注明由投标人根据施工现场实际情况自行考虑，决定报价。

6.1.3　回填（010103）

回填工程包括回填方（010103001）和余方弃置（010103002）两个项目。

（1）回填方（010103001）

① 适用范围：回填方项目适用于场地回填、室内回填和基础回填，并包括指定范围内的土方运输以及借土回填的土方开挖。

② 项目特征：密实度；填方材料品种；填方粒径；填方来源、运距。

③ 工作内容：运输；回填；压实。

④ 工程量计算规则：按设计图示尺寸以体积计算，计量单位 m^3。对于场地回填工程量按设计图示回填面积乘以平均回填厚度以体积计算；对于室内回填工程量按设计图示主墙间面积乘以回填厚度，不扣除间隔墙，以体积计算；对于基础回填工程量按挖方清单项目工程量减去自然地坪以下埋设的基础体积（包括基础垫层及其他构筑物）以体积计算。

场地回填 V＝回填面积×平均回填厚度

室内回填 V＝主墙间面积×回填厚度

基础回填 V＝挖方清单项目工程量－自然地坪以下埋设物体积

（2）余方弃置（010103002）

① 项目特征：废弃料品种；运距。

② 工作内容：余方点装料运输至弃置点。

③ 工程量计算规则：按挖方清单项目工程量减利用回填方体积（正数）以体积计算，计量单位 m^3。

（3）回填工程工程量计算及报价有关说明

① 主墙是指结构厚度在 120mm 以上（不含 120mm）的各类墙体。

② 填方密实度要求，在无特殊要求情况下，项目特征可描述为满足设计和规范的要求。

③ 填方材料品种可以不描述，但应注明由投标人根据设计要求验方后方可填入，并符合相关工程的质量规范要求。

④ 填方粒径要求，在无特殊要求情况下，项目特征可以不描述。

⑤ 如需买土回填应在项目特征填方来源中描述，并注明买土方数量。

6.1.4　土石方工程量计算实例

【例 6.5】 某建筑物基础平面图及详图如图 6-4 所示，土壤类别为二类土。

(1) 地面做法若为 20 厚 1∶2.5 的水泥砂浆，100 厚 C10 混凝土垫层，素土夯实，基础为 M7.5 水泥砂浆砌筑标准砖。求挖基础土方工程量。

(2) 若条形基础三七灰土垫层体积为 22.51m^3，独立基础混凝土垫层体积为 0.57m^3，砖基础为 27.63m^3，独立基础为 1.00m^3，求室内回填及基础回填工程量。

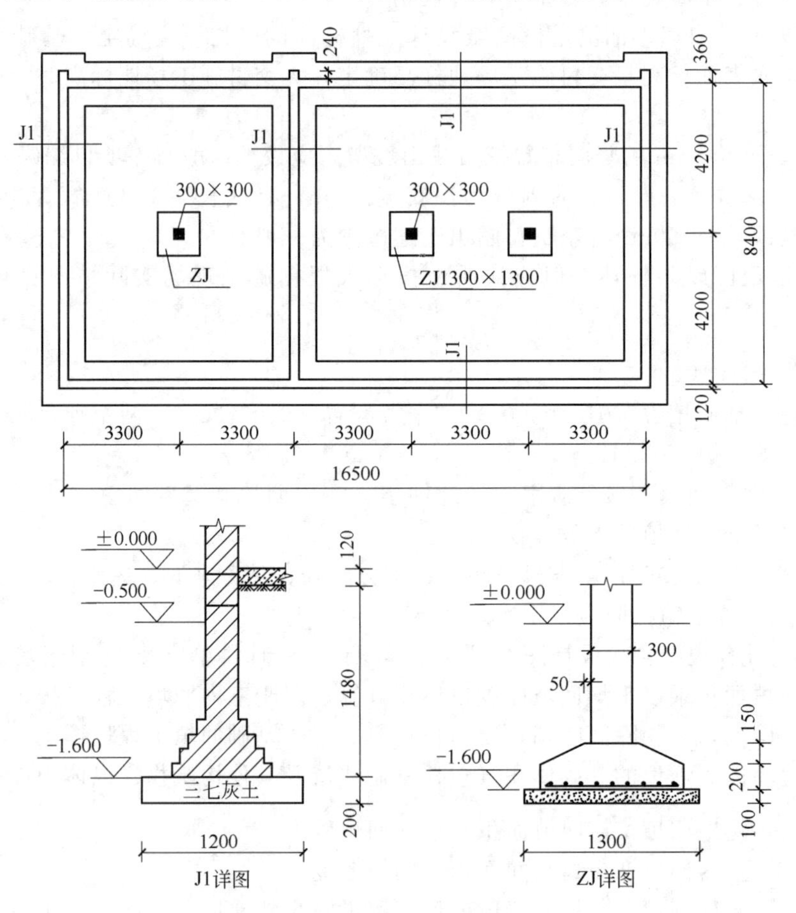

图 6-4　基础平面图及详图

解： (1) 沟槽土方量$=[(16.5+8.4)\times2+0.24\times3+(8.4-0.6\times2)]\times1.2\times(1.6+0.2-0.5)$
$=90.04(m^3)$

(2) 基坑土方量$=1.3\times1.3\times(1.6+0.1-0.5)\times3=6.08(m^3)$

(3) 土方回填

室内回填量$=(16.5-0.24-0.12\times2)\times(8.4-0.12\times2)\times(0.5-0.02-0.1)=49.67(m^3)$

基础回填量$=(6.08+90.04)-(22.51+0.57+27.63+1.0)=44.41(m^3)$

注： 基础挖土量从自然地面以下计算；室内回填土指自然地面以上至室内设计地面的土方量。

挖基础土方及回填工程量清单如表 6-3。

表 6-3　挖基础土方及回填工程量清单

序号	项目编码	项目名称及特征	计量单位	工程量
1	010101003001	挖沟槽土方，项目特征略	m^3	90.04
2	010101004001	挖基坑土方，项目特征略	m^3	6.08
3	010103001001	室内回填土，项目特征略	m^3	49.67
4	010103001002	基础回填土，项目特征略	m^3	44.41

6.2　地基处理与边坡支护工程（0102）

房屋建筑与装饰工程分部分项工程量清单项目，将地基处理及边坡支护工程分为地基处理（010201）、基坑与边坡支护（010202）。

6.2.1　地基处理（010201）

地基处理项目包括换填垫层（010201001）、铺设土工合成材料（010201002）、预压地基（010201003）、强夯地基（010201004）、振冲密实（不填料）（010201005）、振冲桩（填料）（010201006）、砂石桩（010201007）、水泥粉煤灰碎石桩（010201008）、深层搅拌桩（010201009）、粉喷桩（010201010）、夯实水泥土桩（010201011）、高压喷射注浆桩（010201012）、石灰桩（010201013）、灰土（土）挤密桩（010201014）、柱锤冲扩桩（010201015）、注浆地基（010201016）、褥垫层（010201017）。

（1）换填垫层（010201001）

① 项目特征：材料种类及配比；压实系数；掺加剂品种。

② 工作内容：分层铺填；碾压、振密或夯实；材料运输。

③ 工程量计算规则：按设计图示尺寸以体积计算，计量单位 m^3。

（2）铺设土工合成材料（010201002）

① 项目特征：部位；品种；规格。

② 工作内容：挖填锚固沟；铺设；固定；运输。

③ 工程量计算规则：按设计图示尺寸以面积计算，计量单位 m^2。

（3）预压地基（010201003）

① 项目特征：排水竖井种类、断面尺寸、排列方式、间距、深度；预压方法；预压荷载、时间、砂垫层厚度。

② 工作内容：设置排水竖井、盲沟、滤水管；铺设砂垫层、密封膜；堆载、卸载或抽气设备安拆、抽真空；材料运输。

③ 工程量计算规则：按设计图示处理范围以面积计算，计量单位 m^2。

（4）强夯地基（010201004）

① 项目特征：夯击能量；夯击遍数；夯击点布置形式、间距；地耐力要求；夯填材料种类。

② 工作内容：铺设夯填材料；强夯；夯填材料运输。

③ 工程量计算规则：按设计图示处理范围以面积计算，计量单位 m^2。

（5）振冲密实（不填料）（010201005）

① 项目特征：地层情况；振密深度；孔距。

② 工作内容：振冲加密；泥浆运输。

③ 工程量计算规则：按设计图示处理范围以面积计算，计量单位 m^2。

(6) 振冲桩（填料）(010201006)

① 项目特征：地层情况；空桩长度、桩长；桩径；填充材料种类。

② 工作内容：振冲成孔、填料、振实；材料运输；泥浆运输。

③ 工程量计算规则：a. 按设计图示尺寸以桩长计算，计量单位 m；b. 按设计桩截面乘以桩长以体积计算，计量单位 m^3。

(7) 砂石桩 (010201007)

① 项目特征：地层情况；桩长；桩径；成孔方法；材料种类、级配。

② 工作内容：成孔；填充、振实；材料运输。

③ 工程量计算规则：a. 按设计图示尺寸以桩长（包括桩尖）计算，计量单位 m；b. 按设计桩截面乘以桩长（包括桩尖）以体积计算，计量单位 m^3。

(8) 水泥粉煤灰碎石桩 (010201008)

① 项目特征：地层情况；桩长；桩径；成孔方法；混合料强度等级。

② 工作内容：成孔；混合料制作、灌注、养护；材料运输。

③ 工程量计算规则：按设计图示尺寸以桩长包括桩尖计算，单位 m。

(9) 深层搅拌桩 (010201009)

① 项目特征：地层情况；桩长；桩截面尺寸；水泥强度等级、掺量。

② 工作内容：预搅下钻、水泥浆制作、喷浆搅拌提升成桩；材料运输。

③ 工程量计算规则：按设计图示尺寸以桩长计算，计量单位 m。

(10) 粉喷桩 (010201010)

① 项目特征：地层情况；空桩长度、桩长；桩径；粉体种类、掺量；水泥强度等级、石灰粉要求。

② 工作内容：预搅下钻、喷粉搅拌提升成桩；材料运输。

③ 工程量计算规则：按设计图示尺寸以桩长计算，计量单位 m。

【例 6.6】 某工程喷粉桩施工，喷粉桩大致形状如图 6-5 所示，计算喷粉桩的工程量。

解： 粉喷桩工程量＝桩长(包括桩尖)＝12＋0.5＝12.5(m)

(11) 夯实水泥土桩 (010201011)

① 项目特征：地层情况；空桩长度、桩长；桩径；成孔方法；水泥强度等级；混合料配比。

② 工作内容：成孔、夯底；水泥土拌合、填料、夯实；材料运输。

③ 工程量计算规则：按设计图示尺寸以桩长包括桩尖计算，单位 m。

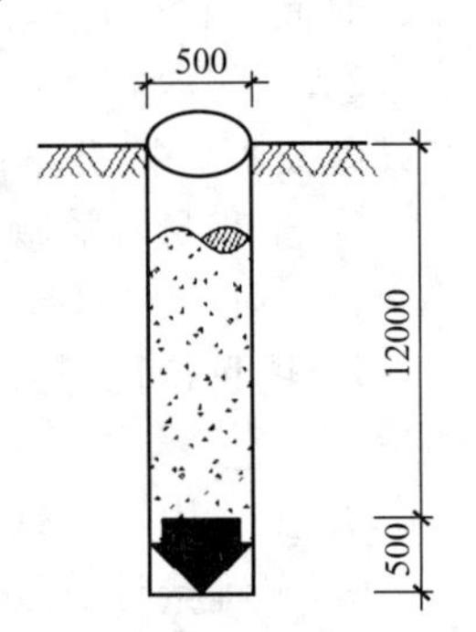

图 6-5 喷粉桩

(12) 高压喷射注浆桩 (010201012)

① 项目特征：地层情况；空桩长度、桩长；桩截面；注浆类型、方法；水泥强度等级。

② 工作内容：成孔；水泥浆制作、高压喷射注浆；材料运输。

③ 工程量计算规则：按设计图示尺寸以桩长计算，计量单位 m。

(13) 石灰桩 (010201013)

① 项目特征：地层情况；空桩长度、桩长；桩径；成孔方法；掺

合料种类、配合比。

② 工作内容：成孔；混合料制作、运输、夯填。

③ 工程量计算规则：按设计图示尺寸以桩长包括桩尖计算，单位 m。

(14) 灰土（土）挤密桩（010201014）

① 项目特征：地层情况；空桩长度、桩长；桩径；成孔方法。

② 工作内容：成孔；灰土拌合、运输、填充、夯实。

③ 工程量计算规则：按设计图示尺寸以桩长包括桩尖计算，单位 m。

(15) 柱锤冲扩桩（010201015）

① 项目特征：地层情况；桩长；桩径；成孔方法；桩体材料。

② 工作内容：安、拔套管；冲孔、填料、夯实；桩体材料制作运输。

③ 工程量计算规则：按设计图示尺寸以桩长计算，计量单位 m。

(16) 注浆地基（010201016）

① 项目特征：地层情况；空钻深度、注浆深度；注浆间距；浆液种类及配比；注浆方法；水泥强度等级。

② 工作内容：成孔；注浆导管制作安装；浆液制作压浆；材料运输。

③ 工程量计算规则：a. 按设计图示尺寸以钻孔深度计算，计量单位 m；b. 按设计图示尺寸以加固体积计算，计量单位 m^3。

(17) 褥垫层（010201017）

① 项目特征：厚度；材料品种及比例。

② 工作内容：材料拌合、运输、铺设、压实。

③ 工程量计算规则：a. 按设计图示尺寸以铺设面积计算，计量单位 m^2；b. 按设计图示尺寸以体积计算，计量单位 m^3。

(18) 地基处理工程工程量计算及报价有关说明

① 地层情况根据岩土工程勘察报告按单位工程各地层所占比例（包括范围值）进行描述。对无法准确描述的地层情况，可注明由投标人根据岩土工程勘察报告自行决定报价。

② 项目特征中的桩长应包括桩尖，空桩长度（孔深−桩长），孔深为自然地面至设计桩底的深度。

③ 高压喷射注浆类型包括旋喷、摆喷、定喷，高压喷射注浆方法包括单管法、双重管法、三重管法。

④ 如采用泥浆护壁成孔，工作内容包括土方、废泥浆外运，如采用沉管灌注成孔，工作内容包括桩尖制作、安装。

6.2.2 基坑与边坡支护（010202）

基坑与边坡支护项目包括地下连续墙（010202001）；咬合灌注桩（010202002）；圆木桩（010202003）；预制钢筋混凝土板桩（010202004）；型钢桩（010202005）；钢板桩（010202006）；锚杆（锚索）（010202007）；土钉（010202008）；喷射混凝土、水泥砂浆（010202009）；钢筋混凝土支撑（010202010）；钢支撑（010202011）。

(1) 地下连续墙（010202001）

① 适用范围：适用于各种导墙施工的复合型地下连续墙工程。作为深基础支护结构的地下连续墙，应列入清单措施项目费，在分部分项工程量清单中不反映其项目。

② 项目特征：地层情况；导墙类型、截面；墙体厚度；成槽深度；混凝土种类、强度

等级；接头形式。

③ 工作内容：导墙挖填、制作、安装、拆除；挖土成槽、固壁、清底置换；混凝土制作、运输、灌注、养护；接头处理；土方、废泥浆外运；打桩场地硬化及泥浆池、泥浆沟。

④ 工程量计算规则：按设计图示墙中心线长乘以厚度乘以槽深以体积计算，计量单位 m^3。

【例 6.7】 某工程地基处理采用地下连续墙形式，地下连续墙平面图如图 6-6 所示，墙体厚 240mm，埋深 4.8m，土质为二类土，计算其工程量。

解： 地下连续墙工程量＝[(17.2－0.24)＋(7.8－0.24)]×2(墙中线长)×0.24(墙厚)×4.8(槽深)＝56.49(m^3)

(2) 咬合灌注桩（010202002）

① 项目特征：地层情况；桩长；桩径；混凝土种类、强度等级；部位。

② 工作内容：成孔、固壁；混凝土制作、运输、灌注、养护；套管压拔；土方、废泥浆外运；打桩场地硬化及泥浆池、泥浆沟。

③ 工程量计算规则：a. 按设计图示尺寸以桩长计算，计量单位 m；b. 按设计图示数量计算，计量单位根。

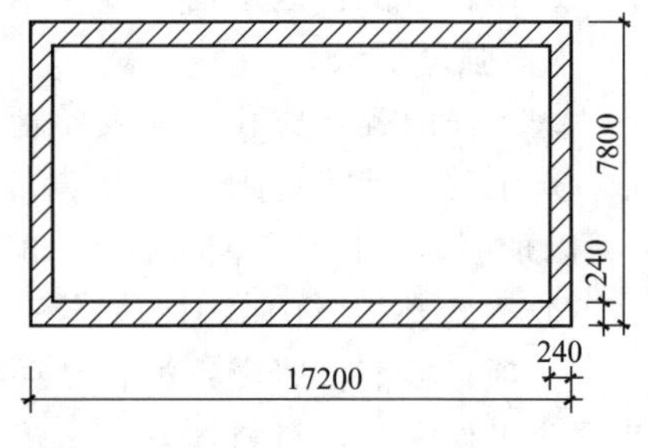

图 6-6　地下连续墙平面图

(3) 圆木桩（010202003）

① 项目特征：地层情况；桩长；材质；尾径；桩倾斜度。

② 工作内容：工作平台搭拆；桩机移位；桩靴安装；沉桩。

③ 工程量计算规则：a. 按设计图示尺寸以桩长（包括桩尖）计算，计量单位 m；b. 按设计图示数量计算，计量单位根。

(4) 预制钢筋混凝土板桩（010202004）

① 项目特征：地层情况；送桩深度、桩长；桩截面；沉桩方法；连接方式；混凝土强度等级。

② 工作内容：工作平台搭拆；桩机移位；沉桩；板桩连接。

③ 工程量计算规则：a. 按设计图示尺寸以桩长（包括桩尖）计算，计量单位 m；b. 按设计图示数量计算，计量单位根。

(5) 型钢桩（010202005）

① 项目特征：地层情况或部位；送桩深度、桩长；规格型号；桩倾斜度；防护材料种类；是否拔出。

② 工作内容：工作台搭拆；桩机移位；打拔桩；接桩；刷防护材料。

③ 工程量计算规则：a. 按设计图示尺寸以质量计算，计量单位 t；b. 按设计图示数量计算，计量单位根。

(6) 钢板桩（010202006）

① 项目特征：地层情况；桩长；板桩厚度。

② 工作内容：工作平台搭拆；桩机移位；打拔钢板桩。

③ 工程量计算规则：a. 按设计图示尺寸以质量计算，计量单位 t；b. 按设计图示墙中心线长乘以桩长以面积计算，计量单位 m^2。

(7) 锚杆（锚索）（010202007）

① 适用范围：锚杆锚索项目指在需要加固的土体中设置锚杆（钢管或钢筋、钢丝束、钢绞线）并灌浆，之后进行锚杆张拉固定所形成的支护。

② 项目特征：地层情况；锚杆（索）类型、部位；钻孔深度；钻孔直径；杆体材料品种、规格、数量；预应力；浆液种类、强度等级。

③ 工作内容：钻孔、浆液制作、运输、压浆；锚杆（锚索）制作、安装；张拉锚固；锚杆（锚索）施工平台搭设、拆除。

④ 工程量计算规则：a. 按设计图示尺寸以钻孔深度计算，计量单位 m；b. 按设计图示数量计算，计量单位根。

(8) 土钉（010202008）

① 项目特征：地层情况；钻孔深度；钻孔直径；置入方法；杆体材料品种、规格、数量；浆液种类、强度等级。

② 工作内容：钻孔、浆液制作、运输、压浆；土钉制作、安装；土钉施工平台搭设、拆除。

③ 工程量计算规则：a. 按设计图示尺寸以钻孔深度计算，计量单位 m；b. 按设计图示数量计算，计量单位根。

(9) 喷射混凝土、水泥砂浆（010202009）

① 项目特征：部位；厚度；材料；混凝土及砂浆类别、强度等级。

② 工作内容：修整边坡；混凝土（砂浆）制作、运输、喷射、养护；钻排水孔、安装排水管；喷射施工平台搭设、拆除。

③ 工程量计算规则：按设计图示尺寸以面积计算，计量单位 m^2。

(10) 钢筋混凝土支撑（010202010）

① 项目特征：部位；混凝土种类；混凝土强度等级。

② 工作内容：模板（支架或支撑）制作、安装、拆除、堆放、运输及清理模内杂质、刷隔离剂等；混凝土制作、运输、浇筑、振捣、养护。

③ 工程量计算规则：按设计图示尺寸以体积计算，计量单位 m^3。

(11) 钢支撑（010202011）

① 项目特征：部位；钢材品种、规格；探伤要求。

② 工作内容：支撑、铁件制作（摊销、租赁）；支撑、铁件安装；探伤；刷漆；拆除；运输。

③ 工程量计算规则：按设计图示尺寸以质量计算，不扣除孔眼质量，焊条、铆钉、螺栓等不另计增加质量，计量单位 t。

(12) 基坑与边坡支护工程工程量计算及报价有关说明

① 地层情况根据岩土工程勘察报告按单位工程各地层所占比例（包括范围值）进行描述。对无法准确描述的地层情况，可注明由投标人根据岩土工程勘察报告自行决定报价。

② 土钉置入方法包括钻孔置入、打入或射入等。

③ 混凝土种类：指清水混凝土、彩色混凝土等，如在同一地区既能使用预拌（商品）混凝土，又允许现场搅拌混凝土时，也应注明。

④ 地下连续墙和喷射混凝土（砂浆）的钢筋网、咬合灌注桩的钢筋笼及钢筋混凝土支撑的钢筋制作、安装，按混凝土及钢筋混凝土工程相关项目列项。本部分未列的基坑与边坡支护的排桩按桩基工程相关项目列项。水泥土墙、坑内加固按地基处理中相关项目列项。砖石挡土墙、护坡按砌筑工程相关项目列项。混凝土挡土墙按混凝土及钢筋混凝土工程相关项目列项。

6.3 桩基工程（0103）

房屋建筑与装饰工程分部分项工程量清单项目，将桩基工程分为打桩（010301）、灌注桩（010302）。

6.3.1 打桩（010301）

打桩项目包括预制钢筋混凝土方桩（010301001）、预制钢筋混凝土管桩（010301002）、钢管桩（010301003）、截（凿）桩头（010301004）。

（1）预制钢筋混凝土方桩（010301001）

① 项目特征：地层情况；送桩深度、桩长；桩截面；桩倾斜度；沉桩方式；接桩方式；混凝土强度等级。

② 工作内容：工作平台搭拆；桩机竖拆、移位；沉桩；接桩；送桩。

③ 工程量计算规则：a. 按设计图示尺寸以桩长含桩尖计算，计量单位 m；b. 按设计图示截面积乘以桩长（含桩尖）以实体积计算，单位 m^3；c. 按设计图示数量计算，计量单位根。

【例 6.8】 某工程预制混凝土方桩 300 根，单桩长 21m，分三段预制，桩截面为 450mm×450mm，土壤类别二级，桩身混凝土 C35，场外运输 20km，送桩深 2m，采用钢板焊接接桩。试编制该预制桩的工程量清单。

解： 预制混凝土方桩工程量＝0.45×0.45×21×300＝1275.75(m^3)

预制混凝土桩工程量清单如表 6-4 所示（注：接桩不单独列项，工程量计入预制混凝土桩报价中）。

表 6-4 预制混凝土桩工程量清单

序号	项目编码	项目名称及特征	计量单位	工程量
1	010301001001	预制混凝土方桩杂黏土 1m、黏土 20m 下为岩石，送桩深度 2m，桩截面为 450mm×450mm，包钢板焊接接桩，桩混凝土 C35	m^3	1275.75

（2）预制钢筋混凝土管桩（010301002）

① 项目特征：地层情况；送桩深度、桩长；桩外径、壁厚；桩倾斜度；沉桩方式；桩尖类型；混凝土强度等级；填充材料种类；防护材料种类。

② 工作内容：工作平台搭拆；桩机竖拆、移位；沉桩；接桩；送桩；桩尖制作安装；填充材料、刷防护材料。

③ 工程量计算规则：a. 按设计图示尺寸以桩长（包括桩尖）计算，计量单位 m；b. 按设计图示截面积乘以桩长（包括桩尖）以实体积计算，计量单位 m^3；c. 按设计图示数量计算，计量单位根。

（3）钢管桩（010301003）

① 项目特征：地层情况；送桩深度、桩长；材质；管径、壁厚；桩倾斜度；沉桩方式；填充材料种类；防护材料种类。

② 工作内容：工作平台搭拆；桩机竖拆、移位；沉桩；接桩；送桩；切割钢管、精割盖帽；管内取土；填充材料、刷防护材料。

③ 工程量计算规则：a. 按设计图示尺寸以质量计算，计量单位 t；b. 按设计图示数量计算，计量单位根。

（4）截（凿）桩头（010301004）

① 项目特征：桩类型；桩头截面、高度；混凝土强度等级；有无钢筋。

② 工作内容：截（切割）桩头；凿平；废料外运。

③ 工程量计算规则：a. 按设计桩截面乘以桩头长度以体积计算，计量单位 m^3；b. 按设计图示数量计算，计量单位根。

（5）打桩工程工程量计算及报价有关说明

① 地层情况根据岩土工程勘察报告按单位工程各地层所占比例（包括范围值）进行描述。对无法准确描述的地层情况，可注明由投标人根据岩土工程勘察报告自行决定报价。

② 项目特征中的桩截面、混凝土强度等级、桩类型等可直接用标准图代号或设计桩型进行描述。

③ 预制钢筋混凝土方桩、预制钢筋混凝土管桩项目以成品桩编制，应包括成品桩购置费，如果用现场预制，应包括现场预制桩的所有费用。

④ 打试验桩和打斜桩应按相应项目单独列项，并应在项目特征中注明试验桩或斜桩（斜率）。

⑤ 截（凿）桩头项目适用于地基处理与边坡支护工程（0102）、桩基工程（0103）所列桩的桩头截（凿）。

（6）预制钢筋混凝土管桩桩顶与承台的连接构造按混凝土及钢筋混凝土工程（0105）相关项目列项。

6.3.2 灌注桩（010302）

灌注桩项目包括泥浆护壁成孔灌注桩（010302001）、沉管灌注桩（010302002）、干作业成孔灌注桩（010302003）、挖孔桩土（石）方（010302004）、人工挖孔灌注桩（010302005）、钻孔压浆桩（010302006）、灌注桩后压浆（010302007）。

（1）泥浆护壁成孔灌注桩（010302001）

① 项目特征：地层情况；空桩长度、桩长；桩径；成孔方法；护筒类型、长度；混凝土种类、强度等级。

② 工作内容：护筒埋设；成孔、固壁；混凝土制作、运输、灌注、养护；土方、废泥浆外运；打桩场地硬化及泥浆池、泥浆沟。

③ 工程量计算规则：a. 按设计图示尺寸以桩长（包括桩尖）计算，计量单位 m；b. 按不同截面在桩上范围内以体积计算，计量单位 m^3；c. 按设计图示数量计算，计量单位根。

（2）沉管灌注桩（010302002）

① 项目特征：地层情况；空桩长度、桩长；复打长度；桩径；沉管方法；桩尖类型；混凝土种类、强度等级。

② 工作内容：打拔钢管；桩尖制作安装；混凝土制作运输、灌注养护。

③ 工程量计算规则：a. 按设计图示尺寸以桩长包括桩尖计算，单位 m；b. 按不同截面在桩上范围内以体积计算，单位 m^3；c. 按设计图示数量计算，单位根。

（3）干作业成孔灌注桩（010302003）

① 项目特征：地层情况；空桩长度、桩长；桩径；扩孔直径、高度；成孔方法；混凝土种类、强度等级。

② 工作内容：成孔、扩孔；混凝土制作、运输、灌注、振捣、养护。

③ 工程量计算规则：a. 按设计图示尺寸以桩长包括桩尖计算，单位 m；b. 按不同截面在桩上范围内以体积计算，单位 m^3；c. 按设计图示数量计算，单位根。

（4）挖孔桩土（石）方（010302004）

① 项目特征：地层情况；挖孔深度；弃土（石）运距。

② 工作内容：排地表水；挖土、凿石；基底钎探；运输。

③ 工程量计算规则：按设计图示尺寸（含护壁）截面积乘以挖孔深度以立方米计算，计量单位 m^3。

（5）人工挖孔灌注桩（010302005）

① 项目特征：桩芯长度；桩芯直径、扩底直径、扩底高度；护壁厚度、高度；护壁混凝土种类、强度等级；桩芯混凝土种类、强度等级。

② 工作内容：护壁制作；混凝土制作、运输、灌注、振捣、养护。

③ 工程量计算规则：a. 按桩芯混凝土体积计算，计量单位 m^3；b. 按设计图示数量计算，计量单位根。

（6）钻孔压浆桩（010302006）

① 项目特征：地层情况；空钻长度、桩长；钻孔直径；水泥强度等级。

② 工作内容：钻孔、下注浆管、投放集料、浆液制作、运输、压浆。

③ 工程量计算规则：a. 按设计图示尺寸以桩长计算，计量单位 m；b. 按设计图示数量计算，计量单位根。

（7）灌注桩后压浆（010302007）

① 项目特征：注浆导管材料、规格；注浆导管长度；单孔注浆量；水泥强度等级。

② 工作内容：注浆导管制作、安装；浆液制作、运输、压浆。

③ 工程量计算规则：按设计图示以注浆孔数计算，计量单位孔。

（8）灌注桩工程工程量计算及报价有关说明

① 地层情况根据岩土工程勘察报告按单位工程各地层所占比例（包括范围值）进行描述。对无法准确描述的地层情况，可注明由投标人根据岩土工程勘察报告自行决定报价。

② 项目特征中的桩长应包括桩尖，空桩长度（孔深－桩长），孔深为自然地面至设计桩底的深度。

③ 项目特征中的桩截面（桩径）、混凝土强度等级、桩类型等可直接用标准图代号或设计桩型进行描述。

④ 泥浆护壁成孔灌注桩是指在泥浆护壁条件下成孔，采用水下灌注混凝土的桩。其成孔方法包括冲击钻成孔、冲抓锥成孔、回旋钻成孔、潜水钻成孔、泥浆护壁的旋挖成孔等。

⑤ 沉管灌注桩的沉管方法包括锤击沉管法、振动沉管法、振动冲击沉管法、内夯沉管法等。

⑥ 干作业成孔灌注桩是指不用泥浆护壁和套管护壁的情况下，用钻机成孔后，下钢筋笼，灌注混凝土的桩，适用于地下水位以上的土层使用。其成孔方法包括螺旋钻成孔、螺旋钻成孔扩底、干作业的旋挖成孔等。

⑦ 混凝土种类：指清水混凝土、彩色混凝土、水下混凝土等，如在同一地区既能使用预拌（商品）混凝土，又允许现场搅拌混凝土时，也应注明。

⑧ 混凝土灌注桩的钢筋笼制作、安装按混凝土及钢筋混凝土工程相关项目列项。

6.4 砌筑工程（0104）

清单项目砌筑工程包括砖砌体（010401）、砌块砌体（010402）、石砌体（010403）、垫层（010404）。

6.4.1　砖砌体（010401）

砖砌体工程包括砖基础（010401001）；砖砌挖孔桩护壁（010401002）；实心砖墙（010401003）；多孔砖墙（010401004）；空心砖墙（010401005）；空斗墙（010401006）；空花墙（010401007）；填充墙（010401008）；实心砖柱（010401009）；多孔砖柱（010401010）；砖检查井（010401011）；零星砌砖（010401012）；砖散水、地坪（010401013）；砖地沟、明沟（010401014）十四个项目。

（1）砖基础（010401001）

① 适用范围：砖基础项目适用于各种类型砖基础，包括柱基础、墙基础、管道基础。

② 项目特征：砖品种、规格、强度等级；基础类型；砂浆强度等级；防潮层材料种类。

③ 工作内容：砂浆制作、运输；砌砖；防潮层铺设；材料运输。

④ 工程量计算规则：按设计图示尺寸以体积计算，计量单位 m^3。包括附墙垛基础宽出部分体积，扣除地梁（圈梁）、构造柱所占体积，不扣除基础大放脚 T 形接头处的重叠部分及嵌入基础内的钢筋、铁件、管道、基础砂浆防潮层和单个面积≤$0.3m^2$ 的孔洞所占体积，靠墙暖气沟的挑檐不增加。基础长度：外墙按外墙中心线，内墙按内墙净长线计算。

⑤ 砖基础工程量计算及报价有关说明

a. 砖基础大放脚是墙基下面的扩大部分，分为等高和不等高两种：等高放脚，每步放脚层数相等，高度为 126mm（两皮砖加两灰缝）；每步放脚宽度相等，为 62.5mm（一砖长加一灰缝的 1/4）。不等高放脚，每步放脚高度不等，为 63mm 与 126mm 互相交替间隔放脚；每步放脚宽度相等，为 62.5mm。

b. 砖基础平面形式基本为条形砖基础，工程量计算公式为：

条形砖基础工程量＝(基础高度＋大放脚折加高度)×基础墙厚×基础长度

其中，外墙基础长按中心线计算，内墙基础按内墙净长线计算。

c. 垛基是大放脚的突出部分，为了方便使用，垛基工程量可直接查表得。

【例 6.9】 某砖基础工程如图 6-7 所示，求其清单项目工程量。

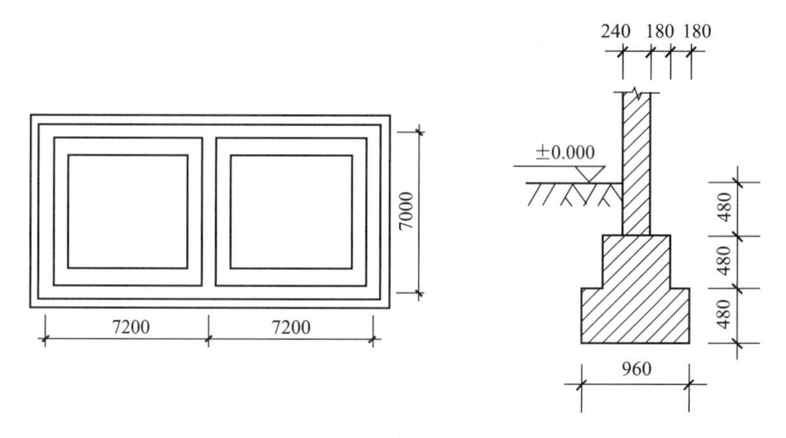

图 6-7　基础示意图

解： 砖基础工程量＝(外墙中心线＋内墙净长线)×墙厚×槽深＝[0.96×0.48＋(0.96－0.18×2)×0.48＋0.24×0.48]基础横面×[(7.2×2＋7.0)×2 外墙中心线＋(7－0.12×2)内墙净长]＝42.82(m^3)

【例 6.10】 某建筑基础工程如图 6-8 所示，采用 M5 水泥砂浆砌砖基础，墙厚均为 240mm，试计算其工程量。

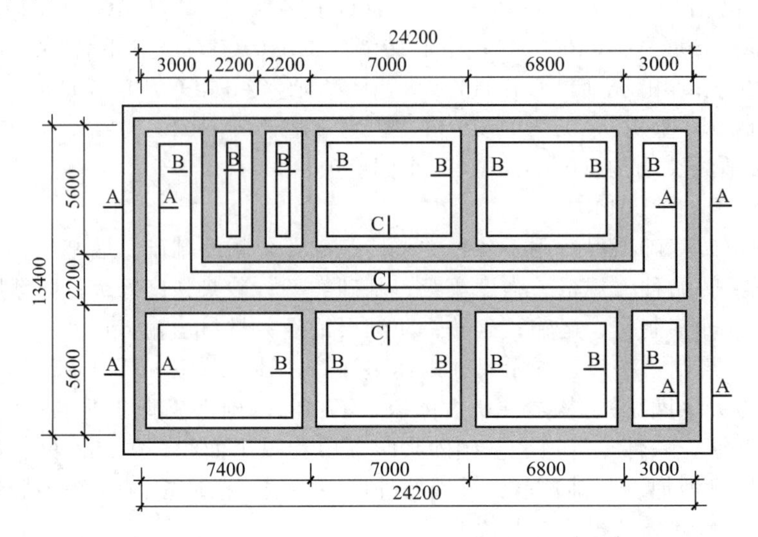

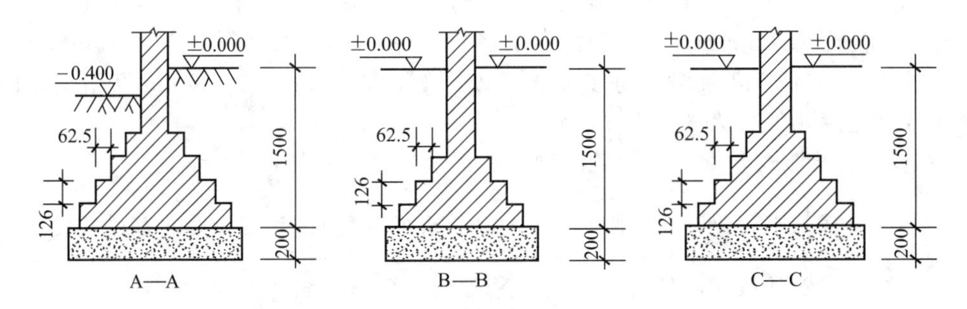

图 6-8 某建筑示意图

解： 砖基础工程量(010401001)＝外墙中心线×墙厚×(槽深＋大放脚折加系数)＋内墙净长线×墙厚×(槽深＋大放脚折加系数)＝[(24.20＋13.4)×2]外墙中心线×0.24×(1.5＋0.656)＋[(5.60－0.24)×8]基 B 净长×(1.5＋0.394)基 B 高×0.24 厚＋[(24.2－0.24)＋2.2×2＋7.0＋6.8＋0.24]基 C 净长×(1.5＋0.656)基 C 高×0.24 厚＝80.34(m^3)

注：一砖墙四层大放脚折加高度 0.656；三层大放脚折加高度 0.394。

(2) 砖砌挖孔桩护壁 (010401002)

① 项目特征：砖品种、规格、强度等级；砂浆强度等级。

② 工作内容：砂浆制作、运输；砌砖；材料运输。

③ 工程量计算规则：按设计图示尺寸以立方米计算，计量单位 m^3。

(3) 实心砖墙 (010401003)

① 项目特征：砖品种、规格、强度；墙体类型；砂浆强度、配合比。

② 工作内容：砂浆制作、运输；砌砖；刮缝；砖压顶砌筑；材料运输。

③ 工程量计算规则：按设计图示尺寸以体积计算，计量单位 m^3。扣除门窗、洞口、嵌入墙内的钢筋混凝土柱、梁、圈梁、挑梁、过梁及凹进墙内的壁龛、管槽、暖气槽、消火栓箱所占体积，不扣除梁头、板头、檩头、垫木、木楞头、沿缘木、木砖、门窗走头、砖墙内加固钢筋、木筋、铁件、钢管及单个面积≤$0.3m^2$ 的孔洞所占的体积。凸出墙面的腰线、挑檐、压顶、窗台线、虎头砖、门窗套的体积亦不增加。凸出墙面的砖垛并入墙体体积内计

算。实心砖墙工程量计算式可表示为：

V=(墙长×墙高－门窗洞口面积)×墙厚－墙体埋件体积＋附墙垛体积

(4) 多孔砖墙 (010401004)

① 项目特征：砖品种、规格、强度；墙体类型；砂浆强度、配合比。

② 工作内容：砂浆制作、运输；砌砖；刮缝；砖压顶砌筑；材料运输。

③ 工程量计算规则：按设计图示尺寸以体积计算，计量单位 m^3。扣除门窗、洞口、嵌入墙内的钢筋混凝土柱、梁、圈梁、挑梁、过梁及凹进墙内的壁龛、管槽、暖气槽、消火栓箱所占体积，不扣除梁头、板头、檩头、垫木、木楞头、沿缘木、木砖、门窗走头、砖墙内加固钢筋、木筋、铁件、钢管及单个面积≤0.3m^2 的孔洞所占的体积。凸出墙面的腰线、挑檐、压顶、窗台线、虎头砖、门窗套的体积亦不增加。凸出墙面的砖垛并入墙体体积内计算。多孔砖墙工程量计算式可表示为：

V=（墙长×墙高－门窗洞口面积）×墙厚－墙体埋件体积＋附墙垛体积

(5) 空心砖墙 (010401005)

① 项目特征：砖品种、规格、强度；墙体类型；砂浆强度、配合比。

② 工作内容：砂浆制作、运输；砌砖；刮缝；砖压顶砌筑；材料运输。

③ 工程量计算规则：按设计图示尺寸以体积计算，计量单位 m^3。扣除门窗、洞口、嵌入墙内的钢筋混凝土柱、梁、圈梁、挑梁、过梁及凹进墙内的壁龛、管槽、暖气槽、消火栓箱所占体积，不扣除梁头、板头、檩头、垫木、木楞头、沿缘木、木砖、门窗走头、砖墙内加固钢筋、木筋、铁件、钢管及单个面积≤0.3 m^2 的孔洞所占的体积。凸出墙面的腰线、挑檐、压顶、窗台线、虎头砖、门窗套的体积亦不增加。凸出墙面的砖垛并入墙体体积内计算。空心砖墙工程量计算式可表示为：

V=(墙长×墙高－门窗洞口面积)×墙厚－墙体埋件体积＋附墙砖垛体积

【例 6.11】 某单层建筑物如图 6-9 所示，砖混结构，墙身 M5.0 混合砂浆砌筑空心砖 240×115×90，女儿墙砌筑实心砖，混凝土压顶断面为 240×50，内外墙厚均为 240，马牙槎 60，构造柱和圈梁断面 240×240，门窗洞口上均采用现浇钢筋混凝土过梁，断面 240×240，长度为洞口两端各加 250。M-1：1500×2700；M-2：1000×2700；C-1：1800×1800；C-2：1500×1800，单位均为 mm。计算墙体工程量。

解：①外墙工程量=($H_{外高}$×$L_{外中}$－$F_{洞口}$)×$B_{墙厚}$－过梁体积＋柱垛体积

其中，$H_{外高}$=(3.6－0.24 圈梁高)=3.36(m)

$L_{外中}$=(3.6＋6.3＋3.6)×2＋6.0＋3.14×3.0－(0.24＋0.03×2)×6 构造柱＋0.24×2 垛
=41.1(m)

$F_{洞口}$=1.5×2.7×2＋1.0×2.7＋1.8×1.8×4＋1.5×1.8=26.46(m^2)

过梁体积=[(1.5＋0.5)×2＋(1.0＋0.5)＋(1.8＋0.5)×4＋(1.5＋0.5)]×0.24×0.24
=0.96(m^3)

故，砖外墙工程量=(3.36×41.1－26.46)×0.24－0.96=25.83(m^3)

② 内墙工程量=($H_{内高}$×$L_{内净}$－$F_{洞口}$)×$B_{墙厚}$－过梁体积＋内墙柱垛体积

其中，$H_{内高}$=(3.6－0.24 内墙圈梁高)=3.36(m)

内墙净长 $L_{内净}$=(6.0－0.24－0.03×2 马牙槎)×2=11.4(m)

实心砖内墙工程量=3.36×11.4×0.24=9.19(m^3)，内墙无门洞过梁

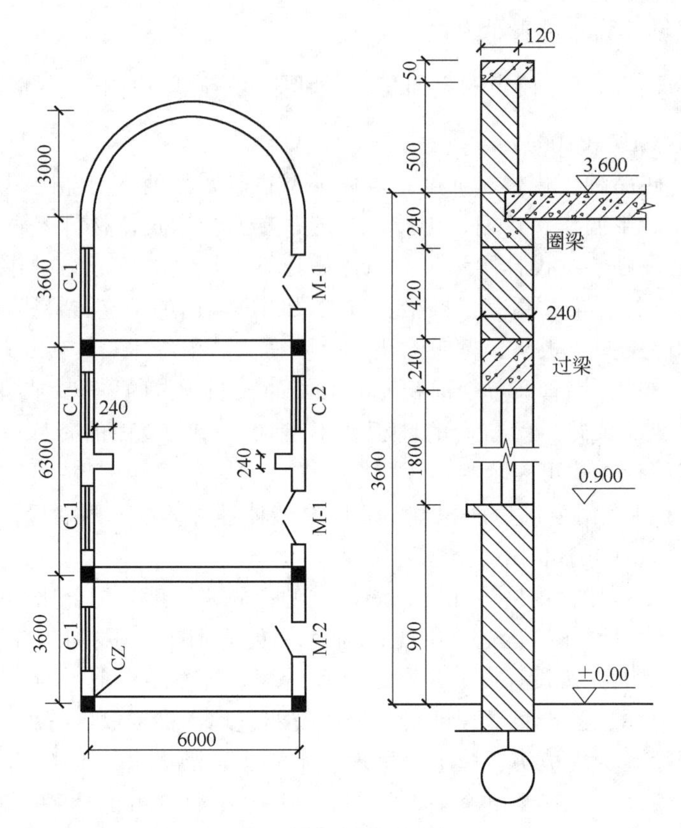

图 6-9 建筑平面图和剖面图

③ 女儿墙工程量=高度×中心线长度×厚度=0.5×[(3.6+6.3+3.6+0.06 中线外移)×2+(6.0+0.06×2 中线外移)+3.14×(3.0+0.06 中线外移)]×0.115=2.46(m^3)

(6) 空斗墙(010401006)

① 项目特征:砖品种规格、强度;墙体类型;砂浆强度、配合比。

② 工作内容:砂浆制作、运输;砌砖;装填充料;刮缝;材料运输。

③ 工程量计算规则:按设计图示尺寸以空斗墙外形体积计算,计量单位 m^3。墙角、内外墙交接处、门窗洞口立边、窗台砖、屋檐处的实砌部分体积并入空斗墙体积内。

(7) 空花墙(010401007)

① 项目特征:砖品种、规格、强度;墙体类型;砂浆强度、配合比。

② 工作内容:砂浆制作、运输;砌砖;装填充料;刮缝;材料运输。

③ 工程量计算规则:按设计图示尺寸以空花部分外形体积计算,计量单位 m^3。不扣除孔洞部分体积。

(8) 填充墙(010401008)

① 项目特征:砖品种规格、强度;墙体类型;填充材料;砂浆配合比。

② 工作内容:砂浆制作、运输;砌砖;装填充料;刮缝;材料运输。

③ 工程量计算规则:按设计尺寸以填充墙外形体积计算,单位 m^3。

(9) 实心砖柱(010401009)

① 项目特征:砖品种规格、强度;柱类型;砂浆强度、配合比。

② 工作内容:砂浆制作、运输;砌砖;刮缝;材料运输。

③ 工程量计算规则:按设计图示尺寸以体积计算,计量单位 m^3。扣除混凝土及钢筋混

凝土梁垫、梁头、板头所占体积。

（10）多孔砖柱（010401010）

① 项目特征：砖品种、规格、强度；柱类型；砂浆强度、配合比。

② 工作内容：砂浆制作、运输；砌砖；刮缝；材料运输。

③ 工程量计算规则：按设计图示尺寸以体积计算，计量单位 m^3。扣除混凝土及钢筋混凝土梁垫、梁头、板头所占体积。

（11）砖检查井（010401011）

① 项目特征：井截面、深度；砖品种、规格、强度等级；垫层材料种类、厚度；底板厚度；井盖安装；混凝土强度等级；砂浆强度等级；防潮层材料种类。

② 工作内容：砂浆制作、运输；铺设垫层；底板混凝土制作、运输、浇筑、振捣、养护；砌砖；刮缝；井池底、壁抹灰；抹防潮层；材料运输。

③ 工程量计算规则：按设计图示数量计算，计量单位座。

（12）零星砌砖（010401012）

① 项目特征：零星砌砖名称、部位；砖品种、规格、强度等级；砂浆强度等级、配合比。

② 工作内容：砂浆制作、运输；砌砖；刮缝；材料运输。

③ 工程量计算规则：a. 按设计图示尺寸截面积乘以长度计算，计量单位 m^3；b. 按设计图示尺寸水平投影面积计算，计量单位 m^2；c. 按设计图示尺寸长度计算，计量单位 m；d. 按设计图示数量计算，计量单位个。

（13）砖散水、地坪（010401013）

① 项目特征：砖品种、规格、强度等级；垫层材料种类、厚度；散水、地坪厚度；面层种类、厚度；砂浆强度等级。

② 工作内容：土方挖、运、填；地基找平、夯实；铺设垫层；砌砖散水、地坪；抹砂浆面层。

③ 工程量计算规则：按设计图示尺寸以面积计算，计量单位 m^2。

（14）砖地沟、明沟（010401014）

① 项目特征：砖品种、规格、强度等级；沟截面尺寸；垫层材料种类、厚度；混凝土强度等级；砂浆强度等级。

② 工作内容：土方挖、运、填；铺设垫层；底板混凝土制作、运输、浇筑、振捣、养护；砌砖；刮缝、抹灰；材料运输。

③ 工程量计算规则：按设计图示以中心线长度计算，计量单位 m。

（15）砖砌体工程工程量计算及报价有关说明

① 基础与墙（柱）身使用同一种材料时，以设计室内地面为界（有地下室者，以地下室室内设计地面为界），以下为基础，以上为墙（柱）身。基础与墙身使用不同材料时，位于设计室内地面高度≤±300mm 时，以不同材料为分界线，高度＞±300mm 时，以设计室内地面为分界线。

② 砖围墙以设计室外地坪为界，以下为基础，以上为墙身。

③ 框架外表面的镶贴砖部分，按零星项目编码列项。

④ 附墙烟囱、通风道、垃圾道应按设计图示尺寸以体积（扣除孔洞所占体积）计算并计入所依附的墙体体积内。当设计规定孔洞内需抹灰时，应按墙、柱面装饰与隔断、幕墙工程中零星抹灰项目编码列项。

⑤ 空斗墙的窗间墙、窗台下、楼板下、梁头下等的实砌部分，按零星砌砖项目编码列项。

⑥“空花墙”项目适用于各种类型的空花墙，使用混凝土花格砌筑的空花墙，实砌墙体与混凝土花格应分别计算，混凝土花格按混凝土及钢筋混凝土中预制构件相关项目编码列项。

⑦ 台阶、台阶挡墙、梯带、锅台、炉灶、蹲台、池槽、池槽腿、砖胎模、花台、花池、楼梯栏板、阳台栏板、地垄墙、≤0.3m^2 的孔洞填塞等，应按零星砌砖项目编码列项。砖砌锅台与炉灶可按外形尺寸以个计算，砖砌台阶可按水平投影面积以平方米计算，小便槽、地垄墙可按长度计算、其他工程以立方米计算。

⑧ 砌体内加固筋，应按钢筋混凝土工程中相关项目编码列项。

⑨ 砖砌体勾缝按墙柱面装饰与隔断幕墙工程相关项目编码列项。

⑩ 检查井内的爬梯按混凝土及钢筋混凝土工程（0105）中相关项目编码列项；井内的混凝土构件按混凝土及钢筋混凝土工程中混凝土及钢筋混凝土预制构件编码列项。

⑪ 如施工图设计标注做法见标准图集时，应在项目特征描述中注明图集的编号、页号及节点大样。

6.4.2 砌块砌体（010402）

砌块砌体清单项目包括砌块墙（010402001）、砌块柱（010402002）。

（1）砌块墙（010402001）

① 项目特征：砌块品种规格、强度；墙体类型；砂浆强度。

② 工作内容：砂浆制作、运输；砌砖、砌块；勾缝；材料运输。

③ 工程量计算规则：按设计图示尺寸以体积计算，计量单位 m^3。扣除门窗、洞口、嵌入墙内的钢筋混凝土柱、梁、圈梁、挑梁、过梁及凹进墙内的壁龛、管槽、暖气槽、消火栓箱所占体积，不扣除梁头、板头、檩头、垫木、木楞头、沿缘木、木砖、门窗走头、砌块墙内加固钢筋、木筋、铁件、钢管及单个面积≤0.3 m^2 的孔洞所占的体积。凸出墙面的腰线、挑檐、压顶、窗台线、虎头砖、门窗套的体积亦不增加。凸出墙面的砖垛并入墙体体积内计算。砌块墙工程量计算式可表示为：

$$V=(\text{墙长}\times\text{墙高}-\text{洞口面积})\times\text{墙厚}-\text{嵌入体所占体积}+\text{附墙砖垛体积}$$

（2）砌块柱（010402002）

① 项目特征：砌块品种规格、强度等级；墙体类型；砂浆强度。

② 工作内容：砂浆制作、运输；砌砖、砌块；勾缝；材料运输。

③ 工程量计算规则：按设计图示尺寸以体积计算，计量单位 m^3。扣除混凝土及钢筋混凝土梁垫、梁头、板头所占体积。

（3）砌块砌体工程工程量计算及报价有关说明

① 砌体内加筋、墙体拉结的制作、安装，应按混凝土及钢筋混凝土工程中相关项目编码列项。

② 砌块排列应上、下错缝搭砌，如果搭错缝长度满足不了规定的压搭要求，应采取压砌钢筋网片的措施，具体构造要求按设计规定。若设计无规定时，应注明由投标人根据工程实际情况自行考虑；钢筋网片按金属结构工程中相应项目编码列项。

③ 砌体垂直灰缝宽＞30mm 时，才用 C20 细石混凝土灌实。灌注的混凝土应按混凝土及钢筋混凝土工程（0105）相关项目编码列项。

6.4.3 石砌体（010403）

石砌体清单项目包括石基础（010403001）；石勒脚（010403002）；石墙（010403003）；石挡土墙（010403004）；石柱（010403005）；石栏杆（010403006）；石护坡（010403007）；石台阶（010403008）；石坡道（010403009）；石地沟、石明沟（010403010）。

（1）石基础（010403001）

① 适用范围：石基础项目适用于各种规格（粗料石、细料石等）、各种材质（砂石、青石等）和各种类型（柱基、墙基、直行、弧形等）基础。

② 项目特征：石料种类、规格；基础类型；砂浆强度等级。

③ 工作内容：砂浆制作、运输；吊装；砌石；防潮层铺设；材料运输。

④ 工程量计算规则：按设计图示尺寸以体积计算，计量单位 m^3。包括附墙垛基础宽出部分体积，不扣除基础砂浆防潮层及单个面积≤0.3m^2 的孔洞所占的体积，靠墙暖气沟的挑檐不增加面积。基础长度：外墙按中心线，内墙按净长计算。

【例 6.12】 某基础工程如图 6-10 所示，MU30 整毛石，基础用 M5.0 水泥砂浆砌筑，条形基础底面宽均为 1m，独立基础底面 1.2m×1.2m，试计算石基础工程量。

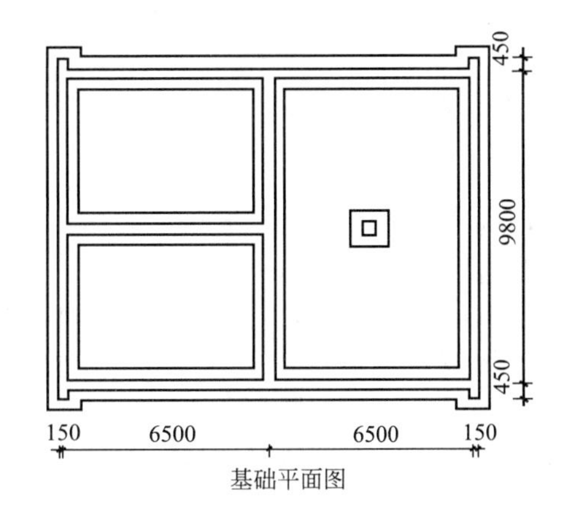

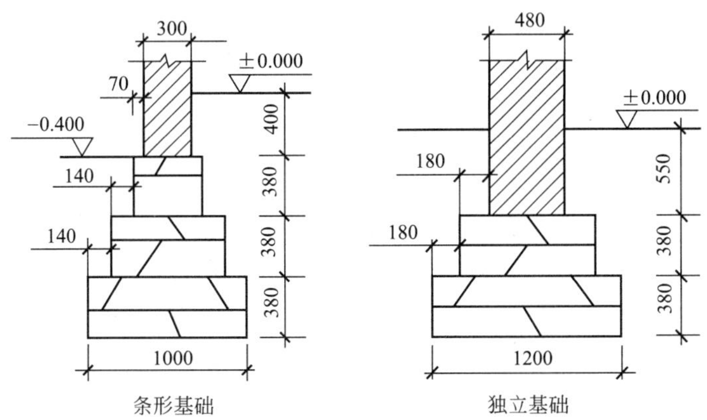

图 6-10 基础平面示意图

解： 毛石基础工程量=(外墙中心线+内墙净长线)×基础宽×基础深=[(6.5×2+9.8+0.45×2−0.15×2)×2 外墙中线+(9.8−0.15×2+6.5−0.15×2)内墙净长]×(1.0+0.72+0.44)台宽×0.38 台高=51.3(m^3)

毛石独立基础工程量=(1.2×1.2+0.84×0.84)×0.38=0.82(m^3)

（2）石勒脚（010403002）

① 适用范围：适用于各种规格（粗料石、细料石）、各种材质（砂石、青石、大理石、花岗岩石）和各种类型（直行、弧形）勒脚。

② 项目特征：石料种类规格；加工要求；勾缝；砂浆强度、配合比。

③ 工作内容：砂浆制作运输；吊装；砌石；加工；勾缝；运输。

④ 工程量计算规则：按设计图示尺寸以体积计算，单位 m^3。

（3）石墙（010403003）

① 适用范围：适用于各种规格、各种材质和各种类型墙体。

② 项目特征：石料种类规格；加工要求；勾缝；砂浆强度、配合比。

③ 工作内容：砂浆制作运输；吊装；砌石；加工；勾缝；材料运输。

④ 工程量计算规则：按设计图示尺寸以体积计算，计量单位 m^3。扣除门窗、洞口、嵌入墙内的钢筋混凝土柱、梁、圈梁、挑梁、过梁及凹进墙内的壁龛、管槽、暖气槽、消火栓箱所占体积，不扣除梁头、板头、檩头、垫木、木楞头、沿缘木、木砖、门窗走头、砖墙内加固钢筋、木筋、铁件、钢管及单个面积≤0.3 m^2 的孔洞所占的体积。凸出墙面的腰线、挑檐、压顶、窗台线、虎头砖、门窗套的体积亦不增加。凸出墙面的砖垛并入墙体体积内计算。石墙工程量计算式可表示为：

$$V=(\text{墙长}\times\text{墙高}-\text{洞口面积})\times\text{墙厚}-\text{嵌入体所占体积}+\text{附墙砖垛体积}$$

（4）石挡土墙（010403004）

① 适用范围：适用于各种规格（粗细料石、块石、毛石、卵石）、各种材质（砂石、青石、石灰石）和各种类型（直行、弧形、台阶形）挡土墙。

② 项目特征：石料种类规格；加工；勾缝；砂浆强度、配合比。

③ 工作内容：砂浆制作、运输；吊装；砌石；变形缝、泄水孔、压顶抹灰；滤水层；勾缝；材料运输。

④ 工程量计算规则：按设计图示尺寸以体积计算，计量单位 m^3。

（5）石柱（010403005）

① 适用范围：石柱项目适用于各种规格、各种材质和各种类型的石柱。

② 项目特征：石料种类规格；加工；勾缝；砂浆强度、配合比。

③ 工作内容：砂浆制作运输；吊装；砌石；加工；勾缝；材料运输。

④ 工程量计算规则：按设计图示尺寸以体积计算，单位 m^3。

（6）石栏杆（010403006）

① 适用范围：石栏杆项目适用于无雕饰的一般石栏杆。

② 项目特征：石料种类规格；加工；勾缝；砂浆强度、配合比。

③ 工作内容：砂浆制作运输；吊装；砌石；加工；勾缝；材料运输。

④ 工程量计算规则：按设计图示以长度计算，计量单位 m。

（7）石护坡（010403007）

① 适用范围：适用于各种石质、各种石料的护坡。

② 项目特征：垫层材料种类、厚度；石料种类、规格；护坡厚度、高度；石表面加工要求；勾缝要求；砂浆强度等级、配合比。

③ 工作内容：砂浆制作运输；吊装；砌石；加工；勾缝；材料运输。

④ 工程量计算规则：按设计图示尺寸以体积计算，计量单位 m^3。

（8）石台阶（010403008）

① 适用范围：石台阶项目包括石梯带（垂带），不包括石梯膀，石梯膀应按桩基工程石挡土墙项目编码列项。

② 项目特征：垫层材料种类、厚度；石料种类、规格；护坡厚度、高度；石表面加工要求；勾缝要求；砂浆强度等级、配合比。

③ 工作内容：铺设垫层；石料加工；砂浆制作、运输；砌石；石表面加工；勾缝；材料运输。

④ 工程量计算规则：按设计图示尺寸以体积计算，计量单位 m^3。

(9) 石坡道（010403009）

① 项目特征：垫层材料种类、厚度；石料种类、规格；护坡厚度、高度；石表面加工要求；勾缝要求；砂浆强度等级、配合比。

② 工作内容：同前（010403008）。

③ 工程量计算规则：按图示尺寸以水平投影面积计算，计量单位 m^2。

(10) 石地沟、石明沟（010403010）

① 项目特征：沟截面尺寸；土壤类别、运距；垫层材料种类、厚度；石料种类、规格；石表面加工要求；勾缝要求；砂浆强度等级、配合比。

② 工作内容：土方挖、运；砂浆制作、运输；铺设垫层；砌石；石表面加工；勾缝；回填；材料运输。

③ 工程量计算规则：按设计图示以中心线长度计算，计量单位 m。

(11) 石砌体工程工程量计算及报价有关说明

① 石基础、石勒脚、石墙的划分：基础与勒脚应以设计室外地坪为界。勒脚与墙身应以设计室内地面为界。石围墙内外地坪标高不同时，应以较低地坪标高为界，以下为基础；内外标高之差为挡土墙时，挡土墙以上为墙身。

② 如施工图设计标注做法见标准图集时，应在项目特征描述中注明图集的编号、页号及节点大样。

6.4.4 垫层（010404）

垫层工程只包括垫层（010404001）一个清单项目。

(1) 垫层（010404001）

① 项目特征：垫层材料种类、配合比、厚度。

② 工作内容：垫层材料的拌制；垫层铺设；材料运输。

③ 工程量计算规则：按设计图示尺寸以立方米计算，计量单位 m^3。

$$V=\text{基础垫层长}\times\text{基础垫层宽}\times\text{垫层厚度}$$

式中，外墙基础垫层按其中心线长计算，内墙基础垫层按其净长计算。

(2) 垫层工程工程量计算及报价有关说明

除混凝土垫层应按混凝土及钢筋混凝土工程（010501）中相关项目编码列项外，没有包括垫层要求的清单项目应按砌筑工程中垫层（010404001）项目编码列项，即本项目适用于除混凝土垫层（010501001）以外的其他垫层项目。

【例6.13】 某基础工程如例6.5图6-4所示，计算条形基础3∶7灰土垫层工程量。

解： 垫层工程量＝[(16.5＋8.4)×2外墙基础中心线＋0.24×3垛＋(8.4－0.6×2)内墙基础垫层净长]×1.2宽×0.2厚＝13.85(m^3)

【例6.14】 某基础工程如例6.10图6-8所示，内外墙基础垫层3∶7灰土，A和C截面垫层宽度0.9m，B截面垫层宽度0.8m，垫层厚度0.2m，计算基础垫层工程量。

解： 垫层工程量=[(24.20+13.4)×2]×0.2×0.9+[(5.60-0.45×2)×8]垫层B净长×0.2×0.8+[(24.2-0.45×2)+(2.2×2+7.0+6.8+0.4×2)]垫层C净长×0.2×0.9=27.17(m^3)

6.5 混凝土及钢筋混凝土工程（0105）

混凝土及钢筋混凝工程适用于建筑物、构筑物的混凝土工程、钢筋工程、构件运输及安装工程，模板工程列入措施项目工程中。钢筋混凝土工程清单项目包括现浇混凝土工程、预制混凝土工程、钢筋工程和螺栓、铁件工程。

6.5.1 现浇混凝土基础（010501）

现浇混凝土基础（010501）按形式及作用可分为垫层（010501001）、带形基础（010501002）、独立基础（010501003）、满堂基础（010501004）、桩承台基础（010501005）、设备基础（010501006）。

（1）垫层（010501001）

① 项目特征：混凝土种类；混凝土强度等级。

② 工作内容：模板及支撑制作、安装、拆除、堆放、运输及清理模内杂物、刷隔离剂等；混凝土制作、运输、浇筑、振捣、养护。

③ 工程量计算规则：按设计图示尺寸以体积计算，计量单位m^3。不扣除伸入承台基础的桩头所占体积。

$$V=基础垫层长×基础垫层宽×垫层厚度$$

式中，外墙基础垫层按外墙中心线长计算，内墙基础垫层按其净长计算。

（2）带形基础（010501002）

① 适用范围：带形基础项目适用于各种带形基础，包括有肋式、无肋式及浇筑在一字排桩上面的带形基础。

② 项目特征：混凝土种类；混凝土强度等级。

③ 工作内容：同前（010501001）。

④ 工程量计算规则：按设计图示尺寸以体积计算，计量单位m^3。不扣除伸入承台基础的桩头所占体积。

$$V=基础断面面积×基础长+T型接头体积$$

式中，外墙基础按其中心线长计算，内墙基础按其净长计算。

注意： 计算内墙基槽挖土、内墙混凝土条形基础、内墙砖石基础、内墙基础垫层等工程量时，经常涉及到内墙基槽净长线、内墙基础净长线、内墙基础垫层净长线、内墙净长线等，易混淆。一般情况下，内墙基槽挖土按内墙沟槽净长线计算；内墙砖基础按内墙净长线计算；内墙混凝土基础按内墙基础净长线计算；内墙基础垫层按内墙基础垫层净长线计算。

（3）独立基础（010501003）

① 适用范围：适用于块体柱基、杯基、无筋倒圆台基础、壳体基础、电梯井基础等。同一工程中若有不同形式的独立基础应分别编码列项。

② 项目特征：混凝土种类；混凝土强度等级。

③ 工作内容：同前（010501001）。

④ 工程量计算规则：按设计图示尺寸以体积计算，计量单位 m^3。不扣除伸入承台基础的桩头所占体积。

(4) 满堂基础（010501004）

① 适用范围：满堂基础项目适用于箱式满堂基础、筏片基础等。

② 项目特征：混凝土种类；混凝土强度等级。

③ 工作内容：同前（010501001）。

④ 工程量计算规则：按设计图示尺寸以体积计算，计量单位 m^3。不扣除伸入承台基础的桩头所占体积。

(5) 桩承台基础（010501005）

① 适用范围：适用于浇筑在组桩（如梅花桩）上的承台。

② 项目特征：混凝土种类；混凝土强度等级。

③ 工作内容：同前（010501001）。

④ 工程量计算规则：按设计图示尺寸以体积计算，计量单位 m^3。不扣除伸入承台基础的桩头所占体积。

(6) 设备基础（010501006）

① 适用范围：设备基础项目适用于设备的块体基础、框架式基础等。

② 项目特征：混凝土种类；混凝土强度等级；灌浆材料及其强度等级。

③ 工作内容：同前（010501001）。

④ 工程量计算规则：按设计图示尺寸以体积计算，计量单位 m^3。不扣除伸入承台基础的桩头所占体积。

(7) 现浇混凝土基础工程工程量计算及报价有关说明

① 有肋带形基础、无肋带型基础应按现浇混凝土基础工程中相关项目列项，并注明肋高。

② 箱式满堂基础中柱、梁、墙、板，分别按现浇混凝土柱（010502）、梁（010503）、墙（010504）、板（010505）工程相关项目编码列项；箱式满堂基础底板按现浇混凝土基础工程（010501）相关项目编码列项。有梁式满堂基础其底板与梁合并列项（010501004）。

③ 框架式设备基础中柱、梁、墙、板分别按现浇混凝土柱（010502）、梁（010503）、墙（010504）、板（010505）工程相关项目编码列项；基础部分按现浇混凝土基础工程（010501）相关项目编码列项。

④ 如为毛石混凝土基础，项目特征应描述毛石所占比例。

(8) 现浇混凝土基础工程工程量计算实例

【例 6.15】 某基础如图 6-11 所示，混凝土为 C20，底板保护层 40 厚，垫层厚 100mm，采用 C10 砾石混凝土。计算有梁式满堂基础混凝土工程量。

解：(1) 基础垫层工程量＝(25＋0.1×2)×(40＋0.1×2)×0.1＝101.30(m^3)

(2) 基础底板工程量＝25.00×40.00×0.30＝300(m^3)

基础梁工程量＝0.30×0.40×[40.00×3＋(25.00－0.30×3)×5]＝28.86(m^3)

故，满堂基础工程量＝300＋28.86＝328.86(m^3)

6.5.2 现浇混凝土柱（010502）

现浇混凝土柱按截面形式分为矩形柱（010502001）、构造柱（010502002）、异形柱（010502003）。

(1) 矩形柱（010502001）、构造柱（010502002）

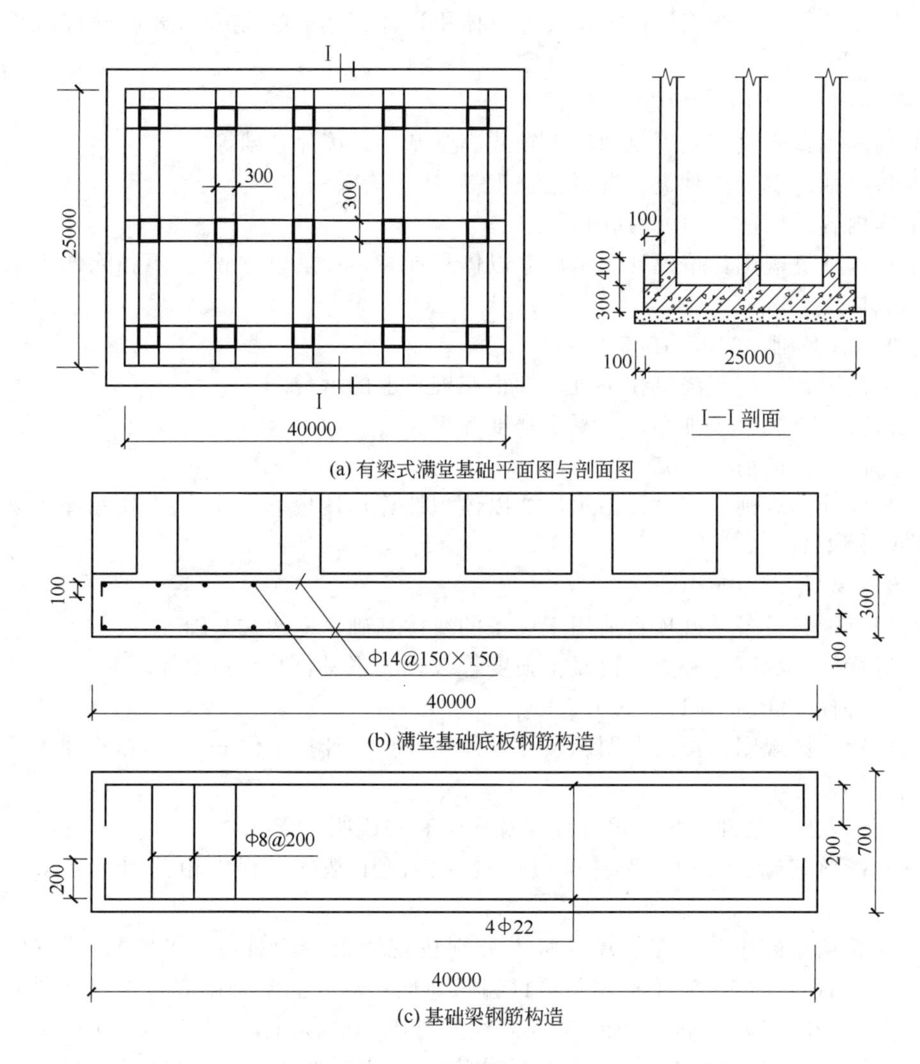

(a) 有梁式满堂基础平面图与剖面图

(b) 满堂基础底板钢筋构造

(c) 基础梁钢筋构造

图 6-11 梁式满堂基础

① 项目特征：混凝土种类；混凝土强度等级。

② 工作内容：同前（010501001）。

③ 工程量计算规则：按设计图示尺寸以体积计算，计量单位 m^3。

（2）异形柱（010502003）

① 项目特征：柱形状；混凝土种类；混凝土强度等级。

② 工作内容：同前（010501001）。

③ 工程量计算规则：按设计图示尺寸以体积计算，计量单位 m^3。

（3）现浇混凝土柱工程工程量计算及报价有关说明

① 柱截面按实计算，柱高按下列原则确定：

a. 有梁板的柱高，应自柱基上表面（或楼板上表面）至上一层楼板上表面之间的高度计算。

b. 无梁板的柱高，应自柱基上表面（或楼板上表面）至柱帽下表面之间的高度计算。

c. 框架柱的柱高，应自柱基上表面至柱顶高度计算。

d. 构造柱按全高计算，嵌接墙体部分（马牙槎）并入柱身体积。

e. 依附柱上的牛腿和升板的柱帽，并入柱身体积计算。升板的柱帽是指升板建筑中联结板与柱之间的构件。

② 混凝土种类：指清水混凝土、彩色混凝土，如在同一地区既能使用预拌（商品）混凝土，又允许现场搅拌混凝土时，也应注明。

③ 混凝土柱上的钢牛腿按金属结构工程中的零星钢构件编码列项；圆柱按异形柱项目编码列项；单独的薄壁柱根据其截面形状，以异形柱项目编码列项，与墙相连接的薄壁柱按混凝土墙项目编码列项（薄壁柱指柱截面宽向尺寸较小的柱）。

【例6.16】 如图6-12所示一字形墙中间构造柱，总高18m，共20根，混凝土为C25，计算其混凝土工程量。

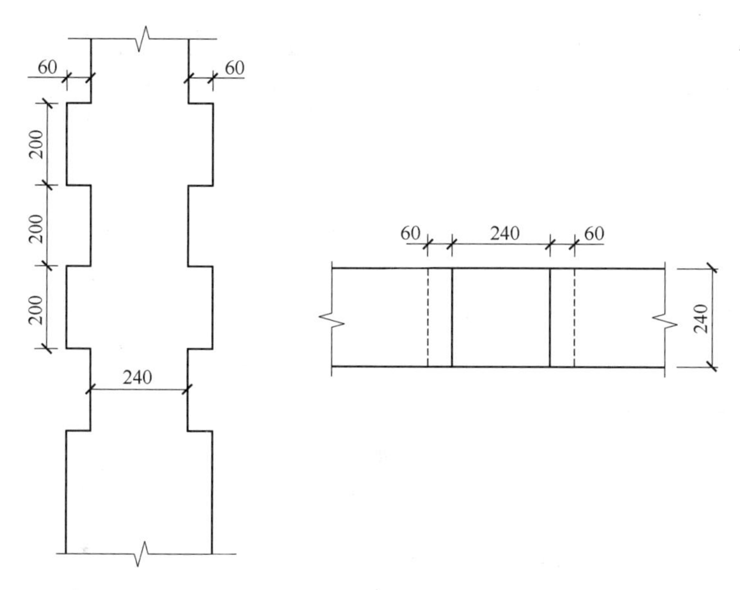

图6-12 构造柱

解： 构造柱（010502002）工程按实际体积计算。

工程量=（柱宽度×厚度+咬口面积/2）×高度

$=[0.24\times0.24+(0.06+0.06)/2\times0.24]\times18\times20=25.92(m^3)$

6.5.3 现浇混凝土梁（010503）

现浇混凝土梁按形状及作用可分为基础梁（010503001）、矩形梁（010503002）、异形梁（010503003）、圈梁（010503004）、过梁（010503005）和弧形、拱形梁（010503006）。

① 适用范围：“基础梁”项目适用于独立基础间架设的承受上部墙传来荷载的梁；“圈梁”项目适用于为了加强结构整体性，构造上设置的封闭水平梁；“过梁”项目适用于建筑物门窗洞口上所设置的梁；“矩形梁、异形梁、弧形、拱形梁”适用于除了以上三种梁外的截面为矩形、异形及形状为弧形、拱形的梁。

② 项目特征：混凝土种类；混凝土强度等级。

③ 工作内容：同前（010501001）。

④ 工程量计算规则：按设计图示尺寸以体积计算，计量单位m^3。伸入墙内的梁头、梁垫并入梁体积内。梁长按下列原则确定：

a. 梁与柱连接时，梁长算至柱内侧面；主梁与次梁连接时，次梁长算至主梁内侧面；梁端与混凝土墙相接时，梁长算至混凝土墙内侧面；梁端与砖墙交接时伸入砖墙的部分（包括梁头）并入梁内。

b. 外墙上圈梁长取外墙中心线长；内墙上圈梁长取内墙净长，圈梁与主次梁或柱交接时，圈梁长度算至主次梁或柱侧面；圈梁与构造柱相交时，其相交部分的体积计入构造柱内。

c. 过梁长度按设计规定计算，无设计规定时，按门窗洞口宽度两端各加250mm计算。

d. 弧形、拱形梁长取其中轴线的长度。

【例6.17】 某现浇花篮梁如图6-13所示，混凝土为C25，梁垫尺寸为800mm×240mm×240mm，计算该花篮梁混凝土工程量。

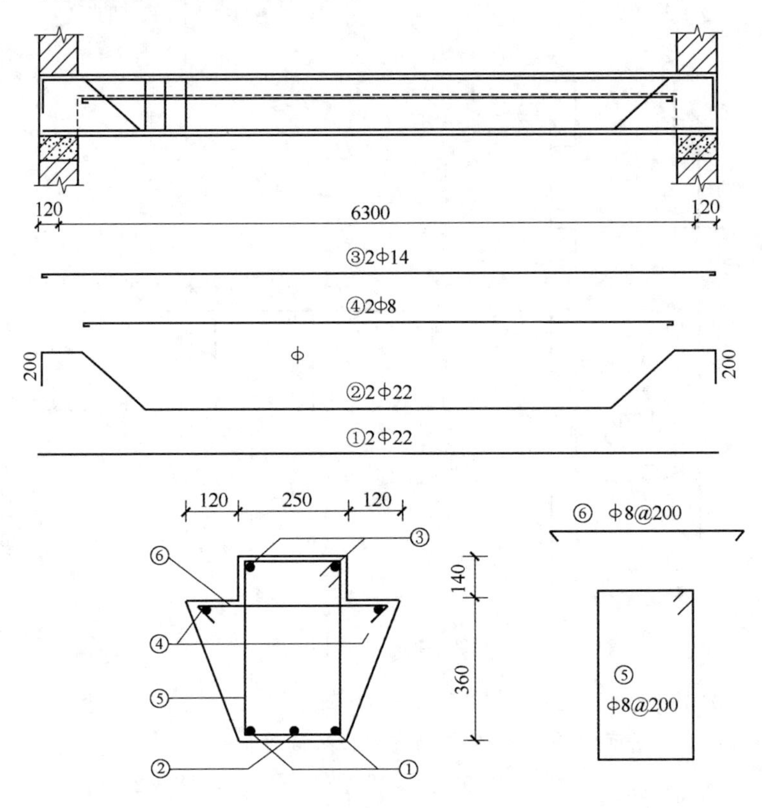

图6-13　现浇花篮梁配筋图

解： 现浇花篮梁属于异形梁（010503003）

混凝土工程量＝断面面积×梁长＋梁垫体积
＝[(0.25＋0.12×2＋0.25)×0.36/2＋0.14×0.25]×(6.3＋0.12×2)＋0.8×0.24×0.24×2
＝1.192(m^3)(注：梁垫与梁合并计算)

6.5.4　现浇混凝土墙（010504）

现浇混凝土墙按外形分直形墙（010504001）、弧形墙（010504002）、短肢剪力墙（010504003）、挡土墙（010504004）。

① 项目特征：混凝土种类；混凝土强度等级。

② 工作内容：同前（010501001）。

③ 工程量计算规则：按设计图示尺寸以体积计算，计量单位m^3。扣除门窗洞口及单个

面积＞0.3m^2的孔洞所占体积，墙垛及突出墙面部分并入墙体体积内计算。

④ 现浇混凝土墙工程工程量计算及报价有关说明

短肢剪力墙是指截面厚度不大于300mm、各肢截面高度与厚度之比的最大值大于4但不大于8的剪力墙；各肢截面高度与厚度之比的最大值不大于4的剪力墙按柱项目编码列项。

6.5.5　现浇混凝土板（010505）

现浇混凝土板按荷载传递方式及作用等可分为有梁板（010505001）；无梁板（010505002）；平板（010505003）；拱板（010505004）；薄壳板（010505005）；栏板（010505006）；天沟（檐沟）、挑檐板（010505007）；雨篷、悬挑板、阳台板（010505008）；空心板（010505009）、其他板（010505010）。

（1）有梁板（010505001）、无梁板（010505002）、平板（010505003）、拱板（010505004）、薄壳板（010505005）、栏板（010505006）

① 项目特征：混凝土种类；混凝土强度等级。

② 工作内容：同前（010501001）。

③ 工程量计算规则：按设计图示尺寸以体积计算，计量单位m^3。不扣除单个面积≤0.3m^2的柱、垛以及孔洞所占体积。

【例6.18】 某现浇板尺寸如图6-14所示，板顶标高3.6m，现场搅拌C25混凝土，保护层15mm，计算现浇混凝土板工程量。

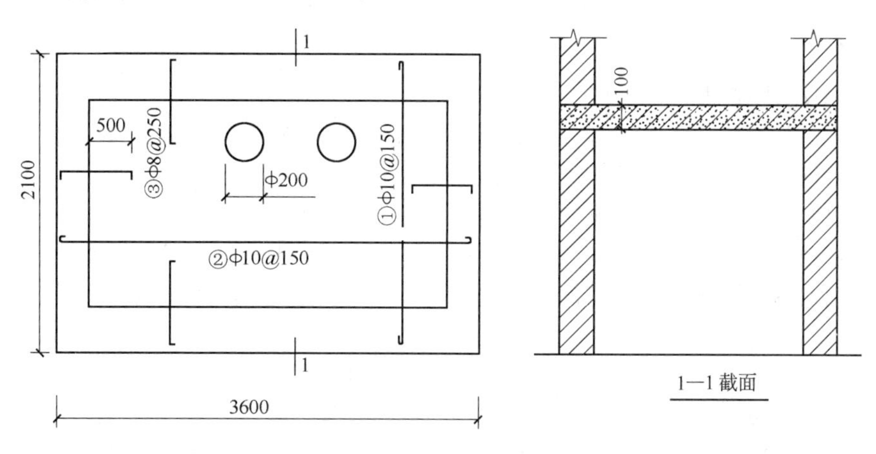

图6-14　现浇板示意图

解： 孔洞面积＝3.14×0.1×0.1＝0.0314m^2，不扣除。

$$现浇平板混凝土工程量(010505003)=3.6\times2.1\times0.1=0.76(m^3)$$

（2）天沟（檐沟）、挑檐板（010505007）

① 项目特征：混凝土种类；混凝土强度等级。

② 工作内容：同前（010501001）。

③ 工程量计算规则：按设计图示尺寸以体积计算，计量单位m^3。

（3）雨篷、悬挑板、阳台板（010505008）

① 项目特征：混凝土种类；混凝土强度等级。

② 工作内容：同前（010501001）。

③ 工程量计算规则：按设计图示尺寸以墙外部分体积计算，计量单位m^3。包括伸出墙

外的牛腿和雨篷反挑檐的体积。

(4) 空心板 (010505009)

① 项目特征：混凝土种类；混凝土强度等级。

② 工作内容：同前 (010501001)。

③ 工程量计算规则：按设计图示尺寸以体积计算，计量单位 m^3。空心板（GB F 高强薄壁蜂巢芯板等）应扣除空心部分体积。

(5) 其他板 (010505010)

① 项目特征：混凝土种类；混凝土强度等级。

② 工作内容：同前 (010501001)。

③ 工程量计算规则：按设计图示尺寸以体积计算，计量单位 m^3。

(6) 现浇混凝土板工程工程量计算及报价有关说明

① 压形钢板混凝土楼板扣除构件内压型钢板所占体积；有梁板（包括主、次梁与板）按梁、板体积之和计算，无梁板按板和柱帽体积之和计算，各类板伸入墙内的板头并入板体积内，薄壳板的肋、基梁并入薄壳体积内计算。

② 现浇挑檐、天沟板、雨篷、阳台与板（包括屋面板、楼板）连接时，以外墙外边线为分界线；与圈梁（包括其他梁）连接时，以梁外边线为分界线。外边线以外为挑檐、天沟、雨篷或阳台。

③ 混凝土板采用浇筑复合高强薄型空心管时，其工程量应扣除管所占体积，复合高强薄型空心管应包括在报价内。采用轻质材料浇筑在有梁板内，轻质材料应包括在报价内。

6.5.6 现浇混凝土楼梯 (010506)

现浇混凝土楼梯按平面形式可分为直形楼梯 (010506001) 和弧形楼梯 (010506002)。

① 项目特征：混凝土种类；混凝土强度等级。

② 工作内容：同前 (010501001)。

③ 工程量计算规则：a. 按设计图示尺寸以水平投影面积计算，计量单位 m^2。不扣除宽度≤500mm 的楼梯井，伸入墙内部分不计算。b. 按设计图示尺寸以体积计算，计量单位 m^3。

④ 现浇混凝土楼梯工程工程量计算及报价有关说明

a. 整体楼梯（包括直行楼梯、弧形楼梯）水平投影面积包括休息平台、平台梁、斜梁和楼梯的连接梁。当整体楼梯与现浇楼板无梯梁连接时，以楼梯的最后一个踏步边缘加300mm 为界。

b. 直形楼梯可分为三种形式：双向楼梯、单坡直形楼梯和三折楼梯。在提供清单项时可分别列项编码，并注明其特征。弧形楼梯可分为两种形式：圆弧形楼梯和螺旋楼梯。在提供清单项时可分别列项编码，并注明其特征，螺旋楼梯中间的柱单独列项。

【例 6.19】 某现浇楼梯如图 6-15 所示，梯板厚 120mm，混凝土 C20，墙厚均是 240mm，计算楼梯混凝土工程量。

解： 楼梯井宽小于 500mm，不扣楼梯井：

$$楼梯混凝土工程量=(1.7-0.12+2.7+0.3)\times(2.8-0.12\times2)=11.72(m^2)$$

6.5.7 现浇混凝土其他构件 (010507)

现浇混凝土其他构件的清单项目包括散水、坡道 (010507001)；室外地坪

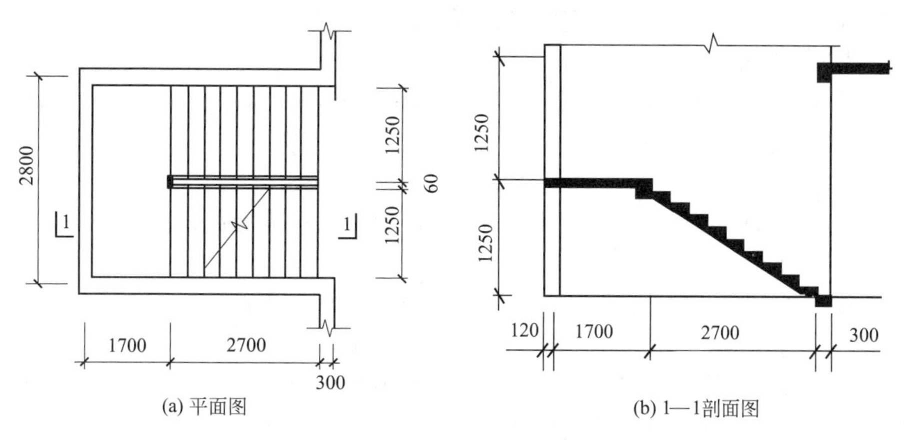

(a) 平面图　(b) 1—1剖面图

图 6-15　楼梯平面图及剖面图

(010507002)；电缆沟、地沟 (010507003)；台阶 (010507004)；扶手、压顶 (010507005)；化粪池、检查井 (010507006)；其他构件 (010507007) 七个清单项目。

(1) 散水、坡道 (010507001)

① 项目特征：垫层材料种类、厚度；面层厚度；混凝土种类；混凝土强度等级；变形缝填塞材料种类。

② 工作内容：地基夯实；铺设垫层；模板及支撑制作、安装、拆除、堆放、运输及清理模内杂物、刷隔离剂等；混凝土制作、运输、浇筑、振捣、养护；变形缝填塞。

③ 工程量计算规则：按设计图示尺寸以水平投影面积计算，计量单位 m^2。不扣除单个 $\leqslant 0.3m^2$ 孔洞所占面积。

(2) 室外地坪 (010507002)

① 项目特征：地坪厚度；混凝土强度等级。

② 工作内容：同前 (010507001)。

③ 工程量计算规则：按设计图示尺寸以水平投影面积计算，计量单位 m^2。不扣除单个 $\leqslant 0.3m^2$ 孔洞所占面积。

(3) 电缆沟、地沟 (010507003)

① 项目特征：土壤类别；沟截面净空尺寸；垫层材料种类、厚度；混凝土种类；混凝土强度等级；防护材料种类。

② 工作内容：同前 (010507001)。

③ 工程量计算规则：按设计图示以中心线长度计算，计量单位 m。

(4) 台阶 (010507004)

① 项目特征：踏步高、宽；混凝土种类；混凝土强度等级。

② 工作内容：同前 (010507001)。

③ 工程量计算规则：a. 按设计图示尺寸以水平投影面积计算，计量单位 m^2；b. 按设计图示尺寸以体积计算，计量单位 m^3。

(5) 扶手、压顶 (010507005)

① 项目特征：断面尺寸；混凝土种类；混凝土强度等级。

② 工作内容：同前 (010507001)。

③ 工程量计算规则：a. 按设计图示的中心线延长米计算，计算单位 m；b. 按设计图示尺寸以体积计算，计量单位 m^3。

(6) 化粪池、检查井 (010507006)

① 项目特征：部位；混凝土强度等级；防水、抗渗要求。

② 工作内容：同前（010507001）。

③ 工程量计算规则：a. 按设计图示尺寸以体积计算，计量单位 m^3；b. 按设计图示数量计算，计算单位座。

（7）其他构件（010507007）

① 项目特征：构件类型、规格、部位；混凝土种类、强度等级。

② 工作内容：同前（010507001）。

③ 工程量计算规则：按设计图示尺寸以体积计算，计量单位 m^3。

（8）现浇混凝土其他构件工程工程量计算及报价有关说明

① 现浇混凝土小型池槽、垫块、门框等，应按其他构件（010507007）项目编码列项。

② 架空式混凝土台阶，按现浇楼梯计算。

6.5.8 后浇带（010508）

后浇带是一种刚性变形缝，适用于不允许留设柔性变形缝的部位，后浇带的浇筑应待两侧结构主体混凝土干缩变形稳定后进行。此项目适用于基础（满堂式）、梁、墙、板后浇的混凝土带，一般宽在700～1000mm之间。

① 项目特征：混凝土种类；混凝土强度等级。

② 工作内容：模板及支撑制作、安装、拆除、堆放、运输及清理模内杂物、刷隔离剂等；混凝土制作、运输、浇筑、振捣、养护及混凝土交接面、钢筋等的清理。

③ 工程量计算规则：按设计图示尺寸以体积计算，计量单位 m^3。

6.5.9 预制混凝土柱（010509）

包括矩形柱（010509001）和异形柱（010509002）两个项目。

① 项目特征：图代号；单件体积；安装高度；混凝土强度等级；砂浆（细石混凝土）强度等级、配合比。

② 工作内容：模板制作、安装、拆除、堆放、运输及清理模内杂物、刷隔离剂等；混凝土制作、运输、浇筑、振捣、养护；构件运输、安装；砂浆制作、运输；接头灌缝、养护。

③ 工程量计算规则：a. 按设计图示尺寸以体积计算，计量单位 m^3；b. 按设计图示尺寸以数量计算，计算单位根。

注：以根计量，必须描述单件体积。

6.5.10 预制混凝土梁（010510）

预制混凝土梁包括矩形梁（010510001）、异形梁（010510002）、过梁（010510003）、拱形梁（010510004）、鱼腹式吊车梁（010510005）、其他梁（010510006）六个清单项目。

① 项目特征：图代号；单件体积；安装高度；混凝土强度等级；砂浆（细石混凝土）强度等级、配合比。

② 工作内容：同前（010509001）。

③ 工程量计算规则：a. 按设计图示尺寸以体积计算，计量单位 m^3；b. 按设计图示尺寸以数量计算，计算单位根。

注：以根计量，必须描述单件体积。

6.5.11 预制混凝土屋架（010511）

预制混凝土屋架包括折线型（010511001）、组合（010511002）、薄腹（010511003）、门

式刚架（010511004）、天窗架（010511005）五个清单项目。

① 项目特征：图代号；单件体积；安装高度；混凝土强度等级；砂浆（细石混凝土）强度等级、配合比。

② 工作内容：同前（010509001）。

③ 工程量计算规则：a. 按设计图示尺寸以体积计算，计量单位 m^3；b. 按设计图示尺寸以数量计算，计算单位榀。

注：以榀计量，必须描述单件体积；三角形屋架按折线型屋架（010511001）项目编码列项。

6.5.12 预制混凝土板（010512）

预制混凝土板包括平板（010512001）；空心板（010512002）；槽形板（010512003）；网架板（010512004）；折线板（010512005）；带肋板（010512006）；大型板（010512007）；沟盖板、井盖板、井圈（010512008）八个清单项目。

（1）平板（010512001）、空心板（010512002）、槽形板（010512003）、网架板（010512004）、折线板（010512005）、带肋板（010512006）、大型板（010512007）

① 项目特征：图代号；单件体积；安装高度；混凝土强度等级；砂浆（细石混凝土）强度等级、配合比。

② 工作内容：同前（010509001）。

③ 工程量计算规则：a. 按设计图示尺寸以体积计算，计量单位 m^3，不扣除单个面积≤300mm×300mm 的孔洞所占体积，扣除空心板孔洞体积；b. 按设计图示尺寸以数量计算，计算单位块。

（2）沟盖板、井盖板、井圈（010512008）

① 项目特征：单件体积；安装高度；混凝土及砂浆强度等级、配合比。

② 工作内容：同前（010509001）。

③ 工程量计算规则：a. 按设计图示尺寸以体积计算，计量单位 m^3；b. 按设计图示尺寸以数量计算，计算单位块（套）。

（3）预制混凝土板工程工程量计算及报价有关说明

① 以块、套计量，必须描述单件体积。

② 不带肋的预制遮阳板、雨篷板、挑檐板、栏板等，应按预制混凝土板中平板（010512001）项目编码列项。

③ 预制 F 形板、双 T 形板、单肋板和带反挑檐的雨篷板、挑檐板、遮阳板等，应按预制混凝土板中带肋板（010512006）项目编码列项。

④ 预制大型墙板、大型楼板、大型屋面板等，应按预制混凝土板中大型板（010512007）项目编码列项。

6.5.13 预制混凝土楼梯（010513）

预制混凝土楼梯工程只包括预制混凝土楼梯（010513）一个清单项目。

① 项目特征：楼梯类型；单件体积；混凝土及砂浆强度等级。

② 工作内容：同前（010509001）。

③ 工程量计算规则：a. 按设计图示尺寸以体积计算，计量单位 m^3，扣除空心踏步板孔洞体积；b. 按设计图示数量计算，计算单位段。楼梯项目适用于各种类型的预制混凝土楼梯，楼梯可按斜梁、踏步板分别编码列项。

注：以段计量，必须描述单件体积。

6.5.14 其他预制构件（010514）

其他预制构件包括垃圾道、通风道、烟道（010514001）；其他构件（010514002）两个清单项目。

（1）垃圾道、通风道、烟道（010514001）

① 项目特征：单件体积；混凝土强度等级；砂浆强度等级。

② 工作内容：同前（010509001）。

③ 工程量计算规则：a. 按设计图示尺寸以体积计算，计量单位 m^3，不扣除单个面积≤300mm×300mm 的孔洞所占体积，扣除烟道、垃圾道、通风道的孔洞所占体积；b. 按设计图示尺寸以面积计算，计量单位 m^2，不扣除单个面积≤300mm×300mm 的孔洞所占体积；c. 按设计图示尺寸以数量计算，计算单位根（块、套）。

（2）其他构件（010514002）

① 项目特征：单件体积；构件类型；混凝土及砂浆强度等级。

② 工作内容：同前（010509001）。

③ 工程量计算规则：a. 按设计图示尺寸以体积计算，计量单位 m^3，不扣除单个面积≤300mm×300mm 的孔洞所占体积，扣除烟道、垃圾道、通风道的孔洞所占体积；b. 按设计图示尺寸以面积计算，计量单位 m^2，不扣除单个面积≤300mm×300mm 的孔洞所占体积；c. 按设计图示尺寸以数量计算，计算单位根（块、套）。

（3）其他预制构件工程工程量计算及报价有关说明

① 以块、根、套计量，必须描述单件体积。

② 预制钢筋混凝土小型池槽、压顶、扶手、垫块、隔热板、花格等按其他预制构件中其他构件（010514002）项目编码列项。

6.5.15 钢筋工程（010515）

包括现浇构件钢筋（010515001）、预制构件钢筋（010515002）、钢筋网片（010515003）、钢筋笼（010515004）、先张法预应力钢筋（010515005）、后张法预应力钢筋（010515006）、预应力钢丝（010515007）、预应力钢绞线（010515008）、支撑钢筋（铁马）（010515009）、声测管（010515010）十个项目。

（1）现浇构件钢筋（010515001）

① 项目特征：钢筋种类、规格。

② 工作内容：钢筋制作、运输；钢筋安装；焊接（绑扎）。

③ 工程量计算规则：按设计图示钢筋（网）长度（面积）乘以单位理论质量计算，计量单位 t。

（2）预制构件钢筋（010515002）

① 项目特征：钢筋种类、规格。

② 工作内容：钢筋制作、运输；钢筋安装；焊接（绑扎）。

③ 工程量计算规则：按设计图示钢筋（网）长度（面积）乘以单位理论质量计算，计量单位 t。

（3）钢筋网片（010515003）

① 项目特征：钢筋种类、规格。

② 工作内容：钢筋网制作、运输；钢筋网安装；焊接（绑扎）。

③ 工程量计算规则：按设计图示钢筋（网）长度（面积）乘以单位理论质量计算，计量单位 t。

(4) 钢筋笼（010515004）

① 项目特征：钢筋种类、规格。

② 工作内容：钢筋笼制作、运输；钢筋笼安装；焊接（绑扎）。

③ 工程量计算规则：按设计图示钢筋（网）长度（面积）乘以单位理论质量计算，计量单位 t。

(5) 先张法预应力钢筋（010515005）

① 项目特征：钢筋种类、规格；锚具种类。

② 工作内容：钢筋制作、运输；钢筋张拉。

③ 工程量计算规则：按设计图示钢筋长度乘以单位质量计算，单位 t。

(6) 后张法预应力钢筋（010515006）、预应力钢丝（010515007）、预应力钢绞线（010515008）

① 项目特征：钢筋种类、规格；钢丝种类、规格；钢绞线种类、规格；锚具种类；砂浆强度等级。

② 工作内容：钢筋、钢丝、钢绞线制作、运输；钢筋、钢丝、钢绞线安装；预埋管孔道铺设；锚具安装；砂浆制作、运输；孔道压浆、养护。

③ 工程量计算规则：按设计图示钢筋（丝束、绞线）长度乘以单位理论质量计算，计量单位 t。钢筋等计算长度分不同锚具按相关规定确定。

(7) 支撑钢筋（铁马）(010515009)

① 项目特征：钢筋种类；规格。

② 工作内容：钢筋制作、焊接、安装。

③ 工程量计算规则：按钢筋长度乘以单位理论质量计算，计量单位 t。

(8) 声测管（010515010）

① 项目特征：材质、规格型号。

② 工作内容：检测管截断、封头；套管制作、焊接；定位、固定。

③ 工程量计算规则：按设计图示尺寸以质量计算，计量单位 t。

(9) 钢筋工程工程量计算及报价有关说明

① 现浇构件中伸出构件的锚固钢筋应并入钢筋工程量内。除设计（包括规范规定）标明的搭接外，其他施工搭接不计算工程量，在综合单价中综合考虑。

② 现浇构件中固定位置的支撑钢筋、双层钢筋用的“铁马”在编制工程量清单时，如果设计未明确，其工程数量可为暂估量，结算时按现场签证数量计算。

【例 6.20】 计算例 6.15 图 6-11 所示有梁式满堂基础钢筋工程量。钢筋搭接（直条钢筋出厂长度有 6m、9m 等）工程量在综合单价中考虑。

解： (1) 满堂基础底板钢筋（分段计算）

a. 底板纵向Φ14 钢筋：

梁间板宽度=(25－0.1×2 板边宽－0.3×3 梁宽)÷2 段=11.95(m)(分段)

梁间板钢筋根数=(11.95－0.05×2 布筋起始位置)÷0.15+1=80(根)

总根数=80×2+2=162(根)(板边按设计间距布筋，不足一倍间距布 1 根)

钢筋长度 L=40－0.04×2 保护层+0.1×2 弯起=40.12(m)

b. 底板横向Φ14 钢筋：

梁间板钢筋根数=[(40－0.1×2－0.3×5)÷4－0.05×2]÷0.15+1=64(根)

总根数=64×4+2=258(根)

钢筋长度 L=25－0.04×2保护层＋0.1×2弯起＝25.12(m)

c. 底板Φ14钢筋工程量合计：

(25.12×258＋162×40.12)×1.21线密度×2上下两层＝31.41(t)

(2) 基础梁主筋

a. 纵向基础梁Φ22钢筋

根数 n=4×3＝12根

钢筋长度 L=40－0.04×2保护层＋0.2×2弯起＝40.32(m)

b. 横向基础梁Φ22钢筋：

根数 n=4×5＝20(根)

钢筋长度 L=25－0.04×2保护层＋0.2×2弯起＝25.32(m)

c. 基础梁Φ22钢筋工程量合计：

(40.32×12＋25.32×20)×2.98线密度＝2.95(t)

(3) 基础梁箍筋

a. 纵向基础梁Φ8箍筋（主梁）：

总根数＝[(40－0.05×2布筋起始位置)÷0.2＋1]×3＝603(根)

钢筋长度 L=2×(0.3＋0.7)＋0.05＝2.05(m)

b. 横向基础梁Φ8钢筋（次梁）：

梁间板钢筋根数＝[(25－0.1×2－0.3×3)÷2－0.05×2)]÷0.2＋1＝61(根)

总根数＝(61×2＋2)×5＝620(根)

钢筋长度 L=2×(0.3＋0.7)＋0.05＝2.05(m)

c. 箍筋工程量合计＝(2.05×603＋620×2.05)×0.395线密度＝0.99(t)

（注：梁跨与梁截面之比，小者为主梁，主梁按全长布置箍筋，次梁箍筋至主梁侧边）。

【例6.21】 计算例6.17图6-13所示花篮梁钢筋工程量，混凝土保护层25mm。每m长每mm^2钢筋理论重量0.00617kg。

解：①号Φ22钢筋

长度＝6.3＋0.12×2－0.025×2＝6.49(m)

质量＝6.49×0.00617×22×22×2＝38.76(kg)

② 号Φ22钢筋

长度＝6.3＋0.12×2－0.025×2＋0.41×(0.36＋0.14－0.025×2)×2＋0.2×2＝7.259(m)

质量＝7.259×0.00617×22×22×2根＝43.35(kg)

③ 号Φ14钢筋

长度＝6.3＋0.12×2－0.025×2＋6.25×0.014×2＝6.67(m)

质量＝6.67×0.00617×14×14×2根＝16.13(kg)

④ 号Φ8钢筋

长度＝6.3－0.12×2＋6.25×0.008×2＝6.16(m)

质量＝6.16×0.00617×8×8×2根＝4.87(kg)

⑤ 号Φ8箍筋

根数＝(6.3＋0.12×2－0.05×2)÷0.2＋1＝33根

长度＝2×(0.25＋0.36＋0.14)＋0.05＝1.55(m)

质量＝1.55×0.00617×8×8×33＝20.2(kg)

⑥ 号Φ8钢筋

根数＝(6.3＋0.12×2－0.05×2)÷0.2＋1＝33根

长度$=0.25+0.12\times2-0.025\times2+6.25\times0.008\times2=0.54(m)$

质量$=0.54\times0.00617\times8\times8\times33=7.04(kg)$

6.5.16　螺栓、铁件（010516）

螺栓、铁件工程量清单项目包括螺栓（010516001）、预埋铁件（010516002）、机械连接（010516003），编制清单时，应分别编码列项。

（1）螺栓（010516001）

① 项目特征：螺栓种类；规格。

② 工作内容：螺栓、铁件制作、运输；螺栓、铁件安装。

③ 工程量计算规则：按设计图示尺寸以质量计算，计量单位 t。

（2）预埋铁件（010516002）

① 项目特征：钢材种类；规格；铁件尺寸。

② 工作内容：螺栓、铁件制作、运输；螺栓、铁件安装。

③ 工程量计算规则：按设计图示尺寸以质量计算，计量单位 t。

【例 6.22】 某宿舍楼晾衣设备计 600 件，其尺寸如图 6-16 所示，2 号筋墙内埋深 100mm。求其钢筋的工程量。

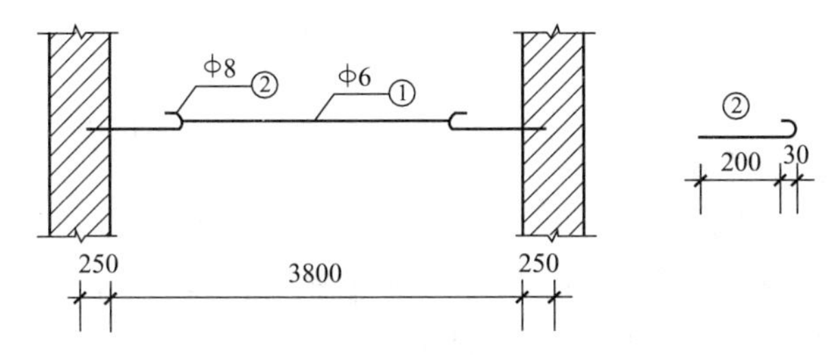

图 6-16　晾衣设备尺寸示意图

解： 预埋铁件（010516002）工程量：

① 号钢筋质量$=(3.8-0.13\times2)\times0.222\times600=471.53(kg)$

② 号钢筋质量$=(0.23+6.25\times0.008)\times2\times0.395\times600=132.72(kg)$

（3）机械连接（010516003）

① 项目特征：连接方式；螺纹套筒种类；规格。

② 工作内容：钢筋套丝；套筒连接。

③ 工程量计算规则：按数量计算，计量单位个。

注： 编制预埋铁件工程量清单时，如果设计未明确，其工程数量可为暂估量，实际工程量按现场签证数量计算。

6.6　金属结构工程（0106）

金属结构工程清单项目共分七节，包括钢网架（010601）；钢屋架、钢托架、钢桁架、钢架桥（010602）；钢柱（010603）；钢梁（010604）；钢板楼板、墙板（010605）、钢构件（010606）、金属制品（010607），适用于建筑物、构筑物的钢结构工程。

6.6.1　钢网架（010601）

钢网架包括钢网架（010601001）一个清单项目。

① 项目特征：钢材品种、规格；网架节点形式、连接方式；网架跨度、安装高度；探

伤要求；防火要求。

② 工作内容：拼装；安装；探伤；补刷油漆。

③ 工程量计算规则：按设计图示尺寸以质量计算，计算单位 t，不扣除孔眼的质量，焊条、铆钉等不另增加质量。

6.6.2 钢屋架、钢托架、钢桁架、钢架桥（010602）

钢屋架、钢托架、钢桁架、钢架桥包括钢屋架（010602001）、钢托架（010602002）、钢桁架（010602003）、钢架桥（010602004）四个项目。

（1）钢屋架（010602001）

① 项目特征：钢材品种、规格；单榀质量；屋架跨度、安装高度；螺栓种类；探伤要求；防火要求。

② 工作内容：拼装；安装；探伤；补刷油漆。

③ 工程量计算规则：a. 按设计图示数量计算，计算单位榀；b. 按设计图示尺寸以质量计算，计算单位 t，不扣除孔眼的质量，焊条、铆钉、螺栓等不另增加质量。

（2）钢托架（010602002）、钢桁架（010602003）

① 项目特征：钢材品种、规格；单榀质量；安装高度；螺栓种类；探伤要求；防火要求。

② 工作内容：拼装；安装；探伤；补刷油漆。

③ 工程量计算规则：按设计图示尺寸以质量计算，计算单位 t，不扣除孔眼的质量，焊条、铆钉、螺栓等不另增加质量。

（3）钢架桥（010602004）

① 项目特征：桥类型；钢材品种、规格；单榀质量；安装高度；螺栓种类；探伤要求。

② 工作内容：拼装；安装；探伤；补刷油漆。

③ 工程量计算规则：按设计图示尺寸以质量计算，计算单位 t，不扣除孔眼的质量，焊条、铆钉、螺栓等不另增加质量。

注：以榀计量，按标准图设计的应注明标准图代号，按非标准图设计的项目特征必须描述单榀屋架的质量。

6.6.3 钢柱（010603）

钢柱包括实腹钢柱（010603001）、空腹钢柱（010603002）、钢管柱（010603003）三个项目。

（1）实腹钢柱（010603001）、空腹钢柱（010603002）

① 项目特征：钢类型；钢材品种、规格；单根柱质量；螺栓种类；探伤要求；防火要求。

② 工作内容：拼装；安装；探伤；补刷油漆。

③ 工程量计算规则：按设计图示尺寸以质量计算，计算单位 t，不扣除孔眼的质量，焊条、铆钉、螺栓等不另增加质量，依附在钢柱上的牛腿及悬臂梁等并入钢柱工程量内。

【例 6.23】 某工程空腹钢柱如图 6-17 所示，计算空腹钢柱工程量。

解：（1）槽钢立柱质量＝3.14 高×2 根×43.107 槽钢 32b 线密度＝270.71（kg）

（2）横撑角钢∟100×8 质量＝0.3 长×3 根×2 面×12.276＝22.10(kg)

（3）斜撑角钢∟100×8 质量＝$\sqrt{(0.9^2+0.3^2)}$斜长×3 根×2 面×12.276＝69.88(kg)

（4）底座角钢∟140×10 质量＝(0.6－0.14×2 长＋0.6 长)×2 根×21.488＝39.54(kg)

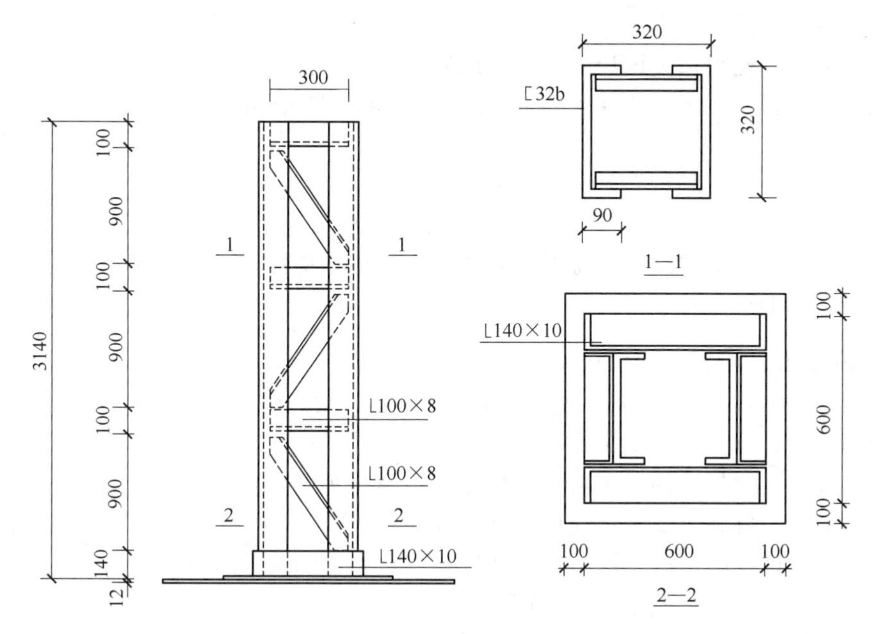

图 6-17 空腹钢柱图

(5) 钢板底座 12 厚质量＝0.8 长×0.8 宽×7.85×12＝60.29(kg)

空腹钢柱工程量＝(270.71＋22.1＋69.88＋39.54＋60.29)＝462.52(kg)

(2) 钢管柱 (010603003)

① 项目特征：钢材品种规格；单根柱质量；螺栓；探伤及防火要求。

② 工作内容：拼装；安装；探伤；补刷油漆。

③ 工程量计算规则：按设计图示尺寸以质量计算，计算单位 t，不扣除孔眼的质量，焊条、铆钉、螺栓等不另增加质量，钢管柱上的节点板、加强环、内衬管、牛腿等并入钢管柱工程量内。

(3) 钢柱工程工程量计算及报价有关说明

① 实腹钢柱类型指十字、T 形、L 形、H 形。

② 空腹钢柱类型指箱形、格构等。

③ 型钢混凝土柱浇筑钢筋混凝土，其混凝土和钢筋应按混凝土及钢筋混凝土工程 (0105) 中相关项目编码列项。

6.6.4 钢梁 (010604)

钢梁包括钢梁 (010604001)、钢吊车梁 (010604002) 两个项目。

(1) 钢梁 (010604001)

① 项目特征：梁类型；钢材品种、规格；单根质量；螺栓种类；安装高度；探伤要求；防火要求。

② 工作内容：拼装；安装；探伤；补刷油漆。

③ 工程量计算规则：按设计图示尺寸以质量计算，计算单位 t，不扣除孔眼的质量，焊条、铆钉、螺栓等不另增加质量，制动梁、制动板、制动桁架、车挡并入钢吊车梁工程量内。

(2) 钢吊车梁 (010604002)

① 项目特征：同前 (010604001)。

② 工作内容：拼装；安装；探伤；补刷油漆。

③ 工程量计算规则：按设计图示尺寸以质量计算，计算单位 t，不扣除孔眼的质量，焊条、铆钉、螺栓等不另增加质量，制动梁、制动板、制动桁架、车挡并入钢吊车梁工程量内。

(3) 钢梁工程工程量计算及报价有关说明

① 梁类型指 H 形、L 形、T 形、箱形、格构式等。

② 型钢混凝土梁浇筑钢筋混凝土，其混凝土和钢筋应按混凝土及钢筋混凝工程（0105）中相关项目编码列项。

6.6.5 钢板楼板、墙板（010605）

包括钢板楼板（010605001）、钢板墙板（010605002）两个项目。

(1) 钢板楼板（010605001）

① 项目特征：钢材品种、规格；钢板厚度；螺栓种类；防火要求。

② 工作内容：拼装；安装；探伤；补刷油漆。

③ 工程量计算规则：按设计图示尺寸以铺设水平投影面积计算，计算单位 m^2，不扣除单个面积≤0.3m^2 柱、垛及孔洞所占面积。

(2) 钢板墙板（010605002）

① 项目特征：钢材品种、规格；钢板厚度、复合板厚度；螺栓种类；复合板夹芯材料种类、层数、型号、规格；防火要求。

② 工作内容：拼装；安装；探伤；补刷油漆。

③ 工程量计算规则：按设计图示尺寸以铺挂展开面积计算，计算单位 m^2，不扣除单个面积≤0.3m^2 的梁、孔洞所占面积，包角、包边、窗台泛水等不另加面积。

(3) 钢板楼板、墙板工程工程量计算及报价有关说明

① 钢板楼板上浇筑钢筋混凝土，其混凝土和钢筋应按混凝土及钢筋混凝工程（0105）中相关项目编码列项。

② 压型钢楼板按钢板楼板（010605001）项目编码列项。

6.6.6 钢构件（010606）

钢构件包括钢支撑、钢拉条（010606001）；钢檩条（010606002）；钢天窗架（010606003）；钢挡风架（010606004）；钢墙梁（010606005）；钢平台（010606006）；钢走道（010606007）；钢梯（010606008）；钢护栏（010606009）；钢漏斗（010606010）；钢板天沟（010606011）；钢支架（010606012）；零星钢构件（010606013）。

(1) 钢支撑、钢拉条（010606001）

① 项目特征：钢材品种、规格；构件类型；安装高度；螺栓种类；探伤要求；防火要求。

② 工作内容：拼装；安装；探伤；补刷油漆。

③ 工程量计算规则：按设计图示尺寸以质量计算，计算单位 t，不扣除孔眼的质量，焊条、铆钉、螺栓等不另增加质量。

(2) 钢檩条（010606002）

① 项目特征：同前。

② 工作内容：拼装；安装；探伤；补刷油漆。

③ 工程量计算规则：按设计图示尺寸以质量计算，计算单位 t，不扣除孔眼的质量，焊条、铆钉、螺栓等不另增加质量。

(3) 钢天窗架（010606003）

① 项目特征：同前。

② 工作内容：拼装；安装；探伤；补刷油漆。

③ 工程量计算规则：按设计图示尺寸以质量计算，计算单位 t，不扣除孔眼的质量，焊条、铆钉、螺栓等不另增加质量。

(4) 钢挡风架（010606004）、钢墙梁（010606005）

① 项目特征：同前（010606003）

② 工作内容：拼装；安装；探伤；补刷油漆。

③ 工程量计算规则：按设计图示尺寸以质量计算，计算单位 t，不扣除孔眼的质量，焊条、铆钉、螺栓等不另增加质量。

(5) 钢平台（010606006）、钢走道（010606007）

① 项目特征：钢材品种、规格；螺栓种类；防火要求。

② 工作内容：拼装；安装；探伤；补刷油漆。

③ 工程量计算规则：按设计图示尺寸以质量计算，计算单位 t，不扣除孔眼的质量，焊条、铆钉、螺栓等不另增加质量。

(6) 钢梯（010606008）

① 项目特征：钢材品种、规格；钢梯形式；螺栓种类；防火要求。

② 工作内容：拼装；安装；探伤；补刷油漆。

③ 工程量计算规则：按设计图示尺寸以质量计算，计算单位 t，不扣除孔眼的质量，焊条、铆钉、螺栓等不另增加质量。

【例 6.24】 某钢直梯如图 6-18 所示，踏步间距 300mm，求制作钢直梯的工程量。已知 5mm 厚钢板理论质量 39.2kg/m^2，6mm 厚钢板质量 47.1kg/m^2。

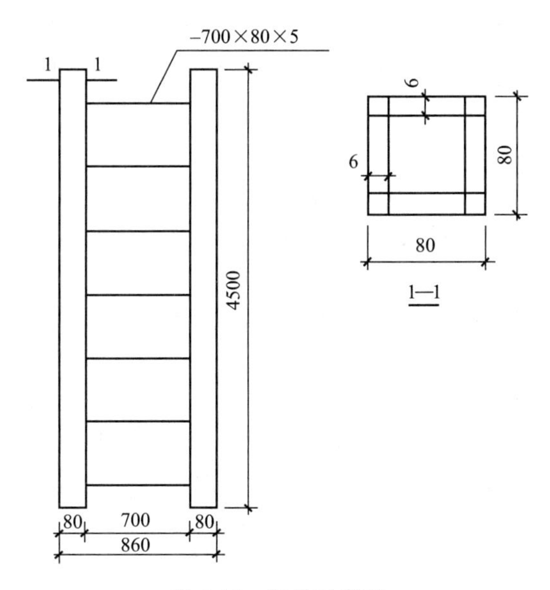

图 6-18　钢梯示意图

解： 钢梯工程量=47.1×(0.08×2+0.068×2)×4.5×2+39.2×0.7×0.08×14=0.156(t)

(7) 钢护栏（010606009）

① 项目特征：钢材品种、规格；防火要求。

② 工作内容：拼装；安装；探伤；补刷油漆。

③ 工程量计算规则：按设计图示尺寸以质量计算，计算单位 t，不扣除孔眼的质量，焊条、铆钉、螺栓等不另增加质量。

(8) 钢漏斗 (010606010)、钢板天沟 (010606011)

① 项目特征：钢材品种规格；漏斗、天沟形式；安装高度；探伤要求。

② 工作内容：拼装；安装；探伤；补刷油漆。

③ 工程量计算规则：按设计图示尺寸以质量计算，计算单位 t，不扣除孔眼的质量，焊条、铆钉、螺栓等不另增加质量，依附漏斗或天沟的型钢并入漏斗或天沟工程量内。

(9) 钢支架 (010606012)

① 项目特征：钢材品种、规格；安装高度；防火要求。

② 工作内容：拼装；安装；探伤；补刷油漆。

③ 工程量计算规则：按设计图示尺寸以质量计算，计算单位 t，不扣除孔眼的质量，焊条、铆钉、螺栓等不另增加质量。

(10) 零星钢构件 (010606013)

① 项目特征：构件名称；钢材品种、规格。

② 工作内容：拼装；安装；探伤；补刷油漆。

③ 工程量计算规则：按设计图示尺寸以质量计算，计算单位 t，不扣除孔眼的质量，焊条、铆钉、螺栓等不另增加质量。

(11) 钢构件工程工程量计算及报价有关说明

① 钢墙架项目包括墙架柱、墙架梁和连接杆件。

② 钢支撑、钢拉条类型指单式、复式；钢檩条类型指型钢式、格构式；钢漏斗形式指方形、圆形；天沟形式指矩形沟或半圆形沟。

③ 加工铁件等小型构件，按钢构件工程中零星钢构件 (010606013) 项目编码列项。

6.6.7 **金属制品** (010607)

金属制品包括成品空调金属百页护栏 (010607001)、成品栅栏 (010607002)、成品雨篷 (010607003)、金属网栏 (010607004)、砌块墙钢丝网加固 (010607005)、后浇带金属网 (010607006) 六个项目。

(1) 成品空调金属百页护栏 (010607001)

① 项目特征：材料品种、规格；边框材质。

② 工作内容：安装；校正；预埋铁件及安螺栓。

③ 工程量计算规则：按设计尺寸以框外围展开面积计算，单位 m^2。

(2) 成品栅栏 (010607002)

① 项目特征：材料品种、规格；边框及立柱型钢品种、规格。

② 工作内容：安装；校正；预埋铁件；安螺栓及金属立柱。

③ 工程量计算规则：按设计尺寸以框外围展开面积计算，单位 m^2。

(3) 成品雨篷 (010607003)

① 项目特征：材料品种、规格；雨篷宽度；晾衣杆品种、规格。

② 工作内容：安装；校正；预埋铁件及安螺栓。

③ 工程量计算规则：a. 按设计图示接触边以长度计算，计量单位 m；b. 按设计图示尺寸以展开面积计算，计算单位 m^2。

(4) 金属网栏 (010607004)

① 项目特征：材料品种、规格；边框及立柱型钢品种、规格。

② 工作内容：安装；校正；安螺栓及金属立柱。

③ 工程量计算规则：按设计尺寸以框外围展开面积计算，单位 m^2。

(5) 砌块墙钢丝网加固 (010607005)、后浇带金属网 (010607006)

① 项目特征：材料品种、规格；加固方式。

② 工作内容：铺贴；锚固。

③ 工程量计算规则：按设计图示尺寸以面积计算，计算单位 m^2。

注：抹灰钢丝网加固按金属制品工程中砌块墙钢丝网加固 (010607005) 项目编码列项。

6.7　木结构工程 (0107)

包括木屋架 (010701)、木构件 (010702) 和屋面木基层 (010703)。

6.7.1　木屋架 (010701)

木屋架包括木屋架 (010701001)、钢木屋架 (010701002) 两个清单项目。

(1) 木屋架 (010701001)

① 项目特征：跨度；材料品种、规格；刨光要求；拉杆及夹板种类；防护材料种类。

② 工作内容：制作；运输；安装；刷防护材料。

③ 工程量计算规则：a. 按设计图示数量计算，计量单位榀；b. 按设计图示的规格尺寸以体积计算，计算单位 m^3。

(2) 钢木屋架 (010701002)

① 项目特征：跨度；木材及钢材品种规格；防护材料种类。

② 工作内容：制作；运输；安装；刷防护材料。

③ 工程量计算规则：按设计图示数量计算，计量单位榀。

(3) 木屋架工程工程量计算及报价有关说明

① 与木屋架相连接的挑檐木、钢夹板构件、连接螺栓应包括在报价内。钢拉杆（下弦拉杆）、受拉腹杆、钢夹板、连接螺栓应包括在钢木屋架报价内。

② 屋架的跨度应以上、下弦中心线两交点之间的距离计算。

③ 带气楼的屋架和马尾、折角以及正交部分的半屋架，按相关屋架项目编码列项。

④ 以榀计量，按标准图设计的应注明标准图代号，按非标准图设计的项目特征必须按木屋架工程要求予以描述。

6.7.2　木构件 (010702)

木构件包括木柱 (010702001)、木梁 (010702002)、木檩 (010702003)、木楼梯 (010702004)；其他木构件 (010702005)。

(1) 木柱 (010702001)、木梁 (010702002)

① 项目特征：构件规格尺寸；木材种类；刨光要求；防护材料种类。

② 工作内容：制作；运输；安装；刷防护材料。

③ 工程量计算规则：按设计图示尺寸以体积计算，计量单位 m^3。

(2) 木檩 (010702003)

① 项目特征：构件规格尺寸；木材种类；刨光要求；防护材料种类。

② 工作内容：制作；运输；安装；刷防护材料。

③ 工程量计算规则：a. 按设计图示尺寸以体积计算，计量单位 m^3；b. 按设计图示尺寸以长度计算；计量单位 m。

(3) 木楼梯(010702004)

① 项目特征：楼梯形式；木材种类；刨光要求；防护材料种类。

② 工作内容：制作；运输；安装；刷防护材料。

③ 工程量计算规则：按设计图示尺寸以水平投影面积计算，计量单位 m^2。不扣除宽度≤300mm 的楼梯井，伸入墙内部分不计算。

(4) 其他木构件(010702005)

① 项目特征：构件名称；构件规格尺寸；木材种类；刨光要求；防护材料种类。

② 工作内容：制作；运输；安装；刷防护材料。

③ 工程量计算规则：a. 按设计图示尺寸以体积计算，计量单位 m^3；b. 按设计图示尺寸以长度计算；计量单位 m。

(5) 木构件工程工程量计算及报价有关说明

① 木楼梯的栏杆(栏板)、扶手，应按其他装饰工程中(0115)的相关项目编码列项。

② 以米计量，项目特征必须描述构件规格尺寸。

6.7.3 屋面木基层(010703)

屋面木基层项目包括屋面木基层(010703001)一个清单项目。

① 项目特征：椽子断面尺寸及椽距；望板材料种类及厚度；防护材料。

② 工作内容：椽子制作、安装；望板制作、安装；顺水条和挂瓦条制作，安装；刷防护材料。

③ 工程量计算规则：按设计图示尺寸以斜面积计算，计量单位 m^2，不扣除房上烟囱、风帽底座、风道、小气窗、斜沟等所占面积。小气窗的出檐部分不增加面积。

【例 6.25】 某屋面水平投影示意图如图 6-19 所示，屋面延尺系数 1.062，试计算屋面木基层清单工程量。

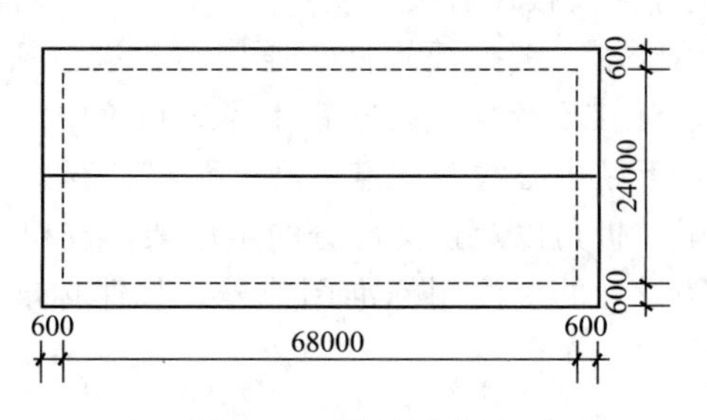

图 6-19 屋面示意图

解： 木基层工程量＝(68＋0.6×2)×(24＋0.6×2)×1.062＝1851.96(m^2)

6.8 门窗工程(0108)

包括木门(010801)；金属门(010802)；金属卷帘(闸)门(010803)；厂库房大门、特种门(010804)；其他门(010805)；木窗(010806)；金属窗(010807)；门窗套(010808)；窗台板(010809)；窗帘、窗帘盒、轨(010810)。

6.8.1 木门(010801)

木门项目包括木质门(010801001)、木质门带套(010801002)、木质连窗门(010801003)、木质防火门(010801004)、木门框(010801005)、门锁安装(010801006)。

（1）木质门（010801001）、木质门带套（010801002）、木质连窗门（010801003）、木质防火门（010801004）

① 项目特征：门代号及洞口尺寸；镶嵌玻璃品种、厚度。

② 工作内容：门安装；玻璃安装；五金安装。

③ 工程量计算规则：a. 按设计图示数量计算，计量单位樘；b. 按设计图示洞口尺寸以面积计算，计量单位 m^2。

（2）木门框（010801005）

① 项目特征：门代号及洞口尺寸；框截面尺寸；防护材料种类。

② 工作内容：木门框制作、安装；运输；刷防护材料。

③ 工程量计算规则：a. 按设计图示数量计算，计量单位樘；b. 按设计图示框的中心线以延长米计算，计量单位 m。

（3）门锁安装（010801006）

① 项目特征：锁品种；锁规格。

② 工作内容：安装。

③ 工程量计算规则：按设计图示数量计算，计量单位个（套）。

（4）木门工程工程量计算及报价有关说明

① 木质门应区分镶板木门、企口木板门、实木装饰门、胶合板门、夹板装饰门、木纱门、全玻门（带木质扇框）、木质半玻门（带木质扇框）等项目，分别编码列项。

② 木门五金应包括：折页、插销、门碰珠、弓背拉手、搭机、木螺丝、弹簧折页（自动门）、管子拉手（自由门、地弹门）、地弹簧（地弹门）、角铁、门轧头（地弹门、自由门）等。

③ 木质门带套计量按洞口尺寸以面积计算，不包括门套的面积，但门套应计算在综合单价中。

④ 以樘计量，项目特征必须描述洞口尺寸；以平方米计量，项目特征可不描述洞口尺寸。

⑤ 单独制作安装木门框按木门框项目编码列项。

6.8.2　金属门（010802）

包括金属（塑钢）门（010802001）、彩板门（010802002）、钢质防火门（010802003）、防盗门（010802004）。

（1）金属（塑钢）门（010802001）

① 项目特征：门代号及洞口尺寸；门框或扇外围尺寸；门框、扇材质；玻璃品种、厚度。

② 工作内容：门安装；五金安装；玻璃安装。

③ 工程量计算规则：a. 按设计图示数量计算，计量单位樘；b. 按设计图示洞口尺寸以面积计算，计量单位 m^2。

（2）彩板门（010802002）

① 项目特征：门代号及洞口尺寸；门框或扇外围尺寸。

② 工作内容：门安装；五金安装；玻璃安装。

③ 工程量计算规则：a. 按设计图示数量计算，计量单位樘；b. 按设计图示洞口尺寸以面积计算，计量单位 m^2。

（3）钢质防火门（010802003）

① 项目特征：门代号及洞口尺寸；门框或扇外围尺寸；门框、扇材质。

② 工作内容：门安装；五金安装；玻璃安装。

③ 工程量计算规则：a. 按设计图示数量计算，计量单位樘；b. 按设计图示洞口尺寸以面积计算，计量单位 m^2。

(4) 防盗门（010802004）

① 项目特征：门代号及洞口尺寸；门框或扇外围尺寸；门框、扇材质。

② 工作内容：门安装；五金安装。

③ 工程量计算规则：a. 按设计图示数量计算，计量单位樘；b. 按设计图示洞口尺寸以面积计算，计量单位 m^2。

(5) 金属门工程工程量计算及报价有关说明

① 金属门应区分金属平开门、金属推拉门、金属地弹门、全玻门（带金属扇框）、金属半玻门（带扇框）等项目，分别编码列项。

② 铝合金门五金包括：地弹簧、门锁、拉手、门插、门铰、螺丝等。

③ 金属门五金包括 L 型执手插销（双舌）、执手锁（单舌）、门轨头、地锁、防盗门机、门眼、门碰珠、电子锁、闭门器、装饰拉手等。

④ 以樘计量，项目特征必须描述洞口尺寸，没有洞口尺寸必须描述门框或扇外围尺寸。以平方米计量，项目特征可不描述洞口及框扇外围尺寸。

⑤ 以平方米计量，无设计图示洞口尺寸，按门框、扇外围以面积计算。

6.8.3 金属卷帘（闸）门（010803）

包括金属卷帘（闸）门（010803001）、防火卷帘（闸）门（010803002）。

① 项目特征：门代号及洞口尺寸；门材质；启动装置品种、规格。

② 工作内容：门运输、安装；启动装置、活动小门、五金安装。

③ 工程量计算规则：a. 按设计图示数量计算，计量单位樘；b. 按设计图示洞口尺寸以面积计算，计量单位 m^2。

6.8.4 厂库房大门、特种门（010804）

包括木板大门（010804001）、钢木大门（010804002）、全钢板大门（010804003）、防护铁丝门（010804004）、金属格栅门（010804005）、钢质花饰大门（010804006）、特种门（010804007）七个清单项目。

(1) 木板大门（010804001）、钢木大门（010804002）、全钢板大门（010804003）

① 适用范围：木板大门适用于厂库房的平开、推拉、带观察窗、不带观察窗等各类型木板大门；钢木大门适用于厂库房的平开、推拉、单面铺木板、双面铺木板、防风型、保暖型等各类型钢木大门；全钢板大门，适用于厂库房的平开、推拉、折叠、单面铺钢板、双面铺钢板各类型全钢门。

② 项目特征：门代号及洞口尺寸；门框或扇外围尺寸；门框、扇材质；五金种类、规格；防护材料种类。

③ 工作内容：门及骨架制作、运输；门、五金配件安装；刷防护材料。

④ 工程量计算规则：a. 按设计图示数量计算，计量单位樘；b. 按设计图示洞口尺寸以面积计算，计量单位 m^2。

(2) 防护铁丝门（010804004）

① 适用范围：防护铁丝门适用于钢管骨架铁丝门、角钢骨架铁丝门、木骨架铁丝门等。

② 项目特征：门代号及洞口尺寸；门框或扇外围尺寸；门框、扇材质；五金种类、规

格；防护材料种类。

③ 工作内容：门及骨架制作、运输；门、五金配件安装；刷防护材料。

④ 工程量计算规则：a. 按设计图示数量计算，计量单位樘；b. 按设计图示门框或扇以面积计算，计量单位 m^2。

（3）金属格栅门（010804005）

① 项目特征：门代号及洞口尺寸；门框或扇外围尺寸；门框、扇材质；启动装置的品种、规格。

② 工作内容：门安装；启动装置、五金配件安装。

③ 工程量计算规则：a. 按设计图示数量计算，计量单位樘；b. 按设计图示洞口尺寸以面积计算，计量单位 m^2。

（4）钢质花饰大门（010804006）

① 项目特征：门代号及洞口尺寸；门框或扇外围尺寸；门框、扇材质。

② 工作内容：门安装；五金配件安装。

③ 工程量计算规则：a. 按设计图示数量计算，计量单位樘；b. 按设计图示门框或扇以面积计算，计量单位 m^2。

（5）特种门（010804007）

① 适用范围：特种门适用于各种放射线门、密闭门、保温门、隔音门、冷藏库门等特殊使用功能门。

② 项目特征：门代号及洞口尺寸；门框或扇外围尺寸；门框、扇材质。

③ 工作内容：门安装；五金配件安装。

④ 工程量计算规则：a. 按设计图示数量计算，计量单位樘；b. 按设计图示洞口尺寸以面积计算，计量单位 m^2。

（6）厂库房大门、特种门工程工程量计算及报价有关说明

① 同一工程同一类型的某种门，若五金种类、规格、油漆品种、刷漆遍数、开启方式等不同，都会影响到价格的确定，要分别编码列项。

② 特种门应区分冷藏门、冷冻间门、保温门、变电室门、隔音门、放射线门、人防门、金库门等项目，分别编码列项。

③ 以樘计量，项目特征必须描述洞口尺寸，没有洞口尺寸必须描述门框或扇外围尺寸。以平方米计量，项目特征可不描述洞口及框扇外围尺寸。

④ 以平方米计量，无设计图示洞口尺寸，按门框、扇外围以面积计算。

6.8.5　其他门（010805）

其他门包括电子感应门（010805001）、旋转门（010805002）、电子对讲门（010805003）、电动伸缩门（010805004）、全玻自由门（010805005）、镜面不锈钢饰面门（010805006）、复合材料门（010805007）。

（1）电子感应门（010805001）、旋转门（010805002）

① 项目特征：门代号及洞口尺寸；门框或扇外围尺寸；门框、扇材质；玻璃品种、厚度；启动装置的品种、规格；电子配件品种、规格。

② 工作内容：门安装；启动装置、五金、电子配件安装。

③ 工程量计算规则：a. 按设计图示数量计算，计量单位樘；b. 按设计图示洞口尺寸以面积计算，计量单位 m^2。

（2）电子对讲门（010805003）、电动伸缩门（010805004）

① 项目特征：门代号及洞口尺寸；门框或扇外围尺寸；门材质；玻璃品种、厚度；启动装置的品种、规格；电子配件品种、规格。

② 工作内容：门安装；启动装置、五金、电子配件安装。

③ 工程量计算规则：a. 按设计图示数量计算，计量单位樘；b. 按设计图示洞口尺寸以面积计算，计量单位 m^2。

(3) 全玻自由门（010805005）

① 项目特征：同前。

② 工作内容：门安装；五金安装。

③ 工程量计算规则：a. 按设计图示数量计算，计量单位樘；b. 按设计图示洞口尺寸以面积计算，计量单位 m^2。

(4) 镜面不锈钢饰面门（010805006）、复合材料门（010805007）

① 项目特征：同前。

② 工作内容：门安装；五金安装。

③ 工程量计算规则：a. 按设计图示数量计算，计量单位樘；b. 按设计图示洞口尺寸以面积计算，计量单位 m^2。

6.8.6 木窗（010806）

木窗项目包括木质窗（010806001）、水飘（凸）窗（010806002）、木橱窗（010806003）、木纱窗（010806004）。

(1) 木质窗（010806001）

① 项目特征：窗代号及洞口尺寸；玻璃品种、厚度。

② 工作内容：窗安装；五金、玻璃安装。

③ 工程量计算规则：a. 按设计图示数量计算，计量单位樘；b. 按设计图示洞口尺寸以面积计算，计量单位 m^2。

(2) 水飘（凸）窗（010806002）

① 项目特征：窗代号及洞口尺寸；玻璃品种、厚度。

② 工作内容：窗安装；五金、玻璃安装。

③ 工程量计算规则：a. 按设计图示数量计算，计量单位樘；b. 按设计图示尺寸以框外围展开面积计算，计量单位 m^2。

(3) 木橱窗（010806003）

① 项目特征：窗代号；框截面及外围展开面积；玻璃品种、厚度；防护材料种类。

② 工作内容：窗制作、运输、安装；五金、玻璃安装；刷防护材料。

③ 工程量计算规则：a. 按设计图示数量计算，计量单位樘；b. 按设计图示尺寸以框外围展开面积计算，计量单位 m^2。

(4) 木纱窗（010806004）

① 项目特征：窗代号及框外围尺寸；窗纱材料品种、规格。

② 工作内容：窗安装；五金安装。

③ 工程量计算规则：a. 按设计图示数量计算，计量单位樘；b. 按框的外围尺寸以面积计算，计量单位 m^2。

(5) 木窗工程工程量计算及报价有关说明

① 木质窗应区分木百叶窗、木组合窗、木天窗、木固定窗、木装饰空花窗等项目，分别编码列项。

② 以樘计量，项目特征必须描述洞口尺寸，没有洞口尺寸必须描述窗框外围尺寸；以平方米计量，项目特征可不描述洞口尺寸及框的外围尺寸。

③ 以平方米计量，无设计图示洞口尺寸，按窗框外围以面积计算。

④ 木橱窗、木飘（凸）窗以樘计量，项目特征必须描述框截面及外围展开面积。

⑤ 木窗五金包括：折页、插销、风钩、木螺丝、滑轮滑轨、推拉窗等。

6.8.7 **金属窗**（010807）

金属窗项目包括金属（塑钢、断桥）窗（010807001）、金属防火窗（010807002）、金属百叶窗（010807003）、金属纱窗（010807004）、金属格栅窗（010807005）、金属（塑钢、断桥）橱窗（010807006）、金属（塑钢、断桥）飘（凸）窗（010807007）、彩板窗（010807008）、复合材料窗（010807009）。

（1）金属（塑钢、断桥）窗（010807001）、金属防火窗（010807002）

① 项目特征：窗代号及洞口尺寸；框、扇材质；玻璃品种、厚度。

② 工作内容：窗安装；五金、玻璃安装。

③ 工程量计算规则：a. 按设计图示数量计算，计量单位樘；b. 按设计图示洞口尺寸以面积计算，计量单位 m^2。

（2）金属百叶窗（010807003）

① 项目特征：窗代号及洞口尺寸；框、扇材质；玻璃品种、厚度。

② 工作内容：窗安装；五金安装。

③ 工程量计算规则：a. 按设计图示数量计算，计量单位樘；b. 按设计图示洞口尺寸以面积计算，计量单位 m^2。

（3）金属纱窗（010807004）

① 项目特征：窗代号及框的外围尺寸；框材质；窗纱材料品种、规格。

② 工作内容：窗安装；五金安装。

③ 工程量计算规则：a. 按设计图示数量计算，计量单位樘；b. 按框的外围尺寸以面积计算，计量单位 m^2。

（4）金属格栅窗（010807005）

① 项目特征：窗代号及洞口尺寸；框外围尺寸；框、扇材质。

② 工作内容：窗安装；五金安装。

③ 工程量计算规则：a. 按设计图示数量计算，计量单位樘；b. 按设计图示洞口尺寸以面积计算，计量单位 m^2。

（5）金属（塑钢、断桥）橱窗（010807006）

① 项目特征：窗代号；框外围展开面积；框、扇材质；玻璃品种、厚度；防护材料种类。

② 工作内容：窗制作、运输、安装；五金、玻璃安装；刷防护材料。

③ 工程量计算规则：a. 按设计图示数量计算，计量单位樘；b. 按设计图示尺寸以框外围展开面积计算，计量单位 m^2。

（6）金属（塑钢、断桥）飘（凸）窗（010807007）

① 项目特征：窗代号；框外围展开面积；框扇材质；玻璃品种、厚度。

② 工作内容：窗安装；五金、玻璃安装。

③ 工程量计算规则：a. 按设计图示数量计算，计量单位樘；b. 按设计图示尺寸以框外围展开面积计算，计量单位 m^2。

(7) 彩板窗 (010807008)、复合材料窗 (010807009)

① 项目特征：窗代号及洞口尺寸；框外围尺寸；框扇材质。

② 工作内容：窗安装；五金、玻璃安装。

③ 工程量计算规则：a. 按设计图示数量计算，计量单位樘；b. 按设计图示洞口尺寸或框外围以面积计算，计量单位 m^2。

(8) 金属窗工程工程量计算及报价有关说明

① 金属窗应区分金属组合窗、防盗窗等项目，分别编码列项。

② 以樘计量，项目特征必须描述洞口尺寸，没有洞口尺寸必须描述窗框外围尺寸；以平方米计量，项目特征可不描述洞口尺寸及框的外围尺寸。

③ 以平方米计量，无设计图示洞口尺寸，按窗框外围以面积计算。

④ 金属橱窗、飘凸窗以樘计量，项目特征必须描述框外围展开面积。

⑤ 金属窗五金包括：折页、螺丝、执手、卡锁、铰拉、风撑、滑轮、滑轨、拉把、拉手、角码、牛角制等。

6.8.8 门窗套 (010808)

包括木门窗套 (010808001)、木筒子板 (010808002)、饰面夹板筒子板 (010808003)、金属门窗套 (010808004)、石材门窗套 (010808005)、门窗木贴脸 (010808006)、成品木门窗套 (010808007)。

(1) 木门窗套 (010808001)

① 适用范围：木门窗套适用于单独门窗套的制作、安装。

② 项目特征：窗代号及洞口尺寸；门窗套展开宽度；基层材料种类；面层材料品种、规格；线条品种、规格；防护材料种类。

③ 工作内容：清理基层；立筋制作、安装；基层板安装；面层铺贴；线条安装；刷防护材料。

④ 工程量计算规则：a. 按设计图示数量计算，单位樘；b. 按设计图示尺寸以展开面积计算，单位 m^2；c. 按设计图示中心以延长米计算，单位 m。

(2) 木筒子板 (010808002)、饰面夹板筒子板 (010808003)

① 项目特征：筒子板宽度；基层材料种类；面层材料品种、规格；线条品种、规格；防护材料种类。

② 工作内容：清理基层；立筋制作、安装；基层板安装；面层铺贴；线条安装；刷防护材料。

③ 工程量计算规则：a. 按设计图示数量计算，单位樘；b. 按设计图示尺寸以展开面积计算，单位 m^2；c. 按设计图示中心以延长米计算，单位 m。

(3) 金属门窗套 (010808004)

① 项目特征：窗代号及洞口尺寸；门窗套展开宽度；基层材料种类；面层材料品种、规格；防护材料种类。

② 工作内容：清理基层；立筋制作、安装；基层板安装；面层铺贴；刷防护材料。

③ 工程量计算规则：a. 按设计图示数量计算，单位樘；b. 按设计图示尺寸以展开面积计算，单位 m^2；c. 按设计图示中心以延长米计算，单位 m。

(4) 石材门窗套 (010808005)

① 项目特征：窗代号及洞口尺寸；门窗套展开宽度；黏结层厚度、砂浆配合比；面层材料品种、规格；线条品种、规格。

② 工作内容：清理基层；立筋制作安装；基层抹灰；面层铺贴；线条安装。

③ 工程量计算规则：a. 按设计图示数量计算，单位樘；b. 按设计图示尺寸以展开面积计算，单位 m^2；c. 按设计图示中心以延长米计算，单位 m。

(5) 门窗木贴脸 (010808006)

① 项目特征：门窗代号及洞口尺寸；贴脸板宽度；防护材料种类。

② 工作内容：安装。

③ 工程量计算规则：a. 按设计图示数量计算，计量单位樘；b. 按设计图示尺寸以延长米计算，计算单位 m。

【例 6.26】 某起居室门洞为 1.2m×2.1m，设计做门套装饰，如图 6-20 所示，硬木筒子板厚 0.03m，宽 0.3m，贴脸宽 80mm。计算筒子板、贴脸工程量。

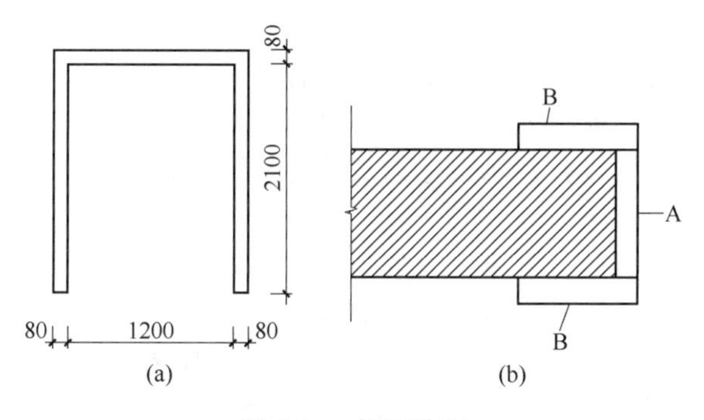

图 6-20　门洞贴面

解：(1) 筒子板工程量=(1.20+2.1×2)×0.3 宽=1.62(m^2)

(2) 贴脸工程量=2.1 高×2+1.2 宽+0.08×2=5.56(m)

(6) 成品木门窗套 (010808007)

① 项目特征：同前。

② 工作内容：清理基层；立筋制作、安装；板安装。

③ 工程量计算规则：a. 按设计图示数量计算，计量单位樘；b. 按设计图示尺寸以展开面积计算，计量单位 m^2；c. 按设计图示中心以延长米计算，计算单位 m。

(7) 门窗套工程工程量计算及报价有关说明

① 以樘计量，项目特征必须描述洞口尺寸、门窗套展开宽度。

② 以平方米计量，项目特征可不描述洞口尺寸、门窗套展开宽度。

③ 以米计量，项目特征必须描述门窗套展开宽度、筒子板及贴脸宽度。

6.8.9　窗台板 (010809)

窗台板项目包含木窗台板 (010809001)、铝塑窗台板 (010809002)、金属窗台板 (010809003)、石材窗台板 (010809004)。

(1) 木窗台板 (010809001)、铝塑窗台板 (010809002)、金属窗台板 (010809003)

① 项目特征：基层材料种类；窗台面板材质、规格、颜色；防护材料。

② 工作内容：基层清理、制作安装；窗台板制作安装；刷防护材料。

③ 工程量计算规则：按设计图示尺寸以展开面积计算，单位 m^2。

(2) 石材窗台板 (010809004)

① 项目特征：黏结层厚度、砂浆配合比；窗台板材质、规格、颜色。

② 工作内容：基层清理；抹找平层；窗台板制作、安装。

③ 工程量计算规则：按设计图示尺寸以展开面积计算，单位 m^2。

6.8.10 窗帘、窗帘盒、窗帘轨（010810）

窗帘、窗帘盒、窗帘轨项目包含窗帘（010810001）、木窗帘盒（010810002）、饰面夹板、塑料窗帘盒（010810003）、铝合金窗帘盒（010810004）、窗帘轨（010810005）五个项目。

（1）窗帘（010810001）

① 项目特征：窗帘材质；窗帘高度、宽度；窗帘层数；带幔要求。

② 工作内容：制作、运输；安装。

③ 工程量计算规则：a. 按设计图示尺寸以成活后长度计算，计算单位 m；b. 按图示尺寸以成活后展开面积计算，计量单位 m^2。

（2）木窗帘盒（010810002）、饰面夹板、塑料窗帘盒（010810003）、铝合金窗帘盒（010810004）

① 项目特征：窗帘盒材质、规格；防护材料种类。

② 工作内容：制作、运输、安装；刷防护材料。

③ 工程量计算规则：按设计图示尺寸以长度计算，单位 m。

（3）窗帘轨（010810005）

① 项目特征：窗帘轨材质、规格；轨的数量；防护材料种类。

② 工作内容：制作、运输、安装；刷防护材料。

③ 工程量计算规则：按设计图示尺寸以长度计算，单位 m。

（4）窗帘、窗帘盒、窗帘轨工程工程量计算及报价有关说明

① 窗帘若是双层，项目特征必须描述每层材质。

② 窗帘以米计量，项目特征必须描述窗帘高度和宽。

6.9 屋面及防水工程（0109）

屋面及防水工程清单项目包括瓦、型材及其他屋面（010901）；屋面防水及其他（010902）；墙面防水、防潮（010903）；楼（地）面防水、防潮（010904），适用于建筑物屋面、墙面、地面的防水、防潮。

6.9.1 瓦、型材及其他屋面（010901）

瓦、型材及其他屋面包括瓦屋面（010901001）、型材屋面（010901002）、阳光板屋面（010901003）、玻璃钢屋面（010901004）、膜结构屋面（010901005）。

（1）瓦屋面（010901001）

① 适用范围：适用于青瓦、平瓦、石棉水泥瓦等屋面。

② 项目特征：瓦品种、规格；黏结层砂浆的配合比。

③ 工作内容：砂浆制作、运输、摊铺、养护；安瓦、作瓦脊。

④ 工程量计算规则：按设计图示尺寸以斜面积计算，计量单位 m^2。不扣除房上烟囱、风帽底座、风道、小气窗、斜沟等所占面积，小气窗出檐部分不增加面积。

【例 6.27】 某工程如图 6-21 所示，屋面板上铺水泥大瓦，坡度系数 C 为 1.118，计算瓦屋面工程量。

解： 投影面积＝(房屋总宽度＋外檐宽度×2)×外檐总长度

＝(5.4＋0.12×2＋0.24×2)×(3.3×4＋0.24)＝82.25(m^2)

瓦屋面工程量＝投影面积×坡度系数＝82.25×1.118＝91.96(m^2)

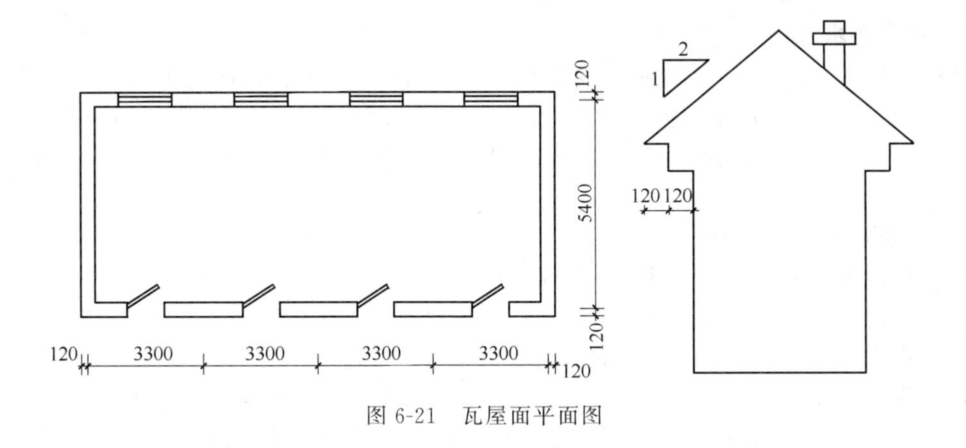

图 6-21　瓦屋面平面图

（2）型材屋面（010901002）

① 适用范围：适用于压型钢板、金属压型夹心板等屋面。

② 项目特征：型材品种规格；金属檩条品种规格；接嵌缝材料种类。

③ 工作内容：檩条制作、运输、安装；屋面型材安装；接缝、嵌缝。

④ 工程量计算规则：按设计图示尺寸以斜面积计算，计量单位 m^2。不扣除房上烟囱、风帽底座、风道、小气窗、斜沟等所占面积，小气窗出檐部分不增加面积。

（3）阳光板屋面（010901003）

① 项目特征：阳光板品种、规格；骨架材料；接嵌缝材料；油漆。

② 工作内容：骨架制运、安装、刷防护材料；阳光板安装；接嵌缝。

③ 工程量计算规则：按设计图示尺寸以斜面积计算，计量单位 m^2。不扣除屋面面积≤0.3m^2 孔洞所占面积。

（4）玻璃钢屋面（010901004）

① 项目特征：玻璃钢品种、规格；骨架材料品种、规格；玻璃钢固定方式；接缝、嵌缝材料种类；油漆品种、刷漆遍数。

② 工作内容：骨架制作、运输、安装、刷防护材料、油漆；玻璃钢制作、安装；接缝、嵌缝。

③ 工程量计算规则：按设计图示尺寸以斜面积计算，计量单位 m^2。不扣除屋面面积≤0.3m^2 孔洞所占面积。

（5）膜结构屋面（010901005）

膜结构是一种以膜布与柱、网架支撑和拉结结构等组成的屋盖篷顶结构。

① 项目特征：膜布品种、规格；支柱（网架）钢材品种、规格；钢丝绳品种、规格；锚固基座做法；油漆品种、刷漆遍数。

② 工作内容：膜布热压胶接；支柱（网架）制作、安装；膜布安装；穿钢丝绳、锚头锚固；锚固基座、挖土、回填；刷防护材料、油漆。

③ 工程量计算规则：按设计图示尺寸以需要覆盖的水平投影面积计算，计量单位 m^2。

（6）瓦、型材及其他屋面工程工程量计算及报价有关说明

① 瓦屋面若在木基层上铺瓦，项目特征不必描述黏结层砂浆的配合比，瓦屋面铺防水层，按屋面防水及其他（010902）相关项目编码列项。

② 型材屋面、阳光板屋面、玻璃钢屋面的柱、梁、屋架，按金属结构工程（0106）、木结构工程（0107）中相关项目编码列项。

6.9.2 屋面防水及其他（010902）

屋面防水及其他项目包括屋面卷材防水（010902001）；屋面涂膜防水（010902002）；屋面刚性层（010902003）；屋面排水管（010902004）；屋面排（透）气管（010902005）；屋面（廊、阳台）泄（吐）水管（010902006）；屋面天沟、檐沟（010902007）；屋面变形缝（010902008）。

（1）屋面卷材防水（010902001）

① 适用范围：适用于胶结材料粘贴卷材的防水屋面等。

② 项目特征：卷材品种、规格、厚度；防水层数；防水层做法。

③ 工作内容：基层处理；刷底油；铺油毡卷材、接缝。

④ 工程量计算规则：按设计图示尺寸以面积计算，计量单位 m^2。其中，斜屋顶（不包括平屋顶找坡）按斜面积计算，平屋顶按水平投影面积计算。不扣除房上烟囱、风帽底座、风道、屋面小气窗和斜沟所占面积；屋面的女儿墙、伸缩缝和天窗等处的弯起部分，并入屋面工程量内。

【例 6.28】 某保温平屋面及外墙中心线尺寸如图 6-22 所示，做法：空心板上 1∶3 水泥砂浆找平 20 厚，刷冷底油两遍，8 厚水泥蛭石保温层，1∶10 现浇水泥蛭石找坡，20 厚 1∶3 水泥砂浆找平，SBS 改性沥青卷材满铺一层，弯起 300mm，点式支撑预制混凝土板架空隔热层，板厚 60mm。计算屋面卷材防水工程量。

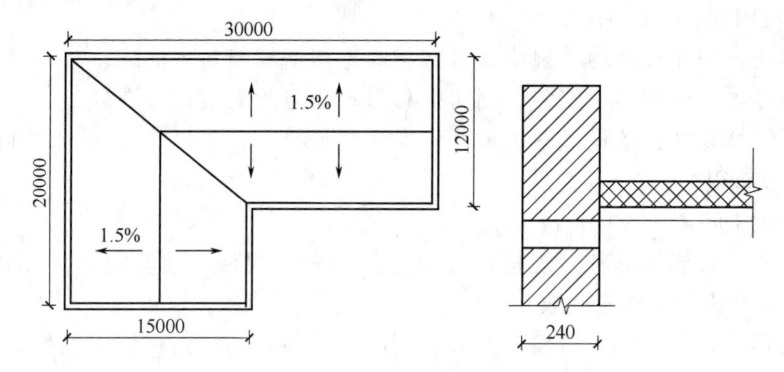

图 6-22 保温平屋面

解： 平屋面卷材防水工程量＝平屋面投影面积＋弯起部分面积

投影面积＝(30＋0.24)×(12＋0.24)＋(15＋0.24)×(20－12)＝492.06(m^2)

弯起面积＝(30－0.24＋20－0.24)×2×0.3＝29.71(m^2)

屋面卷材防水工程量(010902001)＝492.06＋29.71＝521.77(m^2)

（2）屋面涂膜防水（010902002）

① 项目特征：防水膜品种；涂膜厚度、遍数；增强材料种类。

② 工作内容：基层处理；刷基层处理剂；铺布、喷涂防水层。

③ 工程量计算规则：按设计图示尺寸以面积计算，计量单位 m^2。斜屋顶（不包括平屋顶找坡）按斜面积计算，平屋顶按水平投影面积计算。不扣除房上烟囱、风帽底座、风道、屋面小气窗和斜沟所占面积。屋面的女儿墙、伸缩缝和天窗等处的弯起部分，并入屋面工程量内。

（3）屋面刚性层（010902003）

① 适用于细石混凝土、块体混凝土、预应力和钢纤维混凝土屋面等。

② 项目特征：刚性层厚度；混凝土种类；混凝土强度等级；嵌缝材料种类；钢筋规格、型号。

③ 工作内容：基层处理；混凝土制作、运输、铺筑、养护；钢筋制作、安装。

④ 工程量计算规则：按设计图示尺寸以面积计算，计量单位 m^2。不扣除房上烟囱、风帽底座、风道等所占面积。刚性防水屋面的分格缝、泛水、变形缝部位的防水卷材、密封材料、背衬材料、沥青麻丝等应包括在报价内。

(4) 屋面排水管 (010902004)

① 适用范围：屋面排水管适用于各种排水管材项目。

② 项目特征：排水管品种、规格；雨水斗、山墙出水品种、规格；接缝、嵌缝材料种类；涂料品种、刷漆遍数。

③ 工作内容：排水管及配件安装、固定；雨水斗、山墙出水口、雨水箅子安装；接缝、嵌缝；刷漆。

④ 工程量计算规则：按设计图示尺寸以长度计算，计量单位 m。如设计未标注尺寸，以檐口至设计室外散水上表面垂直距离计算。排水管、雨水口、箅子板、水斗、埋设管卡箍、裁管、接嵌缝等包括在报价内。

(5) 屋面排（透）气管 (010902005)

① 项目特征：排气管品种规格；接嵌缝材料；涂料品种、刷漆遍数。

② 工作内容：排气管安装、固定；铁件制作安装；接嵌缝；刷漆。

③ 工程量计算规则：按设计图示尺寸以长度计算，计量单位 m。

(6) 屋面（廊、阳台）泄（吐）水管 (010902006)

① 项目特征：吐水管品种规格；接嵌缝材料；吐水管长度；涂料。

② 工作内容：水管及配件安装、固定；接缝、嵌缝；刷漆。

③ 工程量计算规则：按设计图示数量计算，计量单位根（个）。

(7) 屋面天沟、檐沟 (010902007)

① 项目特征：材料品种、规格；接缝、嵌缝材料种类。

② 工作内容：天沟材料铺设、配件安装；接、嵌缝；刷防护材料。

③ 工程量计算规则：按设计图示尺寸以展开面积计算，计量单位 m^2。铁皮和卷材天沟按展开面积计算。排水管、雨水口、箅子板、水斗、嵌缝等包括在报价内。

(8) 屋面变形缝 (010902008)

① 项目特征：嵌缝及止水带材料种类；盖缝材料；防护材料种类。

② 工作内容：清缝；填塞；止水带安装；盖缝制作安装；刷防护材料。

③ 工程量计算规则：按设计图示尺寸以长度计算，计量单位 m。

(9) 屋面防水及其他工程工程量计算及报价有关说明

① 屋面刚性层无钢筋，其钢筋项目特征不必描述。

② 屋面找平层按楼地面装饰工程“平面砂浆找平层 (011101006)”项目编码列项。

③ 屋面防水搭接及附加层用量不另行计算，在综合单价中考虑。

④ 屋面保温找坡层按保温、隔热、防腐工程“保温隔热屋面 (011001001)”项目编码列项。

6.9.3 墙面防水、防潮 (010903)

墙面防水、防潮项目包括墙面卷材防水 (010903001)、墙面涂膜防水 (010903002)、墙面砂浆防水（防潮）(010903003)、墙面变形缝 (010903004)。

(1) 墙面卷材防水(010903001)

① 适用范围:适用于墙面等部位的卷材防水,涂膜防水中抹找平层、刷基础处理剂、胶黏防水卷材及特殊处理部位的嵌缝材料、附加卷材衬垫等。

② 项目特征:卷材品种、规格、厚度;防水层数;防水层做法。

③ 工作内容:基层处理;刷黏结剂;铺设防水卷材;接缝、嵌缝。

④ 工程量计算规则:按设计图示尺寸以面积计算,计量单位 m^2。

(2) 墙面涂膜防水(010903002)

① 适用范围:同卷材防水。

② 项目特征:防水膜品种;涂膜厚度、遍数;增强材料种类。

③ 工作内容:基层处理;刷基层处理剂;铺布、喷涂防水层。

④ 工程量计算规则:按设计图示尺寸以面积计算,计量单位 m^2。

【例 6.29】 某墙基防水示意图如图 6-23 所示,采用苯乙烯涂料两遍,试计算该涂膜防水的工程量。

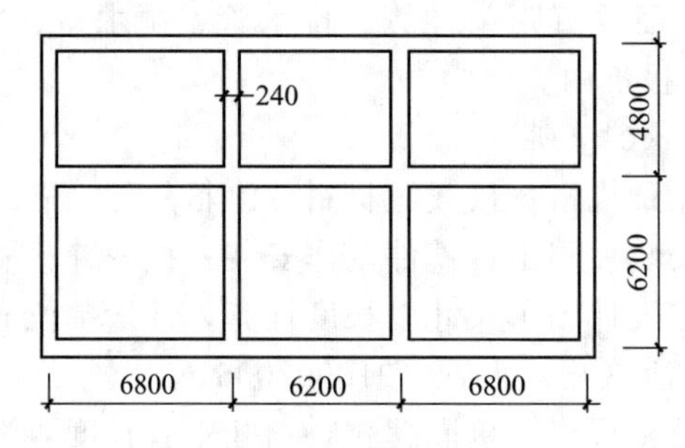

图 6-23 墙基防水示意图

解: 墙面涂膜防水工程量=外墙中心线×宽+内墙净长×宽=(6.8+6.2+6.8+6.2+4.8)×2×0.24+[(6.8×2+6.2−0.24)+(4.8−0.24)×2+(6.2−0.24)×2]×0.24=24.53(m^2)

(3) 墙面砂浆防水(防潮)(010903003)

① 项目特征:防水层做法;砂浆厚度、配合比;钢丝网规格。

② 工作内容:基层处理;挂钢丝网片;设置分格缝;砂浆制运、养护。

③ 工程量计算规则:按设计图示尺寸以面积计算,计量单位 m^2。

(4) 墙面变形缝(010903004)

① 适用范围:适用于墙体部位的抗震缝、温度缝、沉降缝的处理。

② 项目特征:嵌缝材料及止水带材料种类;盖缝材料;防护材料种类。

③ 工作内容:清缝;填塞;止水带安装;盖缝制作安装;刷防护材料。

④ 工程量计算规则:按设计图示以长度计算,计量单位 m。

(5) 墙面防水、防潮工程工程量计算及报价有关说明

① 墙面防水搭接及附加层用量不另行计算,在综合单价中考虑。

② 墙面变形缝,若做双面,工程量乘系数 2。

③ 墙面找平层按墙、柱面装饰与隔断、幕墙工程"立面砂浆找平层(011201004)"项目编码列项。

6.9.4 楼(地)面防水、防潮(010904)

楼(地)面防水、防潮项目包括楼(地)面卷材防水(010904001)、楼(地)面涂膜防

水（010904002）、楼（地）面砂浆防水（防潮）　（010904003）、楼（地）面变形缝（010904004）。

（1）楼（地）面卷材防水（010904001）

① 适用范围：适用于楼地面的卷材防水，涂膜防水中抹找平层、刷基础处理剂、胶黏防水卷材及特殊处理部位的嵌缝材料、附加卷材衬垫等。

② 项目特征：卷材品种规格厚度；防水层数；防水层做法；反边高度。

③ 工作内容：基层处理；刷黏结剂；铺设防水卷材；接缝、嵌缝。

④ 工程量计算规则：按设计图示尺寸以面积计算，计量单位 m^2。楼（地）面防水：按主墙间净空面积计算，扣除凸出地面的构筑物、设备基础等所占面积；不扣除间壁墙及单个面积≤0.3m^2 柱、垛、烟囱和孔洞所占面积。楼（地）面防水反边高度≤300mm 按地面防水（010904）计算，反边高度＞300mm 按墙面防水（010903）计算。

（2）楼（地）面涂膜防水（010904002）

① 适用范围：同卷材防水。

② 项目特征：防水膜品种；涂膜厚度遍数；增强材料种类；反边高度。

③ 工作内容：基层处理；刷基层处理剂；铺布、喷涂防水层。

④ 工程量计算规则：按设计图示尺寸以面积计算，计量单位 m^2。楼（地）面防水；按主墙间净空面积计算，扣除凸出地面的构筑物、设备基础等所占面积；不扣除间壁墙及单个面积≤0.3m^2 柱、垛、烟囱和孔洞所占面积。楼（地）面防水反边高度≤300mm 按地面防水（010904）计算，反边高度＞300mm 按墙面防水（010903）计算。

（3）楼（地）面砂浆防水（防潮）（010904003）

① 项目特征：防水层做法；砂浆厚度、配合比；反边高度。

② 工作内容：基层处理；砂浆制作、运输、摊铺、养护。

③ 工程量计算规则：按设计图示尺寸以面积计算，计量单位 m^2。楼（地）面防水，按主墙间净空面积计算，扣除凸出地面的构筑物、设备基础等所占面积；不扣除间壁墙及单个面积≤0.3m^2 柱、垛、烟囱和孔洞所占面积。楼（地）面防水反边高度≤300mm 按地面防水（010904）计算，反边高度＞300mm 按墙面防水（010903）计算。

【例 6.30】 某工程地面和墙身均做 1∶3 水泥砂浆，掺 5%防水粉的防水砂浆防潮层，地面防水反边高度 300mm，门洞口宽 1.2m，如图 6-24 所示。计算地面和墙身防潮层工程量。

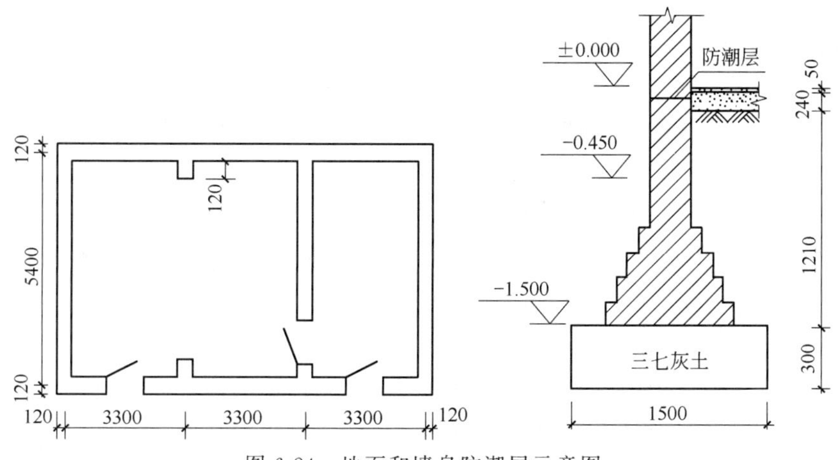

图 6-24　地面和墙身防潮层示意图

解：(1) 水平防潮＝(3.3×3－0.24)×(5.4－0.24)－0.24×(5.4－0.24)＝48.61(m^2)

反边＝[(3.3×3－0.24)×2＋(5.4－0.24)×4＋0.12×4－1.2×4]×0.3＝10.69(m^2)

地面防潮层工程量 48.61＋11.05＝59.66m^2 合并列入 010904003 项目。

(2) 墙基防潮层工程量＝外墙中心线长×宽＋内墙净长×宽＝(3.3×3＋5.4)×2×0.24＋(5.4－0.24)×0.24＋0.12×2×0.24＝8.64(m^2)

本工程量不单独列项，在墙体工程 010401 项目报价中考虑。

【例 6.31】 某工程地面防水示意图如图 6-25 所示，采用抹灰砂浆 5 层防水，地面防水反边高度 300mm，计算其工程量。

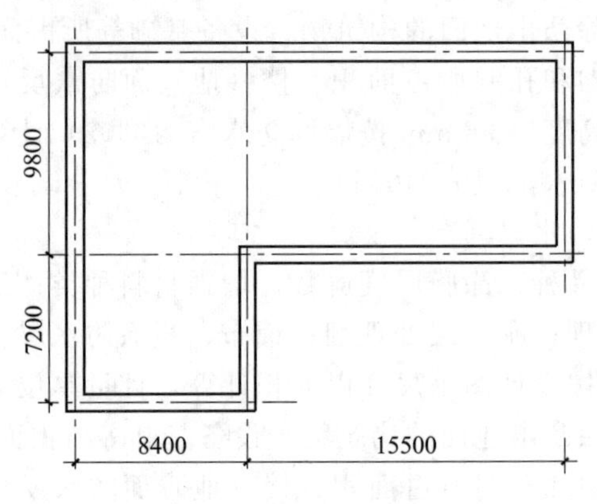

图 6-25 地面防水示意图

解：楼地面砂浆防水工程量＝主墙间净面积＋翻起面积＝[(8.4－0.24)×(7.2＋9.8－0.24)＋15.5×(9.8－0.24)]地面＋[(8.4＋15.5－0.24＋7.2＋9.8－0.24)×2×0.30]反边＝309.19(m^2)

(4) 楼（地）面变形缝（010904004）

① 适用范围：适用于楼地面部位的抗震缝、温度缝、沉降缝的处理。

② 项目特征：嵌缝材料及止水带材料种类；盖缝材料；防护材料种类。

③ 工作内容：同前（010903004）。

④ 工程量计算规则：按设计图示以长度计算，计量单位 m。

(5) 楼（地）面防水、防潮工程工程量计算及报价有关说明

① 楼地面防水找平层按楼地面装饰工程“平面砂浆找平层（011101006）”项目编码列项。

② 楼地面防水搭接及附加层用量不另行计算，在综合单价中考虑。

6.10 保温、隔热、防腐工程（0110）

防腐、隔热、保温工程量清单项目包括保温、隔热（011001）；防腐面层（011002）；其他防腐（011003）。适用于工业与民用建筑的基础、地面、墙面防腐，楼地面、墙体、屋盖的保温隔热工程。

6.10.1 保温、隔热（011001）

保温、隔热项目包括保温隔热屋面（011001001）；保温隔热天棚（011001002）；保温隔热墙面（011001003）；保温柱、梁（011001004）；保温隔热楼地面（011001005）、其他保温隔热（011001006）。

（1）保温隔热屋面（011001001）

① 项目特征：保温隔热材料品种、规格、厚度；隔气层材料品种、厚度；黏结材料种类、做法；防护材料种类、做法。

② 工作内容：基层清理；刷黏结材料；铺粘保温层；铺刷防护材料。

③ 工程量计算规则：按设计图示尺寸以面积计算，计量单位 m^2。扣除面积＞$0.3m^2$ 孔洞及占位面积。

【例 6.32】 计算例 6.28 图 6-22 蛭石块保温层和预制混凝土架空隔热板工程量。

解：（1）水泥蛭石块保温层工程量(011001001)＝保温层长度×宽度＝(30－0.24)×(12－0.24)＋(15－0.24)×(20－12)＝468.06(m^2)

（2）预制混凝土隔热板工程量(010512001)＝长度×宽度×厚度＝[(30－0.24)×(12－0.24)＋(15－0.24)×(20－12)]×0.06＝28.08(m^3)

（2）保温隔热天棚（011001002）

① 项目特征：保温隔热面层材料品种、规格、性能；保温隔热材料品种、规格及厚度；黏结材料种类及做法；防护材料种类及做法。

② 工作内容：基层清理；刷黏结材料；铺粘保温层；铺刷喷防护材料。

③ 工程量计算规则：按设计图示尺寸以面积计算，计量单位 m^2。扣除面积＞$0.3m^2$ 上柱、垛、孔洞所占面积，与天棚相连的梁按展开面积，计算并入天棚工程量内。

【例 6.33】 某屋面顶棚如图 6-26 所示，保温层面采用聚苯乙烯塑料板（1000mm×150mm×50mm），计算顶棚保温隔热面层的工程量。

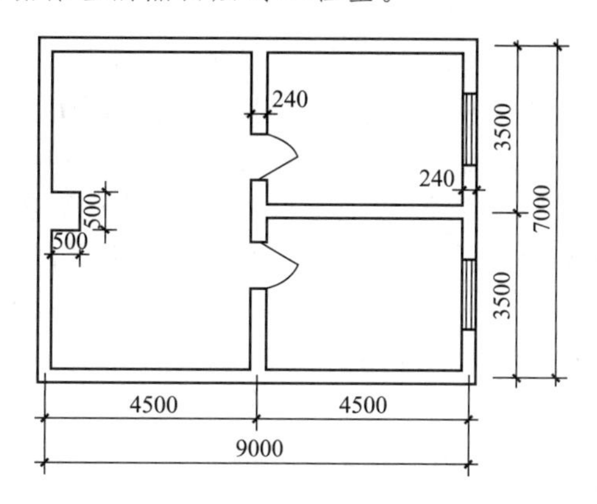

图 6-26　屋面顶棚示意图

解：保温隔热屋面工程量＝房间净面积±增减面积＝(4.5－0.24)×(7.0－0.24)＋(4.5－0.24)×(3.5－0.24)×2＝56.57(m^2)

（3）保温隔热墙面（011001003）

① 项目特征：保温隔热部位；保温隔热方式；踢脚线、勒脚线保温做法；龙骨材料品种、规格；保温隔热面层材料品种、规格、性能；保温隔热材料品种、规格及厚度；增强网及抗裂防水砂浆种类；黏结材料种类及做法；防护材料种类及做法。

② 工作内容：基层清理；刷界面剂；安装龙骨；填贴保温材料；保温板安装；粘贴面层；铺设增强格网、抹抗裂、防水砂浆面层；嵌缝；铺、刷（喷）防护材料。

③ 工程量计算规则：按设计图示尺寸以面积计算，计量单位 m^2。扣除门窗洞口以及面积＞$0.3m^2$ 梁、孔洞所占面积；门窗洞口侧壁以及与墙相连的柱，并入保温墙体工程量内。

（4）保温柱、梁（011001004）

① 项目特征：保温隔热部位；保温隔热方式；踢脚线、勒脚线保温做法；龙骨材料品种、规格；保温隔热面层材料品种、规格、性能；保温隔热材料品种、规格及厚度；增强网及抗裂防水砂浆种类；黏结材料种类及做法；防护材料种类及做法。

② 工作内容：同前（011001003）。

③ 工程量计算规则：按设计图示尺寸以面积计算，计量单位 m^2。柱按设计图示柱断面保温层中心线展开长度乘保温层高度以面积计算，扣除面积＞0.3m^2 梁所占面积；梁按设计图示梁断面保温层中心线展开长度乘保温层长度以面积计算。

(5) 保温隔热楼地面（011001005）

① 项目特征：保温隔热部位；保温隔热材料品种、规格、厚度；隔气层材料品种、厚度；黏结材料种类、做法；防护材料种类、做法。

② 工作内容：基层清理；刷黏结材料；铺粘保温层；铺刷喷防护材料。

③ 工程量计算规则：按设计图示尺寸以面积计算，计量单位 m^2。扣除面积＞0.3m^2 柱、垛、孔洞等所占面积；门洞、空圈、暖气包槽、壁龛的开口部分不增加面积。

(6) 其他保温隔热（011001006）

① 项目特征：保温隔热部位；保温隔热方式；隔气层材料品种、厚度；保温隔热面层材料品种、规格、性能；保温隔热材料品种、规格及厚度；黏结材料种类及做法；增强网及抗裂防水砂浆种类；防护材料种类及做法。

② 工作内容：同前（011001003）。

③ 工程量计算规则：按设计图示尺寸以展开面积计算，计量单位 m^2。扣除面积＞0.3m^2 孔洞及占位面积。

(7) 保温、隔热工程工程量计算及报价有关说明

① 保温隔热装饰面层，应按楼地面装饰工程（0111），墙、柱面装饰与隔断、幕墙工程（0112），天棚工程（0113），油漆、涂料、裱糊工程（0114），其他装饰工程（0115）中相关项目编码列项；仅做找平层按楼地面装饰工程“平面砂浆找平层（011101006）”项目编码列项或墙、柱面装饰与隔断、幕墙工程“立面砂浆找平层（011201004）”项目编码列项。

② 柱帽保温隔热应并入天棚保温隔热工程量内。

③ 池槽保温隔热应按其他保温隔热（011001006）项目编码列项。

④ 保温隔热方式，指内保温、外保温、夹心保温。

⑤ 保温柱、梁适用于不与墙、天棚相连的独立柱、梁。

6.10.2 防腐面层（011002）

防腐面层项目包括防腐混凝土面层（011002001）；防腐砂浆面层（011002002）；防腐胶泥面层（011002003）；玻璃钢防腐面层（011002004）；聚氯乙烯板面层（011002005）；块料防腐面层（011002006）；池、槽块料防腐面层（011002007）。

(1) 防腐混凝土面层（011002001）

① 项目特征：防腐部位；面层厚度；混凝土种类；胶泥种类、配合比。

② 工作内容：基层清理；基层刷稀胶泥；混凝土制作运输、摊铺养护。

③ 工程量计算规则：按设计图示尺寸以面积计算，计量单位 m^2。平面防腐，扣除凸出地面的构筑物、设备基础等以及面积＞0.3m^2 孔洞、柱、垛等所占面积，门洞、空圈、暖气包槽、壁龛的开口部分不增加面积；立面防腐，扣除门、窗、洞口以及面积＞0.3m^2 孔洞、梁所占面积；门、窗洞口侧壁、垛突出部分按展开面积并入墙面积内。

（2）防腐砂浆面层（011002002）

① 项目特征：防腐部位；面层厚度；砂浆、胶泥种类、配合比。

② 工作内容：基层清理；基层刷稀胶泥；砂浆制作运输、摊铺养护。

③ 工程量计算规则：按设计图示尺寸以面积计算，计量单位 m^2。平面防腐，扣除凸出地面的构筑物、设备基础等以及面积＞0.3m^2 孔洞、柱、垛等所占面积；门洞、空圈、暖气包槽、壁龛的开口部分不增加面积。立面防腐，扣除门、窗、洞口以及面积＞0.3m^2 孔洞、梁所占面积；门、窗洞口侧壁、垛突出部分按展开面积并入墙面积内。

【例 6.34】 某仓库地面、踢脚线抹防腐砂浆，厚度 20mm，如图 6-27 所示，门洞侧面宽 0.12m 防腐。计算地面、踢脚线防腐工程量。

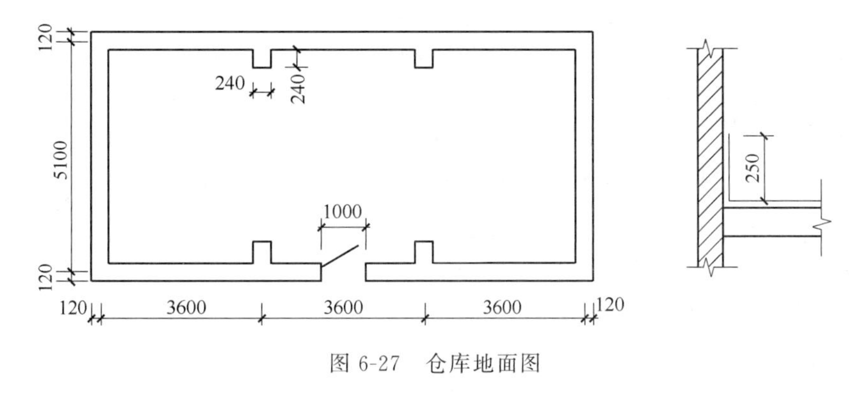

图 6-27　仓库地面图

解：（1）地面防腐工程量＝房间净面积－应扣除面积＝(3.6×3－0.24)×(5.1－0.24)＝51.32(m^2)

（2）踢脚防腐工程量＝(踢脚净长－门宽＋垛侧面)×踢脚净高＝[(3.60×3－0.24＋5.1－0.24)×2－1.0＋0.24×8＋0.12×2]×0.25＝8(m^2)

注：踢脚线防腐不与地面防腐（011002002）合并，另列项目水泥砂浆踢脚线(011105001)。

（3）防腐胶泥面层（011002003）

① 项目特征：防腐部位；面层厚度；胶泥种类、配合比。

② 工作内容：基层清理；胶泥调制、摊铺。

③ 工程量计算规则：按设计图示尺寸以面积计算，计量单位 m^2。平面防腐，扣除凸出地面的构筑物、设备基础等以及面积＞0.3m^2 孔洞、柱、垛等所占面积；门洞、空圈、暖气包槽、壁龛的开口部分不增加面积。立面防腐，扣除门、窗、洞口以及面积＞0.3m^2 孔洞、梁所占面积。门、窗洞口侧壁、垛突出部分按展开面积并入墙面积内。

（4）玻璃钢防腐面层（011002004）

① 适用范围：适用于树脂胶料与增强材料复合而成的玻璃钢防腐面层。

② 项目特征：防腐部位；玻璃钢种类；贴布材料；面层材料。

③ 工作内容：基层清理；底漆、刮腻子；胶浆配制涂刷。

④ 工程量计算规则：按设计图示尺寸以面积计算，计量单位 m^2。平面防腐，扣除凸出地面的构筑物、设备基础等以及面积＞0.3m^2 孔洞、柱、垛等所占面积；门洞、空圈、暖气包槽、壁龛的开口部分不增加面积。立面防腐，扣除门、窗、洞口以及面积＞0.3m^2 孔洞、梁所占面积。门、窗洞口侧壁、垛突出部分按展开面积并入墙面积内。

（5）聚氯乙烯板面层（011002005）

① 项目特征：防腐部位；面层材料品种、厚度；黏结材料种类。

② 工作内容：基层清理；配料、涂胶；聚氯乙烯板铺设。

③ 工程量计算规则：按设计图示尺寸以面积计算，计量单位 m^2。平面防腐，扣除凸出地面的构筑物、设备基础等以及面积＞0.3m^2 孔洞、柱、垛等所占面积；门洞、空圈、暖气包槽、壁龛的开口部分不增加面积。立面防腐，扣除门、窗、洞口以及面积＞0.3m^2 孔洞、梁所占面积。门、窗洞口侧壁、垛突出部分按展开面积并入墙面积内。

(6) 块料防腐面层 (011002006)

① 适用范围：适用于地面、沟槽、基础、踢脚线的各类块料防腐工程。

② 项目特征：防腐部位；块料品种规格；黏结材料；勾缝材料。

③ 工作内容：基层清理；铺贴块料；胶泥调制、勾缝。

④ 工程量计算规则：按设计图示尺寸以面积计算，计量单位 m^2。平面防腐，扣除凸出地面的构筑物、设备基础等以及面积＞0.3m^2 孔洞、柱、垛等所占面积，门洞、空圈、暖气包槽、壁龛的开口部分不增加面积。立面防腐，扣除门、窗、洞口以及面积＞0.3m^2 孔洞、梁所占面积，门、窗洞口侧壁、垛突出部分按展开面积并入墙面积内。

【例 6.35】 某地面如图 6-28 所示，地面及踢脚线采用耐酸块料防腐板 200mm×120mm×50mm，踢脚板高 180mm，厚度为 15mm，M-1 侧壁防腐宽度 120mm，计算其工程量（外墙门洞侧壁防腐按墙厚一半考虑）。

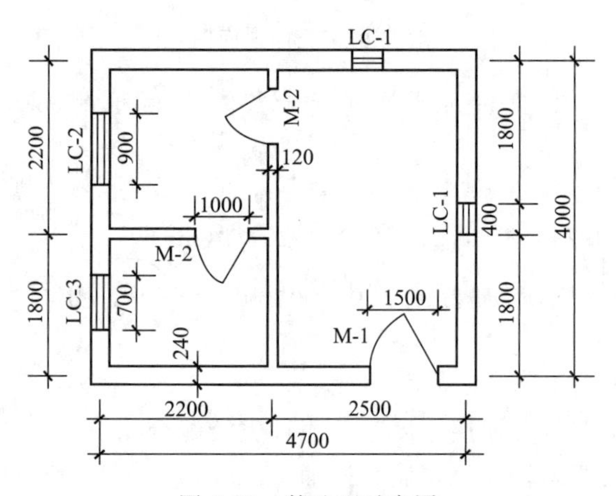

图 6-28　某地面示意图

解：①地面防腐工程量＝房间净面积±增减面积＝(4.7－0.12×2－0.12)×(4.0－0.12×2)－(2.2－0.12－0.06)×0.12)＝16.08(m^2)

注：先做地面防腐后砌间隔墙，不扣除间隔墙所占面积，反之扣除。

② 踢脚防腐工程量＝[(4.7－0.24－0.12)＋(4.0－0.24)＋(4.0－0.24－0.12)＋(2.2－0.18)]×2×0.18＋(0.12×0.18×2 M-1＋0.12×0.18×4 M-2)－(1.5＋1.0×4)洞口×0.18＝4.1(m^2)

(7) 池、槽块料防腐面层 (011002007)

① 项目特征：防腐池、槽名称、代号；块料品种、规格；黏结材料种类；勾缝材料种类。

② 工作内容：基层清理；铺贴块料；胶泥调制、勾缝。

③ 工程量计算规则：按设计图示尺寸以展开面积计算，计量单位 m^2。

(8) 防腐面层工程工程量计算及报价有关说明

防腐踢脚线，应按楼地面装饰工程“踢脚线（011105）”项目编码列项。

6.10.3 其他防腐（011003）

其他防腐项目包括隔离层（011003001）、砌筑沥青浸渍砖（011003002）、防腐涂料（011003003）。

（1）隔离层（011003001）

① 适用范围：适用于楼地面的沥青类、树脂玻璃钢类防腐工程隔离层。

② 项目特征：隔离层部位、品种、做法；粘贴材料种类。

③ 工作内容：基层清理、刷油；煮沥青；胶泥调制；隔离层铺设。

④ 工程量计算规则：按设计图示尺寸以面积计算，计量单位 m^2。平面防腐，扣除凸出地面的构筑物、设备基础等以及面积＞0.3m^2 孔洞、柱、垛等所占面积；门洞、空圈、暖气包槽、壁龛的开口部分不增加面积。立面防腐，扣除门、窗、洞口以及面积＞0.3m^2 孔洞、梁所占面积。门、窗洞口侧壁、垛突出部分按展开面积并入墙面积内。

（2）砌筑沥青浸渍砖（011003002）

① 项目特征：砌筑部位；浸渍砖规格；胶泥种类；浸渍砖砌法。

② 工作内容：基层清理；胶泥调制；浸渍砖铺砌。

③ 工程量计算规则：按设计图示尺寸以体积计算，计量单位 m^3。

（3）防腐涂料（011003003）

① 项目特征：涂刷部位；基层材料；腻子种类遍数；涂料品种遍数。

② 工作内容：基层清理；刮腻子；刷涂料。

③ 工程量计算规则：按设计图示尺寸以面积计算，计量单位 m^2。平面防腐：扣除凸出地面的构筑物、设备基础等以及面积＞0.3m^2 孔洞、柱、垛等所占面积；门洞、空圈、暖气包槽、壁龛的开口部分不增加面积。立面防腐，扣除门、窗、洞口以及面积＞0.3m^2 孔洞、梁所占面积，门、窗洞口侧壁、垛突出部分按展开面积并入墙面积内。

【例 6.36】 某墙面如图 6-29 所示，用过氯乙烯漆耐酸防腐涂料抹灰 30mm 厚，底漆一遍，计算其工程量。

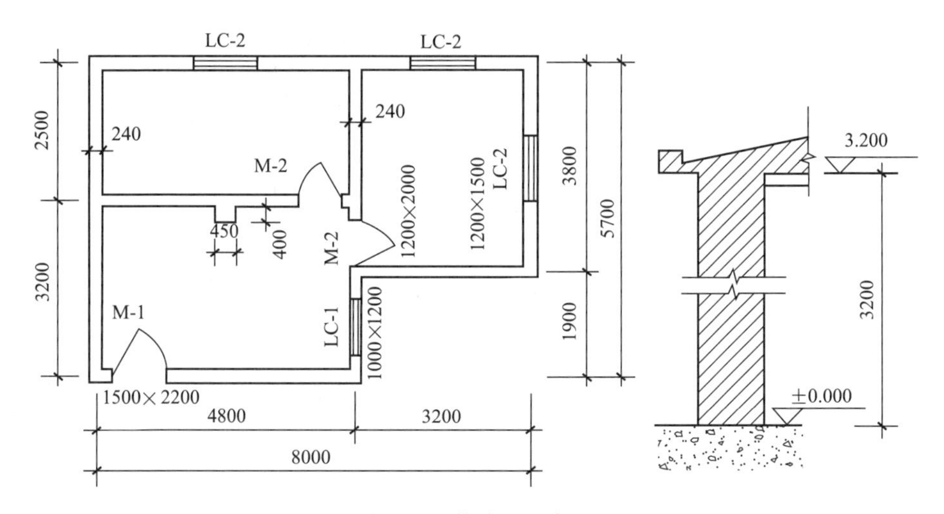

图 6-29 某墙面示意图

解： 墙面防腐工程量＝[(4.8－0.24)×4＋(3.2－0.24)×2＋(2.5－0.24)×2＋(3.2－0.24)×2＋(3.8－0.24)×2]×3.2＋0.4×2×3.2＋0.12×(1.5＋2.2×2)＋0.24×(1.2＋2×

2)×2+(1+1.2)×2×0.12+(1.2+1.5)×2×0.12×3−(1.5×2.2+1.0×1.2+1.2×2.0×4+1.2×1.5×3)=122.24(m^2)

6.11 楼地面装饰工程（0111）

楼地面装饰工程量清单项目包括整体面层及找平层（011101）、块料面层（011102）、橡塑面层（011103）、其他材料面层（011104）、踢脚线（011105）、楼梯面层（011106）、台阶装饰（011107）、零星装饰项目（011108）。适用于楼地面、楼梯、台阶等装饰工程。

6.11.1 整体面层及找平层（011101）

整体面层及找平层项目包括水泥砂浆楼地面（011101001）、现浇水磨石楼地面（011101002）、细石混凝土楼地面（011101003）、菱苦土楼地面（011101004）、自流坪楼地面（011101005）、平面砂浆找平层（011101006）六个清单项目。

（1）水泥砂浆楼地面（011101001）

① 项目特征：找平层厚度、砂浆配合比；素水泥浆遍数；面层厚度、砂浆配合比；面层做法要求。

② 工作内容：基层清理；抹找平层；抹面层；材料运输。

③ 工程量计算规则：按设计图示尺寸以面积计算，计量单位 m^2。扣除凸出地面构筑物、设备基础、室内铁道、地沟等所占面积，不扣除间壁墙及≤0.3m^2 柱、垛、附墙烟囱及孔洞所占面积。门洞、空圈、暖气包槽、壁龛的开口部分不增加面积。

【例 6.37】 如图 6-30 所示，地面作法：25 厚 1∶2 水泥砂浆，素水泥浆一道，65 厚 C15 混凝土垫层，150 厚 3∶7 灰土垫层。计算水泥砂浆地面工程量。

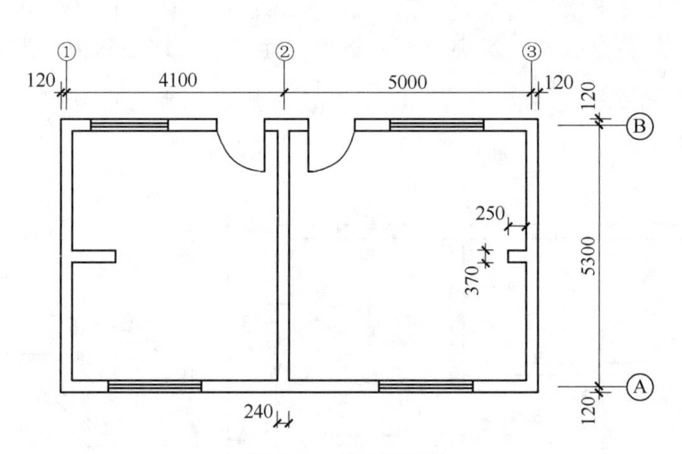

图 6-30 某平面图

解： 地面工程量=[(4.1−0.12×2)+(5−0.12×2)]×(5.3−0.12×2)=43.62(m^2)

【例 6.38】 如图 6-31 所示，某办公楼二层房间（不包括卫生间）及走廊地面为水泥砂浆整体面层，C20 细石混凝土找平，水泥砂浆踢脚线高 0.15m。内外墙厚 240mm。求整体面层工程量。

解： 地面工程量=房间净面积−内墙、卫生间、楼梯间净面积=(3+6+3+3+4+6−0.12×2)×(6−0.12×2)−[(3−0.12×2)+(4−0.12×2)]×(4.5−0.12×2)−[(4.5−0.12×2)×5 内横墙+(0.12+6+3+3+4+6−0.12)B 轴]×0.24=104.45(m^2)

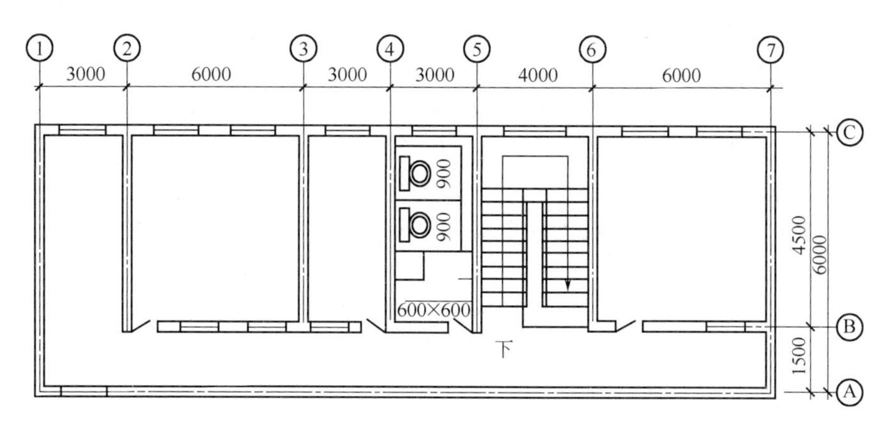

图 6-31 某办公楼二层示意图

注：踢脚线另列项目。

(2) 现浇水磨石楼地面（011101002）

① 项目特征：找平层厚度、砂浆配合比；面层厚度、水泥石子浆配合比；嵌条材料种类、规格；石子种类、规格、颜色；颜料种类、颜色；图案要求；磨光、酸洗、打蜡要求。

② 工作内容：基层清理；抹找平层；面层铺设；嵌缝条安装；磨光、酸洗、打蜡；材料运输。

③ 工程量计算规则：按设计图示尺寸以面积计算，计量单位 m^2。扣除凸出地面构筑物、设备基础、室内铁道、地沟等所占面积，不扣除间壁墙及≤0.3m^2 柱、垛、附墙烟囱及孔洞所占面积。门洞、空圈、暖气包槽、壁龛的开口部分不增加面积。

(3) 细石混凝土楼地面（011101003）

① 项目特征：找平层厚度、砂浆配合比；面层厚度、混凝土强度等级。

② 工作内容：基层清理；抹找平层；面层铺设；材料运输。

③ 工程量计算规则：按设计图示尺寸以面积计算，计量单位 m^2。扣除凸出地面构筑物、设备基础、室内铁道、地沟等所占面积，不扣除间壁墙及≤0.3m^2 柱、垛、附墙烟囱及孔洞所占面积。门洞、空圈、暖气包槽、壁龛的开口部分不增加面积。

(4) 菱苦土楼地面（011101004）

① 项目特征：找平层厚度、砂浆配合比；面层厚度；打蜡要求。

② 工作内容：基层清理；抹找平层；面层铺设；打蜡；材料运输。

③ 工程量计算规则：按设计图示尺寸以面积计算，计量单位 m^2。扣除凸出地面构筑物、设备基础、室内铁道、地沟等所占面积，不扣除间壁墙及≤0.3m^2 柱、垛、附墙烟囱及孔洞所占面积。门洞、空圈、暖气包槽、壁龛的开口部分不增加面积。

(5) 自流坪楼地面（011101005）

① 项目特征：找平层砂浆配合比、厚度；界面剂材料种类；中层漆材料种类、厚度；面漆材料种类、厚度；面层材料种类。

② 工作内容：基层处理；抹找平层；涂界面剂；涂刷中层漆；打磨、吸尘；镘自流平面漆（浆）；拌合自流平浆料；铺面层。

③ 工程量计算规则：按设计图示尺寸以面积计算，计量单位 m^2。扣除凸出地面构筑物、设备基础、室内铁道、地沟等所占面积，不扣除间壁墙及≤0.3m^2 柱、垛、附墙烟囱及孔洞所占面积。门洞、空圈、暖气包槽、壁龛的开口部分不增加面积。

(6) 平面砂浆找平层（011101006）

① 项目特征：找平层厚度、砂浆配合比。

② 工作内容：基层清理；抹找平层；材料运输。

③ 工程量计算规则：按设计图示尺寸以面积计算，计量单位 m^2。

(7) 整体面层及找平层工程工程量计算及报价有关说明

① 水泥砂浆面层处理是拉毛还是提浆压光应在面层做法要求中描述。

② 平面砂浆找平层只适用于仅做找平层的平面抹灰。

③ 间壁墙指墙厚≤120mm 的墙。

④ 楼地面混凝土垫层另按垫层项目编码列项，除混凝土外的其他材料垫层按垫层(010404001) 项目编码列项。

6.11.2　块料面层 (011102)

块料面层包括石材楼地面 (011102001)、碎石材楼地面 (011102002)、块料楼地面 (011102003) 三个项目。

① 项目特征：找平层厚度、砂浆配合比；结合层厚度；面层材料品种、规格、颜色；嵌缝材料种类；防护层材料种类；酸洗、打蜡要求。

② 工作内容：基层清理；抹找平层；面层铺设、磨边；嵌缝；刷防护材料；酸洗、打蜡；材料运输。

③ 工程量计算规则：按设计图示尺寸以面积计算，计量单位 m^2。门洞、空圈、暖气包槽、壁龛的开口部分并入相应的工程量内。

④ 块料面层工程工程量计算及报价有关说明：

a. 在描述碎石材项目的面层材料特征时可不用描述规格、颜色；

b. 结合面刷防渗材料的种类在防护层材料种类中描述；

c. 块料面层项目工作内容中的磨边指施工现场磨边，后面章节工作内容中涉及的磨边的含义同。

【例 6.39】 计算图 6-32 所示房屋的花岗岩地面面层工程量。

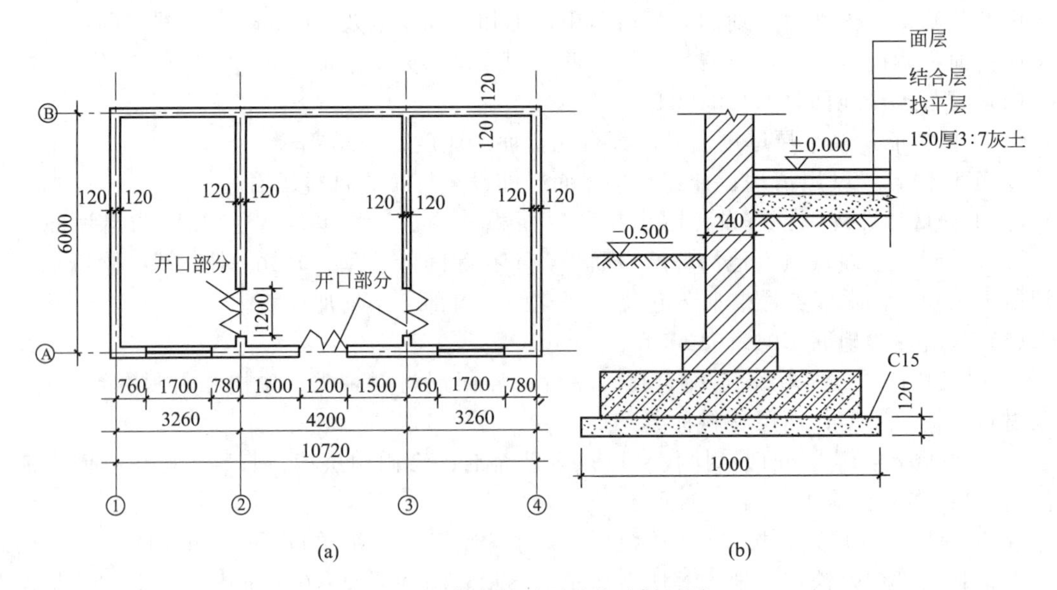

图 6-32　某房屋平面及基础剖面图

解： 花岗岩地面工程量＝实铺面积＝主墙间净面积＋门洞口部分面积＝[(3.26－0.24)×

$2+(4.2-0.24)]\times(6.0-0.24)+1.2\times0.24\times3=58.46(m^2)$

6.11.3 橡塑面层 (011103)

橡塑面层包括橡胶板楼地面 (011103001)、橡胶板卷材楼地面 (011103002)、塑料板楼地面 (011103003)、塑料卷材楼地面 (011103004) 四个清单项目。

① 项目特征：黏结层厚度、材料种类；面层材料品种、规格、颜色；压线条种类。

② 工作内容：基层清理；面层铺贴；压缝条装钉；材料运输。

③ 工程量计算规则：按设计图示尺寸以面积计算，计量单位 m^2。门洞、空圈、暖气包槽、壁龛的开口部分并入相应的工程量内。

注： 橡塑面层项目如涉及找平层，另按找平层 (011101006) 项目编码列项。

6.11.4 其他材料面层 (011104)

其他材料面层包括地毯楼地面 (011104001)；竹、木（复合）地板 (011104002)；金属复合地板 (011104003)；防静电活动地板 (011104004) 四个清单项目。

(1) 地毯楼地面 (011104001)

① 项目特征：面层材料品种、规格、颜色；防护材料种类；黏结材料种类；压线条种类。

② 工作内容：基层清理；铺面层；刷防护材料；装订压条；材料运输。

③ 工程量计算规则：按设计图示尺寸以面积计算，计量单位 m^2。门洞、空圈、暖气包槽、壁龛的开口部分并入相应的工程量内。

(2) 竹、木（复合）地板 (011104002)、金属复合地板 (011104003)

① 项目特征：龙骨材料种类、规格、铺设间距；基层材料种类、规格；面层材料品种、规格、颜色；防护材料种类。

② 工作内容：基层清理；龙骨、基层及面层铺设；刷防护材料。

③ 工程量计算规则：按设计图示尺寸以面积计算，计量单位 m^2。门洞、空圈、暖气包槽、壁龛的开口部分并入相应的工程量内。

【例 6.40】 如图 6-33 所示，M_1：0.8m×2.1m，M_2：1.5m×2.1m，台阶上的 M_2 居中砌筑，求房间及走廊地面铺贴复合木地板面层工程量。

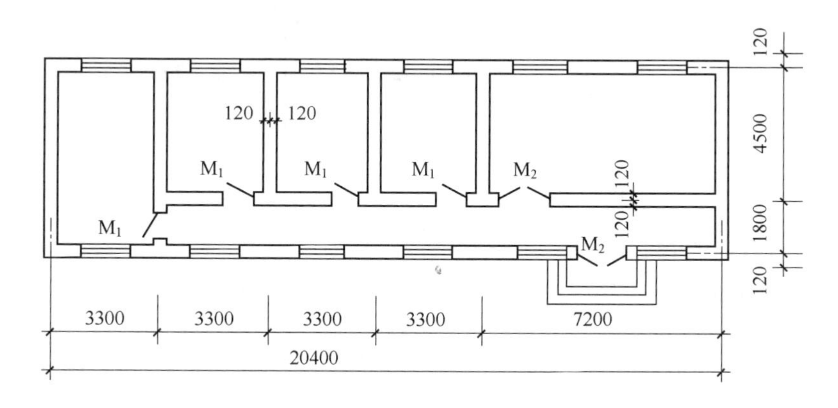

图 6-33　某建筑平面示意图

解： 木地板工程量＝房间净面积－内墙所占面积＋门窗洞口所占面积$=(20.4-0.12\times2)\times(6.3-0.12\times2)-[(4.5+1.8-0.12\times2)+(4.5-0.12\times2)\times3+(3.3+3.3+3.3+7.2-0.12\times2)]\times0.24+(0.8\times0.24\times4+1.5\times0.24+1.5\times0.12)=114.91(m^2)$

（3）防静电活动地板（011104004）

① 项目特征：支架高度、材料种类；面层材料品种、规格、颜色；防护材料种类。

② 工作内容：基层清理；固定支架安装；活动面层安装；刷防护材料。

③ 工程量计算规则：按设计图示尺寸以面积计算，计量单位 m^2。门洞、空圈、暖气包槽、壁龛的开口部分并入相应的工程量内。

6.11.5 踢脚线（011105）

踢脚线包括水泥砂浆踢脚线（011105001）、石材踢脚线（011105002）、块料踢脚线（011105003）、塑料板踢脚线（011105004）、木质踢脚线（011105005）、金属踢脚线（011105006）、防静电踢脚线（011105007）七个项目。

（1）水泥砂浆踢脚线（011105001）

① 项目特征：踢脚线高度；底层、面层厚度、砂浆配合比。

② 工作内容：基层清理；底层和面层抹灰；材料运输。

③ 工程量计算规则：a. 按设计图示长度乘高度以面积计算，计量单位 m^2；b. 按延长米计算，计算单位 m。

（2）石材踢脚线（011105002）、块料踢脚线（011105003）

① 项目特征：踢脚线高度；粘贴层厚度、材料种类；面层材料品种、规格、颜色；防护材料种类。

② 工作内容：基层清理；底层抹灰；面层铺贴、磨边；擦缝；磨光、酸洗、打蜡；刷防护材料；材料运输。

③ 工程量计算规则：a. 按设计图示长度乘高度以面积计算，计量单位 m^2；b. 按延长米计算，计算单位 m。

【例 6.41】 已知某房屋平面如图 6-34 所示，室内水泥砂浆粘贴 180mm 高石材踢脚板，试计算其工程量。

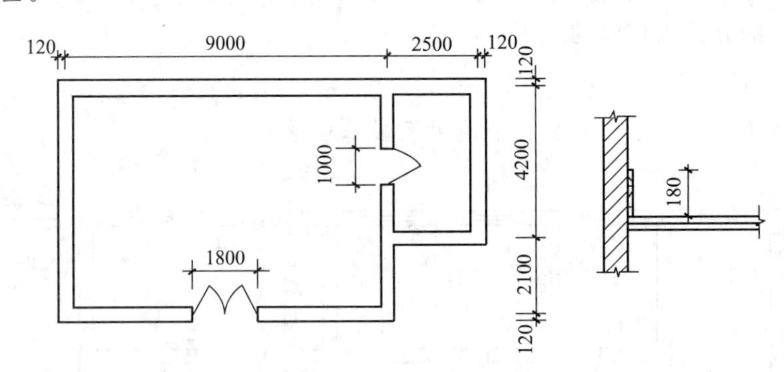

图 6-34 某房屋平面

解： 石材踢脚线工程量＝踢脚线净长度×高度＝[(9.0－0.24＋6.30－0.24)×2＋(4.20－0.24＋2.50－0.24)×2－1.80－1.00×2＋0.12×6]×0.18＝7.02(m^2)

（3）塑料板踢脚线（011105004）

① 项目特征：踢脚线高度；粘贴层材料；面层材料种类规格、颜色。

② 工作内容：基层清理；基层铺贴；面层铺贴；材料运输。

③ 工程量计算规则：a. 按设计图示长度乘高度以面积计算，计量单位 m^2；b. 按延长米计算，计算单位 m。

（4）木质踢脚线（011105005）、金属踢脚线（011105006）、防静电踢脚线（011105007）

① 项目特征：踢脚线高度；基层材料种类、规格；面层材料颜色。

② 工作内容：清理基层；基层铺贴；面层铺贴；材料运输。

③ 工程量计算规则：a. 按设计图示长度乘高度以面积计算，计量单位 m^2；b. 按延长米计算，计算单位 m。

注： 块料与黏结材料的结合面刷防渗材料的种类在防护材料种类中描述。

【例 6.42】 某建筑物平面图如图 6-35 所示，若地面分别为水泥砂浆和木地板楼地面，外墙门洞处木地板宽度 0.12m，试计算地面工程量。若室内贴 150mm 高的木质踢脚线，试计算其工程量。门窗尺寸见表 6-5。

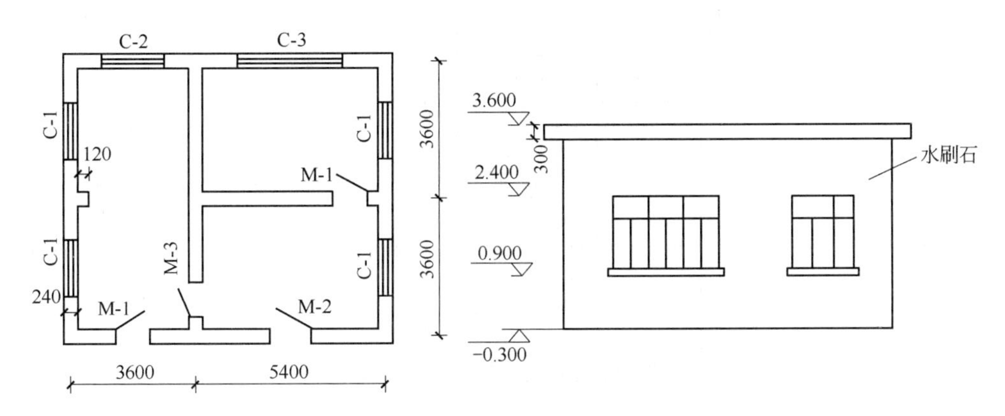

图 6-35　平面、立面图

表 6-5　门窗表

M-1	1000mm×2000mm	C-1	1500mm×1500mm
M-2	1200mm×2000mm	C-2	1800mm×1500mm
M-3	900mm×2400mm	C-3	3000mm×1500mm

解：(1) 水泥砂浆地面工程量＝主墙间净面积－构筑物面积＝(3.6－0.24)×(3.6＋3.6－0.24)＋(5.4－0.24)×(3.6＋3.6－0.24×2)＝58.06(m^2)

(2) 木地板工程量＝主墙间净面积－构筑物面积＋门洞开口部分＝(3.6－0.24)×(3.6＋3.6－0.24)＋(5.4－0.24)×(3.6＋3.6－0.24×2)＋(1×0.24) 内墙 M1＋(1×0.12) 外墙 M1＋1.2×0.12M2＋0.9×0.24M3－0.12×0.24 垛＝58.75(m^2)

(3) 木质踢脚线工程量＝踢脚线净长度×高度＝[(3.6－0.24＋3.6×2－0.24)×2＋(5.4－0.24＋3.6－0.24)×2×2－1×3 M1 －1.2 M2 －0.9×2 M3 ＋0.12×2×6 门侧面 ＋0.12×2 垛侧面]×0.15＝7.56(m^2)

6.11.6　楼梯面层 (011106)

楼梯面层包括石材楼梯面层 (011106001)、块料楼梯面层 (011106002)、拼碎块料面层 (011106003)、水泥砂浆楼梯面层 (011106004)、现浇水磨石楼梯面层 (011106005)、地毯楼梯面层 (011106006)、木板楼梯面层 (011106007)、橡胶板楼梯面层 (011106008)、塑料板楼梯面层 (011106009) 九个项目。

(1) 石材楼梯面层 (011106001)、块料楼梯面层 (011106002)、拼碎块料面层 (011106003)

① 项目特征：找平层厚度、砂浆配合比；黏结层厚度、材料种类；面层材料品种、规格、颜色；防滑条材料种类、规格；勾缝材料种类；防护材料种类；酸洗、打蜡要求。

② 工作内容：基层清理；抹找平层；面层铺贴、磨边；贴嵌防滑条；勾缝；刷防护材料；酸洗、打蜡；材料运输。

③ 工程量计算规则：按设计图示尺寸以楼梯（包括踏步、休息平台及≤500mm的楼梯井）水平投影面积计算，计量单位 m^2。楼梯与楼地面相连时，算至梯口梁内侧边沿；无梯口梁者，算至最上一层踏步边沿加300mm。

【例6.43】 某楼梯如图6-36所示，墙厚240mm，楼梯面层铺花岗岩石板，水泥砂浆粘贴。计算石材楼梯面层工程量。

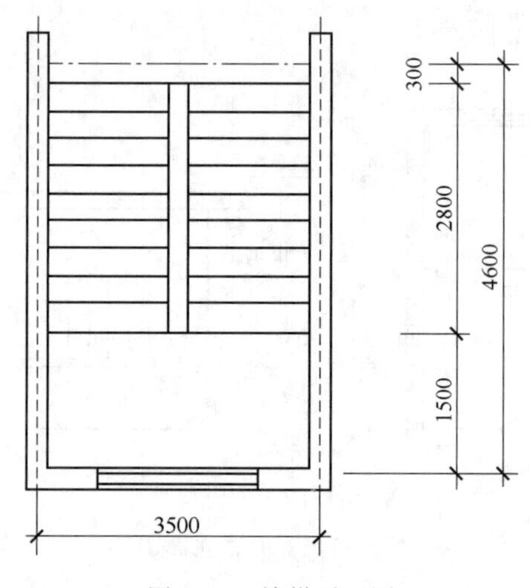

图6-36　楼梯平面图

解： 石材楼梯面层工程量＝楼梯水平投影面积＝(3.5－0.24)×(1.5－0.12＋2.8＋0.3)＝14.60(m^2)

(2) 水泥砂浆楼梯面层（011106004）

① 项目特征：找平层厚度、砂浆配合比；面层厚度、砂浆配合比；防滑条材料种类、规格。

② 工作内容：基层清理；抹找平层；抹面层；抹防滑条；材料运输。

③ 工程量计算规则：按设计图示尺寸以楼梯（包括踏步、休息平台及≤500mm的楼梯井）水平投影面积计算，计量单位 m^2。楼梯与楼地面相连时，算至梯口梁内侧边沿；无梯口梁者，算至最上一层踏步边沿加300mm。

(3) 现浇水磨石楼梯面层（011106005）

① 项目特征：找平层厚度、砂浆配合比；面层厚度、水泥石子浆配合比；防滑条材料种类、规格；石子种类、规格、颜色；颜料种类、颜色；磨光、酸洗、打蜡要求。

② 工作内容：基层清理；抹找平层；抹面层；贴嵌防滑条；磨光、酸洗、打蜡；材料运输。

③ 工程量计算规则：按设计图示尺寸以楼梯（包括踏步、休息平台及≤500mm的楼梯井）水平投影面积计算，计量单位 m^2。楼梯与楼地面相连时，算至梯口梁内侧边沿；无梯口梁者，算至最上一层踏步边沿加300mm。

【例6.44】 某工程现浇钢筋混凝土楼梯做水磨石面层，墙厚均为240mm，如图6-37所示。地面做法为：1∶3水泥砂浆找平层，厚15mm；1∶2白水泥石子浆面层，厚20mm，贴嵌钢防滑条。计算清单项目工程量。

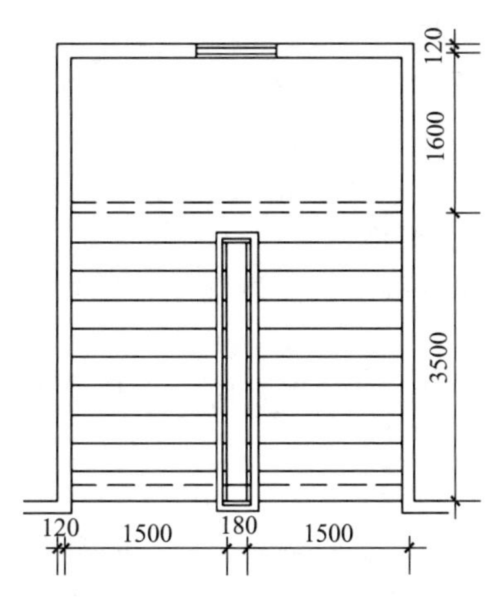

图 6-37 楼梯平面示意图

解： 现浇水磨石楼梯面层工程量＝楼梯水平投影面积＝(1.60＋3.5－0.12)×(1.5＋0.18＋1.5－0.24)＝14.64(m^2)

(4) 地毯楼梯面层 (011106006)

① 项目特征：基层种类；面层材料品种、规格、颜色；防护材料种类；黏结材料种类；固定配件种类、规格。

② 工作内容：基层清理；铺贴面层；固定配件安装；刷防护材料。

③ 工程量计算规则：按设计图示尺寸以楼梯（包括踏步、休息平台及≤500mm 的楼梯井）水平投影面积计算，计量单位 m^2。楼梯与楼地面相连时，算至梯口梁内侧边沿；无梯口梁者，算至最上一层踏步边沿加 300mm。

(5) 木板楼梯面层 (011106007)

① 项目特征：基层材料种类、规格；面层材料品种、规格、颜色；黏结材料种类；防护材料种类。

② 工作内容：基层清理；基层面层铺贴；刷防护材料；材料运输。

③ 工程量计算规则：按设计图示尺寸以楼梯（包括踏步、休息平台及≤500mm 的楼梯井）水平投影面积计算，计量单位 m^2。楼梯与楼地面相连时，算至梯口梁内侧边沿；无梯口梁者，算至最上一层踏步边沿加 300mm。

(6) 橡胶板楼梯面层 (011106008)、塑料板楼梯面层 (011106009)

① 项目特征：黏结层厚度、材料种类；面层材料品种、规格、颜色；压线条种类。

② 工作内容：基层清理；面层铺贴；压缝条装钉；材料运输。

③ 工程量计算规则：按设计图示尺寸以楼梯（包括踏步、休息平台及≤500mm 的楼梯井）水平投影面积计算，计量单位 m^2。楼梯与楼地面相连时，算至梯口梁内侧边沿；无梯口梁者，算至最上一层踏步边沿加 300mm。

(7) 块料面层工程工程量计算及报价有关说明

① 在描述碎石材项目的面层材料特征时可不用描述规格、颜色。

② 块料与黏结材料的结合面刷防渗材料种类在防护材料种类中描述。

6.11.7 台阶装饰 (011107)

台阶装饰项目包括石材台阶面 (011107001)、块料台阶面 (011107002)、拼碎块料台阶面 (011107003)、水泥砂浆台阶面 (011107004)、现浇水磨石台阶面 (011107005)、剁假石台阶面（011107006）六个清单项目。

（1）石材台阶面（011107001）、块料台阶面（011107002）、拼碎块料台阶面（011107003）

① 项目特征：找平层厚度、砂浆配合比；黏结材料种类；面层材料品种、规格、颜色；勾缝材料种类；防滑条材料种类、规格；防护材料种类。

② 工作内容：基层清理；抹找平层；面层铺贴；贴嵌防滑条；勾缝；刷防护材料；材料运输。

③ 工程量计算规则：按设计图示尺寸以台阶（包括最上层踏步边沿加300mm）水平投影面积计算，计量单位 m^2。

（2）水泥砂浆台阶面（011107004）

① 项目特征：找平层及面层厚度、砂浆配合比；防滑条材料种类。

② 工作内容：基层清理；抹找平层；抹面层；抹防滑条；材料运输。

③ 工程量计算规则：按设计图示尺寸以台阶（包括最上层踏步边沿加300mm）水平投影面积计算，计量单位 m^2。

（3）现浇水磨石台阶面（011107005）

① 项目特征：找平层厚度、砂浆配合比；面层厚度、水泥石子浆配合比；防滑条材料种类、规格；石子种类、规格、颜色；颜料种类、颜色；磨光、酸洗、打蜡要求。

② 工作内容：清理基层；抹找平层；抹面层；贴嵌防滑条；打磨、酸洗、打蜡；材料运输。

③ 工程量计算规则：按设计图示尺寸以台阶（包括最上层踏步边沿加300mm）水平投影面积计算，计量单位 m^2。

【例 6.45】 某建筑物入口台阶如图 6-38 所示，试计算现浇水磨石台阶面层的工程量。

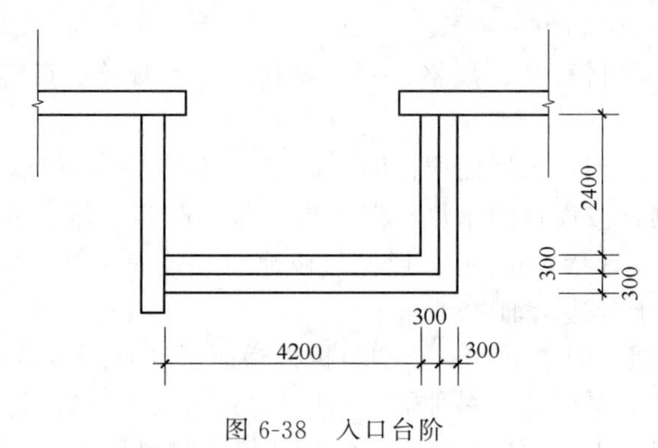

图 6-38 入口台阶

解： 现浇水磨石台阶面层工程量＝水平投影面积＝$(4.2+0.3\times2)\times(2.4+0.3\times2)-(4.2-0.3)\times(2.4-0.3)=6.21(m^2)$

（4）剁假石台阶面（011107006）

① 项目特征：找平层及面层厚度、砂浆配合比；剁假石要求。

② 工作内容：清理基层；抹找平层；抹面层；剁假石；材料运输。

③ 工程量计算规则：按设计图示尺寸以台阶（包括最上层踏步边沿加300mm）水平投影面积计算，计量单位 m^2。

（5）台阶装饰工程工程量计算及报价有关说明

① 在描述碎石材项目的面层材料特征时可不用描述规格、颜色。

② 块料与黏结材料的结合面刷防渗材料种类在防护材料种类中描述。

6.11.8　零星装饰项目（011108）

零星装饰项目包括石材零星项目（011108001）、拼碎石材零星项目（011108002）、块料零星项目（011108003）、水泥砂浆零星项目（011108004）。

（1）石材零星项目（011108001）、拼碎石材零星项目（011108002）、块料零星项目（011108003）

① 项目特征：同前。

② 工作内容：同前。

③ 工程量计算规则：按设计图示尺寸以面积计算，计量单位 m^2。

（2）水泥砂浆零星项目（011108004）

① 项目特征：同前。

② 工作内容：清理基层；抹找平层；抹面层；材料运输。

③ 工程量计算规则：按设计图示尺寸以面积计算，计量单位 m^2。

（3）零星装饰项目工程工程量计算及报价有关说明

① 楼梯、台阶牵边和侧面镶贴块料面层，不大于 $0.5m^2$ 的少量分散的楼地面镶贴块料面层，应按零星装饰项目（011108）执行。

② 块料与黏结材料的结合面刷防渗材料种类在防护材料种类中描述。

6.12　墙、柱面装饰与隔断、幕墙工程（0112）

墙、柱面装饰与隔断、幕墙工程工程量清单项目包括墙面抹灰（011201）、柱（梁）面抹灰（011202）、零星抹灰（011203）、墙面块料面层（011204）、柱（梁）面镶贴块料（011205）、镶贴零星块料（011206）、墙饰面（011207）、柱（梁）饰面（011208）、幕墙工程（011209）、隔断（011210）。

6.12.1　墙面抹灰（011201）

墙面抹灰工程包括墙面一般抹灰（011201001）、墙面装饰抹灰（011201002）、墙面勾缝（011201003）、立面砂浆找平层（011201004）。

（1）墙面一般抹灰（011201001）、墙面装饰抹灰（011201002）

① 项目特征：墙体类型；底层厚度、砂浆配合比；面层厚度、砂浆配合比；装饰面材料种类；分格缝宽度、材料种类。

② 工作内容：基层清理；砂浆制作、运输；底层抹灰；抹面层；抹装饰面；勾分格缝。

③ 工程量计算规则：按设计图示尺寸以面积计算，计量单位 m^2。扣除墙裙、门窗洞口及单个 $>0.3m^2$ 的孔洞面积；不扣除踢脚线、挂镜线和墙与构件端头交接处的面积；门窗洞口和孔洞的侧壁及顶面不增加面积；附墙柱、梁、垛、烟囱侧壁并入相应的墙面面积内。其中，外墙抹灰面积按外墙垂直投影面积计算；外墙裙抹灰面积按其长度乘以高度计算。

内墙抹灰面积按主墙间的净长乘以高度计算。无墙裙的，高度按室内楼地面至天棚底面计算；有墙裙的，高度按墙裙顶至天棚底面计算；有吊顶天棚抹灰，高度算至天棚底。内墙裙抹灰面积按内墙净长乘以高度计算。

【例 6.46】 某工程如图 6-39 所示，室内墙面抹 1∶2 水泥砂浆底，1∶3 石灰砂浆找平层，麻刀石灰浆面层，共 30mm 厚。室内墙裙采用水泥砂浆打底（20mm 厚），1∶2.5 水泥砂浆面层（5mm 厚），计算室内墙面一般抹灰工程量。M：900mm×3000mm。C：1200mm×

2100mm，窗台高 1m。

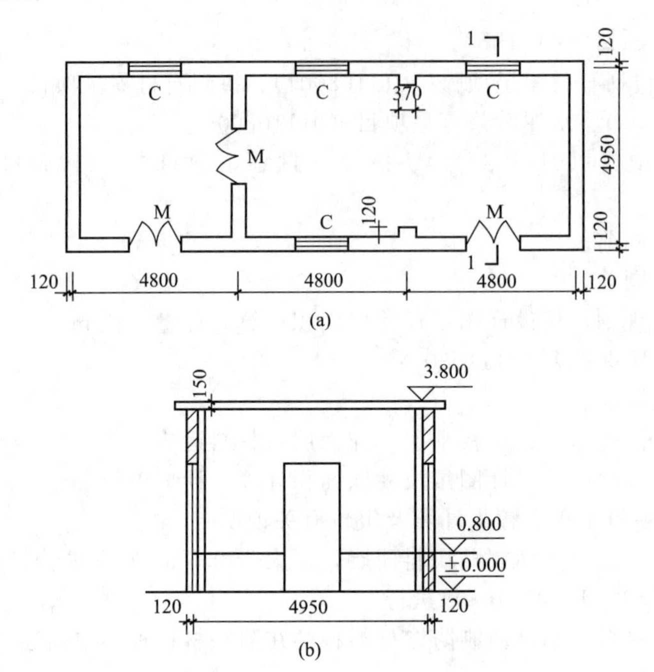

图 6-39 某工程平、剖面示意图

解： 墙面一般抹灰工程量＝主墙间净长×墙高＋垛的侧面积－门窗面积＝[(4.80×3－0.24×2＋0.12 垛侧面×2)×2＋(4.95－0.24)×4]×(3.80－0.15－0.80)－0.9×(3.0－0.80)×4－1.2×2.1×4＝116.41(m^2)

(2) 墙面勾缝 (011201003)

① 项目特征：勾缝类型；勾缝材料种类。

② 工作内容：基层清理；砂浆制作、运输；勾缝。

③ 工程量计算规则：按设计图示尺寸以面积计算，计量单位 m^2，其余同上 (011201001)。

(3) 立面砂浆找平层 (011201004)

① 适用范围：立面砂浆找平项目适用于仅作找平层的立面抹灰。

② 项目特征：基层类型；找平层砂浆厚度、配合比。

③ 工作内容：基层清理；砂浆制作、运输；抹灰找平。

④ 工程量计算规则：按设计图示尺寸以面积计算，计量单位 m^2，其余同上 (011201001)。

(4) 墙面抹灰工程工程量计算及报价有关说明

① 墙面抹石灰砂浆、水泥砂浆、混合砂浆、聚合物水泥砂浆、麻刀石灰浆、石膏灰浆等按墙面抹灰项目中墙面一般抹灰 (011201001) 列项；墙面水刷石、斩假石、干粘石、假面砖等按墙面抹灰项目中墙面装饰抹灰 (011201002) 列项。

② 飘窗凸出外墙面增加的抹灰并入外墙工程量内。

③ 有吊顶天棚的内墙面抹灰，抹至吊顶以上部分在综合单价中考虑。

6.12.2 柱 (梁) 面抹灰 (011202)

柱 (梁) 面抹灰工程包括柱、梁面一般抹灰 (011202001)；柱、梁面装饰抹灰

(011202002)；柱、梁面砂浆找平（011202003)；柱面勾缝（011202004)。

（1）柱、梁面一般抹灰（011202001)；柱、梁面装饰抹灰（011202002)

① 项目特征：柱（梁）体类型；底层厚度、砂浆配合比；面层厚度、砂浆配合比；装饰面材料种类；分格缝宽度、材料种类。

② 工作内容：基层清理；砂浆制作、运输；底层面层抹灰，勾分格缝。

③ 工程量计算规则：a. 柱面抹灰：按设计图示柱断面周长乘高度以面积计算，计量单位 m^2；b. 梁面抹灰：按设计图示梁断面周长乘长度以面积计算，计量单位 m^2。

（2）柱、梁面砂浆找平（011202003)

① 项目特征：柱（梁）体类型；找平的砂浆厚度、配合比。

② 工作内容：基层清理；砂浆制作、运输；抹灰找平。

③ 工程量计算规则：a. 柱面抹灰：按设计图示柱断面周长乘高度以面积计算，计量单位 m^2；b. 梁面抹灰：按设计图示梁断面周长乘长度以面积计算，计量单位 m^2。

（3）柱面勾缝（011202004)

① 项目特征：勾缝类型；勾缝材料种类。

② 工作内容：基层清理；砂浆制作、运输；勾缝。

③ 工程量计算规则：按设计柱断面周长乘长度以面积计算，单位 m^2。

（4）柱（梁）面抹灰工程工程量计算及报价有关说明

① 砂浆找平项目适用于仅做找平层的柱（梁）面抹灰。

② 柱（梁）面抹石灰砂浆、水泥砂浆、混合砂浆、聚合物水泥砂浆、麻刀石灰浆、石膏灰浆等按柱（梁）面抹灰项目中柱（梁）面一般抹灰（011202001）编码列项；柱（梁）面水刷石、斩假石、干粘石、假面砖等按柱（梁）面抹灰项目中柱（梁）面装饰抹灰（011202002）项目编码列项。

6.12.3 零星抹灰（011203)

零星抹灰工程包括零星项目一般抹灰（011203001)、零星项目装饰抹灰（011203002)、零星项目砂浆找平（011203003)。

（1）零星项目一般抹灰（011203001)、零星项目装饰抹灰（011203002)

① 项目特征：基层类型、部位；底层厚度、砂浆配合比；面层厚度、砂浆配合比；装饰面材料种类；分格缝宽度、材料种类。

② 工作内容：同前。

③ 工程量计算规则：按设计图示尺寸以面积计算，计量单位 m^2。

（2）零星项目砂浆找平（011203003)

① 项目特征：基层类型、部位；找平的砂浆厚度、配合比。

② 工作内容：基层清理；砂浆制作、运输；抹灰找平。

③ 工程量计算规则：按设计图示尺寸以面积计算，计量单位 m^2。

（3）零星抹灰工程工程量计算及报价有关说明

① 零星项目抹石灰砂浆、水泥砂浆、混合砂浆、聚合物水泥砂浆、麻刀石灰浆、石膏灰浆等零星抹灰项目中零星项目一般抹灰（011203001）编码列项；水刷石、斩假石、干粘石、假面砖等按零星抹灰项目中零星项目装饰抹灰（011203002）项目编码列项。

② 墙、柱（梁）面$\leqslant 0.5m^2$ 的少量分散的抹灰按零星抹灰项目（011203）编码列项。

6.12.4 墙面块料面层（011204)

墙面块料面层包括石材墙面（011204001)、拼碎石材墙面（011204002)、块料墙面

(011204003)、干挂石材钢骨架 (011204004)。

(1) 石材墙面 (011204001)、拼碎石材墙面 (011204002)、块料墙面 (011204003)

① 项目特征：墙体类型；安装方式；面层材料品种、规格、颜色；缝宽、嵌缝材料种类；防护材料种类；磨光、酸洗、打蜡要求。

② 工作内容：基层清理；砂浆制作、运输；黏结层铺贴；面层安装；嵌缝；刷防护材料；磨光、酸洗、打蜡。

③ 工程量计算规则：按镶贴表面积计算，计量单位 m^2。

【例 6.47】 某卫生间的一侧墙如图 6-40 所示，墙面贴 2.4m 高的白色瓷砖，窗侧壁贴瓷砖宽 120mm，试计算贴瓷砖的工程量。

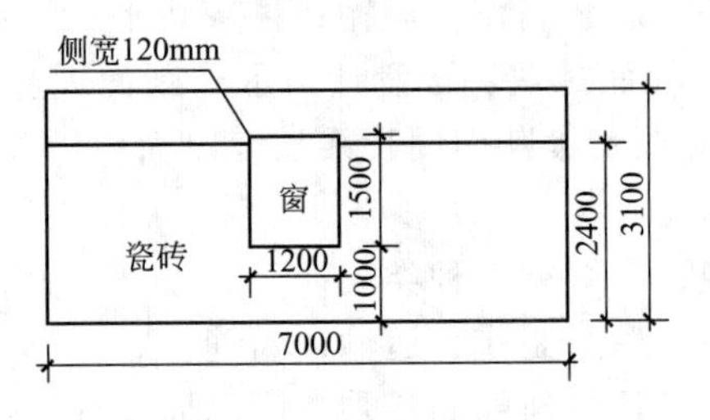

图 6-40 某工程平面

解： 贴瓷砖工程量=主墙间净长×墙高－门窗面积＋门窗侧面积=7.0×2.4－1.2×(2.4－1.0)＋[(2.4－1.0)×2＋1.2]×0.12 窗侧面=15.6(m^2)

【例 6.48】 如图 6-41 所示，外墙门窗外侧面宽 120mm，不考虑台阶。计算外墙及挑檐立面贴外墙面砖的工程量。

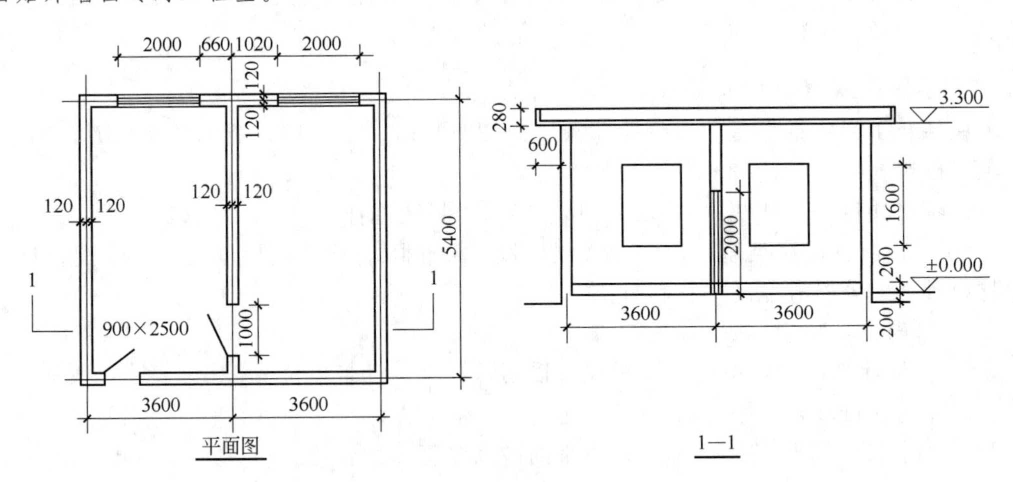

图 6-41 某房屋平、剖面图

解： 块料墙面工程量=外墙贴砖量＋门窗侧面贴砖量=(7.2＋0.24＋5.4＋0.24)×2×(3.3＋0.2)－0.9×2.5－2×1.6×2＋[(2.5×2＋0.9)＋(2＋1.6)×2×2]×0.12=85.35(m^2)

挑檐立面贴砖量=(7.2＋0.24＋1.2＋5.4＋0.24＋1.2)×2×0.28=8.67(m^2)

(2) 干挂石材钢骨架 (011204004)

① 项目特征：骨架种类、规格；防锈漆品种遍数。

② 工作内容：骨架制作、运输、安装；刷漆。

③ 工程量计算规则：按设计图示以质量计算，计量单位 t。

（3）墙面块料面层工程工程量计算及报价有关说明

① 在描述碎块项目的面层材料特征时可不用描述规格、颜色。

② 安装方式可描述为砂浆或黏结剂粘贴、挂贴、干挂等，不论哪种安装方式，都要详细描述与组价相关的内容。

6.12.5 柱（梁）面镶贴块料（011205）

柱（梁）面镶贴块料包括石材柱面（011205001）、块料柱面（011205002）、拼碎块柱面（011205003）、石材梁面（011205004）、块料梁面（011205005）。

（1）石材柱面（011205001）、块料柱面（011205002）、拼碎块柱面（011205003）

① 项目特征：柱截面类型、尺寸；安装方式；面层材料品种、规格、颜色；缝宽、嵌缝材料种类；防护材料种类；磨光、酸洗、打蜡要求。

② 工作内容：基层清理；砂浆制作、运输；黏结层铺贴；面层安装；嵌缝；刷防护材料；磨光、酸洗、打蜡。

③ 工程量计算规则：按镶贴表面积计算，计量单位 m^2。

（2）石材梁面（011205004）、块料梁面（011205005）

① 项目特征：安装方式；面层材料品种、规格、颜色；缝宽、嵌缝材料种类；防护材料种类；磨光、酸洗、打蜡要求。

② 工作内容：基层清理；砂浆制作、运输；黏结层铺贴；面层安装；嵌缝；刷防护材料；磨光、酸洗、打蜡。

③ 工程量计算规则：按镶贴表面积计算，计量单位 m^2。

（3）柱（梁）面镶贴块料工程工程量计算及报价有关说明

① 在描述碎块项目的面层材料特征时可不用描述规格、颜色。

② 柱梁面干挂石材的钢骨架按墙面块料面层中的相应项目编码列项。

【例 6.49】 某独立砖柱面挂贴花岗岩，如图 6-42 所示，计算花岗岩工程量。

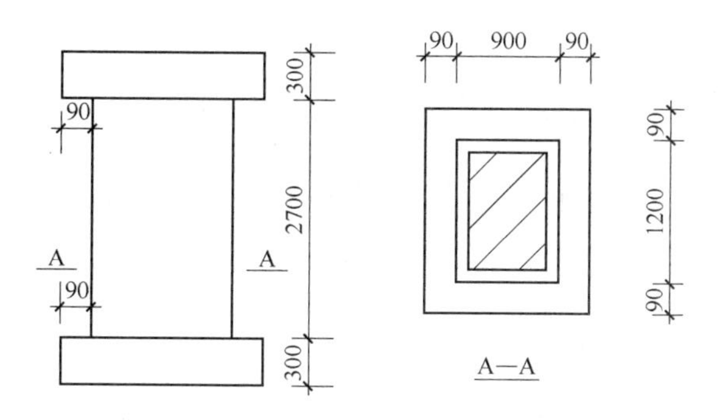

图 6-42　柱面挂贴花岗岩面板

解：(1)柱面贴花岗岩工程量＝柱设计外围周长×高度＝(0.9＋1.20)×2×2.7＝11.34(m^2)

(2) 压顶及柱脚镶贴花岗岩属于零星镶贴块料工程，工程量按设计图示展开面积计算。压顶及柱脚工程量＝(0.9＋0.09×2＋1.2＋0.09×2)×0.3×2＋(0.9＋0.09＋1.2＋0.09)×2×0.09×2＝2.30(m^2)

6.12.6 镶贴零星块料（011206）

镶贴零星块料包括石材零星项目（011206001）、块料零星项目（011206002）、拼碎块零星项目（011206003）。

① 项目特征：基层类型、部位；安装方式；面层材料品种、规格、颜色；缝宽、嵌缝材料种类；防护材料种类；磨光、酸洗、打蜡要求。

② 工作内容：基层清理；砂浆制作、运输；面层安装；嵌缝；刷防护材料；磨光、酸洗、打蜡。

③ 工程量计算规则：按镶贴表面积计算，计量单位 m^2。

④ 镶贴零星块料工程工程量计算及报价有关说明

a. 在描述碎块项目的面层材料特征时可不用描述规格、颜色。

b. 零星项目干挂石材的钢骨架按墙面块料面层中的相应项目编码列项。

c. 墙柱面≤0.5m^2 的少量分散的镶贴块料面层按镶贴零星块料中的零星项目（011206）执行。

6.12.7 墙饰面（011207）

包括墙面装饰板（011207001）、墙面装饰浮雕（011207002）两个项目。

（1）墙面装饰板（011207001）

① 项目特征：龙骨材料种类、规格、中距；隔离层材料种类、规格；基层材料种类、规格；面层材料品种、规格、颜色；压条材料种类、规格。

② 工作内容：基层清理；龙骨制作、运输、安装；钉隔离层；基层铺钉；面层铺贴。

③ 工程量计算规则：按设计图示墙净长乘净高以面积计算，计量单位 m^2。扣除门窗洞口及单个＞0.3m^2 的孔洞所占面积。

【例 6.50】 某建筑墙面装饰如图 6-43 所示，计算该墙面装饰的工程量。

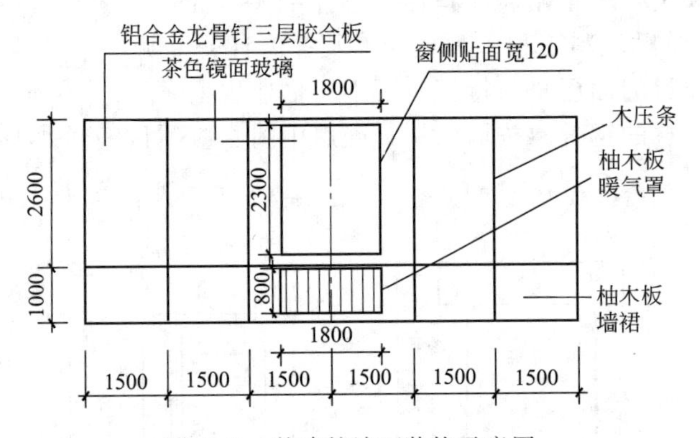

图 6-43 某建筑墙面装饰示意图

解：（1）铝合金龙骨的工程量(011207001)＝1.5×6×(2.6＋1.0)－1.8×2.3＋(2.3＋1.8)×2×0.12 窗侧壁－1.8×0.8＝27.80(m^2)

（2）龙骨上钉三层胶合板基层工程量(011207001)＝1.5×6×2.6－1.8×2.3＋(2.3＋1.8)×2×0.12＝20.24(m^2)

（3）柚木板墙裙工程量(011207001)＝1.5×6×1.0－1.8×0.8＝7.56(m^2)

（4）钉木压条工程量(011502002)＝(1.0＋2.6)×4＋1.5×6＝23.40(m)

（5）柚木板暖气罩工程量(011504001)＝1.8×0.8＝1.44(m^2)

（2）墙面装饰浮雕（011207002）

① 项目特征：基层类型；浮雕材料种类；浮雕样式。

② 工作内容：基层清理；材料制作、运输；安装成型。

③ 工程量计算规则：按设计图示尺寸以面积计算，计量单位 m^2。

6.12.8　柱（梁）饰面（011208）

柱（梁）饰面工程包括柱（梁）面装饰（011208001）、成品装饰柱（011208002）两个项目。

（1）柱（梁）面装饰（011208001）

① 项目特征：同前。

② 工作内容：同前。

③ 工程量计算规则：按设计图示饰面外围尺寸以面积计算，计量单位 m^2。柱帽、柱墩并入相应柱饰面工程量内。

（2）成品装饰柱（011208002）

① 项目特征：柱截面、高度尺寸；柱材质。

② 工作内容：柱运输、固定、安装。

③ 工程量计算规则：a. 按设计数量计算，计量单位根；b. 按设计长度计算，计量单位 m。

6.12.9　幕墙工程（011209）

幕墙工程包括带骨架幕墙（011209001）、全玻（无框玻璃）幕墙（011209002）。

（1）带骨架幕墙（011209001）

① 项目特征：骨架材料种类规格、中距；面层材料品种规格、颜色；面层固定方式；隔离带、框边封闭材料品种规格；嵌缝、塞口材料种类。

② 工作内容：骨架制作、运输、安装；面层安装；隔离带、框边封闭；嵌缝、塞口；清洗。

③ 工程量计算规则：按设计图示框外围尺寸以面积计算，计量单位 m^2。与幕墙同种材质的窗所占面积不扣除，其价格包括在幕墙项目报价内；如窗的材质与幕墙不同，可包括在幕墙报价内，也可单独编码列项，若单独编码列项，则要在清单项目名称栏中进行描述；若门窗包括在隔断项目报价内，则门窗洞口面积不扣除。

（2）全玻（无框玻璃）幕墙（011209002）

① 项目特征：玻璃品种、规格、颜色；黏结塞口材料种类；固定方式。

② 工作内容：幕墙安装；嵌缝、塞口；清洗。

③ 工程量计算规则：按设计图示尺寸以面积计算，计量单位 m^2。带肋全玻幕墙按展开面积计算。

注：幕墙钢骨架按墙面块料面层干挂石材钢骨架（011204004）编码列项。

【例 6.51】 图 6-44 所示为木骨架全玻璃幕墙，计算其工程量。

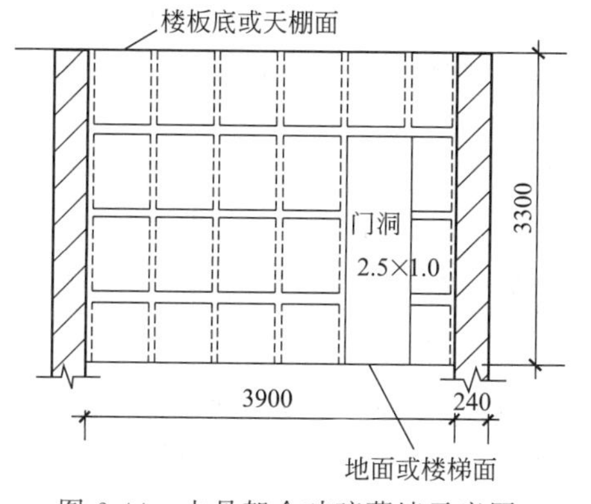

图 6-44　木骨架全玻璃幕墙示意图

解： 全玻(无框玻璃)幕墙工程量(011209002)＝间隔间面积－门洞面积＝3.9×3.3－2.5×1.0＝10.37(m^2)

6.12.10　隔断（011210）

隔断是指不封顶或封顶但保持通风采光、轻且薄的隔墙，包括木隔断（011210001）、金属隔断（011210002）、玻璃隔断（011210003）、塑料隔断（011210004）、成品隔断（011210005）、其他隔断（011210006）六个项目。

（1）木隔断（011210001）

① 项目特征：骨架、边框材料种类、规格；隔板材料品种、规格、颜色；嵌缝、塞口材料品种；压条材料种类。

② 工作内容：骨架及边框制作、运输、安装；隔板制作、运输、安装；嵌缝、塞口；装钉压条。

③ 工程量计算规则：按设计图示框外围尺寸以面积计算，计量单位 m^2。不扣除单个≤0.3m^2 的孔洞所占面积；浴厕门的材质与隔断相同时，门的面积并入隔断面积内。

【例 6.52】 某厕所平面、立面如图 6-45 所示，隔断及门采用木质材料制作，试计算厕所木隔断工程量。

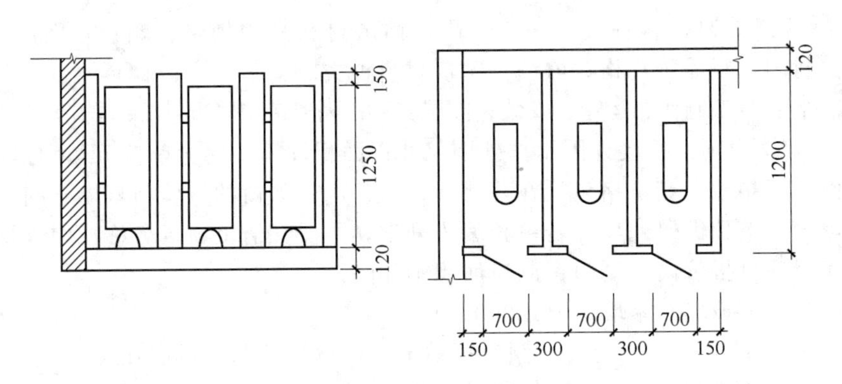

图 6-45　厕所平面、立面图

解： 厕所门工程量＝1.25×0.7×3＝2.63(m^2)

厕所隔断工程量＝(1.25＋0.15)×(0.15×2＋0.30×2＋1.2×3)＝6.30(m^2)

厕所木隔断总工程量(011210001)＝6.3＋2.63＝8.93(m^2)

（2）金属隔断（011210002）

① 项目特征：骨架、边框材料种类、规格；隔板材料品种、规格、颜色；嵌缝、塞口材料品种。

② 工作内容：骨架及边框制作、运输、安装；隔板制作、运输、安装；嵌缝、塞口。

③ 工程量计算规则：按设计图示框外围尺寸以面积计算，计量单位 m^2。不扣除单个≤0.3m^2 的孔洞所占面积；浴厕门的材质与隔断相同时，门的面积并入隔断面积内。

（3）玻璃隔断（011210003）

① 项目特征：边框材料种类、规格；玻璃品种、规格、颜色；嵌缝、塞口材料品种。

② 工作内容：边框及玻璃制作、运输、安装；嵌缝、塞口。

③ 工程量计算规则：按设计图示框外围尺寸以面积计算，计量单位 m^2，不扣除单个≤

0.3m² 的孔洞所占面积。

(4) 塑料隔断 (011210004)

① 项目特征：边框材料种类、规格；隔板材料品种、规格、颜色；嵌缝、塞口材料品种。

② 工作内容：骨架及边框制作、运输、安装；隔板制作、运输、安装；嵌缝、塞口。

③ 工程量计算规则：按设计图示框外围尺寸以面积计算，计量单位 m²，不扣除单个≤0.3m² 的孔洞所占面积。

(5) 成品隔断 (011210005)

① 项目特征：隔断材料品种、规格、颜色；配件品种、规格。

② 工作内容：隔断运输、安装；嵌缝、塞口。

③ 工程量计算规则：a. 按设计图示框外围尺寸以面积计算，计量单位 m²；b. 按设计间的数量计算，计量单位间。

(6) 其他隔断 (011210006)

① 项目特征：骨架、边框材料种类、规格；隔板材料品种、规格、颜色；嵌缝、塞口材料品种。

② 工作内容：骨架及边框安装；隔板安装；嵌缝、塞口。

③ 工程量计算规则：按设计图示框外围尺寸以面积计算，计量单位 m²，不扣除单个≤0.3m² 的孔洞所占面积。

注： 隔断上的门窗可包括在隔断项目报价内，也可单独编码列项，要在清单项目名称栏中进行描述。若门窗包括在隔断项目报价内，则门窗洞口面积不扣除。

6.12.11 墙面装饰工程量计算实例

【例 6.53】 某建筑物平面图、立面图如图 6-35，室内地坪±0.00m，不考虑檐口和室外台阶。

(1) 若内墙为水泥砂浆一般抹灰，计算内墙面工程量。

(2) 若外墙为水泥砂浆一般抹灰，计算外墙面工程量。

(3) 若外墙贴瓷砖（外墙门窗洞外侧面贴瓷砖 0.12m），计算外墙面工程量。

解： (1) 内墙抹灰工程量＝内墙垂直投影面积－门洞口面积＋柱垛侧面面积＝[(3.6－0.24＋3.6×2－0.24)×2＋(5.4－0.24＋3.6－0.24)×2×2]×(3.6－0.3)－(1×2×3＋1.2×2＋0.9×2.4×2＋1.5×1.5×4＋1.8×1.5＋3×1.5)＋0.12×2×(3.6－0.3)＝152.45(m²)

(2) 外墙抹灰工程量＝外墙垂直投影面积－门洞口面积＋柱垛侧面面积＝(3.6＋5.4＋0.24＋3.6×2＋0.24)×2×(3.6＋0.3－0.3)－(1×2＋1.2×2＋1.5×1.5×4＋1.8×1.5＋3×1.5)＝99.5(m²)

(3) 外墙面砖工程量＝(3.6＋5.4＋0.24＋3.6×2＋0.24)×2×3.6－(1×2＋1.2×2＋1.5×1.5×4＋1.8×1.5＋3×1.5)＝99.50(m²)

(4) 外墙门窗洞侧面面砖工程量＝[(1＋2×2)＋(1.2＋2×2)＋(1.5＋1.5)×2×4＋(1.8＋1.5)×2＋(3＋1.5)×2]×0.12＝5.98(m²)

6.13 天棚工程（0113）

天棚工程包括天棚抹灰（011301）、天棚吊顶（011302）、采光天棚（011303）、天棚其他装饰（011304）。

6.13.1 天棚抹灰（011301）

天棚抹灰项目只包括天棚抹灰（011301001）一个清单项目。

① 项目特征：基层类型；抹灰厚度、材料种类；砂浆配合比。

② 工作内容：基层清理；底层抹灰；抹面层。

③ 工程量计算规则：按设计图示尺寸以水平投影面积计算，计量单位 m^2。不扣除间壁墙、垛、柱、附墙烟囱、检查口和管道所占的面积；带梁天棚的梁两侧抹灰面积并入天棚面积内；板式楼梯底面抹灰按斜面积计算，锯齿形楼梯底板抹灰按展开面积计算。

【例 6.54】 某工程现浇井字梁天棚如图 6-46 所示，若天棚为麻刀石灰浆面层，计算天棚抹灰工程量。

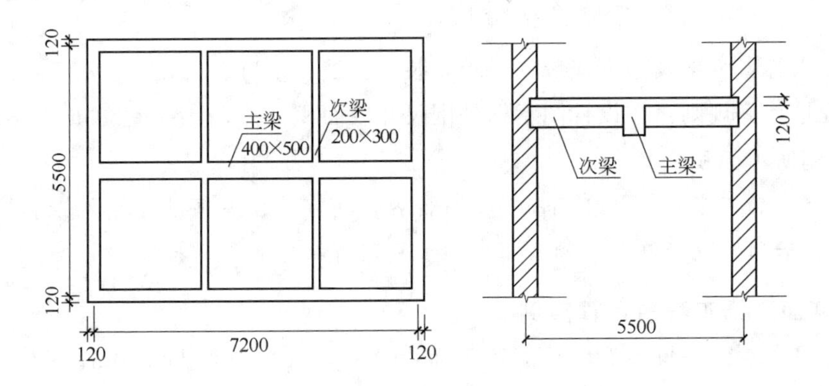

图 6-46 现浇井字梁天棚图

解： 天棚抹灰工程量(011301001)＝主墙间净面积＋梁侧面面积＝(7.2－0.24)×(5.5－0.24)＋(7.2－0.24)×2×(0.5－0.12)＋(5.5－0.24－0.4)×(0.3－0.12)×4－0.2×(0.3－0.12)×4＝45.25(m^2)

6.13.2 天棚吊顶（011302）

天棚吊顶工程包括吊顶天棚（011302001）、格栅吊顶（011302002）、吊筒吊顶（011302003）、藤条造型悬挂吊顶（011302004）、织物软雕吊顶（011302005）、装饰网架吊顶（011302006）。

(1) 吊顶天棚（011302001）

① 项目特征：吊顶形式、吊杆规格、高度；龙骨材料种类、规格、中距；基层材料种类、规格；面层材料品种、规格；压条材料种类、规格；嵌缝材料种类；防护材料种类。

② 工作内容：基层清理、吊杆安装；龙骨安装；基层板铺贴；面层铺贴；嵌缝；刷防护材料。

③ 工程量计算规则：按设计图示尺寸以水平投影面积计算，计量单位 m^2。天棚面中的灯槽及跌级、锯齿形、吊挂式、藻井式天棚面积不展开计算。不扣除间壁墙、检查口、附墙

烟囱、柱垛和管道所占面积；扣除单个＞0.3m² 的孔洞、独立柱及与天棚相连的窗帘盒所占的面积。

天棚抹灰与天棚吊顶工程量计算规则有所不同：天棚抹灰不扣除柱、垛所占面积；天棚吊顶不扣除柱、垛所占面积，但扣除独立柱所占面积。

【例 6.55】 某建筑平面如图 6-47 所示，墙厚 240mm，天棚基层为混凝土现浇板，柱断面为 400mm×400mm。

(1) 若天棚为麻刀石灰浆面层，计算天棚抹灰工程量。

(2) 若天棚面层粘贴 6mm 厚铝塑板吊顶，计算天棚吊顶工程量。

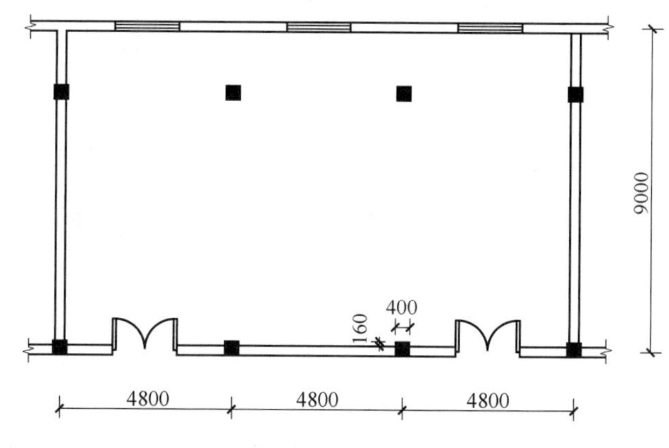

图 6-47　建筑平面图

解：(1) 天棚抹灰工程量(011301001)＝主墙间净面积＝(4.8×3－0.24)×(9－0.24)＝124.04(m²)

(2) 天棚吊顶工程量(011302001)＝主墙间净面积－独立柱面积＝(4.8×3－0.24)×(9－0.24)－0.4×0.4×2＝123.72(m²)

【例 6.56】 计算图 6-48 所示天棚装饰清单工程量。

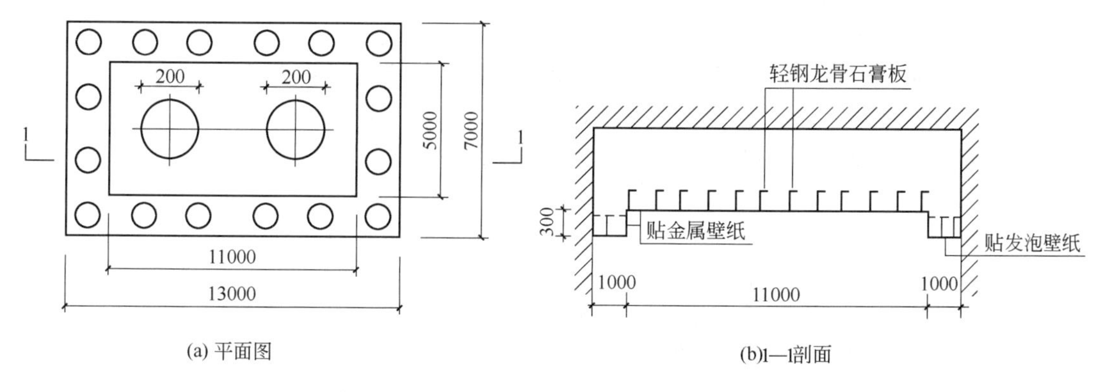

图 6-48　例 6.56 图

解：天棚按设计图示尺寸以水平投影面积计算。天棚中的灯槽及跌级、锯齿形、吊挂式、藻井式天棚面积不展开计算。

天棚发泡壁纸工程量＝13×7－11×5＝36(m²)

天棚金属壁纸工程量＝11×5＝55(m²)［注：不展开(11＋5)×2×0.3 面积。］

(2) 格栅吊顶 (011302002)

① 项目特征：龙骨材料种类、规格、中距；基层材料种类、规格；面层材料品种、规格；防护材料种类。

② 工作内容：基层清理；安装龙骨；基层板及面层铺贴；刷防护材料。

③ 工程量计算规则：按设计图示尺寸以水平投影面积计算，单位 m^2。

(3) 吊筒吊顶（011302003）

① 项目特征：吊筒形状、规格；吊筒材料种类；防护材料种类。

② 工作内容：基层清理；吊筒制作安装；刷防护材料。

③ 工程量计算规则：按设计图示尺寸以水平投影面积计算，单位 m^2。

(4) 藤条造型悬挂吊顶（011302004）、织物软雕吊顶（011302005）

① 项目特征：骨架材料种类、规格；面层材料的品种、规格。

② 工作内容：基层清理；龙骨安装；铺贴面层。

③ 工程量计算规则：按设计图示尺寸以水平投影面积计算，单位 m^2。

(5) 装饰网架吊顶（011302006）

① 项目特征：网架材料的品种、规格。

② 工作内容：基层清理；网架制作、安装。

③ 工程量计算规则：按设计图示尺寸以水平投影面积计算，单位 m^2。

6.13.3 采光天棚（011303）

采光天棚项目只包含采光天棚（011303001）一个清单项目。

① 项目特征：骨架类型；固定类型、固定材料品种、规格；面层材料品种、规格；嵌缝、塞口材料种类。

② 工作内容：清理基层；面层制作、安装；嵌缝、塞口；清洗。

③ 工程量计算规则：按框外围展开面积计算，计量单位 m^2。

注： 采光天棚骨架不包括在采光天棚项目中，应单独按金属结构工程（0106）相关项目编码列项。

6.13.4 天棚其他装饰（011304）

包括灯带（槽）（011304001）；送风口、回风口（011304002）两个项目。

(1) 灯带（槽）（011304001）

① 项目特征：灯带形式、尺寸；格栅片材料品种、规格；安装方式。

② 工作内容：安装、固定。

③ 工程量计算规则：按设计图示尺寸以框外围面积计算，单位 m^2。

(2) 送风口、回风口（011304002）

① 项目特征：风口材料品种、规格；安装固定方式；防护材料种类。

② 工作内容：安装、固定；刷防护材料。

③ 工程量计算规则：按设计图示数量计算，计量单位为个。

(3) 天棚工程工程量计算及报价有关说明

① 天棚检查孔、天棚内检修走道、灯槽等应包括在天棚吊顶工程报价内。

② 采光天棚和天棚设置保温、隔热层时，按保温隔热工程项目编码列项。

6.14 油漆、涂料、裱糊工程（0114）

油漆、涂料、裱糊工程量清单项目包括门油漆（011401）；窗油漆（011402）；木扶手及其他板条、线条油漆（011403）；木材面油漆（011404）；金属面油漆（011405）；抹灰面油漆（011406）；喷刷涂料（011407）；裱糊（011408）。

6.14.1 门油漆（011401）

包括木门油漆（011401001）、金属门油漆（011401002）两个项目。

（1）木门油漆（011401001）

① 项目特征：门类型；门代号及洞口尺寸；腻子种类；刮腻子遍数；防护材料种类；油漆品种、刷漆遍数。

② 工作内容：基层清理；刮腻子；刷防护材料、油漆。

③ 工程量计算规则：a. 按设计图示数量计算，计算单位樘；b. 按设计图示洞口尺寸以面积计算，计量单位 m^2。

（2）金属门油漆（011401002）

① 项目特征：同（011401001）。

② 工作内容：除锈、基层清理；刮腻子；刷防护材料、油漆。

③ 工程量计算规则：a. 按设计图示数量计算，计算单位樘；b. 按设计图示洞口尺寸以面积计算，计量单位 m^2。

（3）门油漆工程工程量计算及报价有关说明

① 木门油漆应区分木大门、单层大门、双层（一玻一纱）木门、双层（单裁口）木门、全玻自由门、半玻自由门、装饰门及有框门或无框门等项目，分别编码列项。

② 门油漆应区分平开门、推拉门、钢制防火门等项目，分别编码列项。

③ 以平方米计量，项目特征可不必描述洞口尺寸。

6.14.2 窗油漆（011402）

窗油漆项目包括木窗油漆（011402001）、金属窗油漆（011402002）两个清单项目。

（1）木窗油漆（011402001）

① 项目特征：窗类型；窗代号及洞口尺寸；腻子种类；刮腻子遍数；防护材料种类；油漆品种、刷漆遍数。

② 工作内容：基层清理；刮腻子；刷防护材料、油漆。

③ 工程量计算规则：a. 按设计图示数量计算，计算单位樘；b. 按设计图示洞口尺寸以面积计算，计量单位 m^2。

【例 6.57】 如图 6-49 所示为一玻一纱双层木窗，其洞口尺寸为 1320×1580，单位 mm，共 15 樘，设计为刷润油粉一遍，刮腻子，刷调和漆一遍、磁漆两遍。计算木窗油漆工程量。

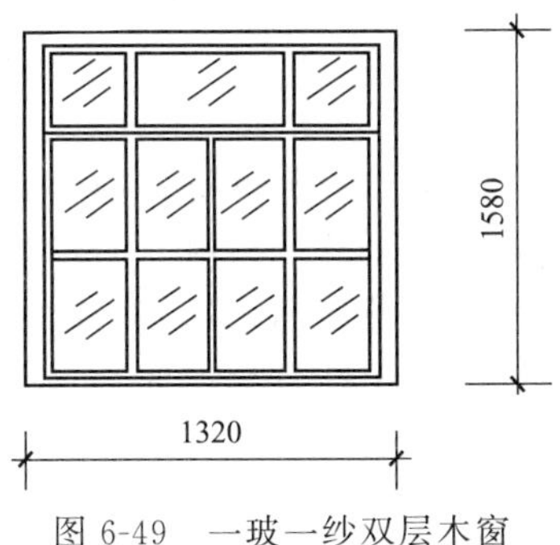

图 6-49　一玻一纱双层木窗

解： 木窗油漆工程量 $=1.32\times1.58\times15=31.28(m^2)$

（2）金属窗油漆（011402002）

① 项目特征：同前（011402001）。

② 工作内容：除锈、基层清理；刮腻子；刷防护材料、油漆。

③ 工程量计算规则：a. 按设计图示数量计算，计算单位樘；b. 按设计图示洞口尺寸以面积计算，计量单位 m^2。

(3) 窗油漆工程工程量计算及报价有关说明

① 木窗油漆应区分单层木门、双层（一玻一纱）木窗、双层框扇（单裁口）木窗、双层框三层（二玻一纱）木窗、单层组合窗、双层组合窗、木百叶窗、木推拉窗等项目，分别编码列项。

② 金属窗油漆应区分平开窗、推拉窗、固定窗、组合窗、金属格栅窗等项目，分别编码列项。

③ 以平方米计量，项目特征可不必描述洞口尺寸。

6.14.3 木扶手及其他板条、线条油漆（011403）

木扶手及其他板条、线条油漆工程包括木扶手油漆（011403001）；窗帘盒油漆（011403002）；封檐板、顺水板油漆（011403003）；挂衣板、黑板框油漆（011403004）；挂镜线、窗帘棍、单独木线油漆（011403005）。

① 项目特征：断面尺寸；腻子种类遍数；防护材料种类；油漆。

② 工作内容：基层清理；刮腻子；刷防护材料、油漆。

③ 工程量计算规则：按设计图示尺寸以长度计算，计量单位 m。

注：木扶手应区分带托板与不带托板，分别编码列项，若是木栏杆带扶手，木扶手不应单独列项，应包含在木栏杆油漆中。

6.14.4 木材面油漆（011404）

木材面油漆项目包括木护墙、木墙裙油漆（011404001）；窗台板、筒子板、盖板、门窗套、踢脚线油漆（011404002）；清水板条天棚、檐口油漆（011404003）；木方格吊顶天棚油漆（011404004）；吸音板墙面、天棚面油漆（011404005）；暖气罩油漆（011404006）；其他木材面（011404007）；木间壁、木隔断油漆（011404008）；玻璃间壁露明墙筋油漆（011404009）；木栅栏、木栏杆（带扶手）油漆（011404010）；衣柜、壁柜油漆（011404011）；梁柱饰面油漆（011404012）；零星木装修油漆（011404013）；木地板油漆（011404014）；木地板烫硬蜡面（011404015）等分部分项工程。

(1) 木护墙、木墙裙油漆（011404001）；窗台板、筒子板、盖板、门窗套、踢脚线油漆（011404002）；清水板条天棚、檐口油漆（011404003）；木方格吊顶天棚油漆（011404004）；吸音板墙面、天棚面油漆（011404005）；暖气罩油漆（011404006）；其他木材面（011404007）

① 项目特征：腻子种类、遍数；防护材料种类；油漆品种、刷漆遍数。

② 工作内容：基层清理；刮腻子；刷防护材料、油漆。

③ 工程量计算规则：按设计图示尺寸以面积计算，计量单位 m^2。

(2) 木间壁、木隔断油漆（011404008）；玻璃间壁露明墙筋油漆（011404009）；木栅栏、木栏杆（带扶手）油漆（011404010）

① 项目特征：同前。

② 工作内容：基层清理；刮腻子；刷防护材料、油漆。

③ 工程量计算规则：按设计图示尺寸以单面外围面积计算，单位 m^2。

(3) 衣柜、壁柜油漆（011404011）；梁柱饰面油漆（011404012）；零星木装修油漆（011404013）

① 项目特征：同前。

② 工作内容：基层清理；刮腻子；刷防护材料、油漆。

③ 工程量计算规则：按设计尺寸以油漆部分展开面积计算，单位 m^2。

(4) 木地板油漆（011404014）

① 项目特征：同前。

② 工作内容：基层清理；刮腻子；刷防护材料、油漆。

③ 工程量计算规则：按设计图示尺寸以面积计算，计量单位 m^2。孔洞、空圈、暖气包槽、壁龛的开口部分并入相应的工程量内。

(5) 木地板烫硬蜡面（011404015）

① 项目特征：硬蜡品种；面层处理要求。

② 工作内容：基层清理；烫蜡。

③ 工程量计算规则：按设计图示尺寸以面积计算，计量单位 m^2。空洞、空圈、暖气包槽、壁龛的开口部分并入相应的工程量内。

6.14.5　金属面油漆（011405）

金属面油漆只包括金属面油漆（011405001）一个清单项目。

① 项目特征：构件名称；腻子；防护材料；油漆品种遍数。

② 工作内容：基层清理；刮腻子；刷防护材料、油漆。

③ 工程量计算规则：a. 按设计图示尺寸以质量计算，计量单位 t；b. 按设计展开面积计算，计算单位 m^2。

6.14.6　抹灰面油漆（011406）

包括抹灰面油漆（011406001）、抹灰线条油漆（011406002）、满刮腻子（011406003）三个项目。

(1) 抹灰面油漆（011406001）

① 项目特征：同前。

② 工作内容：基层清理；刮腻子；刷防护材料、油漆。

③ 工程量计算规则：按设计图示尺寸以面积计算，计量单位 m^2。

(2) 抹灰线条油漆（011406002）

① 项目特征：线条宽度、道数；腻子种类；刮腻子遍数；防护材料种类；油漆品种、刷漆遍数。

② 工作内容：基层清理；刮腻子；刷防护材料、油漆。

③ 工程量计算规则：按设计图示尺寸以长度计算，计量单位 m。

(3) 满刮腻子（011406003）

① 项目特征：基层类型；腻子种类；刮腻子遍数。

② 工作内容：基层清理；刮腻子。

③ 工程量计算规则：按设计图示尺寸以面积计算，计量单位 m^2。

6.14.7　喷刷涂料（011407）

包括墙面喷刷涂料（011407001）；天棚喷刷涂料（011407002）；空花格、栏杆刷涂料（011407003）；线条刷涂料（011407004）；金属构件刷防火涂料（011407005）；木材构件喷刷防火涂料（011407006）六个项目。

(1) 墙面喷刷涂料（011407001）；天棚喷刷涂料（011407002）

① 项目特征：同前。

② 工作内容：基层清理；刮腻子；刷、喷涂料。

③ 工程量计算规则：按设计图示尺寸以面积计算，计量单位 m^2。

(2) 空花格、栏杆刷涂料 (011407003)

① 项目特征：腻子种类；刮腻子遍数；涂料品种、喷刷遍数。

② 工作内容：基层清理；刮腻子；刷、喷涂料。

③ 工程量规则：按设计图示尺寸以单面外围面积计算，计量单位 m^2。

(3) 线条刷涂料 (011407004)

① 项目特征：基层类型；线条宽度；刮腻子遍数；刷防护材料、油漆。

② 工作内容：基层清理；刮腻子；刷、喷涂料。

③ 工程量规则：按设计图示尺寸以长度计算，计量单位 m。

(4) 金属构件刷防火涂料 (011407005)

① 项目特征：构件名称；防火等级要求；涂料品种、喷刷遍数。

② 工作内容：基层清理；刷防护材料、油漆。

③ 工程量规则：a. 按设计图示尺寸以质量计算，计算单位 t；b. 按设计展开面积计算，计算单位 m^2。

(5) 木材构件喷刷防火涂料 (011407006)

① 项目特征：同前。

② 工作内容：基层清理；刷防护材料。

③ 工程量规则：按设计图示尺寸以面积计算，计算单位 m^2。

注： 喷刷墙面涂料部位要注明内墙或外墙。

6.14.8 裱糊 (011408)

包括墙纸裱糊 (011408001)、织锦缎裱糊 (011408002) 两个清单项目。

① 项目特征：基层类型；裱糊部位；腻子种类；刮腻子遍数；黏结材料种类；防护材料种类；面层材料品种、规格、颜色。

② 工作内容：基层清理；刮腻子；面层铺贴；刷防护材料。

③ 工程量计算规则：按设计图示尺寸以面积计算，计量单位 m^2。

6.14.9 油漆、涂料、裱糊工程量计算实例

【例 6.58】 某工程如图 6-50 所示，现浇梁一道，截面 0.3m×0.5m，板厚 0.1m，板底标高 3.6m，三合板木墙裙上润油粉，刷硝基清漆 6 遍，墙裙高 1m。内墙抹灰面刮腻子 2 遍，贴对花墙纸。顶棚刷乳胶漆 3 遍。踢脚板高 0.2m，不考虑门窗洞口侧面，计算墙裙、墙纸及天棚喷涂工程量。

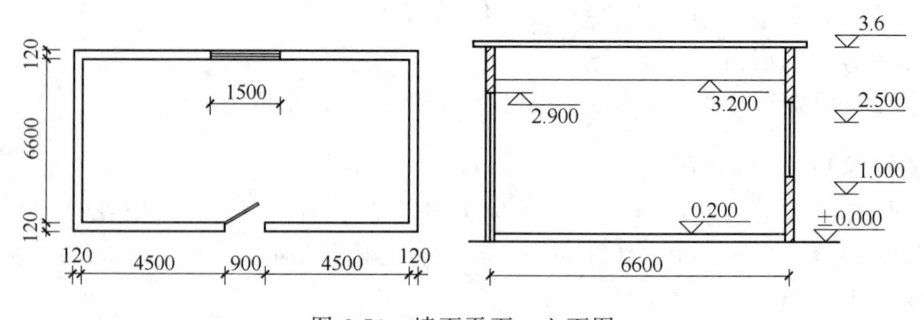

图 6-50 墙面平面、立面图

解：(1) 木墙裙(包括油漆)工程量(011207001)＝墙裙周长×墙裙高＝[(6.6－0.24)＋(4.5＋0.9＋4.5－0.24)]×2×(1－0.2)－0.9×(1－0.2)＝24.91(m^2)

(2) 内墙纸工程量(011408001)＝内墙垂直投影面积－门窗面积＋洞口侧面＝(4.5×2＋0.9－0.24＋6.6－0.24)×2×(3.6－1)－0.9×(2.9－1)－1.5×1.5＝79.34(m^2)

(3) 天棚喷涂工程量(011407002)＝主墙间净面积＋梁侧面面积＝(6.6－0.24)×(4.5×2＋0.9－0.24)＋(6.6－0.24)×(0.5－0.1)×2＝66.53(m^2)

【例6.59】 某工程构造如图6-51所示，内墙抹灰面满刮腻子2遍，贴拼花墙纸；门窗洞口侧壁贴纸0.12m。木踢脚高0.18m聚氨酯清漆3遍；挂镜线底油1遍，刮腻子，调和漆3遍；挂镜线以上及顶棚满刮腻子，乳胶漆3遍。计算其涂料及裱糊工程量。

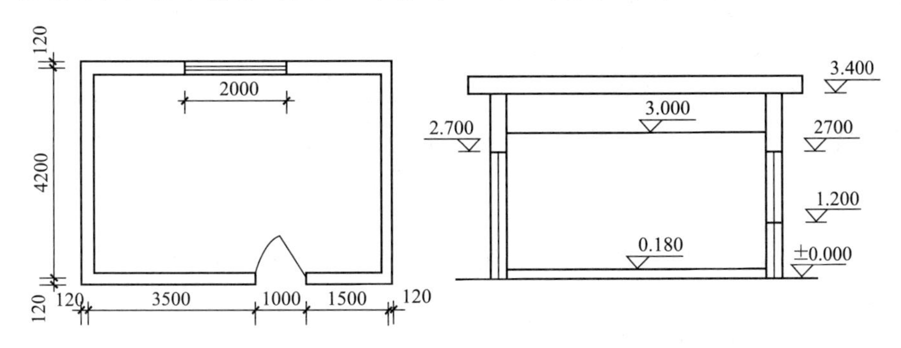

图6-51　某工程构造示意图

解：(1) 墙纸裱糊工程量(011408001)＝主墙间净长×墙纸净高－门窗洞口＋门窗洞侧壁＝(3.5＋1.0＋1.5－0.24＋4.2－0.24)×2×(3.0－0.18)－1.0×(2.7－0.18)－2.0×(2.7－1.2)＋[1.0＋(2.7－0.18)×2＋(2.0＋1.5)×2]×0.12＝50.87(m^2)

(2) 挂镜线工程量(011403005)＝(6.0－0.24＋4.2－0.24)×2＝19.44(m)

(3) 墙面涂料(011407001)＝(3.5＋1.0＋1.5－0.24＋4.2－0.24)×2×(3.4－3.0)＝7.78(m^2)

(4) 天棚涂料(011407002)＝(3.5＋1＋1.5－0.24)×(4.2－0.24)＝22.81(m^2)

6.15　其他装饰工程（0115）

其他装饰工程包括柜类、货架（011501）；压条、装饰线（011502）；扶手、栏杆、栏板装饰（011503）；暖气罩（011504）；浴厕配件（011505）；雨篷、旗杆（011506）；招牌、灯箱（011507）；美术字（011508）等。

6.15.1　柜类、货架（011501）

柜类、货架项目包括柜台（011501001）、酒柜（011501002）、衣柜（011501003）、存包柜（011501004）、鞋柜（011501005）、书柜（011501006）、厨房壁柜（011501007）、木壁柜（011501008）、厨房低柜（011501009）、厨房吊柜（011501010）、矮柜（011501011）、吧台背柜（011501012）、酒吧吊柜（011501013）、酒吧台（011501014）、展台（011501015）、收银台（011501016）、试衣间（011501017）、货架（011501018）、书架（011501019）、服务台（011501020）。

① 项目特征：台柜规格；材料种类、规格；五金种类、规格；防护材料种类；油漆品种、刷漆遍数。

② 工作内容：台柜制作、运输、安装；防护材料、油漆；五金件安装。

③ 工程量计算规则：a. 按设计图示数量计算，单位个；b. 按设计图示尺寸以延长米计

算，单位 m；c. 按设计图示尺寸以体积计算，单位 m^3。

6.15.2 压条、装饰线（011502）

包括金属装饰线（011502001）、木质装饰线（011502002）、石材装饰线（011502003）、石膏装饰线（011502004）、镜面玻璃线（011502005）、铝塑装饰线（011502006）、塑料装饰线（011502007）、GRC 装饰线条（011502008）。

（1）金属装饰线（011502001）、木质装饰线（011502002）、石材装饰线（011502003）、石膏装饰线（011502004）、镜面玻璃线（011502005）、铝塑装饰线（011502006）、塑料装饰线（011502007）

① 项目特征：基层类型；线条材料品种、规格、颜色；防护材料种类。

② 工作内容：线条制作、安装；刷防护材料。

③ 工程量计算规则：按设计图示尺寸以长度计算，计量单位 m。

【例 6.60】 *家庭装修贴石膏阴角线，宽 70mm，长 90m。试计算其工程量。*

解： *石膏装饰线工程量（011502004）＝石膏阴角线长度＝90m*

（2）GRC 装饰线条（011502008）

① 项目特征：基层类型；线条规格；线条安装部位；填充材料种类。

② 工作内容：线条制作、安装。

③ 工程量计算规则：按设计图示尺寸以长度计算，计量单位 m。

6.15.3 扶手、栏杆、栏板装饰（011503）

包括金属扶手、栏杆、栏板（011503001）；硬木扶手、栏杆、栏板（011503002）；塑料扶手、栏杆、栏板（011503003）；GRC 栏杆、扶手（011503004）；金属靠墙扶手（011503005）；硬木靠墙扶手（011503006）；塑料靠墙扶手（011503007）、玻璃栏板（011503008）八个项目。

（1）金属扶手、栏杆、栏板（011503001）；硬木扶手、栏杆、栏板（011503002）；塑料扶手、栏杆、栏板（011503003）

① 项目特征：扶手材料种类、规格；栏杆材料种类、规格；栏板材料种类、规格、颜色；固定配件种类；防护材料种类。

② 工作内容：制作；运输；安装；刷防护材料。

③ 工程量计算规则：按设计图示尺寸以扶手中心线长度（包括弯头长度）计算，计量单位 m。

【例 6.61】 某楼梯如图 6-52 所示，硬木扶手，斜长系数 1.15，试计算扶手的工程量。

解： 硬木扶手工程量(011503002)＝扶手中心线长度＝0.15＋(2.1＋2.7×4)×1.15＋(0.3＋0.2)×4＋0.15＋1.43 顶层水平＝18.57(m)

（2）GRC 栏杆、扶手（011503004）

① 项目特征：栏杆的规格；安装间距；扶手类型规格；填充材料种类。

② 工作内容：制作；运输；安装；刷防护材料。

③ 工程量计算规则：按设计图示尺寸以扶手中心线长度（包括弯头长度）计算，计量单位 m。

（3）金属靠墙扶手（011503005）；硬木靠墙扶手（011503006）；塑料靠墙扶手（011503007）

① 项目特征：扶手材料种类、规格；固定配件种类；防护材料种类。

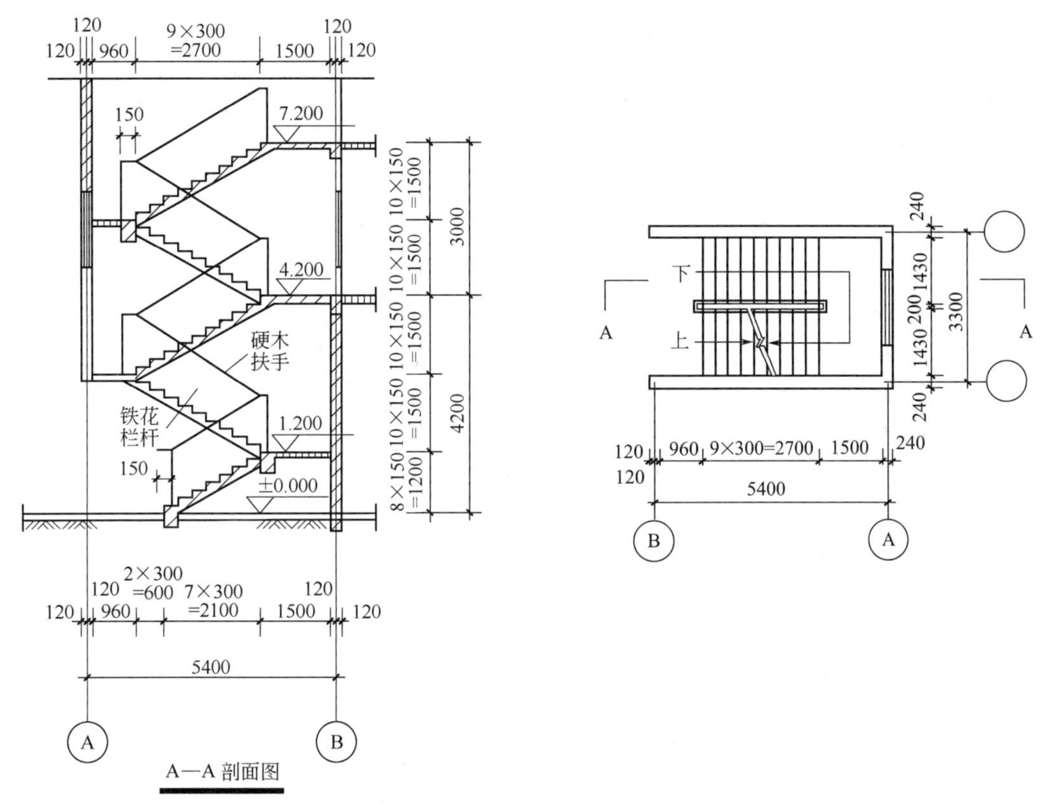

图 6-52　楼梯平面和剖面图

② 工作内容：制作；运输；安装；刷防护材料。

③ 工程量计算规则：按设计图示尺寸以扶手中心线长度（包括弯头长度）计算，计量单位 m。

(4) 玻璃栏板（011503008）

① 项目特征：栏板玻璃种类、规格、颜色；固定方式；固定配件种类。

② 工作内容：制作；运输；安装；刷防护材料。

③ 工程量计算规则：按设计图示尺寸以扶手中心线长度（包括弯头长度）计算，计量单位 m。

6.15.4　暖气罩（011504）

暖气罩项目包括饰面板暖气罩（011504001）、塑料板暖气罩（011504002）、金属暖气罩（011504003）。

① 项目特征：暖气罩材质；防护材料种类。

② 工作内容：暖气罩制作、运输、安装；刷防护材料。

③ 工程量计算规则：按设计图示尺寸以垂直投影面积（不展开）计算，计量单位 m^2。

6.15.5　浴厕配件（011505）

浴厕配件项目包括洗漱台（011505001）、晒衣架（011505002）、帘子杆（011505003）、浴缸拉手（011505004）、卫生间扶手（011505005）、毛巾杆（架）（011505006）、毛巾环（011505007）、卫生纸盒（011505008）、肥皂盒（011505009）、镜面玻璃（011505010）、镜箱（011505011）。

(1) 洗漱台（011505001）

① 项目特征：材料品种、规格、颜色；支架、配件品种、规格。

② 工作内容：台面及支架运输、安装；杆、环、盒配件安装；刷油漆。

③ 工程量计算规则：a. 按设计图示尺寸以台面外接矩形面积计算，计量单位 m^2。不扣除孔洞、挖弯、削角所占面积，挡板、吊沿板面积并入台面面积内；b. 按设计图示数量计算，计算单位个。

(2) 晒衣架 (011505002)、帘子杆 (011505003)、浴缸拉手 (011505004)、卫生间扶手 (011505005)

① 项目特征：材料品种、规格、颜色；支架、配件品种、规格。

② 工作内容：台面及支架运输、安装；杆、环、盒配件安装；刷油漆。

③ 工程量计算规则：按设计图示数量计算，计算单位个。

(3) 毛巾杆 (架) (011505006)

① 项目特征：材料品种、规格、颜色；支架、配件品种、规格。

② 工作内容：同前。

③ 工程量计算规则：按设计图示数量计算，计算单位套。

(4) 毛巾环 (011505007)

① 项目特征：材料品种、规格、颜色；支架、配件品种、规格。

② 工作内容：同前。

③ 工程量计算规则：按设计图示数量计算，计算单位副。

(5) 卫生纸盒 (011505008)、肥皂盒 (011505009)

① 项目特征：材料品种、规格、颜色；支架、配件品种、规格。

② 工作内容：同前。

③ 工程量计算规则：按设计图示数量计算，计算单位个。

(6) 镜面玻璃 (011505010)

① 项目特征：镜面玻璃品种、规格；框材质、断面尺寸；基层材料种类；防护材料种类。

② 工作内容：基层安装；玻璃及框制作、运输、安装。

③ 工程量计算规则：按设计图示尺寸以边框外围面积计算，单位 m^2。

(7) 镜箱 (011505011)

① 项目特征：箱体材质、规格；玻璃品种、规格；基层材料种类；防护材料种类；油漆品种、刷漆遍数。

② 工作内容：基层安装；箱体制作、运输、安装；玻璃安装；刷防护材料、油漆。

③ 工程量计算规则：按设计图示数量计算，计量单位个。

6.15.6 雨篷、旗杆 (011506)

雨篷、旗杆项目包括雨篷吊挂饰面 (011506001)、金属旗杆 (011506002)、玻璃雨篷 (011506003)。

(1) 雨篷吊挂饰面 (011506001)

① 项目特征：基层类型；龙骨材料种类、规格、中距；面层材料品种、规格；吊顶 (天棚) 材料品种、规格；嵌缝材料种类；防护材料种类。

② 工作内容：底层抹灰；龙骨安装；面层安装；刷防护材料、油漆。

③ 工程量计算规则：按设计图示尺寸以水平投影面积计算，单位 m^2。

(2) 金属旗杆 (011506002)

① 项目特征：旗杆材料种类、规格；旗杆高度（指旗杆台座上表面至杆顶的尺寸）；基础材料种类；基座材料的种类；基座面层材料种类、规格。

② 工作内容：土石挖、填、运；基础混凝土浇注；旗杆制作、安装；旗杆台座制作、饰面。

③ 工程量计算规则：按设计图示数量计算，计量单位根。

（3）玻璃雨棚（011506003）

① 项目特征：玻璃雨篷固定方式；龙骨材料种类、规格、中距；玻璃材料品种、规格；嵌缝材料种类；防护材料种类。

② 工作内容：龙骨基层安装；面层安装；刷防护材料、油漆。

③ 工程量计算规则：按设计图示尺寸以水平投影面积计算，单位 m^2。

6.15.7　招牌、灯箱（011507）

招牌、灯箱工程包括平面、箱式招牌（011507001）；竖式标箱（011507002）；灯箱（011507003）；信报箱（011507004）四个清单项目。

（1）平面、箱式招牌（011507001）

① 项目特征：箱体规格；基层材料、面层材料、防护材料种类。

② 工作内容：基层安装；箱体及支架制作、运输、安装；面层制作、安装；刷防护材料、油漆。

③ 工程量计算规则：按设计图示尺寸以正立面边框外围面积计算，计量单位 m^2，复杂形的凸凹造型部分不增加面积。

（2）竖式标箱（011507002）；灯箱（011507003）

① 项目特征：箱体规格；基层材料、面层材料、防护材料种类。

② 工作内容：同前。

③ 工程量计算规则：按设计图示数量计算，计算单位个。

（3）信报箱（011507004）

① 项目特征：箱体规格；基层材料、面层材料、保护材料种类；户数。

② 工作内容：同前。

③ 工程量计算规则：按设计图示数量计算，计算单位个。

6.15.8　美术字（011508）

包括泡沫塑料字（011508001）、有机玻璃字（011508002）、木质字（011508003）、金属字（011508004）、吸塑字（011508005）五个项目。

① 项目特征：基层类型；镌字材料品种、颜色；字体规格；固定方式；油漆品种、刷漆遍数。

② 工作内容：字制作、运输、安装；刷油漆。

③ 工程量计算规则：按设计图示数量计算，计量单位个。

6.16　拆除工程（0116）

包括砖砌体拆除（011601）；混凝土及钢筋混凝土构件拆除（011602）；木构件拆除（011603）；抹灰层拆除（011604）；块料面层拆除（011605）；龙骨及饰面拆除（011606）；屋面拆除（011607）；铲除油漆涂料裱糊面（011608）；栏杆栏板、轻质隔断隔墙拆除（011609）；门窗拆除（011610）；金属构件拆除（011611）；管道及卫生洁具拆除（011612）；灯具、玻璃拆除（011613）；其他构件拆除（011614）；开孔（打洞）（011615）等。

6.16.1 砖砌体拆除（011601）

砖砌体拆除项目只包括砖砌体拆除（011601001）一个清单项目。

① 项目特征：砌体名称；砌体材质；拆除高度；拆除砌体的截面尺寸；砌体表面的附着物种类。

② 工作内容：拆除；控制扬尘；清理；建渣场内、外运输。

③ 工程量计算规则：a. 按拆除的体积计算，计量单位 m^3；b. 按拆除的延长米计算，计算单位 m。

④ 砖砌体拆除工程工程量计算及报价有关说明

a. 砌体名称指墙、柱、水池。

b. 砌体表面的附着物种类指抹灰层、块料层、龙骨及装饰面层等。

c. 以米计量，如砖地沟、砖明沟等必须描述拆除部位的截面尺寸；以立方米计量，截面尺寸则不必描述。

6.16.2 混凝土及钢筋混凝土构件拆除（011602）

包括混凝土构件拆除（011602001）、钢筋混凝土构件拆除（011602002）两个清单项目。

① 项目特征：构件名称、厚度或规格尺寸；构件表面的附着物种类。

② 工作内容：拆除；控制扬尘；清理；建渣场内、外运输。

③ 工程量计算规则：a. 按拆除构件的混凝土体积计算，单位 m^3；b. 按拆除部位的面积计算，单位 m^2；c. 按拆除部位的延长米计算，单位 m。

④ 混凝土及钢筋混凝土构建拆除工程工程量计算及报价有关说明

a. 以立方米作为计量单位时，可不描述构件的规格尺寸；以平方米作为计量单位时，则应描述构件的厚度；以米作为计量单位时，则必须描述构件的规格尺寸。

b. 构件表面的附着物种类指抹灰层、块料层、龙骨及装饰面层等。

6.16.3 木构件拆除（011603）

木构件拆除项目只包括木构件拆除（011603001）一个清单项目。

① 项目特征：构件名称、厚度或规格尺寸；构件表面的附着物种类。

② 工作内容：拆除；控制扬尘；清理；建渣场内、外运输。

③ 工程量计算规则：a. 按拆除构件的体积计算，计量单位 m^3；b. 按拆除面积计算，计算单位 m^2；c. 按拆除延长米计算，计算单位 m。

④ 木构件拆除工程工程量计算及报价有关说明

a. 拆除木构件应按木梁、木柱、木楼梯、木屋架、承重木楼板等分别在构件名称中描述。

b. 同前。

c. 构件表面的附着物种类指抹灰层、块料层、龙骨及装饰面层等。

6.16.4 抹灰层拆除（011604）

抹灰层拆除项目包括平面抹灰层拆除（011604001）、立面抹灰层拆除（011604002）、天棚抹灰面拆除（011604003）三个清单项目。

① 项目特征：拆除部位；抹灰层种类。

② 工作内容：拆除；控制扬尘；清理；建渣场内、外运输。

③ 工程量计算规则：按拆除部位的面积计算，计算单位 m^2。

④ 抹灰层拆除工程工程量计算及报价有关说明

a. 单独拆除抹灰层应按抹灰层拆除（011604）相关项目编码列项。

b. 抹灰层种类可描述为一般抹灰或装饰抹灰。

6.16.5　块料面层拆除（011605）

块料面层拆除项目包括平面块料拆除（011605001）、立面块料拆除（011605002）两个清单项目。

① 项目特征：拆除的基层类型；饰面材料种类。

② 工作内容：拆除；控制扬尘；清理；建渣场内、外运输。

③ 工程量计算规则：按拆除面积计算，计算单位 m^2。

④ 块料面层拆除工程工程量计算及报价有关说明

a. 如仅拆除块料层，拆除的基层类型不用描述。

b. 同前。

6.16.6　龙骨及饰面拆除（011606）

包括楼地面龙骨及饰面拆除（011606001）、墙柱面龙骨及饰面拆除（011606002）、天棚面龙骨及饰面拆除（011606003）三个项目。

① 项目特征：拆除的基层类型；龙骨及饰面材料种类。

② 工作内容：拆除；控制扬尘；清理；建渣场内、外运输。

③ 工程量计算规则：按拆除面积计算，计算单位 m^2。

④ 龙骨及饰面拆除工程工程量计算及报价有关说明

a. 基层类型的描述指砂浆层、防水层等。

b. 如仅拆除龙骨及饰面，拆除的基层类型不用描述。

c. 如只拆除饰面，不用描述龙骨材料种类。

6.16.7　屋面拆除（011607）

包括刚性层拆除（011607001）、防水层拆除（011607002）两个项目。

（1）刚性层拆除（011607001）

① 项目特征：刚性层厚度。

② 工作内容：铲除；控制扬尘；清理；建渣场内、外运输。

③ 工程量计算规则：按铲除部位的面积计算，计算单位 m^2。

（2）防水层拆除（011607002）

① 项目特征：防水层厚度。

② 工作内容：铲除；控制扬尘；清理；建渣场内、外运输。

③ 工程量计算规则：按铲除部位的面积计算，计算单位 m^2。

6.16.8　铲除油漆涂料裱糊面（011608）

包括铲除油漆面（011608001）、铲除涂料面（011608002）、铲除裱糊面（011608003）三个清单项目。

① 项目特征：铲除部位名称；铲除部位的截面尺寸。

② 工作内容：铲除；控制扬尘；清理；建渣场内、外运输。

③ 工程量计算规则：a. 按铲除部位的面积计算，计算单位 m^2；b. 按铲除部位的延长米计算，计算单位 m。

④ 铲除油漆涂料裱糊面工程工程量计算及报价有关说明

a. 单独铲除油漆涂料裱糊面的工程按铲除油漆涂料裱糊面（011608）中的相关项目编

码列项。

b. 铲除部位名称的描述指墙面、柱面、天棚、门窗等。

c. 以米计量，必须描述铲除部位的截面尺寸；以立方米计量，则不用描述铲除部位的截面尺寸。

6.16.9 栏杆栏板、轻质隔断隔墙拆除（011609）

包括栏杆栏板拆除（011609001）、隔断隔墙拆除（011609002）两个项目。

（1）栏杆、栏板拆除（011609001）

① 项目特征：栏杆（板）高度；栏杆、栏板种类。

② 工作内容：拆除；控制扬尘；清理；建渣场内、外运输。

③ 工程量计算规则：a. 按拆除部位的面积计算，计算单位 m^2；b. 按拆除的延长米计算，计算单位 m。

（2）隔断隔墙拆除（011609002）

① 项目特征：拆除隔墙的骨架种类；拆除隔墙的饰面种类。

② 工作内容：拆除；控制扬尘；清理；建渣场内、外运输。

③ 工程量计算规则：按拆除部位的面积计算，计算单位 m^2。

6.16.10 门窗拆除（011610）

包括木门窗拆除（011610001）、金属门窗拆除（011610002）两个项目。

① 项目特征：室内高度；门窗洞口尺寸。

② 工作内容：拆除；控制扬尘；清理；建渣场内、外运输。

③ 工程量计算规则：a. 按拆除面积计算，计算单位 m^2；b. 按拆除樘数计算，计算单位樘。

6.16.11 金属构件拆除（011611）

包括钢梁拆除（011611001）；钢柱拆除（011611002）；钢网架拆除（011611003）；钢支撑、钢墙架拆除（011611004）；其他金属构件拆除（011611005）五个项目。

（1）钢梁拆除（011611001）；钢柱拆除（011611002）

① 项目特征：构件名称；拆除构件的规格尺寸。

② 工作内容：拆除；控制扬尘；清理；建渣场内、外运输。

③ 工程量计算规则：a. 按拆除构件的质量计算，计算单位 t；b. 按拆除延长米计算，计算单位 m。

（2）钢网架拆除（011611003）

① 项目特征：构件名称；拆除构件的规格尺寸。

② 工作内容：拆除；控制扬尘；清理；建渣场内、外运输。

③ 工程量计算规则：按拆除构件的质量计算，计算单位 t。

（3）钢支撑、钢墙架拆除（011611004）；其他金属构件拆除（011611005）

① 项目特征：构件名称；拆除构件的规格尺寸。

② 工作内容：拆除；控制扬尘；清理；建渣场内、外运输。

③ 工程量计算规则：a. 按拆除构件的质量计算，计算单位 t；b. 按拆除延长米计算，计算单位 m。

6.16.12 管道及卫生洁具拆除（011612）

包括管道拆除（011612001）、卫生洁具拆除（011612002）两个项目。

（1）管道拆除（011612001）

① 项目特征：管道种类、材质；管道上的附着物。

② 工作内容：拆除；控制扬尘；清理；建渣场内、外运输。

③ 工程量计算规则：按拆除管道的延长米计算，计算单位 m。

（2）卫生洁具拆除（011612002）

① 项目特征：卫生洁具种类。

② 工作内容：拆除；控制扬尘；清理；建渣场内、外运输。

③ 工程量计算规则：按拆除的数量计算，计算单位套或个。

6.16.13　灯具、玻璃拆除（011613）

包括灯具拆除（011613001）、玻璃拆除（011613002）两个项目。

（1）灯具拆除（011613001）

① 项目特征：拆除灯具高度；灯具种类。

② 工作内容：拆除；控制扬尘；清理；建渣场内、外运输。

③ 工程量计算规则：按拆除的数量计算，计算单位套。

（2）玻璃拆除（011613002）

① 项目特征：玻璃厚度；拆除部位。

② 工作内容：拆除；控制扬尘；清理；建渣场内、外运输。

③ 工程量计算规则：按拆除的面积计算，计算单位 m^2。

6.16.14　其他构件拆除（011614）

包括暖气罩拆除（011614001）、柜体拆除（011614002）、窗台板拆除（011614003）、筒子板拆除（011614004）、窗帘盒拆除（011614005）、窗帘轨拆除（011614006）六个项目。

（1）暖气罩拆除（011614001）

① 项目特征：暖气罩材质。

② 工作内容：拆除；控制扬尘；清理；建渣场内、外运输。

③ 工程量计算规则：a. 按拆除个数计算，计算单位个；b. 按拆除延长米计算，计算单位 m。

（2）柜体拆除（011614002）

① 项目特征：柜体材质；柜体尺寸，长、宽、高。

② 工作内容：拆除；控制扬尘；清理；建渣场内、外运输。

③ 工程量计算规则：a. 按拆除个数计算，计算单位个；b. 按拆除延长米计算，计算单位 m。

（3）窗台板拆除（011614003）

① 项目特征：窗台板平面尺寸。

② 工作内容：拆除；控制扬尘；清理；建渣场内、外运输。

③ 工程量计算规则：a. 按拆除数量计算，计算单位块；b. 按拆除的延长米计算，计算单位 m。

（4）筒子板拆除（011614004）

① 项目特征：筒子板的平面尺寸。

② 工作内容：拆除；控制扬尘；清理；建渣场内、外运输。

③ 工程量计算规则：a. 按拆除数量计算，计算单位块；b. 按拆除的延长米计算，计算单位 m。

(5) 窗帘盒拆除 (011614005)

① 项目特征：窗帘盒的平面尺寸。

② 工作内容：拆除；控制扬尘；清理；建渣场内、外运输。

③ 工程量计算规则：按拆除的延长米计算，计算单位 m。

(6) 窗帘轨拆除 (011614006)

① 项目特征：窗帘轨的材质。

② 工作内容：拆除；控制扬尘；清理；建渣场内、外运输。

③ 工程量计算规则：按拆除的延长米计算，计算单位 m。

注：双规窗帘轨拆除按双轨长度分别计算工程量。

6.16.15 开孔（打洞）(011615)

开孔（打洞）项目只包括开孔（打洞）(011615001) 一个清单项目。

① 项目特征：部位；打洞部位材质；洞尺寸。

② 工作内容：拆除；控制扬尘；清理；建渣场内、外运输。

③ 工程量计算规则：按数量计算，计算单位个。

④ 开孔（打洞）工程工程量计算及报价有关说明

a. 打洞部位可描述为墙面或楼板。

b. 打洞部位材质可描述为页岩砖或空心砖或钢筋混凝土等。

6.17 措施项目 (0117)

措施项目包括脚手架工程 (011701)、混凝土模板及支架（撑）(011702)、垂直运输 (011703)、超高施工增加 (011704)、大型机械设备进出场及安拆 (011705)、施工排水、降水 (011706)、安全文明施工及其他措施项目 (011707)。

6.17.1 脚手架工程 (011701)

包括综合脚手架 (011701001)、外脚手架 (011701002)、里脚手架 (011701003)、悬空脚手架 (011701004)、挑脚手架 (011701005)、满堂脚手架 (011701006)、整体提升架 (011701007)、外装式吊篮 (011701008) 八个项目。

(1) 综合脚手架 (011701001)

① 项目特征：建筑结构形式；檐口高度。

② 工作内容：场内、场外材料搬运；搭、拆脚手架、斜道、上料平台；安全网的铺设；选择附墙点与主体连接；测试电动装置、安全锁等；拆除脚手架后材料的堆放。

③ 工程量计算规则：按建筑面积计算，计算单位 m^2。

(2) 外脚手架 (011701002)、里脚手架 (011701003)

① 项目特征：搭设方式；搭设高度；脚手架材质。

② 工作内容：场内、场外材料搬运；搭、拆脚手架、斜道、上料平台；安全网的铺设；拆除脚手架后材料的堆放。

③ 工程量计算规则：按所服务对象的垂直投影面积计算，单位 m^2。

(3) 悬空脚手架 (011701004)

① 项目特征：搭设方式；悬挑宽度；脚手架材质。

② 工作内容：同前。

③ 工程量计算规则：按搭设的水平投影面积计算，计算单位 m^2。

(4) 挑脚手架 (011701005)

① 项目特征：搭设方式；悬挑宽度；脚手架材质。

② 工作内容：同前。

③ 工程量计算规则：按搭设长度乘以搭设层数以延长米计算，单位 m。

(5) 满堂脚手架 (011701006)

① 项目特征：搭设方式；搭设高度；脚手架材质。

② 工作内容：同前。

③ 工程量计算规则：按搭设的水平投影面积计算，计算单位 m^2。

(6) 整体提升架 (011701007)

① 项目特征：搭设方式及启动装置；搭设高度。

② 工作内容：场内、场外材料搬运；选择附墙点与主体连接；搭、拆脚手架、斜道、上料平台；安全网的铺设；测试电动装置、安全锁等；拆除脚手架后材料的堆放。

③ 工程量计算规则：按所服务对象的垂直投影面积计算，单位 m^2。

(7) 外装式吊篮 (011701008)

① 项目特征：升降方式及启动装置；搭设高度及吊篮型号。

② 工作内容：场内、场外材料搬运；吊篮的安装；测试电动装置、安全锁、平衡控制器等；吊篮的拆卸。

③ 工程量计算规则：按所服务对象的垂直投影面积计算，单位 m^2。

(8) 脚手架工程工程量计算及报价有关说明

① 使用综合脚手架时，不再使用外脚手架、里脚手架等单项脚手架；综合脚手架适用于能够按“建筑面积计算规则”计算建筑面积的建筑工程脚手架，不适用于房屋加层、构筑物及附属工程脚手架。

② 同一建筑物有不同檐高时，按建筑物竖向切面分别按不同檐高编列清单项目。

③ 整体提升架已包括 2m 高的防护架体设施。

④ 脚手架材质可以不描述，但应注明由投标人根据工程实际情况按照国家现行标准《建筑施工扣件式钢管脚手架安全技术规范》(JGJ 130)、《建筑施工附着升降脚手架管理暂行规定》(建建［2000］230 号) 等规范自行确定。

6.17.2　混凝土模板及支架(撑) (011702)

包括基础 (011702001)；矩形柱 (011702002)；构造柱 (011702003)；异形柱 (011702004)；基础梁 (011702005)；矩形梁 (011702006)；异形梁 (011702007)；圈梁 (011702008)；过梁 (011702009)；弧形、拱形梁 (011702010)；直形墙 (011702011)；弧形墙 (011702012)；短肢剪力墙、电梯井壁 (011702013)；有梁板 (011702014)；无梁板 (011702015)；平板 (011702016)；拱板 (011702017)；薄壳板 (011702018)；空心板 (011702019)；其他板 (011702020)；栏板 (011702021)；天沟、檐沟 (011702022)；雨篷、悬挑板、阳台板 (011702023)；楼梯 (011702024)；其他现浇构件 (011702025)；电缆沟、地沟 (011702026)；台阶 (011702027)；扶手 (011702028)；散水 (011702029)；后浇带 (011702030)；化粪池 (011702031)；检查井 (011702032) 等 32 个项目。

(1) 基础 (011702001)

① 项目特征：基础种类。

② 工作内容：模板制作；模板安装、拆除、整理堆放及场内外运输；清理模板黏结物及杂物、刷隔离剂等。

③ 工程量计算规则：按模板与现浇混凝土构件的接触面积计算，计算单位 m^2。a. 现浇钢筋混凝土墙、板单孔面积≤0.3m^2 的孔洞不予扣除，洞侧壁模板亦不增加；单孔面积>0.3m^2 时应予扣除，洞侧壁模板面积并入墙、板工程量内计算；b. 现浇框架分别按梁、板、柱有关规定计算；附墙柱、暗梁、暗柱并入墙内工程量内计算；c. 柱、梁、墙、板相互连接的重叠部分，均不计算模板面积；d. 构造柱按图示外露部分计算模板面积。

（2）矩形柱（011702002）；构造柱（011702003）

① 工作内容：同前。

② 工程量计算规则：按模板与现浇混凝土构件的接触面积计算，计算单位 m^2，其余同上（011702001）。

（3）异形柱（011702004）

① 项目特征：柱截面形状。

② 工作内容：同前。

③ 工程量计算规则：按模板与现浇混凝土构件的接触面积计算，计算单位 m^2，其余同上（011702001）。

（4）基础梁（011702005）

① 项目特征：梁截面形状。

② 工作内容：同前。

③ 工程量计算规则：按模板与现浇混凝土构件的接触面积计算，计算单位 m^2，其余同上（011702001）。

（5）矩形梁（011702006）

① 项目特征：支撑高度。

② 工作内容：同前。

③ 工程量计算规则：按模板与现浇混凝土构件的接触面积计算，计算单位 m^2，其余同上（011702001）。

（6）异形梁（011702007）

① 项目特征：梁截面形状；支撑高度。

② 工作内容：同前。

③ 工程量计算规则：按模板与现浇混凝土构件的接触面积计算，计算单位 m^2，其余同上（011702001）。

（7）圈梁（011702008）；过梁（011702009）

① 工作内容：同前。

② 工程量计算规则：按模板与现浇混凝土构件的接触面积计算，计算单位 m^2，其余同上（011702001）。

（8）弧形、拱形梁（011702010）

① 项目特征：梁截面形状；支撑高度。

② 工作内容：同前。

③ 工程量计算规则：按模板与现浇混凝土构件的接触面积计算，计算单位 m^2，其余同上（011702001）。

（9）直形墙（011702011）；弧形墙（011702012）；短肢剪力墙、电梯井壁（011702013）

① 工作内容：同前。

② 工程量计算规则：按模板与现浇混凝土构件的接触面积计算，计算单位 m^2，其余同上（011702001）。

（10）有梁板（011702014）；无梁板（011702015）；平板（011702016）；拱板（011702017）；薄壳板（011702018）；空心板（011702019）；其他板（011702020）。

① 项目特征：支撑高度。

② 工作内容：同前。

③ 工程量计算规则：按模板与现浇混凝土构件的接触面积计算，计算单位 m^2，其余同上（011702001）。

（11）栏板（011702021）

① 工作内容：同前。

② 工程量计算规则：按模板与现浇混凝土构件的接触面积计算，计算单位 m^2，其余同上（011702001）。

（12）天沟、檐沟（011702022）

① 项目特征：构件类型。

② 工作内容：同前。

③ 工程量计算规则：按模板与现浇混凝土构件的接触面积计算，单位 m^2。

（13）雨篷、悬挑板、阳台板（011702023）

① 项目特征：构件类型；板厚度。

② 工作内容：同前。

③ 工程量计算规则：按图示外挑部分尺寸的水平投影面积计算，计算单位 m^2，挑出墙外的悬臂梁及板边不另计算。

（14）楼梯（011702024）

① 项目特征：类型。

② 工作内容：同前。

③ 工程量计算规则：按楼梯（包括休息平台、平台梁、斜梁和楼层板的连接梁）的水平投影面积计算，计算单位 m^2，不扣除宽度≤500mm 的楼梯井所占面积，楼梯踏步、踏步板、平台梁等侧面模板不另计算，伸入墙内部分亦不增加。

（15）其他现浇构件（011702025）

① 项目特征：构件类型。

② 工作内容：同前。

③ 工程量计算规则：按模板与现浇混凝土构件的接触面积计算，单位 m^2。

（16）电缆沟、地沟（011702026）

① 项目特征：沟类型；沟截面。

② 工作内容：同前。

③ 工程量计算规则：按模板与电缆沟、地沟接触面积计算，单位 m^2。

（17）台阶（011702027）

① 项目特征：台阶踏步宽。

② 工作内容：同前。

③ 工程量计算规则：按图示台阶水平投影面积计算，单位 m^2，台阶端头两侧不另计算模板面积，架空式混凝土台阶，按现浇楼梯计算。

（18）扶手（011702028）

① 项目特征：扶手断面尺寸。

② 工作内容：同前。

③ 工程量计算规则：按模板与扶手的接触面积计算，单位 m^2。

(19) 散水 (011702029)

① 工作内容：同前。

② 工程量计算规则：按模板与散水的接触面积计算，计算单位 m^2。

(20) 后浇带 (011702030)

① 项目特征：后浇带部位。

② 工作内容：同前。

③ 工程量计算规则：按模板与后浇带的接触面积计算，计算单位 m^2。

(21) 化粪池 (011702031)

① 项目特征：化粪池部位；化粪池规格。

② 工作内容：同前。

③ 工程量计算规则：按模板与混凝土接触面积计算，单位 m^2。

(22) 检查井 (011702032)

① 项目特征：检查井部位；检查井规格。

② 工作内容：同前。

③ 工程量计算规则：按模板与混凝土接触面积计算，计算单位 m^2。

(23) 混凝土模板及支架（撑）工程工程量计算及报价有关说明

① 原槽浇灌的混凝土基础，不计算模板。

② 混凝土模板及支撑（架）项目，只适用于以平方米计量，按模板与混凝土构件的接触面积计算。以立方米计量的模板及支撑（支架），按混凝土及钢筋混凝土实体项目执行，其综合单价中应包含模板及支撑（支架）。

③ 采用清水模板时，应在特征中注明。

④ 若现浇混凝土梁板支撑高度超过 3.6m 时，项目特征应描述支撑高度。

6.17.3 垂直运输 (011703)

只包括垂直运输（011703001）一个清单项目。

① 项目特征：建筑物建筑类型及结构形式；地下室建筑面积；建筑物檐口高度、层数。

② 工作内容：垂直运输机械的固定装置、基础制作、安装；行走式垂直运输机械轨道的铺设、拆除、摊销。

③ 工程量计算规则：a. 按建筑面积计算，计算单位 m^2；b. 按施工工期日历天数计算，计算单位天。

④ 垂直运输工程工程量计算及报价有关说明

a. 建筑物的檐口高度是指设计室外地坪至檐口滴水的高度（平屋顶系指屋面板底高度），突出主体建筑物屋顶的电梯机房、楼梯出口间、水箱间、瞭望塔、排烟机房等不计入檐口高度。

b. 垂直运输指施工工程在合理工期内所需垂直运输。

c. 同一建筑物有不同檐高时，按建筑物的不同檐高做纵向分割，分别计算建筑面积，以不同檐高分别编码列项。

6.17.4 超高施工增加 (011704)

只包括超高施工增加（011704001）一个清单项目。

① 项目特征：建筑物建筑类型及结构形式；建筑物檐口高度、层数；单层建筑物檐口高度超过 20m，多层建筑物超过 6 层部分的建筑面积。

② 工作内容：建筑物超高引起的人工工效降低以及人工工效降低引起的机械降效；高

层施工用水加压水泵的安装、拆除及工作台班；通信联络设备的使用及摊销。

③ 工程量计算规则：按建筑物超高部分的建筑面积计算，单位 m^2。

④ 超高施工增加工程工程量计算及报价有关说明

a. 单层建筑物檐口高度超过 20m，多层建筑物超过 6 层时，可按超高部分的建筑面积计算超高施工增加。计算层数时，地下室不计入层数。

b. 同一建筑物有不同檐高时，可按不同高度的建筑面积分别计算建筑面积，以不同檐高分别编码列项。

6.17.5　大型机械设备进出场及安拆（011705）

只包括大型机械设备进出场及安拆（011705001）一个清单项目。

① 项目特征：机械设备名称；机械设备规格型号。

② 工作内容：安拆费包括施工机械、设备在现场进行安装拆卸所需人工、材料、机械和试运转费用以及机械辅助设施的折旧、搭设、拆除等费用；进出场费包括施工机械、设备整体或分体自停放地点运至施工现场或由一施工地点运至另一施工地点所发生的运输、装卸、辅助材料等费用。

③ 工程量计算规则：按使用机械设备的数量计算，计算单位台次。

6.17.6　施工排水、降水（011706）

包括成井（011706001）；排水、降水（011706002）两个清单项目。

（1）成井（011706001）

① 项目特征：成井方式；地层情况；成井直径，井管类型，直径。

② 工作内容：准备钻孔机械、埋设护筒、钻机就位，泥浆制作、固壁，成孔、出渣、清孔等；对接上、下井管（滤管），焊接，安放，下滤料，洗井，连接试抽等。

③ 工程量计算规则：按设计图示尺寸以钻孔深度计算，计算单位 m。

（2）排水、降水（011706002）

① 项目特征：机械规格型号；降排水管规格。

② 工作内容：管道安装拆除，场内搬运；抽水、降水设备维修等。

③ 工程量计算规则：按排、降水日历天数计算，计算单位昼夜。

注： 相应专项设计不具备时，可按暂估量计算。

6.17.7　安全文明施工及其他措施项目（011707）

包括安全文明施工（011707001）；夜间施工（011707002）；非夜间施工照明（011707003）；二次搬运（011707004）；冬雨季施工（011707005）；地上、地下设施，建筑物的临时保护设施（011707006）；已完工程及设备保护（011707007）七个清单项目。

（1）安全文明施工（011707001）

工作内容及包含范围：

① 环境保护。现场施工机械设备降低噪音、防扰民措施；水泥和其他易飞扬细颗粒建筑材料密闭存放或采取覆盖措施等；工程防扬尘洒水；土石方、建渣外运车辆防护措施等；现场污染源的控制、生活垃圾清理外运、场地排水排污措施；其他环境保护措施。

② 文明施工。“五牌一图”；现场围挡的墙面美化（包括内外粉刷、刷白、标语等）、压顶装饰；现场厕所便槽刷白、贴面砖，水泥砂浆地面或者地砖，建筑物内临时便利设施；其他施工现场临时设施的装饰装修、美化措施；现场生活卫生措施；符合卫生要求的饮水设备、淋浴、消毒等设施；生活用洁净燃料；防煤气中毒、防蚊虫叮咬等措施；施工现场操作

场地的硬化；现场绿化、治安综合治理；现场配备医药保健器材、物品和急救人员培训；现场工人的防暑降温、电风扇、空调等设备及用电；其他文明施工措施。

③ 安全施工。安全资料、特殊作业专项方案的编制，安全施工标志的购置及安全宣传；“三宝”（安全帽、安全带、安全网），“四口”（楼梯口、电梯井口、通道口、预留洞口）、“五临边”（阳台围边、楼板围边、屋面围边、槽坑围边、卸料平台两侧），水平防护架、垂直防护架、外架封闭等防护；施工安全用电，包括配电箱三级配电、两级保护装置要求、外电防护措施；起重机、塔吊等起重设备（含井架、门架）及外用电梯的安全防护措施（含警示标志）及卸料平台的临边防护、层间安全门、防护棚等设施；建筑工地起重机械的检验检测；施工机具防护棚及其围栏的安全保护措施；施工安全防护通道；工人的安全防护用品、用具购置；消防设施与消防器材的配置；电气保护、安全照明设施；其他安全防护措施。

④ 临时设施。施工现场采用彩色、定型钢板，砖、混凝土砌块等围挡的安砌、维修、拆除；施工现场临时建筑物、构筑物的搭设、维修、拆除，如临时宿舍、办公室、食堂、厨房、厕所、诊疗所、临时文化福利用房、临时仓库、加工场、搅拌台、临时简易水塔、水池等；施工现场临时设施的搭设、维修、拆除，如临时供水管道、临时供电管线、小型临时设施等；施工现场规定范围内临时简易道路铺设，临时排水沟、排水设施安砌、维修、拆除；其他临时设施搭设、维修、拆除。

(2) 夜间施工 (011707002)

工作内容及包含范围：

① 夜间固定照明灯具和临时可移动照明灯具的设置、拆除。

② 夜间施工时，现场交通、安全标志、警示灯等设置、移动、拆除。

③ 包括夜间照明设备及照明用电、施工人员夜班补助、夜间施工劳动效率降低等。

(3) 非夜间施工照明 (011707003)

工作内容及包含范围：为保证工程施工正常进行，在地下室等特殊施工部位施工时所采用的照明设备的安拆、维护及照明用电等。

(4) 二次搬运 (011707004)

工作内容及包含范围：由于施工场地条件限制而发生的材料、成品、半成品等一次运输不能到达堆放地点，必须进行的二次或多次搬运。

(5) 冬雨季施工 (011707005)

工作内容及包含范围：

① 冬雨（风）季施工时增加的临时设施（防寒保温、防雨、防风设施）的搭设、拆除。

② 冬雨（风）季施工时，对砌体、混凝土等采用的特殊加温、保温和养护措施。

③ 冬雨（风）季施工时，施工现场的防滑处理、对影响施工的雨雪的清除。

④ 包括冬雨（风）季施工时增加的临时设施、施工人员的劳动保护用品、冬雨（风）季施工劳动效率降低等。

(6) 地上、地下设施，建筑物的临时保护设施 (011707006)

工作内容及包含范围：在工程施工过程中，对已建成的地上、地下设施和建筑物进行的遮盖、封闭、隔离等必要保护措施。

(7) 已完工程及设备保护 (011707007)

工作内容及包含范围：对已完工程及设备采取的覆盖、包裹、封闭、隔离等必要保护措施。

第7章　招标控制价及投标报价的编制

7.1　建设工程施工招标控制价的编制

7.1.1　招标控制价的概念及一般规定

(1) 招标控制价的概念

招标控制价是招标人根据国家或省级、行业建设主管部门颁发的有关计价依据和办法，以及拟定的招标文件和招标工程量清单，结合工程具体情况编制的招标工程的最高投标限价。

招标控制价类似于以前所称的标底价格，从1983年原建设部试行施工招标投标制到2003年7月1日推行工程量清单计价这一时期，各地对中标价基本上采取不得高于标底3%，不得低于标底5%等限制性措施评标定价，越接近标底越容易中标。因此，招标投标法规定标底必须保密。2003年推行工程量计价以后，由于招标方式的改变，标底保密这一法律规定已不能起到有效遏止哄抬标价的作用，我国有的地区和部门已经发生了在招标项目上所有投标人的报价均高于标底的现象，致使中标人的中标价高于招标人的预算。为有利于客观、合理地评审投标报价和避免哄抬标价，取消了标底价，代之以招标控制价，并在招标文件中将其公布，作为投标人的最高投标限价，同时规定投标人的报价如超过公布的最高限价，其投标将作为废标处理。因此，最高投标限价实质上属于招标文件规定的废标条件。

(2) 关于招标控制价的一般规定

① 国有资金投资的建设工程招标，招标人必须编制招标控制价。

② 招标控制价应由具有编制能力的招标人或受其委托具有相应资质的工程造价咨询人编制和复核。

③ 工程造价咨询人接受招标人委托编制招标控制价，不得再就同一工程接受投标人委托编制投标报价。

④ 为体现招标的公开、公平、公正性，防止招标人有意抬高或压低工程造价，招标人应在招标文件中如实公布招标控制价，不得对所编制的招标控制价进行上浮或下调。

⑤ 当招标控制价超过批准的概算时，招标人应将其报原概算审批部门审核。

我国对国有资金投资项目的投资控制实行的是投资概算控制制度，项目投资原则上不能超过批准的投资概算。因此，在工程招标发包时，当编制的招标控制价超过批准的概算时，招标人应当将其报原概算审批部门审核。

⑥ 招标人应在发布招标文件时公布招标控制价，同时应将招标控制价及有关资料报送工程所在地或有该工程管辖权的行业管理部门工程造价管理机构备查。

招标控制价的编制特点和作用决定了招标控制价不同于标底，无需保密。并且，作为最高投标限价，应事先告知投标人，供投标人权衡是否参与投标。规范规定将招标控制价送工程造价管理机构备查的目的是为了加强对此的监管。

7.1.2 招标控制价的编制原则与方法

（1）招标控制价的编制依据

① 建设工程工程量清单计价规范；

② 国家或省级、行业建设主管部门颁发的计价定额和计价办法；

③ 建设工程设计文件及相关资料；

④ 拟定的招标文件及招标工程量清单；

⑤ 与建设项目相关的标准、规范、技术资料；

⑥ 施工现场情况、工程特点及常规施工方案；

⑦ 工程造价管理机构发布的工程造价信息或市场价；

⑧ 其他的相关资料。

（2）招标控制价的编制原则

① 综合单价中应包括招标文件中划分的由投标人承担的风险范围及其费用。招标文件中没有明确的，应予明确。

② 分部分项工程和措施项目中的单价项目，应根据拟定的招标文件和招标工程量清单项目中的特征描述及有关要求确定综合单价。

③ 措施项目中的总价项目应根据拟定的招标文件和常规施工方案计价。包括除规费、税金以外的全部费用。安全文明施工费应当按照国家或省级、行业建设部门的规定标准计算。

④ 其他项目应按下列规定计价。

a. 暂列金额应按招标工程量清单中列出的金额填写。

b. 暂估价中的材料、工程设备单价应按招标工程量清单中列出的单价计入综合单价。

c. 暂估价中的专业工程金额应按招标工程量清单中列出的金额填写。

d. 计日工中的人工单价和施工机械台班单价应按省级、行业建设主管部门公布的单价计算；材料应按工程造价管理机构发布的工程造价信息中的材料单价计算，未发布的，其价格应按市场调查确定的单价计算。

e. 总承包服务费应根据招标工程量清单列出的内容和要求估算。计价规范条文说明中列出的标准仅供参考。

⑤ 编制招标控制价时，规费和税金应按规范规定计算。

（3）编制招标控制价需要考虑的因素

① 编制招标控制价应考虑工程的工期。招标控制价必须适应目标工期的要求，对提前工期因素有所反映，在招标控制价的措施费项目清单列入适当的赶工措施费。

② 编制招标控制价必须考虑招标方对工程的质量要求。招标控制价必须适应招标方质量要求，对要求高于国家验收规范的质量因素，在招标控制价措施费项目中应有所反映。

③ 编制招标控制价必须考虑招标工程范围。招标控制价必须合理考虑招标工程范围。如果原来规定由建设单位做的施工前准备（如“三通一平”、伐树等）或其他工作，由施工单位代办时，在招标文件中应预先加以说明，并在编制招标控制价时加入

此项费用。

④ 编制招标控制价要合理考虑现场条件和合理施工方案。不同施工现场条件，对工程造价影响较大。在编制招标控制价时，应对现场实际情况认真了解，考虑由于自然条件导致的施工不利因素。只有这样，才能把招标控制价的编制建立在实事求是的基础上。

（4）招标控制价的编制步骤

① 熟悉招标文件、施工图纸，收集相关资料；

② 分部分项工程费计价；

③ 措施项目费计价；

④ 其他项目费计价；

⑤ 规费与税金的计价；

⑥ 汇总工程造价、有关表格填写；

⑦ 编写说明；

⑧ 复核、装订、签章及审批。

7.1.3　招标控制价的投诉与处理

（1）招标控制价的投诉

① 投标人经复核认为招标人公布的招标控制价未按照计价规范的规定进行编制的，应在招标控制价公布后5天内向招投标监督机构和工程造价管理机构投诉。

② 投诉应采用的形式及内容。投诉人投诉时，应当提交由单位盖章和法定代表人或其委托人签名或盖章的书面投诉书。投诉书包括下列内容：

a. 投诉人与被投诉人的名称、地址及有效联系方式；

b. 投诉的招标工程名称、具体事项及理由；

c. 投诉依据及有关证明材料；

d. 相关的请求及主张。

③ 投诉人不得进行虚假、恶意投诉，阻碍招投标活动的正常进行。

（2）受理投诉的期限要求

① 受理投诉的条件以及审查期限。工程造价管理机构在接到投诉书后应在2个工作日内进行审查，对有下列情况之一的，不予受理：

a. 投诉人不是所投诉招标工程招标文件的收受人；

b. 投诉书内容或投诉书提交的时间不符合规范的规定；

c. 投诉事项已进入行政复议或行政诉讼程序的。

② 是否受理投诉的处理期限。工程造价管理机构应在不迟于结束审查的次日将是否受理投诉的决定书面通知投诉人、被投诉人以及负责该工程招投标监督的招投标管理机构。

（3）招标控制价的复查

① 工程造价管理机构受理投诉后，应立即对招标控制价进行复查，组织投诉人、被投诉人或其委托的招标控制价编制人等单位人员对投诉问题逐一核对。有关当事人应当予以配合，并应保证所提供资料的真实性。

② 工程造价管理机构应当在受理投诉的10天内完成复查，特殊情况下可适当延长，并作出书面结论通知投诉人、被投诉人及负责该工程招投标监督的招投标管理机构。

③ 当招标控制价复查结论与原公布的招标控制价误差大于±3%时，应当责成招标人改正。

（4）招标控制价的重新公布

招标人根据招标控制价复查结论需要重新公布招标控制价的，其最终公布的时间至招标文件要求提交投标文件截止时间不足15天的，应相应延长投标文件的截止时间。

7.2 建设工程施工投标报价的编制

7.2.1 投标报价的概念及一般规定

（1）投标报价的概念

投标人投标时响应招标文件要求所报出的对已标价工程量清单汇总后标明的总价。

投标报价是在工程采用招标发包的过程中，由投标人按照招标文件的要求和招标工程量清单，根据工程特点，并结合自身的施工技术、装备和管理水平，依据有关计价规定自主确定的工程造价，是投标人希望达成工程承包交易的期望价格。

（2）关于投标报价的一般规定

① 投标报价应由投标人或受其委托具有相应资质的工程造价咨询人编制。

② 投标人应依据计价规范的规定自主确定投标报价。投标报价编制和确定的最基本特征是投标人自主报价，但投标人自主决定投标报价必须执行计价规范的强制性条文。

③ 投标报价不得低于工程成本。工程成本不是企业成本，某工程的盈或亏，并不必然表现为整个企业的盈或亏。

④ 投标人必须按招标工程量清单填报价格。项目编码、项目名称、项目特征、计量单位、工程量必须与招标工程量清单一致。为避免出现差错，投标人最好按招标人提供的工程量清单与计价表直接填写价格。

⑤ 投标人的投标报价高于招标控制价的应予废标。国有资金投资的工程，其招标控制价相当于政府采购中的采购预算，投标人的投标报价不能超过招标控制价，否则，应予废标。

7.2.2 投标报价的编制依据与原则

（1）投标报价的编制依据

投标报价应根据下列依据编制：

① 建设工程工程量清单计价规范；

② 国家或省级、行业建设主管部门颁发的计价办法；

③ 企业定额，国家或省级、行业建设主管部门颁发的计价定额和计价办法；

④ 招标文件、招标工程量清单及其补充通知、答疑纪要；

⑤ 建设工程设计文件及相关资料；

⑥ 施工现场情况、工程特点及投标时拟定的施工组织设计或施工方案；

⑦ 与建设项目相关的标准、规范等技术资料；

⑧ 市场价格信息或工程造价管理机构发布的工程造价信息；

⑨ 其他的相关资料。

（2）投标报价的编制原则

① 编制投标报价时，综合单价中应包括招标文件约定的由投标人承担的风险范围及其费用，招标文件中没有明确的，应提请招标人明确。

② 分部分项工程和措施项目中的单价项目，应根据招标文件和招标工程量清单项目中的特征描述确定综合单价计算。

确定分部分项工程和措施项目中的单价项目综合单价的最重要依据之一是该清单项目的特征描述，投标人投标报价时应依据招标工程量清单项目的特征描述确定清单项目的综合单价。

招标工程量清单中提供了暂估单价的材料、工程设备，按暂估的单价进入综合单价。

招标文件中要求投标人承担的风险内容和范围，投标人应考虑计入综合单价。在施工过程中，当出现的风险内容及其范围（幅度）在招标文件规定的范围内时，合同价款不作调整。

③ 措施项目中的总价项目金额应根据招标文件及投标时拟定的施工组织设计或施工方案，按计价规范的规定自主确定。

由于各投标人拥有的施工装备、技术水平和采用的施工方法有所差异，招标人提出的措施项目清单是根据一般情况确定的。投标人投标时应根据自身编制的施工组织设计确定措施项目，投标人根据投标施工组织设计调整和确定的措施项目应通过评标委员会的评审。

④ 其他项目应按下列规定报价：

a. 暂列金额应按招标工程量清单中列出的金额填写；

b. 材料、工程设备暂估价应按招标工程量清单中列出的单价计入综合单价；

c. 专业工程暂估价应按招标工程量清单中列出的金额填写；

d. 计日工应按招标工程量清单中列出的项目和数量，自主确定综合单价并计算计日工金额；

e. 总承包服务费应根据招标工程量清单中列出的内容和提出的要求自主确定。

⑤ 规费和税金应按计价规范的规定确定。

（3）编制投标报价的注意事项

① 招标工程量清单与计价表中列明的所有需要填写单价和合价的项目，投标人均应填写且只允许有一个报价。未填写单价和合价的项目，视为此项费用已包含在已标价工程量清单中其他项目的单价和合价之中。当竣工结算时，此项目不得重新组价予以调整（此费用不被承认）。

② 投标总价应当与分部分项工程费、措施项目费、其他项目费和规费、税金的合计金额一致。即投标人在进行工程量清单招标的投标报价时，不能进行投标总价优惠（或降价、让利），投标人对投标报价的任何优惠（或降价、让利）均应反映在相应清单项目的综合单价中。

7.2.3　投标报价的确定原则

（1）投标报价编制的一般原则

① 投标人在投标报价中填写的工程量清单的项目编码、项目名称、项目特征、计量单位、工程数量必须与招标人招标文件中提供的一致。招标文件中提供的工程量清单，其目的是使各投标人在投标报价中具有共同的竞争平台。

② 投标报价编制的最基本特征是一种自主报价行为。

③ 投标人自主报价必须执行建设工程工程量计价规范的强制性条文。

④ 投标人的投标报价不得低于成本。

(2) 分部分项工程项目综合单价的确定原则

① 投标人投标报价时应依据招标文件中分部分项工程量清单项目的特征描述确定清单项目的综合单价。当出现招标文件中分部分项工程量清单特征描述与设计图纸不符时，投标人应以分部分项工程量清单的项目特征描述为准，确定投标报价的综合单价。当施工中施工图纸或设计变更与工程量清单项目特征描述不一致时，发承包双方应按实际施工的项目特征，依据合同约定重新确定综合单价。

② 招标文件中提供了暂估单价的材料，按暂估的单价计入综合单价。

③ 招标文件中要求投标人承担的风险费用，投标人应将其计入综合单价。施工过程中，当出现的风险内容及风险在招标文件规定的幅度内时，综合单价不得变动，工程价款不作调整。

(3) 措施项目费的确定原则

① 措施项目的内容应依据招标人提供的措施项目清单和投标人拟定的施工组织设计或施工方案确定，根据实际情况，对招标人所列的措施项目进行增补。

② 措施项目费的计价方式应根据招标文件的规定，可计算工程量的措施项目采用综合单价方式报价，其余的措施项目采用以“项”为计量单位的方式报价。

③ 措施项目费由投标人自主确定，但其中安全文明施工费应按建设主管部门的规定确定。

(4) 其他项目费的确定原则

① 暂列金额应按招标人在其他项目清单中列出的金额填写。

② 材料暂估价应按招标人在其他项目清单中列出的单价计入综合单价；专业工程暂估价应按招标人在其他项目清单中列出的金额填写。

③ 计日工按招标人在其他项目清单中列出的项目和数量，自主确定综合单价并计算计日工费用。

④ 总承包服务费根据招标文件中列出的内容和提出的要求自主确定。

(5) 规费和税金的确定原则　规费和税金的计取标准是依据有关法律法规和政策规定制定的，具有强制性。因此，投标人在投标报价时必须按照有关规定计算规费和税金。

(6) 投标总价的确定原则　投标人的投标总价应当与组成工程量清单的分部分项工程费、措施项目费、其他项目费和规费、税金的合计金额相一致，即投标人在进行投标报价时，不能进行投标总价优惠或降价让利，投标人对投标报价的任何优惠或降价让利均应反映在相应清单项目的综合单价中。

7.2.4 投标报价的编制程序

投标报价应由投标方依据招标文件的有关要求，结合施工现场实际情况及施工组织设计，按照企业定额、市场价格，自主报价。

(1) 认真研究招标文件　仔细研读招标文件，有利于编制投标文件时在实质上响应招标文件。

(2) 进行现场勘察　现场勘察是投标前极其重要的环节，通过现场勘察，了解项目所在地的自然环境、材料运输、生产和生活条件，可有效避免较大风险的发生。

(3) 复核或计算工程量　采用工程量清单招标的工程，工程量清单已由招标人提供。但由于清单编制人员的专业水平参差不齐，可能造成清单内容出现漏算、重算等。若不注意复核工程量，会直接影响中标机会或给以后工作留下隐患。一般情况下，投标人通过核算清单工程量，可以确定每一清单主体项目包含的辅助项目工程量，以便分析综合单价。

(4) 编制或熟悉施工组织设计　施工组织设计或施工方案是编制投标报价的主要依据之一。在编制施工方案时要有针对性，既要采用先进的施工方法，合理安排工期，又要充分有效地利用机械设备和劳动力，尽可能减少临时设施和资金的占用，降低成本。

(5) 市场询价　人、材、机价格对报价影响很大，因而必须高度重视市场询价工作，应充分考虑物价上涨因素对报价的影响，不能简单地根据目前的市场价格报价。

(6) 详细估价及报价　详细估价和报价是投标的核心工作，它不仅是能否中标的关键，而且是中标后能否盈利的决定因素之一。

(7) 确定投标策略　投标策略是承包人在投标竞争中的战略部署及其参与投标竞争的方式和手段，是投标人投标报价的最终决定。在确定投标策略时，要考虑自身的优劣势和招标项目的特点，以及最大限度的中标可能、期望利润和承担风险的能力。

(8) 编制投标报价文件　投标人应严格按照招标人提供的工程量清单格式编制投标报价，投标人未按招标文件要求进行投标报价，将被招标人拒绝。

7.3　工程量清单招标控制价编制实例

7.3.1　工程概况

某建筑物为单层框架结构，层高 3.6m，建筑面积 95.96m^2，设计室外高差 30cm。防火等级：二级。工程位于市区，建设单位提供 15%的备料款，材料全部由承包人采购。建筑结构施工图如图 7-1～图 7-4 所示。按简易计税法确定该工程招标控制价。

(1) 结构部分

① 土质为一、二类土，地下水位为－3.5m 处，土方按现场堆放结算。

② ±0.00 以下采用机制黏土实心砖，M5 水泥砂浆；±0.00 以上采用非承重多孔砖，M5 混合砂浆，图中未标明的墙厚均为 240mm。

③ 混凝土：垫层为 C10 砾石混凝土，其余均为 C20 砾石混凝土，现浇钢筋混凝土构件钢筋按设计要求配置。不考虑垫层工作面，只考虑基础支模工作面。

④ 现场倒运土距离 200m。

⑤ 建筑结构抗震等级为二级，主要构件抗震锚固 L_{aE}，次要构件非抗震抗拉锚固 L_a，非抗震普通锚固 15d。不考虑钢筋量度差值。

⑥ 砌体加固筋柱面内锚固 200mm，柱面外 1000mm，2Φ8@500。砌体加固筋按规范设置。

⑦ 屋面排水管 4 个，采用塑料制品。

⑧ 计算梁柱面抹灰工程量时，为简便起见，特约定：附墙柱、梁侧面抹灰并入相应墙面抹灰工程量内；带梁天棚，梁侧面抹灰并入天棚抹灰工程量内。

(2) 建筑部分　建筑部分工程做法如表 7-1 所示。门窗如表 7-2 所示。

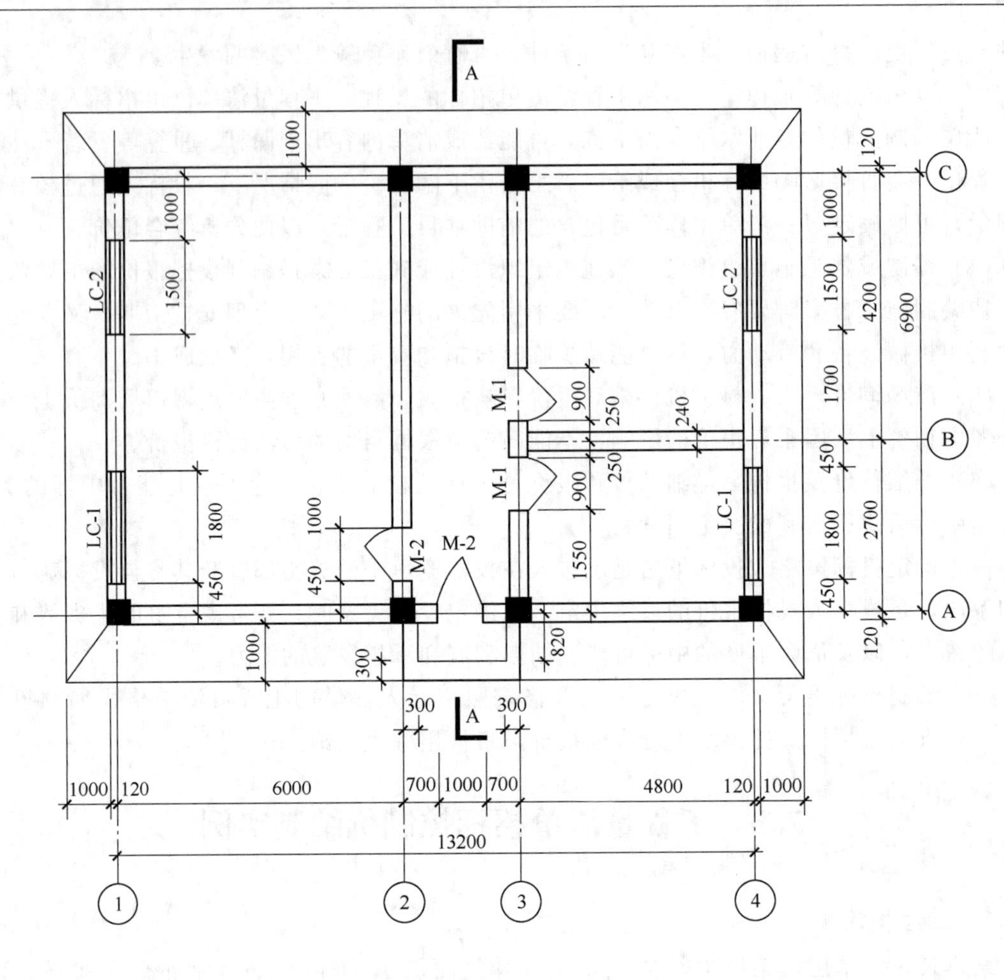

平面图

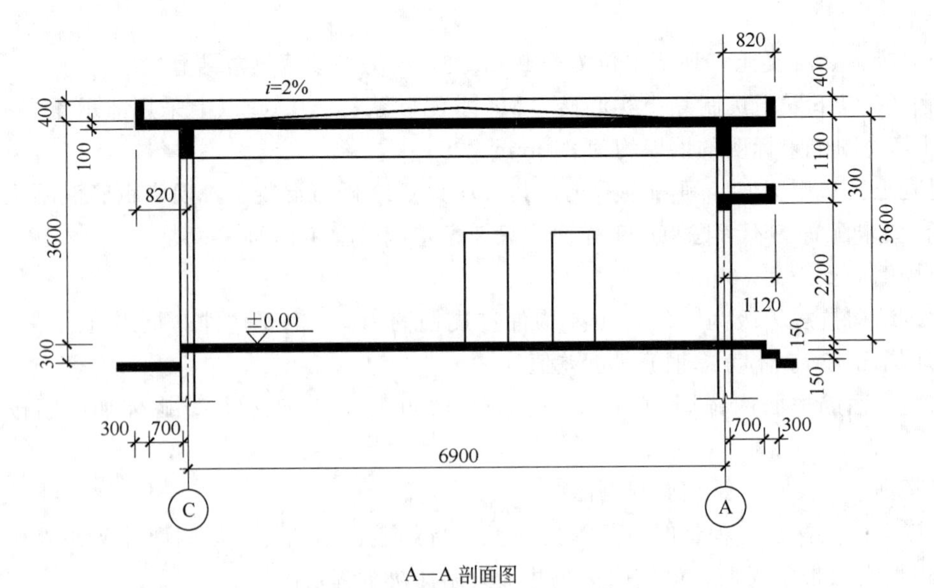

A—A 剖面图

图 7-1 平面图及剖面图

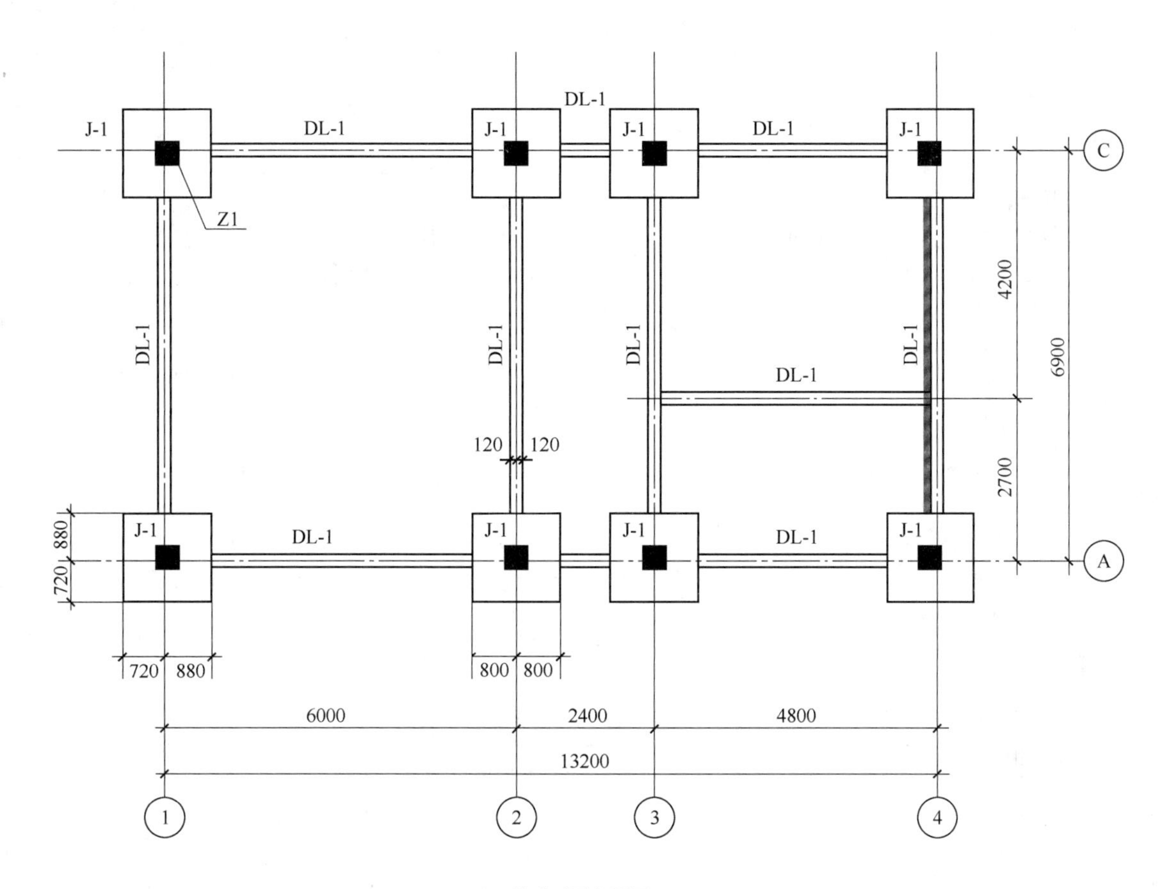

基础平面布置图

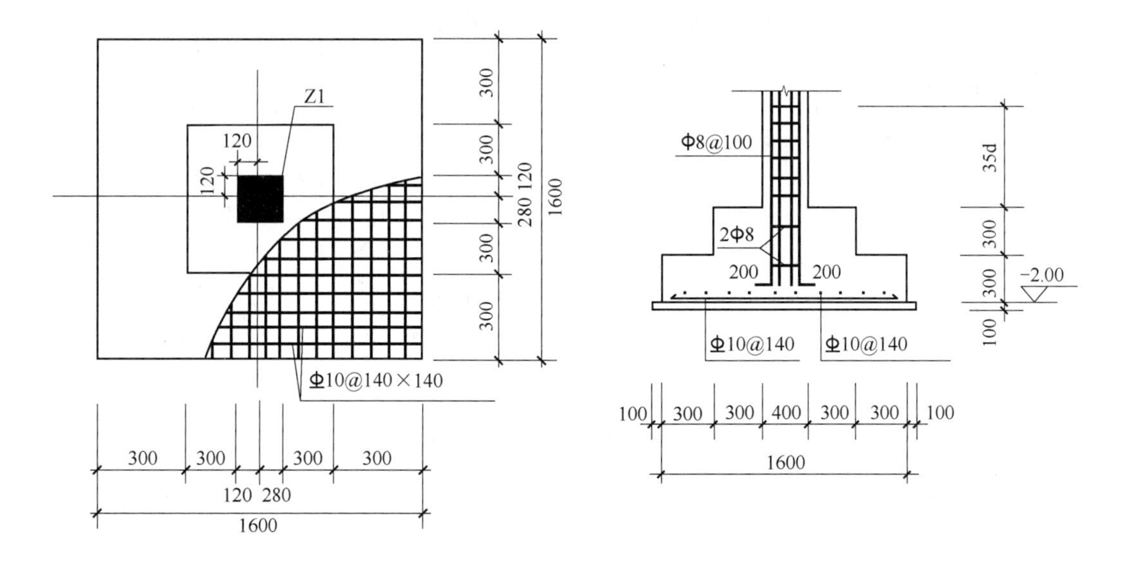

J-1 详图

图 7-2 基础平面图

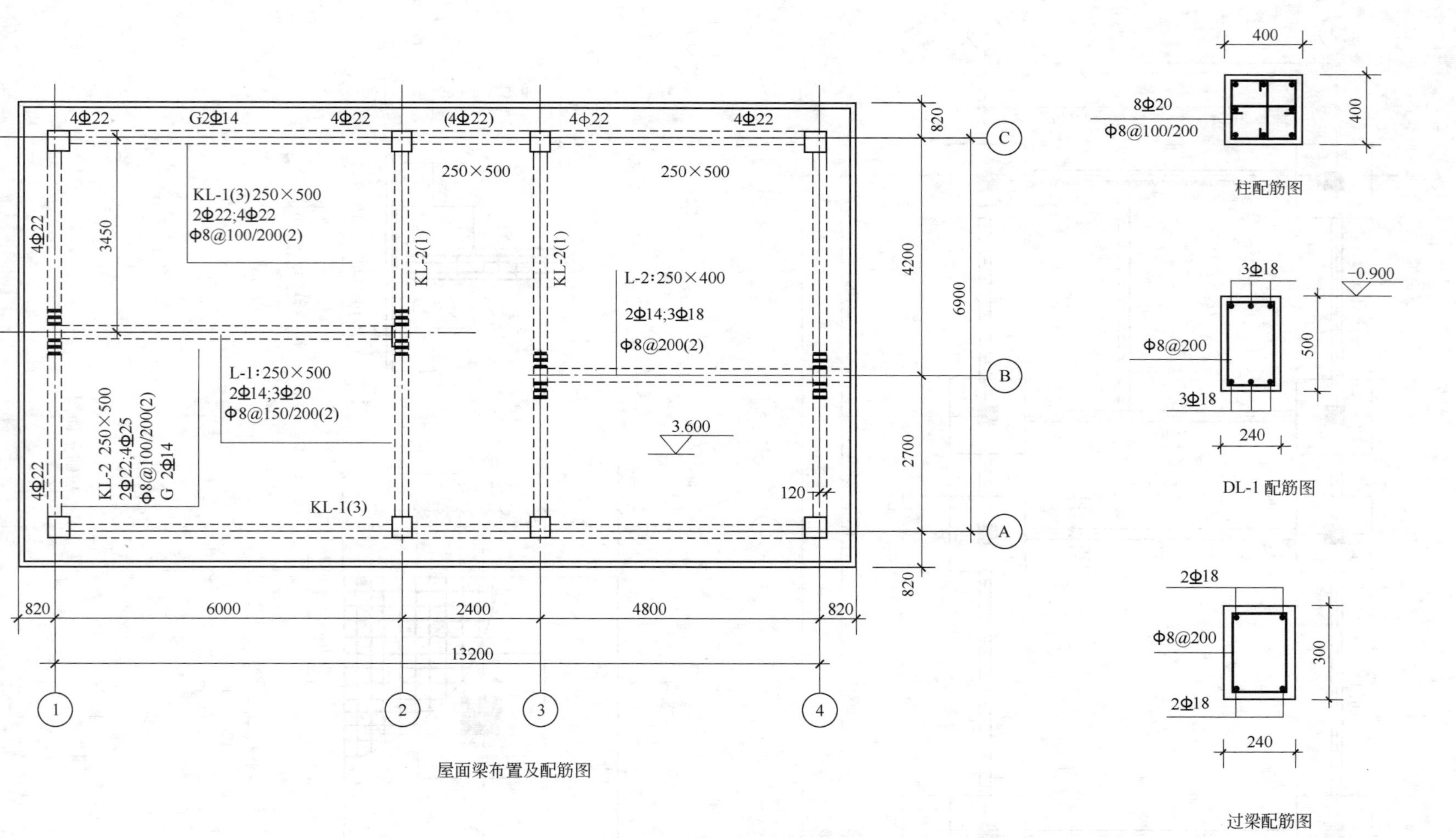

图 7-3 屋面梁布置及配筋图

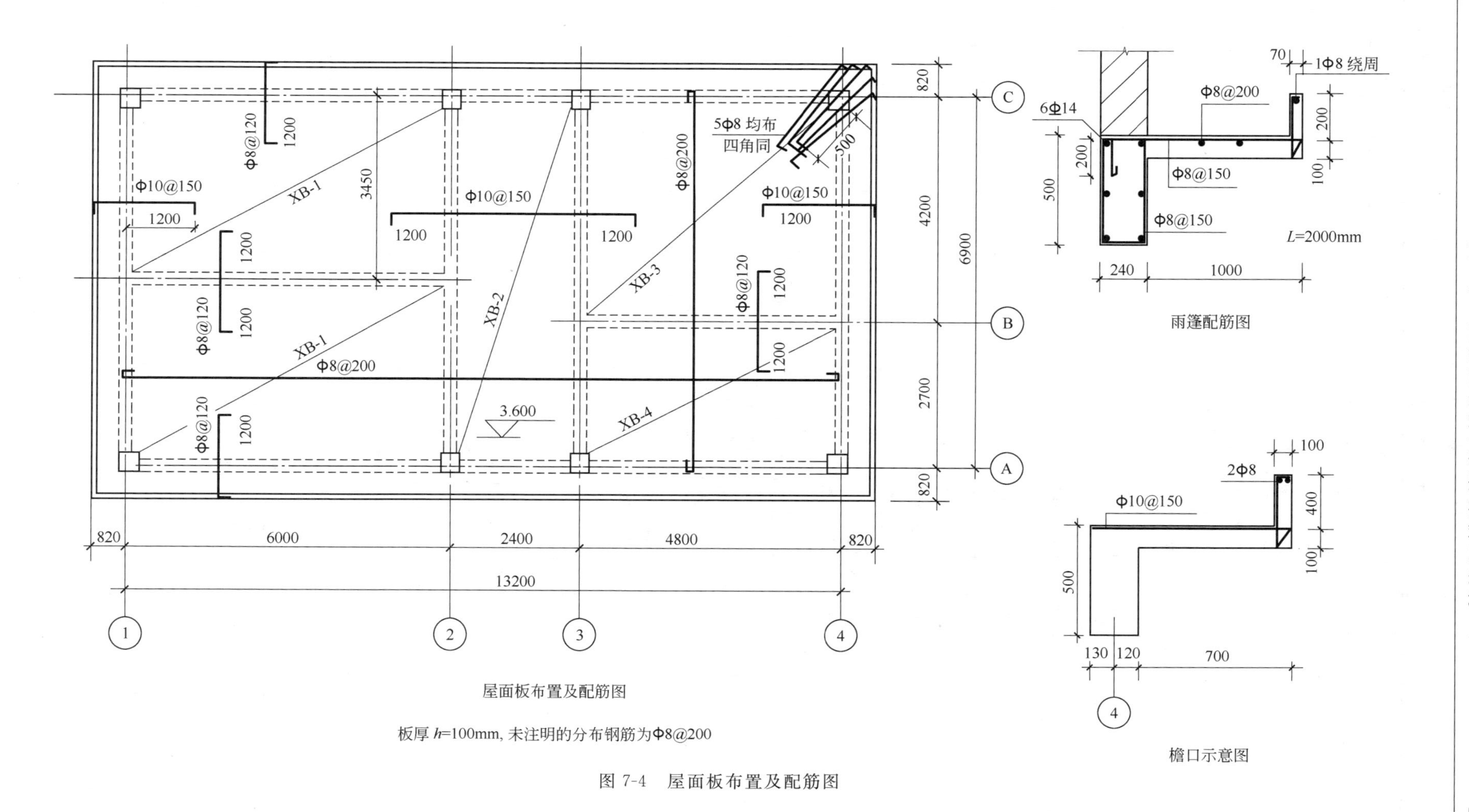

图 7-4　屋面板布置及配筋图

表 7-1 建筑部分工程做法

项目	做法	备注
墙体砌体	①±0.00 以下采用机制黏土实心砖 ②±0.00 以上采用非承重多孔砖	
台阶	①20mm 厚 1∶2.5 水泥砂浆抹面压实赶光 ②水泥浆结合层一道内掺建筑胶 ③60mm 厚 C15 混凝土,台阶面向外坡 1% ④300mm 厚 3∶7 灰土垫层分两层夯实	
散水	①60mm 厚 C15 混凝土撒 1∶1 水泥砂浆压光 ②150mm 厚 3∶7 灰土垫层。宽出面层 300mm ③素土夯实向外放坡 4%	厚度 210mm
外墙装饰	①粘贴 6～8 厚面砖 1∶1 水泥砂浆勾缝 ②4mm 厚聚合物水泥砂浆黏结层 ③6mm 厚 1∶2.5 水泥砂浆找平 ④12mm 厚 1∶3 水泥砂浆打底扫光	门窗套贴面砖宽 100mm
内墙装饰	①刷喷白色乳胶漆 ②6mm 厚 1∶2.5 水泥砂浆抹面压光 ③10mm 厚 1∶3 水泥砂浆打底	厚度 16mm
地面	①20mm 厚 1∶2 水泥砂浆压实抹光 ②水泥浆一道内掺建筑胶 ③60mm 厚 C10 混凝土垫层 ④220mm 厚 3∶7 灰土、夯实	
房间顶棚	①刷乳胶漆,封底漆一道,面漆二道 ②5mm 厚 1∶0.3∶2.5 水泥石灰砂浆抹面 ③5mm 厚 1∶0.3∶3 水泥石灰砂浆打光 ④刷素水泥浆一道(内掺建筑胶)	①白色 ②厚度 10mm
踢脚板	①8mm 厚 1∶2.5 水泥砂浆罩面压实赶光 ②10mm 厚 1∶3 水泥砂浆打底扫光	①厚度 18mm ②高度 150mm ③不扣除门窗洞口
油漆	①调和漆二度 ②底油一度	乳白色
屋面	①4mm 厚高聚物改性沥青防水卷材一道 ②25mm 厚 1∶3 水泥砂浆找平层 ③保温层憎水膨胀珍珠岩板 250mm 厚 ④1∶6 水泥焦砟找坡最薄处 30mm 厚	卷材:SBS 卷材(热粘法)
雨篷	雨篷上顶面及内侧四边 20mm 厚水泥砂浆加防水剂,雨篷板底面刷喷涂料,外侧面抹灰	雨篷长 2000mm,宽 1000mm

表 7-2 门窗

名称	洞口尺寸	类别	数量	备注
LC-1	1800mm×1800mm	塑钢窗、带纱	2	窗台高 900mm
LC-2	1500mm×1800mm	塑钢窗、带纱	2	
M-1	900mm×2100mm	无亮全板门、无纱	2	
M-2	1000mm×2100mm	无亮全板门、无纱	2	

7.3.2 封面

封面包括工程量清单封面、工程量清单计价封面、招标控制价封面等，封面内容包括编制人、编制单位等。略。

7.3.3 编制说明

编制说明包括工程概况、编制依据等，略。附加税并入管理费中。

7.3.4 汇总表

单位工程招标控制价汇总表包括分部分项工程费、措施项目费、其他项目费、规费、税金等。略。

7.3.5 分部分项工程量清单与计价表

分部分项工程量清单与计价见表 7-3。

表 7-3 分部分项工程量清单与计价

序号	项目编码	项目名称	项目特征描述	计量单位	工程数量	金额/元		
						综合单价	合价	其中:暂估价
1	010101001001	平整场地	弃土运距:200m	m^2	95.96	22.02	2113.04	—
2	010101004001	J-1 挖基础土方	①挖土深度 2m ②弃土运距 200m	m^3	46.66	88.65	4136.41	—
3	010101003001	DL-1 梁挖土方	①挖土深度 2m ②弃土运距 200m	m^3	10.45	108.04	1129.02	—
4	010103001001	基础回填	①素土夯实 ②密实度 0.93	m^3	30.42	131.68	4005.71	—
5	010301001001	砖基础	①MU10 实心砖 ②M5 水泥砂浆	m^3	11.58	217.9	2523.28	—
…	…	…	…	…	…	…	…	…

7.3.6 工程量清单综合单价分析表

工程量清单综合单价分析见表 7-4。

7.3.7 措施项目清单与计价表

措施项目清单与计价见表 7-5。

7.3.8 其他项目清单与计价表

其他项目清单表包括：其他项目清单与计价汇总表、暂列金额明细表、材料暂估单价表、专业工程暂估价表、计日工表、总承包服务费计价表、索赔与现场签证计价汇总表、费用索赔申请（核准）表、现场签证表。详略。

7.3.9 规费、税金项目清单与计价表

规费、税金项目清单与计价见表 7-6。

表 7-4 工程量清单综合单价分析

项目编码		010101001001		项目名称			平整场地		计量单位		m^2
清单综合单价组成明细											
定额编号	定额名称	定额单位	数量	单价				合价			
				人工费	材料费	机械费	管理费和利润	人工费	材料费	机械费	管理费和利润
1-19	平整场地	100m^2	1.943	4.64			0.47	9.02			0.91
1-20	钻探及回填孔	100m^2	2.554	11.21	4.57		1.13	28.63	11.67		2.89
项目编码		010103001001		项目名称			基础回填		计量单位		m^3
清单综合单价组成明细											
定额编号	定额名称	定额单位	数量	单价				合价			
				人工费	材料费	机械费	管理费和利润	人工费	材料费	机械费	管理费和利润
1-26	回填夯实素土	100m^3	1.1499	54.77	62.72	3.71	5.53	62.98	72.12	4.27	6.36
补 001	土石方运输	100m^2	0.2699	1.77		2.66	0.51	0.48		0.72	0.14
…	…	…	…	…	…	…	…	…	…	…	…

表 7-5 措施项目清单与计价

序号	项目编码	措施项目名称	项目特征描述	计量单位	工程数量	金额/元	
						综合单价	合价
1		安全文明施工费		项	1	43962.01	43962.01
2		环境保护费(含排污)		项	1	6763.39	6763.39
3		临时设施费		项	1	13526.78	13526.78
4		一般土建工程				5263.48	5263.48
4.1		冬雨季夜间施工措施费		项	1	1491.32	1491.32
4.2		二次搬运费		项	1	2938.78	2938.78
4.3		测量放线、定位复测检验试验费		项	1	833.38	833.38
5		机械土石方				6427.62	6427.62
5.1		冬雨季夜间施工措施费		项	1	1626.27	1626.27
5.2		二次搬运费		项	1	3988.22	3988.22
5.3		测量放线、定位复测检验试验费		项	1	813.13	813.13
6		人工土石方				367.67	367.67
6.1		冬雨季、夜间施工		项	1	116.2	116.2
6.2		二次搬运费		项	1	202.91	202.91
6.3		测量放线、定位复测检验试验费		项	1	48.56	48.56
…	…	…	…	…	…	…	…

表 7-6　规费、税金项目清单与计价

序号	项目名称	计算基础	费率/%	金额/元
1	规费			97720.26
1.1	养老保险(劳保统筹基金)	分部分项工程费+措施项目费+其他项目费	3.55	78782.78
1.2	失业保险	分部分项工程费+措施项目费+其他项目费	0.15	2536.27
1.3	医疗保险	分部分项工程费+措施项目费+其他项目费	0.45	7608.81
1.4	工伤保险	分部分项工程费+措施项目费+其他项目费	0.07	1183.59
1.5	残疾就业保险	分部分项工程费+措施项目费+其他项目费	0.04	676.34
1.6	生育保险	分部分项工程费+措施项目费+其他项目费	0.04	676.34
1.7	住房公积金	分部分项工程费+措施项目费+其他项目费	0.30	5072.54
1.8	意外伤害保险	分部分项工程费+措施项目费+其他项目费	0.07	1183.59
2	增值税	分部分项工程费+措施项目费+其他项目费+规费	3	69508.60
合计				167228.86

7.3.10　分部分项工程量计算表

分部分项工程量计算见表 7-7。

表 7-7　分部分项工程量计算

序号	项目编码	项目名称	计量单位	工程量计算式	工程数量
1	010101001001	平整场地	m²	(6.9+0.12×2)×(13.2+0.12×2)	95.96
	1-19	平整场地	100m²	(7.14+2×2)×(13.44+2×2)/100	1.943
	1-20	钻探及回填孔	100m²	(7.14+2×3 外放)×(13.44+2×3 外放)/100	2.554
2	010101004001	J-1 基础挖土方	m³	(1.6+0.1×2)×(1.6+0.1×2)×(2.1−0.3)×8 个	46.66
	1-9	人工挖地坑,挖深 2m 以内	100m³	{[(1.6+0.3 工作面×2)×(2.4+0.8×2+0.3×2)(②/③轴线间不留土)+3.39 上口宽×5.79 上口长+$\sqrt{2.2\times4.6\times3.39\times5.79}$]/3×1.8×2 个+(2.2×2.2+3.39×3.39+2.2×3.39)/3×1.8×4 个}/100	1.0971
	1-33	单双轮车运土每增 50m	100m³	1.0971×2(运距 200m)	2.1942
3	010101003001	DL-1 梁挖土方	m³	{[6.9−(0.88+0.1)×2]×4 道+[13.2−(1.8+0.88+0.1)×2]×2 道+(4.8−0.24)}×0.24×(2−0.6−0.3 室内外高差)	10.45
	1-5	人工挖沟槽,挖深 2m 以内	100m³	{[6.9−(0.88+0.3)×2]×4 道+[13.2−(2.4+0.8×2+0.3×2)−(0.88+0.3)×2]×2 道+(4.8−0.24−0.3 工作面×2)}×(0.24+0.3×2)槽宽×(2−0.6−0.3 室内外高差)/100	0.3197
	1-33	单双轮车运土每增 50m	100m³	0.3197×2	0.6394
4	010103001001	基础回填土	m³	46.66+10.45−(1.8×1.8×0.1+1.6×1.6×0.3+1.0×1.0×0.3+0.4×0.4×1.1)×8−[(6.9−0.28×2)×4+(13.2−0.4×2−0.28×2)×2+(4.8−0.24)]×0.24×1.1=46.66+10.45−26.69 基础体积	30.42
	1-26	回填夯实素土	100m³	(109.71+31.97−26.69 基础体积)/100	1.1499

续表

序号	项目编码	项目名称	计量单位	工程量计算式	工程数量
5	010103001002	室内回填土	m^3	{(13.2－0.24)×(6.9－0.24)－[(4.8－0.24)＋(6.9－0.24)×2]×0.24＋(2.4－0.6×2)×(0.82－0.12－0.3)平台}×0.22	18.15
	1-28	室内回填3∶7灰土	$100m^3$	18.15/100	0.1815
	补001	土石方运输	$100m^3$	1.0971挖方＋0.3197挖方－1.1499填方	0.2669
6	010401001001	MU10实心砖基础，M5水泥砂浆	m^3	[(13.2－0.4×2中柱－0.28×2边柱)×2道＋(6.9－0.28×2)×4道＋(4.8－0.24)×1道]×0.9深度×0.24宽	11.58
	3-1	砌砖基础，水泥砂浆M5.0，水泥32.5	$10m^3$	[(13.2－0.4×2－0.28×2)×2＋(6.9－0.28×2)×4＋(4.8－0.24)]×0.9×0.24/10	1.158
7	010401005001	240mm空心砖外墙，KP1空心砖：MU10，M5.0混合砂浆	m^3	[(13.2－0.4×2－0.28×2)×2＋(6.9－0.28×2)×2]×0.24×(3.6－0.5梁高)－[1.8×1.8×2＋1.5×1.8×2＋1×2.1]×0.24－[(1.5＋0.5)过梁×2＋(1.8＋0.5)过梁×2]×0.24×0.3－2×0.24×0.5雨篷梁	22.84
	3-43	砌砖，多孔砖墙一砖	$10m^3$	同上/10	2.284
8	010401005002	240mm空心砖内墙，KP1空心砖：MU10，M5.0混合砂浆	m^3	[(6.9－0.28×2)×2×(3.6－0.5)＋(4.8－0.24)×(3.6－0.4)]×0.24－(0.9×2.1×2＋1×2.1)×0.24－[(1＋0.5)×1＋(0.9＋0.5)×2]×0.3×0.24过梁	11.22
	3-43	砌砖，多孔砖墙一砖	$10m^3$	同上/10	1.122
9	010501003001	独立基础 C20混凝土普通拌和	m^3	(1.6×1.6×0.3＋1×1×0.3)×8	8.544
	4-1	C20普通混凝土，砾石2～4cm水泥32.5	m^3	同上	8.544
10	010501001001	垫层C10砾石混凝土，厚度0.1m	m^3	1.8×1.8×0.1×8	2.59
	4-1换	垫层C10普通混凝土，砾石2～4cm水泥32.5	m^3	1.8×1.8×0.1×8	2.59
11	010502001001	Z-1柱3.6m柱高0.4m×0.4m，C20混凝土普通拌和	m^3	0.4×0.4×(1.4＋3.6)×8	6.4
	4-1	C20普通混凝土，砾石2～4cm水泥32.5	m^3	同上	6.4
12	010503001001	DL-1 0.24m×0.5m基础梁，C20混凝土普通拌和，梁底标高：－1.40m	m^3	[(13.2－0.4×2－0.28×2)×2＋(6.9－0.28×2)×4＋(4.8－0.24)]×0.24×0.5	6.43
	4-1	C20普通混凝土砾石2～4cm水泥32.5	m^3	同上	6.43
13	010503002001	KL-1矩形梁 0.25m×0.5m，C20混凝土普通拌和	m^3	(13.2－0.4×2－0.28×2)×0.25×0.5×2	2.96
	4-1	C20普通混凝土，砾石2～4cm水泥32.5	m^3	同上	2.96

续表

序号	项目编码	项目名称	计量单位	工程量计算式	工程数量
14	010503002002	KL-2 矩形梁 0.25×0.5m,C20 混凝土普通拌和	m^3	(6.9－0.28×2)×0.25×0.5×4	3.17
	4-1	C20 普通混凝土,砾石 2～4cm 水泥 32.5	m^3	同上	3.17
15	010503005001	雨篷梁:底面标高 2.1,截面 0.24×0.5,C20 混凝土普通拌和	m^3	0.24 宽×0.5 高×2 长	0.24
	4-1	C20 普通混凝土,砾石 2～4cm 水泥 32.5	m^3	同上	0.24
16	010503005002	C20 混凝土现浇过梁	m^3	0.24×0.3×[(1.5＋0.5)×2＋(1.8＋0.5)×2＋(0.9＋0.5)×2＋(1＋0.5)×1]	0.929
	4-1	C20 普通混凝土,砾石 2～4cm 水泥 32.5	m^3	0.24×0.3×[(1.5＋0.5)×2＋(1.8＋0.5)×2＋(0.9＋0.5)×2＋(1＋0.5)×1]	0.929
17	010505001001	XB-1 有梁板厚 0.1m,板底标高 3.5m,C20 混凝土普通拌和,L1:0.25×0.5	m^3	(6.9－0.13×2)×(6－0.13－0.125)×0.1＋(6－0.13－0.125)梁 L1 长×0.25×(0.5－0.1)－(0.28－0.13)×(0.28－0.13)×0.1×2 边柱－(0.28－0.13)×(0.2－0.125)×0.1×2 中柱	4.38
	4-1	C20 普通混凝土,砾石 2～4cm 水泥 32.5	m^3	同上	4.38
18	010505001002	XB-3、4 有梁板厚 0.1m,板底标高 3.5m,C20 混凝土普通拌和,L2:0.25×0.4	m^3	(6.9－0.13×2)×(4.8－0.13－0.125)×0.1＋(4.8－0.13－0.125)梁 L2 长×0.25×(0.4－0.1)－(0.28－0.13)×(0.28－0.13)×0.1×2 边柱－(0.28－0.13)×(0.2－0.125)×0.1×2 中柱	3.35
	4-1	C20 普通混凝土,砾石 2～4cm 水泥 32.5	m^3	同上	3.28
19	010505003001	XB-2 平板厚 0.1m,板底标高 3.5m,C20 混凝土普通拌和	m^3	(6.9－0.13×2)×(2.4－0.125×2)×0.1－(0.28－0.13)×(0.2－0.125)×0.1×4 中柱	1.42
	4-1	C20 普通混凝土,砾石 2～4cm 水泥 32.5	m^3	同上	1.42
20	010505007001	挑檐板 ①混凝土强度等级:C20; ②混凝土拌和料要求:普通拌和	m^3	[(13.2＋0.12×2＋0.7/2×2)×2＋(6.9＋0.12×2＋0.7/2×2)×2]×0.7×0.1＋[6.9＋(0.12＋0.7－0.1/2)×2＋13.2＋(0.12＋0.7－0.1/2)×2]×2×0.1×0.4	4.93
	4-1	C20 普通混凝土,砾石 2～4cm 水泥 32.5	m^3	同上	4.93
21	010505008001	雨篷,C20 混凝土普通拌和	m^3	(1.12－0.12)宽×2 长×0.1＋0.07 翻起宽×0.2 翻起高×[(1－0.07)侧边长×2＋2 正面长]	0.254
	4-1	C20 普通混凝土,砾石 2～4cm 水泥 32.5	m^3	同上	0.254

续表

序号	项目编码	项目名称	计量单位	工程量计算式	工程数量
22	010515001001	现浇混凝土钢筋Φ10以内圆钢	t	见钢筋工程量计算表	3.21
23	010515001002	现浇混凝土钢筋Φ10以外圆钢	t	同上	0.96
24	010515001003	现浇混凝土钢筋Φ10上螺纹钢	t	同上	5.5
25	010515001004	砌体加固筋	t	同上	0.108
26	010902001001	屋面防水层4mm厚SBS改性沥青卷材热熔，聚合物水泥砂浆找平层	m²	(13.2+0.82×2)×(6.9+0.82×2)+(14.84−0.1×2+8.54−0.1×2)×2翻起周长×0.4翻起高	145.12
	9-27	卷材屋面防水层，改性沥青卷材热熔法	100m²	同上/100	1.4512
27	0110001001001	憎水膨胀珍珠岩板保温层厚250mm	m²	(13.2+0.12×2)×(6.9+0.12×2)	95.96
	9-48	屋面保温层、隔热层，憎水膨胀珍珠岩板	10m³	95.96×0.25厚度/10	2.399
28	011001001002	1∶6水泥炉渣找坡最薄处30mm	m²	[13.2+(0.82−0.1)×2]×[6.9+(0.82−0.1)×2]	122.10
	9-56	水泥炉(矿)渣1∶6找坡层	10m³	122.10×{0.03最薄处+[(6.9+0.82×2−0.1×2)/2×0.02+0.03]最厚处}/2平均厚度/10	0.875
29	010902004001	屋面排水管(共四个)	m	(3.6屋顶标高+0.3室内外高差)×4 (注：长度为散水至檐口的垂直距离)	15.6
	9-68	塑料制品水落管	10m	(3.6+0.3)×4/10	1.56
	9-69	塑料制品水落斗	10个	4/10	0.4
30	011101001001	20厚1∶2水泥砂浆楼地面；水泥浆一道；60厚C15混凝土垫层	m²	(13.2−0.24)×(6.9−0.24)−(4.8−0.24)×0.24轴B−(6.9−0.24)×0.24×2②③轴+(2.4−0.6×2)×(0.82−0.12−0.3)台阶	82.50
	10-1	水泥砂浆楼地面	100m²	82.50/100	0.825
	4-1换	C10普通混凝土，60厚，砾石2～4cm水泥32.5	m³	82.50×0.06	4.95
31	011105001001	水泥砂浆踢脚线0.15m高，10厚1∶3水泥砂浆打底，8厚1∶2.5水泥砂浆压实赶光	m²	[(6.9−0.24)×4+(6.9−0.24−0.24)×2+(13.2−0.24×3)×2+(4.8−0.24)×2]×0.15踢脚高(注：计算时不扣除门窗洞口的面积)	11.034
	10-5	水泥砂浆踢脚线	100m	[(6.9−0.24)×4+(6.9−0.24−0.24)×2+(13.2−0.24×3)×2+(4.8−0.24)×2]×0.15/100	0.1103
32	011107004001	水泥砂浆台阶，C15砾石混凝土	m²	2.4×1−(2.4−0.6×2)×(0.82−0.12−0.3)	1.92
	10-2	20mm厚水泥砂浆台阶(掺建筑胶)一遍	100m²	1.92水平投影面积/100	0.0192

续表

序号	项目编码	项目名称	计量单位	工程量计算式	工程数量
	4-1 换	C15 普通混凝土，砾石 2～4cm 水泥 32.5	m^3	1.92×0.15 台阶高×1/2 矩形体积一半+1.92×$\sqrt{5}$/2 正割×0.06	0.273
	1-28	土石方，人工土方，回填夯实 3∶7 灰土，300 厚	$100m^3$	1.92×0.3×$\sqrt{5}$/2/100	0.006
33	010507001001	散水 60 厚 C15 混凝土撒 1∶1水泥砂子压实赶光，150 厚3∶7灰土垫层。宽出面层 300	m^2	(13.2+0.24+6.9+0.24)×2×1 散水宽+1×1×4 四个角−2.4×1 台阶	42.76
	1-28	散水回填夯实 3∶7 灰土，150 厚	$100m^3$	{[(13.44+7.14)×2×(1+0.3)+1.3×1.3×4]×0.15}/100	0.09
	8-27	普通混凝土 C15 散水面层一次抹光	$100m^2$	[(13.2+0.24+6.9+0.24)×2×1+1×1×4−2.4×1]/100	0.428
34	010904003001	雨篷上顶面防水，20 厚水泥砂浆加防水剂	m^2	(1×2)雨篷水平投影+[(1−0.07)×2+(2−0.07×2)×2]×0.2 雨篷内侧四面	3.116
	8-15	20 厚 1∶2 水泥砂浆加防水剂	$100m^2$	同上/100	0.0312
35	011201001001	内墙面一般抹灰底层 10 厚 1∶3 水泥砂浆，6 厚 1∶2.5 水泥砂浆抹面	m^2	[(6.9−0.12×2)×4 面①②③轴+(6.9−0.12×2−0.24)×2 面③④轴+(13.2−0.12×2−0.24×2)×2 面 AC 轴+(4.8−0.24)×2 面 B 轴]×(3.6−0.1)墙面高−1.5×1.8×2 个−1.8×1.8×2 个−1×2.1×3 面−0.9×2.1×4 面	231.72
	10-247	墙面一般抹灰，水泥砂浆，内砖墙面 16mm 厚	$100m^2$	同上/100	2.3172
36	011203001001	檐口零星项目一般抹灰，底层 10 厚 1∶3 水泥砂浆，面层 6 厚 1∶2.5 水泥砂浆	m^2	[(13.44+0.7×2−0.1×2)+(7.14+0.7×2−0.1×2)]×0.4×2 檐口翻起内侧抹灰+[(13.2+0.82×2−0.1/2×2)+(6.9+0.82×2−0.1/2×2)]×2×0.1 檐口压顶	23.02
	10-256	零星项目普通抹灰 14mm 厚水泥砂浆 1∶3	$100m^2$	同上/100	0.2302
37	011204003001	外墙贴 60×240 面砖；1∶1 水泥砂浆勾缝；粘贴 6～8 厚面砖；4 厚聚合物水泥砂浆粘贴层	m^2	[(13.2+0.24)+(6.9+0.24)]×2×(3.6−0.1+0.3)−(2.4+1.8)/2 台阶平均长×0.3 台阶高−1.5×1.8×2−1.8×1.8×2−1×2.1−(2×0.1+0.2×0.07×2)雨篷	141.57
	10-419	釉面砖(水泥砂浆粘贴)砖墙面，灰缝周长 800mm 以内	$100m^2$	同上/100	1.4157
38	011206002001	门窗套贴面砖 60×240	m^2	[(1.5+1.8)×2+(1.8+1.8)×2]×2 各两个×0.1 宽+(2.1 门高×2+1 门宽)×0.1	3.28
	10-440	釉面砖(水泥砂浆粘贴)，灰缝周长 800mm 内	$100m^2$	同上/100	0.033
39	011206002002	挑檐外侧面贴面砖 60×240	m^2	[(13.2+0.82×2)+(6.9+0.82×2)]×2×(0.4+0.1)	23.38
	10-440	釉面砖(水泥砂浆粘贴)，灰缝周长 800mm 内	$100m^2$	同上/100	0.234

续表

序号	项目编码	项目名称	计量单位	工程量计算式	工程数量
40	011301001001	天棚抹灰：水泥砂浆找平；石灰水泥砂浆打底扫毛	m^2	(6.9－0.12×2)×(13.2－0.12×2)＋(6－0.13－0.125)×(0.5－0.1)×2(L1侧面)－(4.8－0.24)×0.24轴B－(6.9－0.24)×0.24×2轴②③	86.618
	10-663	天棚工程，水泥石灰砂浆，现浇混凝土天棚抹灰	$100m^2$	同上/100。注：①号轴线距KL-2外侧120mm，距内侧130mm	0.8663
41	011301001002	檐口及雨篷底板外侧面抹灰：水泥砂浆找平；石灰水泥砂浆打底扫毛	m	[1×2雨篷底面抹灰＋(1×2＋2)×0.3雨篷外侧面抹灰]＋[(13.44＋0.7/2×2)＋(7.14＋0.7/2×2)]×2×0.7檐口底板抹灰	33.972
	10-663	檐口及雨篷现浇混凝土底板抹灰	$100m^2$	同上/100	0.3397
42	010801001001	0.9m×2.1m无亮全板木门，木门框制作，安装：底油一遍、刮腻子、调和漆二遍单层木门、门扇安装	樘	2	2.00
	补B-1	采购木门扇1m×2.1m	樘	2	2.00
	7-25	木门框(无亮)制作	$100m^2$	0.9×2.1×2/100	0.038
	7-26	木门框(无亮)安装	$100m^2$	同上	0.038
	7-27	普通平开门、木门扇安装	$100m^2$	同上	0.038
	10-1063	底油一遍、刮腻子、调和漆二遍单层木门	$100m^2$	同上	0.038
43	010801001002	1m×2.1m无亮全板门，木门框制作、安装：门扇安装玻璃；底油一遍、刮腻子、调和漆二遍单层木门；门扇制作安装，木门安装	樘	2	2.00
	补B-1	采购木门扇1m×2.1m	樘	2	2.00
	7-25	无亮木门框制作	$100m^2$	1×2.1×2/100	0.04
	7-26	无亮木门框安装	$100m^2$	同上	0.04
	7-27	普通平开门、木门扇安装	$100m^2$	同上	0.04
	10-1063	木材面油漆，底油一遍、刮腻子、调和漆二遍单层木门	$100m^2$	同上	0.04
44	010807001001	1.8m×1.8m LC-1塑钢窗安装；塑钢窗安装；纱窗安装	樘	2	2.00
	10-965	门窗工程，塑钢门窗安装，塑钢窗	$100m^2$	1.8×1.8×2/100	0.06
	10-968	门窗工程，塑钢门窗安装，纱窗附在彩板塑料塑钢，推拉窗上	$100m^2$	同上	0.06
45	010807001002	1.5m×1.8m LC-2塑钢窗安装	樘	2	2.00

续表

序号	项目编码	项目名称	计量单位	工程量计算式	工程数量
	10-965	门窗工程，塑钢门窗安装，塑钢窗	100m²	1.5×1.8×2/100	0.05
	10-968	门窗工程，塑钢门窗安装，纱窗附在彩板塑料塑钢，推拉窗上	100m²	同上	0.05
46	011406001001	内墙面、天棚面刷乳胶漆三遍	m²	231.72+86.6304+33.972	352.32
	10-1331	抹灰面油漆，乳胶漆抹灰面两遍	100m²	同上/100	3.52
	10-1332	抹灰面油漆，乳胶漆抹灰面每增加一遍	100m²	同上/100	3.52

7.3.11　钢筋工程量计算表

钢筋工程量计算见表 7-8。

表 7-8　钢筋工程量计算表　　单位：t

序号	构件名称	项目	计算式	数量	备注
1	独立基础	双向Φ10	[(1.6−0.04×2)/0.14+1]×(1.6−0.04×2)×2 双向×0.00061654	0.0222	
2	DL-1 梁	纵筋 A/C 轴Φ18	(13.2−0.28−0.28+39×0.018×2 两端锚固+1.2×39×0.018 中间搭接)×6 个×0.001998	0.1785	纵筋非抗震锚固 39*d*
		箍筋Φ8	[(0.24+0.5)×2+0.05]×[(13.2+0.24−0.4×4−0.05×6)/0.2+3]×0.0003946	0.0366	
			同理可得其他 DL-1 梁钢筋量		
3	Z1 角柱	纵筋Φ20 外侧	[(3.6−0.5 梁高)中部+(1.5×44×0.02 梁内锚固)上部+35×0.02 基础顶面处搭接+(2−0.04+0.2)根部]×3 个×0.002466	0.0539	柱顶纵筋锚固见 11G101-1 P59。3 根梁内锚 $1.5L_{aE}$，其余 5 根锚固 12*d*
		纵筋Φ20 内侧	[(3.6−0.03 保护层)+(2−0.04+0.2)根部+12×0.02 锚固]×5×0.002466	0.0736	
		箍筋Φ8	[(1.4+0.5+0.75+0.5)/0.1+1+(3.6+1.4−0.04−0.03−1.4−0.5−0.75−0.5)/0.2]×[2×(0.4+0.4)+0.05]×0.0003946 柱内+[2×(0.4+0.4)+0.05]×2×0.0003946 基础内(参见 11G101-1 P61)	0.0283	柱根加密 $H_n/3$，地面上下各加密 500，梁底面下加密 $H_n/6$
			同理可得其他柱钢筋量；中部柱纵筋锚固 12d。(参见 11G101-1 P65)		

续表

序号	构件名称	项目	计算式	数量	备注
4	KL-1梁	上部筋通长2Φ22	[(13.2+0.24−0.03×2)+(0.5梁高−0.03)×2+44×0.022×1.2搭接长度]×2×0.00298405(参见11G101-1 P79)	0.0924	柱纵筋锚固1.5L_{aE}，框架梁上部筋锚固至梁底。 箍筋加密区1.5倍梁高，且不小于0.5m。 构造筋两侧共配置2Φ14，每侧各配置1Φ14，构造筋箍筋不加密。 附加箍筋在节点两侧各三根
		①~②轴间2Φ22	[(6−0.28−0.2)/3左跨净长+(0.4柱宽−0.03)+(0.5−0.03)沿柱边至梁底]×2×0.00298405(参见11G101-1 P80)	0.0160	
		②~③轴间2Φ22	[(6−0.28−0.2)/3左跨净长+(2.4+0.4)+(4.8−0.28−0.2)/3右跨净长]×2×0.00298405(参见11G101-1 P80)	0.0363	
		③~④轴间2Φ22	[(4.8−0.28−0.2)/3+(0.4−0.03)+(0.5−0.03)]×2×0.00298405(参见11G101-1 P80)	0.0136	
		构造筋①~②轴间2Φ14	(6−0.28−0.2+15×0.022普通锚固×2)×2个×0.0012084	0.0149	
		下部通长筋4Φ22	[13.2−0.28×2+(0.4×44×0.022+15×0.022)×2+44×0.022×1.2搭接]×4×0.00298405(参见11G101-1 P80)	0.1819	
		①~②轴间之箍筋Φ8	[(1.5×0.5梁高×2加密区−0.05×2)/0.1+1+(6−0.28−0.2−1.5×0.5×2)/0.2]×[2×(0.25+0.5)+0.05]×0.0003946	0.0215	
		构造筋之箍筋	(0.25−0.03×2+11.9×0.008弯钩增加长度×2)×[(6−0.28−0.2−0.05×2)/0.2+1]×0.0003946(参见11G101-1 P87)	0.0042	
		附加箍筋	[2×(0.25+0.5)+0.05]×0.0003946×6根(参见11G101-1 P87)	0.0037	
			同理可得其他框架梁钢筋量		
5	L-1梁	纵筋	上部筋2Φ14：[6−0.13−0.125+(0.4×39×0.014+15×0.014)锚固长度×2]×2×0.0012084	0.016	梁内纵筋锚固11G101-1P87。若支座为墙则普通锚固15d
		纵筋	下部筋3Φ20：(6−0.125−0.13+12×0.02×2)×3×0.0024661	0.046	
		箍筋Φ8	[(1.5×0.5梁高×2加密区−0.05×2)/0.15+1+(6−0.13−0.125−1.5×0.5×2)/0.2]×[2×(0.25+0.5)+0.05]×0.0003946	0.019	箍筋加密区1.5倍梁高
			同理可得L-2梁钢筋量		
6	XB-1有梁板	板底部横向通长筋Φ8	(6.9+6.25×0.008×2)长度×[(13.2−0.13①④梁半宽×2−0.25×2②③梁宽−0.05×6布筋起始位置)/0.2+1×3分三段]数量×0.0003946	0.1760	两端部算至中心线且不小于5d。 板内端部下弯长度参见11G101-1 P92
		板底部纵向通长筋Φ8	(13.2+6.25×0.008×2)×[(6.9−0.13×2−0.05×2)/0.2+1]×0.0003946板底纵筋在L1、L2处应切断，但此处忽略；且搭接长度忽略不计。	0.1769	

续表

序号	构件名称	项目	计算式	数量	备注
6	XB-1 有梁板	XB-1 上部受力筋Φ10	[(0.1－0.015)板内端部下弯长＋1.2 板内水平长＋0.12＋0.7 挑檐宽－0.02 保护层＋0.5 挑檐翻起高－0.02×2 保护层＋(0.1－0.02×2)挑檐翻起上部水平长＋1.414×(0.1－0.02×2)挑檐翻起下部斜长]×[(6.9＋0.12×2)/0.15＋1]×0.0006165	0.0807	板支座上部筋向跨内延伸自中心线算起。若为挑檐板，布筋范围从框架梁外侧起向内布置，不采用 11G101-1 P103 做法：若为非挑檐板，则从梁内侧 5cm 处布筋
		XB-1 上部分布筋Φ8	(3.45－1.2×2＋0.3×2 搭接＋12.5×0.008)×[(1.2－0.13－0.05)/0.2＋1]×2×0.0003946 梁内侧＋(6.9＋0.12×2＋12.5×0.008)×[(0.7－0.05－0.02)/0.2＋1]×0.0003946 梁外侧檐口＋(6.9＋0.82×2－0.02×2＋6.25×0.008×2)×0.0003946×2 根檐口顶分布筋	0.027	
		板角放射筋Φ8	[0.5＋1.414×(0.7－0.02)＋(0.1－0.02×2)×2]×5 个×0.0003946×4 角	0.0125	
			同理可得其他板钢筋量		
7	雨篷	雨篷梁纵筋Φ14	(2－0.03×2)×6 根×0.0012084	0.0141	
		雨篷梁箍筋Φ8	[(2－0.03×2)/0.15＋1]×[(0.24＋0.5)×2＋0.05]×0.0003946	0.0085	
		雨篷板受力筋Φ8	[(0.24＋1－0.03－0.02＋0.2 梁内弯锚固＋6.25×0.008)＋(0.3－0.02×2＋0.07－0.02×2＋0.03 $\sqrt{5}$)]×[(2－0.02×2)/0.15＋1]×0.0003946	0.010	
		雨篷板分布筋Φ8	[(1－0.02)/0.2＋1]×[(2－0.02×2)＋(0.3－0.02×2＋0.07－0.02×2＋0.03 $\sqrt{5}$)×2]×0.0003946	0.006	
		雨篷板绕筋Φ8	[(1－0.07/2)×2＋(2－0.07/2×2)]×0.0003946	0.0015	
8	过梁	受力筋 LC-2:4Φ18	(1.5＋0.25×2－0.03×2)×4×0.0019976	0.0155	
		箍筋 LC-2:Φ8	[(0.24＋0.3)×2＋0.05]×[(1.5＋0.25×2－0.03×2)/0.2＋1]×0.0003946	0.0048	
			同理可得其他过梁钢筋量		
9	砌体内加固筋	Φ8	(1＋0.2＋6.25×0.006)×2×[(3.6－0.5＋1.4)/0.5＋1]×0.0003946	0.0098	砌体加固筋柱外侧长 1000，内锚固 200 且至中心线
			同理可得其他加固筋量		
合计	Φ10 以内圆钢			3.21	
	Φ10 以外圆钢			0.96	
	Φ10 上螺纹钢			5.5	

7.3.12　主要材料价格表

主要材料价格表略。

第8章　工程合同价款

8.1　工程合同价款的约定

8.1.1　工程合同价款的概念

工程合同价款，也称签约合同价，是在工程发承包交易完成后，由发承包双方以合同形式确定的工程承包价格。即包括了分部分项工程费、措施项目费、其他项目费、规费和税金的合同总金额。

根据招投标法及合同法等法律相关规定，采用招标发包的工程，要按招标文件和投标文件订立书面合同，中标后双方不能协商修改中标价。发包方和承包方就合同进行谈判，不是重新谈判投标价格和合同双方的权利义务，谈判主要是确定某些不违背招标文件实质性内容的待定问题。所以，发承包双方签约合同价应为投标人的中标价，也即投标人的投标报价。

实行工程量清单计价的工程，在约定工程合同价款时，应明确约定清单项目的工程量，清单项目的综合单价是否允许调整，以及允许调整时的调整方式、方法等。一般宜采用单价合同方式，即单价固定，工程量按实结算。

8.1.2　工程合同价款的约定原则

（1）招标工程合同价款的约定原则

① 实行招标的工程合同价款应在中标通知书发出之日起30天内，由发承包双方依据招标文件和中标人的投标文件在书面合同中约定。

工程合同价款的约定应满足以下几方面的要求。

a. 约定的依据：招标人向中标人发出的中标通知书。

b. 约定的时限：自招标人发出中标通知书之日起30天内。

c. 约定的内容：招标文件和中标人的投标文件。

d. 约定的合同形式：书面合同。

② 合同约定不得违背招标、投标文件中关于工期、造价、质量等方面的实质性内容。不得就有关合同标的、数量、质量、价款或者报酬、履行期限、履行地点和方式、违约责任和解决争议方法等要约内容做实质性变更。

③ 招标文件与中标人投标文件不一致的地方应以投标文件为准。在工程招投标过程中，招标文件应视为要约邀请，投标文件为要约，中标通知书为承诺。

（2）非招标工程合同价款的约定原则

不实行招标的工程合同价款，应在发承包双方认可的工程价款基础上，由发承包双方在合同中约定。

根据《建筑工程施工发包与承包计价管理办法》（住建部令第16号）的相关规定，发承包双方认可的工程价款可通过施工图预算确定，施工图预算可由设计方或承包方编制。

8.1.3　工程合同价款的约定内容

发承包双方应在合同条款中对下列事项进行约定。

(1) 预付工程款的数额、支付时间及抵扣方式

预付款是发包人为解决承包人在施工准备阶段资金周转问题提供的协助。应在合同中约定预付款的相关事项a. 预付款数额：可以是绝对数，也可以是合同金额的一定百分比；b. 支付时间：如合同签订后开工日前10天支付等；c. 抵扣方式：如在工程进度款中按比例抵扣；d. 违约责任：如不按合同约定支付预付款的利息计算等。

(2) 安全文明施工措施的支付计划及使用要求

发承包双方必须在施工合同中明确约定安全文明施工费的项目、金额、支付方式和使用要求等条款。施工单位应当建立健全安全文明施工费管理核算制度，确保安全文明施工费专款专用，在财务管理中单独列出并建立台账备查。

(3) 工程计量与支付工程进度款的方式、数额及时间

工程量计量时间：如可按月计量，也可按工程形象进度计量。进度款支付时间：如支付周期与计量周期保持一致，计量后7天以内支付。支付数额：如已完工作量的80%。违约责任等。

(4) 工程价款的调整因素、方法、程序、支付及时间

工程价款的调整因素：如设计变更后允许调整综合单价等。调整方法：如按实调整，按均价调整等。调整程序：承包人提交申请报告交监理和发包人现场代表审核签字等。支付时间：如竣工结算时调整或与工程进度款支付同时进行等。

(5) 施工索赔与现场签证的程序、金额确认与支付时间

索赔与现场签证的程序：如由承包人提出、监理工程师或发包人现场代表审核等。索赔提出时间：如知道索赔事件发生后的28天内等。核对时间：如收到索赔报告后7天以内、10天以内等。约定支付时间：原则上与工程进度款同期支付等。

(6) 计价风险的内容、范围以及调整办法

约定风险的内容范围：如全部材料、主要材料等。约定物价变化调整幅度：如钢材、水泥价格涨幅超过投标报价的3%，其他材料超过投标报价的5%等。

(7) 工程竣工价款结算编制与核对、支付及时间

约定承包人在什么时间提交竣工结算书，发包人或其委托的工程造价咨询企业在什么时间内核对完毕，核对完毕后，什么时间内支付结算价款等。

(8) 工程质量保证金的约定

保证金预留、返还方式；保证金预留比例、期限；保证金是否计付利息，如计付利息，利息的计算方式；工程质量争议的处理程序等。

(9) 违约责任以及发生工程价款争议的解决方法及时间

约定解决价款争议的办法：是协商、还是调解，如调解由哪个机构调解。如在合同中约定仲裁，应标明具体的仲裁机关名称，以免仲裁条款无效，约定诉讼等。

(10) 与履行合同、支付价款有关的其他事项

合同中涉及工程价款的事项较多，能够详细约定的事项应尽可能具体的约定，约定的用词应尽可能唯一，如有几种解释，最好对用词进行定义，尽量避免因理解上的歧义造成合同纠纷。

8.1.4 工程合同价款约定的计价方式

合同价款可采用单价合同、总价合同、成本加酬金合同三种方式约定。

(1) 实行工程量清单计价的工程，应采用单价合同

单价合同指发承包双方约定以工程量清单及其综合单价进行合同价款计算、调整和确认

的工程施工合同。即合同中的工程量清单项目综合单价在合同约定的条件内固定不变，超过合同约定条件时，依据合同约定进行调整；工程量清单项目及工程量依据承包人实际完成且应予计量的工程量确定。

（2）建设规模较小，技术难度较低，工期较短，且施工图设计已审查批准的建设工程可采用总价合同

总价合同指发承包双方约定以施工图及其预算和有关条件进行合同价款计算、调整和确认的工程施工合同。即以施工图纸为基础，在工程任务内容明确，发包人的要求条件清楚，计价依据确定的条件下，发承包双方依据承包人编制的施工图预算商谈确定合同价款。当合同约定工程施工内容和有关条件不发生变化时，发包人付给承包人的合同价款总额就不发生变化。当工程施工内容和有关条件发生变化时，发承包双方根据变化情况和合同约定调整合同价款。但对工程量变化引起的合同价款调整应遵循以下原则：

① 若合同价款是依据承包人根据施工图自行计算的工程量确定时，除工程变更造成的工程量变化外，合同约定的工程量是承包人完成的最终工程量，发承包双方不能以工程量变化作为合同价款调整的依据。

② 若合同价款是依据发包人提供的工程量清单确定时，发承包双方应依据承包人最终实际完成的工程量（包括工程变更、工程量清单错、漏项）调整确定合同价款。

（3）紧急抢险、救灾以及施工技术特别复杂的工程可采用成本加酬金合同

成本加酬金合同指发承包双方约定以施工工程成本再加合同约定酬金进行合同价款计算、调整和确认的建设工程施工合同。即承包人不承担任何价格变化和工程量变化的风险的合同，不利于发包人对工程造价的控制。成本加酬金合同有多种形式，主要有成本加固定费用合同、成本加固定比例费用合同、成本加奖罚金合同。

① 成本加固定费用合同

$$C=C_d+F$$

式中 C——合同价；

F——双方约定的酬金具体数额；

C_d——实际发生的成本。

② 成本加固定比例费用合同

$$C=C_d+C_dP$$

式中 P——双方事先商定的酬金的固定百分比；其他符号同前。

③ 成本加奖罚金合同

$$C=C_d+F \quad (C_d=C_0)$$

$$C=C_d+F+\Delta F \quad (C_d<C_0)$$

$$C=C_d+F-\Delta F \quad (C_d>C_0)$$

式中 C_0——签订合同时双方约定的预期成本；

ΔF——奖罚金额。

8.2 工程预付款与安全文明施工费的支付

8.2.1 工程预付款

（1）预付款的概念

预付款是指在开工前，发包人按照合同约定，预先支付给承包人用于购买合同工程施工

所需的材料、工程设备，以及组织施工机械和人员进场等的款项。

承包人应将预付款专用于合同工程。

当发包人要求承包人采购价值较高的工程设备时，应按商业惯例向承包人支付工程设备预付款。

（2）预付款的支付额度

预付款的支付额度应当在专用合同条款中约定，包工包料工程的预付款的支付比例不得低于签约合同价（扣除暂列金额）的10%，不宜高于签约合同价（扣除暂列金额）的30%。预付款支付额度计算公式：

$$\text{工程预付款}=\text{工程合同价}\times\text{预付款比例}$$

或

$$\text{工程预付款}=\frac{\text{工程合同价}\times\text{材料百分比}}{\text{计划工期}}\times\text{材料储备期}$$

对于包工不包料的工程，可以不预付备料款。

【例8.1】 某工程计划年度建安工作量为320万元，计划工期为280天，材料费占合同价的比例为50%，材料储备期100天，试确定工程预付款数额。

解： 工程预付款=(320×0.5)/280×100=57.14(万元)

（3）承包人提交预付款支付申请的前提

承包人应在签订合同或向发包人提供与预付款等额的预付款保函后向发包人提交预付款支付申请。

（4）预付款保函的期限和退还

发包人要求承包人提供预付款担保的，承包人应在发包人支付预付款7天前提供预付款担保，专用合同条款另有约定除外。

预付款担保可采用银行保函、担保公司担保等形式，具体由合同当事人在专用合同条款中约定。

承包人的预付款保函的担保金额根据预付款扣回的数额相应递减，但剩余的预付款担保金额不得低于未被扣回的预付款金额。

在预付款完全扣回之前，承包人应保证预付款担保持续有效。发包人应在预付款扣完后的14天内将预付款保函退还给承包人。

（5）发包人支付预付款的时限要求

预付款的支付时限按照专用合同条款约定执行。计价规范第10.1.4条规定：发包人应在收到承包人支付申请的7天内进行核实，向承包人发出预付款支付证书，并在签发支付证书后的7天内向承包人支付预付款。2013年的施工合同示范文本第12.2.1条规定：预付款最迟应在开工通知载明的开工日期7天前支付。

（6）未按约定支付预付款的后果

发包人没有按合同约定按时支付预付款的，承包人可催告发包人支付；发包人在预付款期满后的7天内仍未支付的，承包人可在付款期满后的第8天起暂停施工。发包人应承担由此增加的费用和延误的工期，并应向承包人支付合理利润。

（7）发包人对预付款的扣回

预付款应从每一个支付期应支付给承包人的工程进度款中扣回，直到扣回的金额达到合同约定的预付款金额为止。

工程预付款是发包人因承包人为准备施工而履行的协助义务。因此，当承包人取得相应的合同价款时，发包人往往就会要求承包人予以返还。具体操作是发包人从支付的工程进度款中按约定的比例逐渐扣回，通常约定承包人完成签约合同价款比例在20%～30%时，开始从进度款中按一定比例扣还。

2013年施工合同示范文本（12.2.1）规定：除专用合同条款另有约定外，预付款在进度付款中同比例扣回。

常用的抵扣方法是当未完工程所需的主材费等于预付款数额时，从进度款中按主材费比例扣回预付款，基本公式是：

$$T=P-\frac{M}{N}$$

式中 T——起扣点，即工程预付款开始扣回时的累计完成工作量金额；

M——工程预付款数额；

N——主要材料费占工程价款的比重；

P——计划年度完成工程价款总额。

【例8.2】 某工程合同总额320万元，工程预付款为75万元，主要材料、构件所占比重为50%，问起扣点为多少万元？

解： 起扣点：$T=P-\frac{M}{N}=320-75/0.5=170$(万元)

则当工程完成170万元时，开始从未完工程进度款逐次扣回预付款。

【例8.3】 某工程计划完成年度建筑安装工作量为1200万元，按合同规定工程预付款额度为25%，材料比例为60%，试计算工作量百分比起扣点。

解：（1）工程预付款数额：1200×25%=300(万元)

（2）工作量百分比起扣点为

$$1-300/(1200\times 60\%)=58.33\%$$

则当工程完成到58.33%时，开始起扣预付款。

在实际经济活动中，情况比较复杂，有些工程工期较长，如跨年度施工，工程预付款可以不扣或少扣，并于次年按应付工程预付款调整，多退少补。有些工程工期较短，就无需分期扣回，可采用一次扣还工程预付款的方法。

【例8.4】 某工程计划完成年度工作量为700万元，预付款为150万元，尾留款5%，用一次扣还工程预付款法，求停止支付工程价款的起点。

解： 停止支付工程价款的起点为：

$$700\times(1-5\%)-150=665-150=515(\text{万元})$$

即当工程价款支付到515万元时，剩余的185万元停止支付，其中的35万元留作质保金，150万元抵扣预付款。

8.2.2 安全文明施工费的支付与使用

（1）安全文明施工费的支付原则

鉴于安全文明施工的措施具有前瞻性，必须在施工前予以保证，因此，计价规范规定：发包人应在工程开工后的28天内预付不低于当年施工进度计划的安全文明施工费总额的60%，其余部分应按照提前安排的原则进行分解，并应与进度款同期支付。

安全文明施工费包括的内容和使用范围，应符合国家有关文件和计量规范的规定。

（2）发包人未按时支付安全文明施工费的后果

发包人没有按时支付安全文明施工费的，承包人可催告发包人支付；发包人在付款期满后的 7 天内仍未支付的，若发生安全事故，发包人应承担相应责任。

（3）安全文明施工费的使用原则

承包人对安全文明施工费应专款专用，在财务账目中应单独列项备查，不得挪作他用，否则发包人有权要求其限期改正；逾期未改正的，造成的损失和延误的工期应由承包人承担。

8.3　工程计量与进度款支付

8.3.1　工程计量

工程量的正确计量是发包人向承包人支付工程进度款的前提和依据。发承包双方在合同中应对工程量的计量时间、程序、方法和要求作出约定。

（1）工程计量的一般要求

① 工程量必须按照相关工程现行计量规范规定的工程量计算规则计算。

② 工程计量的方式可选择按月或按工程形象进度分段计量，具体计量周期应在合同中约定。

由于工程建设具有投资大、周期长等特点，因此，工程计量以及价款支付是通过“阶段小结、最终结清”来体现的。所谓阶段小结可以时间节点来划分，即按月计量；也可以形象节点来划分，即按工程形象进度分段计量。后者计量结果更具稳定性。但应注意形象节点的划分时间应与按月计量保持一定关系，不应过长。

③ 因承包人原因造成的超出合同工程范围施工或返工的工程量，发包人不予计量。

④ 工程计量根据合同形式不同，分为单价合同的计量和总价合同的计量。成本加酬金合同按单价合同的规定计量。

（2）单价合同的计量

① 工程量必须以承包人完成合同工程应予计量的工程量确定。

招标工程量清单标明的工程量是招标人根据拟建工程设计文件预计的工程量，不能作为承包人在履行合同义务中应予完成的实际和准确的工程量。发承包双方对合同工程进行工程结算的工程量应按照经发承包双方认可的实际完成工程量确定。

② 施工中进行工程计量，当发现招标工程量清单中出现缺项、工程量偏差，或因工程变更引起工程量增减时，应按承包人在履行合同义务中完成的工程量计算。

③ 承包人应当按照合同约定的计量周期和时间向发包人提交当期已完工程量报告。发包人应在收到报告后 7 天内核实，并将核实计量结果通知承包人。发包人未在约定时间内进行核实的，承包人提交的计量报告中所列的工程量应视为承包人实际完成的工程量。

④ 发包人认为需要进行现场计量核实时，应在计量前 24 小时通知承包人，承包人应为计量提供便利条件并派人参加。当双方均同意核实结果时，双方应在上述记录上签字确认。承包人收到通知后不派人参加计量，视为认可发包人的计量核实结果。发包人不按照约定时间通知承包人，致使承包人未能派人参加计量，计量核实结果无效。

⑤ 当承包人认为发包人核实后的计量结果有误时，应在收到计量结果通知后的 7 天内向发包人提出书面意见，并应附上其认为正确的计量结果和详细的计算资料。发包人收到书面意见后，应在 7 天内对承包人的计量结果进行复核后通知承包人。承包人对复核计量结果仍有异议的，按照合同约定的争议解决办法处理。

⑥ 承包人完成已标价工程量清单中每个项目的工程量并经发包人核实无误后，发承包

双方应对每个项目的历次计量报表进行汇总，以核实最终结算工程量，并应在汇总表上签字确认。

（3）总价合同的计量

① 采用工程量清单方式招标形成的总价合同，其工程量应按照单价合同计量的相关规定计算。

② 采用经审定批准的施工图纸及其预算方式发包形成的总价合同，除按照工程变更规定的工程量增减外，总价合同各项目的工程量应为承包人用于结算的最终工程量。

采用总价合同时，由于承包人自行对施工图纸进行计量，因此，除按照工程变更规定的工程量增减外，总价合同各项目的工程量是承包人用于结算的最终工程量。这是与单价合同的最本质区分。

③ 总价合同约定的项目计量应以合同工程经审定批准的施工图纸为依据，发承包双方应在合同中约定工程计量的形象目标或时间节点进行计量。

④ 承包人应在合同约定的每个计量周期内对已完成的工程进行计量，并向发包人提交达到工程形象目标完成的工程量和有关计量资料的报告。

⑤ 发包人应在收到报告后7天内对承包人提交的上述资料进行复核，以确定实际完成的工程量和工程形象目标。对其有异议的，应通知承包人进行共同复核。

8.3.2 工程进度款支付

建设工程价款结算，是指发承包双方依据合同、工程计量结果及有关规范等，进行工程款清算的活动。工程价款结算按交付时间顺序可分为工程预付款、工程进度款、工程竣工结算。其中，进度款的支付是工程款期中结算的主要形式。工程价款结算行为具有连续性和阶段性的特点。

（1）进度款支付的基本原则

发承包双方应按照合同约定的时间、程序和方法，根据工程计量结果，办理期中价款结算，支付进度款。

（2）进度款支付周期

进度款支付周期应与合同约定的工程计量周期一致。计量和付款周期可采用分段或按月结算的方式。

① 按月结算与支付：即实行按月支付进度款，竣工后结算的办法。合同工期在两个年度以上的工程，在年终进行工程盘点，办理年度结算。

② 分段结算与支付：即当年开工、当年不能竣工的工程按照工程形象进度，划分不同阶段支付工程进度款。

（3）单价项目的进度款支付

已标价工程量清单中的单价项目，承包人应按工程计量确认的工程量与综合单价计算；综合单价发生调整的，以发承包双方确认调整的综合单价计算进度款。即，发包人支付的进度款应与承包人完成的工程量相匹配，实际完成项目的结算单价应以清单项目载明的综合单价为依据，若发承包双方确认调整单价者，应以调整后的单价为依据。

（4）总价项目及总价合同的进度款支付

已标价工程量清单中的总价项目，以及采用施工图预算形成的总价合同，应由承包人根据施工进度计划和总价构成、费用性质、计划发生时间和相应的工程量等因素，按计量周期进行分解，形成进度款支付分解表，在投标时提交，非招标工程在合同洽商时提交，作为进度款支付的依据。

施工过程中，由于进度计划的调整，发承包双方应对支付分解进行调整。

① 已标价工程量清单中的总价项目进度款支付分解方法可选择但不限于以下之一：

a. 将各个总价项目的总金额按合同约定的计量周期平均支付；

b. 按照各个总价项目的总金额占签约合同价的百分比，以及各个计量支付周期内所完成的单价项目的总金额，以百分比方式均摊支付；

c. 按照各个总价项目组成的性质（如时间、与单价项目的关联性等）分解到形象进度计划或计量周期中，与单价项目一起支付。

② 采用施工图预算形成的总价合同，除由于工程变更形成的工程量增减予以调整外，其工程量不予调整。因此，总价合同的进度款支付应按照计量周期进行支付分解，以便进度款有序支付。

（5）甲供材料价款的扣除

发包人提供的甲供材料金额，应按照发包人签约提供的单价和数量从进度款支付中扣除，列入本周期应扣减的金额中。

（6）现场签证和索赔金额的支付

承包人现场签证和得到发包人确认的索赔金额应列入本周期应增加的金额中。

（7）进度款的支付比例

进度款的支付比例按照合同约定，按期中结算价款总额计，不低于60%，不高于90%。

（8）承包人递交进度款支付申请的内容

承包人应在每个计量周期到期后的7天内向发包人提交已完工程进度款支付申请一式四份，详细说明此周期认为有权得到的款额，包括分包人已完工程的价款。支付申请应包括下列内容：

① 累计已完成的合同价款；

② 累计已实际支付的合同价款；

③ 本周期合计完成的合同价款，包括本周期已完成单价项目的金额、本周期应支付的总价项目的金额、本周期已完成的计日工价款、本周期应支付的安全文明施工费、本周期应增加的金额；

④ 本周期合计应扣减的金额，包括本周期应扣回的预付款、本周期应扣减的金额；

⑤ 本周期实际应支付的合同价款。

（9）发包人出具进度款支付证书的要求

发包人应在收到承包人进度款支付申请后的14天内，根据计量结果和合同约定对申请内容予以核实，确认后向承包人出具进度款支付证书。若发承包双方对部分清单项目的计量结果出现争议，发包人应对无争议部分的工程计量结果向承包人出具进度款支付证书。

（10）发包人支付进度款的要求

发包人应在签发进度款支付证书后的14天内，按照支付证书列明的金额向承包人支付进度款。

（11）发包人逾期签发进度款支付申请的责任

若发包人逾期未签发进度款支付证书，则视为承包人提交的进度款支付申请已被发包人认可，承包人可向发包人发出催告付款的通知。发包人应在收到通知后的14天内，按照承包人支付申请的金额向承包人支付进度款。

（12）发包人不按合同约定支付进度款的责任

发包人未按规定支付进度款的，承包人可催告发包人支付，并有权获得延迟支付的利息；发包人在付款期满后的7天内仍未支付的，承包人可在付款期满后的第8天起暂停施工。发包人应承担由此增加的费用和延误的工期，向承包人支付合理利润，并应承担违约责任。

（13）进度款支付错误的修正原则

发现已签发的任何支付证书有错、漏或重复的数额，发包人有权予以修正，承包人也有权提出修正申请。经发承包双方复核同意修正的，应在本次到期的进度款中支付或扣除。

（14）其他特定费用的支付

① 安全事故方面的费用。承包人承担由于自身的安全措施不力造成事故的责任和因此发生的费用。非承包人责任造成安全事故，由责任方承担责任和发生的费用。

发生重大伤亡及其他安全事故，承包人应按规定立即上报有关部门并通知工程师，同时按政府有关部门要求处理，发生的费用由事故责任方承担。

承包人在动力设备、输电线路、地下管道、密封防震车间、易燃易爆地段以及临街交通要道附近施工时，施工开始前应向工程师提出安全保护措施，经工程师认可后实施，防护措施费用由发包人承担。

实施爆破作业，在放射、毒害性环境中施工及使用毒害性、腐蚀性物品施工时，承包人应在施工前14天以书面形式通知工程师，并提出相应的安全保护措施，经工程师认可后实施。安全保护措施费用由发包人承担。

② 专利技术及特殊工艺涉及的费用。发包人要求使用专利技术或特殊工艺，负责办理申报手续，承担申报、试验、使用等费用，承包人按发包人要求使用，并负责试验等有关工作。承包人提出使用专利技术或特殊工艺，报工程师认可后实施，承包人负责办理申报手续并承担有关费用。擅自使用专利技术侵犯他人专利权，责任者承担全部后果及所发生的费用。

③ 文物和地下障碍物涉及的费用。在施工中发现古墓、遗址等文物及化石或其他有考古研究价值的物品时，承包人应立即保护好现场并于4小时内以书面形式通知工程师，工程师应于收到书面通知后24小时内报告当地文物管理部门，发承包双方按文物管理部门的要求采取妥善保护措施。发包人承担由此发生的费用，延误的工期相应顺延。

如施工中发现古墓、古建筑遗址等文物及化石或其他有考古、地质研究价值的物品，隐瞒不报致使文物遭受破坏的，责任人依法承担相应责任。

施工中发现影响施工的地下障碍物时，承包人应于8小时内以书面形式通知工程师，同时提出处置方案，工程师收到处置方案后8小时内予以认可或提出修正方案。发包人承担由此发生的费用，延误的工期相应顺延。

8.4 工程价款调整

8.4.1 工程合同价款调整的一般规定

（1）合同价款调整的因素及类别

发承包双方按照合同约定调整合同价款的事项，包括5大类15项。

一是法规变化类。

二是工程变更类，包括工程变更、项目特征不符、工程量清单缺项、工程量偏差、计日工。

三是物价变化类，包括物价变化、暂估价。

四是工程索赔类，包括不可抗力、提前竣工或赶工补偿、误期赔偿、索赔。

五是其他类，包括现场签证以及发承包双方约定的其他调整事项。现场签证根据签证内容，有的可归于工程变更类，有的可归于索赔类，有的不涉及价款调整。

(2) 提出合同价款调增事项的时限要求

① 承包人提出合同价款调增事项的时限要求

出现合同价款调增事项（不含工程量偏差、计日工、现场签证、索赔）后的 14 天内，承包人应向发包人提交合同价款调增报告并附上相关资料；承包人在 14 天内未提交合同价款调增报告的，应视为承包人对该事项不存在调整价款请求。

不含工程量偏差是因为工程量偏差的调整在竣工结算完成之前均可提出，不含计日工、现场签证、索赔是因为其时限在其专门条文中另有规定。

② 发包人提出合同价款调减事项的时限要求

出现合同价款调减事项（不含工程量偏差、索赔）后的 14 天内，发包人应向承包人提交合同价款调减报告并附相关资料；发包人在 14 天内未提交合同价款调减报告的，应视为发包人对该事项不存在调整价款请求。

不含工程量偏差是因为工程量偏差的调整在竣工结算完成之前均可提出，不含索赔是因为在其专门条文中另有规定。

(3) 合同价款调整的核实程序

发（承）包人应在收到承（发）包人合同价款调增（减）报告及相关资料之日起 14 天内对其核实，予以确认的应书面通知承（发）包人。当有疑问时，应向承（发）包人提出协商意见。发（承）包人在收到合同价款调增（减）报告之日起 14 天内未确认也未提出协商意见的，应视为承（发）包人提交的合同价款调增（减）报告已被发（承）包人认可。发（承）包人提出协商意见的，承（发）包人应在收到协商意见后的 14 天内对其核实，予以确认的应书面通知发（承）包人。承（发）包人在收到发（承）包人的协商意见后 14 天内既不确认也未提出不同意见的，应视为发（承）包人提出的意见已被承（发）包人认可。

本条规定不仅明确了合同价款调整报告的核实程序，亦规定了发承包人对此的义务和责任及其后果。

(4) 发承包人对合同价款调整出现分歧意见后的履约义务

发包人与承包人对合同价款调整的不同意见不能达成一致的，只要对发承包双方履约不产生实质影响，双方应继续履行合同义务，直到其按照合同约定的争议解决方式得到处理。

(5) 合同价款调整后的支付原则

经发承包双方确认调整的合同价款，作为追加（减）合同价款，应与工程进度款或结算款同期支付。

由于索赔和现场签证的费用经发承包确认后，其实质是导致签约合同价变生变化。因此，新规范将索赔与施工签证的费用归并定义为合同价款的调整内容之一。凡由发、承包双方授权的现场代表签字的现场签证以及发、承包双方协商确定的索赔等费用，应在工程竣工结算中如实办理，不得因发、承包双方现场代表的中途变更改变其有效性。

8.4.2 工程合同价款调整的方法

(1) 法律法规变化

① 招标工程以投标截止日前 28 天、非招标工程以合同签订前 28 天为基准日，其后因国家的法律、法规、规章和政策发生变化引起工程造价增减变化的，发承包双方应按照省级或行业建设主管部门或其授权的工程造价管理机构据此发布的规定调整合同价款如，国家相关职能部门、省级人民政府或省级财政、物价主管部门在授权范围内，以法规、政策文件等

方式制定或调整行政事业性收费项目或费率，这些行政事业性收费进入工程造价者，应该对合同价款进行调整。

② 因承包人原因导致工期延误，此期间遇到法律法规变化，按上述规定的调整时间，在合同工程原定竣工时间之后，合同价款调增的不予调整，合同价款调减的予以调整。即由于承包人原因导致工期延误，而遇法律法规变化按不利于承包人的原则调整合同价款。

(2) 工程变更

① 因工程变更引起已标价工程量清单项目或其工程数量发生变化时，应按照下列规定调整：

a. 已标价工程量清单中有适用于变更工程项目的，应采用该项目的单价；但当工程变更导致该清单项目的工程数量发生变化，且工程量偏差超过15%时，该项目单价应按规定调整。

直接采用适用的项目单价的前提是其采用的材料、施工工艺和方法相同，也不因此增加关键线路上工程的施工时间。例某工程施工过程中，由于设计变更，新增加轻质材料隔墙，已标价工程量清单中有此轻质材料隔墙项目的综合单价，且新增部分工程量偏差在15%以内，就应直接采用该项目综合单价。

b. 已标价工程量清单中没有适用但有类似于变更工程项目的，可在合理范围内参照类似项目的单价。

采用适用的类似项目单价的前提是其采用的材料、施工工艺和方法基本相似，不增加关键线路上工程的施工时间，可仅就其变更后的差异部分，参考类似的项目单价由发承包双方协商新的项目单价。例某工程现浇混凝土梁为C25，施工过程中设计调整为C30，此时，可仅将C30混凝土价格替换C25混凝土价格，其余不变，组成新的综合单价。

c. 已标价工程量清单中没有适用也没有类似于变更工程项目的，应由承包人根据变更工程资料、计量规则和计价办法、工程造价管理机构发布的信息价格和承包人报价浮动率提出变更工程项目的单价，并应报发包人确认后调整。承包人报价浮动率（计价规范9.3.1）可按下列公式计算：

$$承包人报价浮动率\ L=(1-中标价/招标控制价)\times 100\%$$

【例8.5】 某工程招标控制价为800万元，中标人的投标报价为750元，施工过程中，屋面防水采用PE高分子防水卷材，清单项目中无类似项目，工程造价管理机构发布的该卷材单价为20元/m^2，该项目人工费7元/m^2，除卷材外的其他材料费为2元/m^2，管理费和利润合计3元/m^2。确定该项目的综合单价。

解： 报价浮动率＝(1－750/800)×100%＝6.25%

$$该项目综合单价=(7+20+2+3)\times(1-6.25\%)=30(元/m^2)$$

d. 已标价工程量清单中没有适用也没有类似于变更工程项目，且工程造价管理机构发布的信息价格缺价的，应由承包人根据变更工程资料、计量规则、计价办法和通过市场调查等取得有合法依据的市场价格提出变更工程项目的单价，并应报发包人确认后调整。

如果无法找到适用和类似项目单价，工程造价管理机构也没有发布此类信息价格，由发承包双方协商确定。

② 工程变更引起施工方案改变并使措施项目发生变化时，承包人提出调整措施项目费的，应事先将拟实施的方案提交发包人确认，并应详细说明与原方案措施项目相比的变化情况。拟实施的方案经发承包双方确认后执行，按规定调整措施项目费。

如果承包人未事先将拟实施的方案提交给发包人确认，则应视为工程变更不引起措施项目费的调整或承包人放弃调整措施项目费的权利。

③ 当发包人提出的工程变更因非承包人原因删减了合同中的某项原定工作或工程，致使承包人发生的费用或（和）得到的收益不能被包括在其他已支付或应支付的项目中，也未被包含在任何替代的工作或工程中时，承包人有权提出并应得到合理的费用及利润补偿。

（3）项目特征不符

发包人在招标工程量清单中对项目特征的描述，应被认为是准确的和全面的，并且与实际施工要求相符合。承包人应按照发包人提供的招标工程量清单，根据项目特征描述的内容及有关要求实施合同工程，直到项目被改变为止。

承包人应按照发包人提供的设计图纸实施合同工程，若在合同履行期间出现设计图纸（含设计变更）与招标工程量清单任一项目的特征描述不符，且该变化引起该项目工程造价增减变化的，应根据实际施工的项目特征，按规范相关条款的规定重新确定相应工程量清单项目的综合单价，并调整合同价款。

（4）工程量清单缺项

① 合同履行期间，由于招标工程量清单中缺项，新增分部分项工程清单项目的，应按照规范规定确定单价，并调整合同价款。

② 新增分部分项工程清单项目后，引起措施项目发生变化的，应按规范规定，在承包人提交的实施方案被发包人批准后调整合同价款。

③ 由于招标工程量清单中措施项目缺项，承包人应将新增措施项目实施方案提交发包人批准后，按规范规定调整合同价款。

（5）工程量偏差

施工过程中，由于施工条件、水文地质、工程变更等变化，以及工程量清单编制人水平的差异，往往会造成实际工程量与清单工程量出现偏差，工程量偏差过大会引起工程成本和总造价较大变化。因此，为维护合同的公平，合同履行期间，当应予计算的实际工程量与招标工程量清单出现偏差，发承包双方应按规范规定，调整合同价款。

① 对于任一招标工程量清单项目，当因工程变更等原因导致工程量偏差超过15%时，可进行调整。当工程量增加15%以上时，增加部分的工程量的综合单价应予调低；当工程量减少15%以上时，减少后剩余部分的工程量的综合单价应予调高。即

当　$Q_1>1.15Q_0$时，$S=1.15Q_0\times P_0+(Q_1-1.15Q_0)\times P_1$（一般 $P_1<P_0$）

当　$Q_1<0.85Q_0$时，$S=Q_1\times P_1$　（一般 $P_1>P_0$）

式中　S——调整后的结算价；

Q_1——实际完成工程量；

Q_0——清单工程量；

P_1——调整后的单价；

P_0——工程量清单中填报的单价。

② 当工程量出现超过15%的变化，且引起相关措施项目发生相应变化时，按系数或单一总价方式计价的，工程量增加的措施项目费调增，工程量减少的措施项目费调减。如未引起相关措施项目发生变化，则不予调整。

（6）计日工

① 发包人通知承包人以计日工方式实施的零星工作，承包人应予执行。

② 采用计日工计价的任何一项变更工作，在该项变更的实施过程中，承包人应按合同约定提交下列报表和有关凭证送发包人复核：工作名称、内容和数量；投入该工作所有人员

的姓名、工种、级别和耗用工时；投入该工作的材料名称、类别和数量；投入该工作的施工设备型号、台数和耗用台时；发包人要求提交的其他资料和凭证。

③ 任一计日工项目持续进行时，承包人应在该项工作实施结束后的24小时内向发包人提交有计日工记录汇总的现场签证报告一式三份。发包人在收到承包人提交现场签证报告后的2天内予以确认并将其中一份返还给承包人，作为计日工计价和支付的依据。发包人逾期未确认也未提出修改意见的，应视为承包人提交的现场签证报告已被发包人认可。

④ 任一计日工项目实施结束后，承包人应按照确认的计日工现场签证报告核实该类项目的工程数量，并应根据核实的工程数量和承包人已标价工程量清单中的计日工单价计算，提出应付价款；已标价工程量清单中没有该类计日工单价的，由发承包双方按规范规定商定计日工单价计算。

⑤ 每个支付期末，承包人应按规范规定向发包人提交本期间所有计日工记录的签证汇总表，并应说明本期间自己认为有权得到的计日工金额，调整合同价款，列入进度款支付。

（7）物价变化

① 物价变化时，合同价款调整一般原则

合同履行期间，因人工、材料、工程设备、机械台班价格波动影响合同价款时，应根据合同约定，调整合同价款。其原则为：

a. 人工费、机械费按照国家或省级建设行政管理部门或其授权的工程造价管理机构发布的人工单价、机械台班单价或调价系数进行调整；

b. 材料费调整分承包人采购和发包人供应区别对待。

承包人采购材料和工程设备的，应在合同中约定主要材料、工程设备价格变化的范围或幅度；当没有约定，且材料、工程设备单价变化超过5%时，超过部分的价格应按照规范规定方法计算调整材料、工程设备费。

发包人供应材料和工程设备的，物价变化不影响合同价款，仅由发包人按照物价实际变化列入合同工程的工程造价内。

c. 因非承包人原因导致工期延误的，计划进度日期后续工程的价格，应采用计划进度日期与实际进度日期两者的较高者。因承包人原因导致工期延误的，计划进度日期后续工程的价格，应采用计划进度日期与实际进度日期两者的较低者。

② 物价变化时，合同价款调整方法

物价变化引起合同价款调整的方法有以下两种。

a. 价格指数调整合同价款方法（指数比率法）。该方法主要是利用现行价格指数与基期价格指数的比率调整合同价款，公式为：

$$\Delta P=P_0\left[A+\left(B_1\times\frac{F_{t1}}{F_{01}}+B_2\times\frac{F_{t2}}{F_{02}}+\cdots+B_n\times\frac{F_{tn}}{F_{0n}}\right)-1\right]$$

式中 ΔP——需调整的价格差额；

P_0——约定的付款证书中承包人应得到的已完成工程量的金额。此项金额应不包括价格调整，不计质量保证金的扣留和支付、预付款的支付和扣回。约定的变更及其他金额已按现行价格计价的，也不计在内；

A——定值权重（即不调部分的权重）；

$B_1,B_2,\cdots,B_n$——各可调因子的变值权重（即可调部分的权重）为各可调因子在投标函投标总报价中所占的比例；

$F_{t1},F_{t2},\cdots,F_{tn}$——各可调因子的现行价格指数，指约定的付款证书相关周期最后一天的前42天的各可调因子的价格指数；

$F_{01}, F_{02}, \cdots, F_{0n}$——各可调因子的基本价格指数，指基准日期的各可调因子的价格指数。

价格调整公式中的各可调因子、定值和变值权重，以及基本价格指数及其来源在投标函附录价格指数和权重表中约定，并应扣除承包商承担的价格风险。

价格指数应首先采用工程造价管理机构提供的价格指数，缺乏上述价格指数时，可采用工程造价管理机构提供的价格代替。

约定的变更导致原定合同中的权重不合理时，由承包人和发包人协商后进行调整。

由于承包人原因未在约定的工期内竣工的，则对原约定竣工日期后继续施工的工程，应采用原约定竣工日期与实际竣工日期的两个价格指数中较低的一个作为现行价格指数。

若人工费已作为可调因子包括在变值权重内，则不再对其进行单项调整。若对人工费进行单项调整，则其权重并于定值权重之中。

【例 8.6】 某工程合同规定结算款为 110 万元，合同原始报价日期在当年 7 月，工程于次年 6 月建成交付使用。根据表 8-1 中所列工程人工费、材料费构成比例以及有关造价指数，计算工程实际结算款。

表 8-1　某市人工、材料、机械价格指数

项目	人工费	钢材	水泥	集料	红砖	砂	木材	不调值费用
比例	45%	11%	11%	5%	6%	3%	4%	15%
当年 3 月指数	103	100.15	102.2	93.8	94.3	95.4	93.5	
次年 2 月指数	110.1	98.0	112.7	95.9	98.9	91.9	117.3	

解： 实际结算价＝110×(0.15＋0.45×110.1/103＋0.11×98.0/100.15＋0.11×112.7/102.2＋0.05×95.9/93.8＋0.06×98.9/94.3＋0.03×91.9/95.4＋0.04×117.3/93.5)＝110×1.053＝115.84(万元)

实际结算的工程价款为 115.84 万元，需调整的价格差额为 5.84 万元。

b. 造价信息差额调整合同价款方法（价格差额法）。施工期内，因人工、材料、工程设备和机械台班价格波动影响合同价格时，除利用价格指数综合调价外，可以利用人、材、机市场价格与投标报价的差额对人工费、材料费、机械费分别调价。调整方法为：

ⓐ 人工费调整

人工单价发生变化时，发承包双方应按省级或行业建设主管部门或其授权的工程造价管理机构发布的人工成本文件调整合同价款。

【例 8.7】 某工程施工期间，省造价管理机构发布了人工费调增 10%的文件，该工程本期完成合同价款 200 万元，其中人工费 30 万元，本期人工费应否调增，调增多少？

解： 应调增，30×10%＝3（万元）

ⓑ 材料费调整

材料、设备价格变化时，按发承包双方约定的风险范围、材料基准价及规范规定调整合同价款。材料基准价指招标人根据工程造价管理机构发布或通过市场调研确定的材料单价。

承包人投标报价中材料单价低于基准单价：施工期间材料单价涨幅以基准单价为基础超过合同约定的风险幅度值，或材料单价跌幅以投标报价为基础超过合同约定的风险幅度值时，其超过部分按实调整。

承包人投标报价中材料单价高于基准单价：施工期间材料单价涨幅以投标报价为基础超过合同约定的风险幅度值，或材料单价跌幅以基准单价为基础超过合同约定的风险幅度值时，其超过部分按实调整。

承包人投标报价中材料单价等于基准单价：施工期间材料单价涨跌幅以基准单价为基础，超过合同约定的风险幅度值时，其超过部分按实调整。

承包人应在采购材料前将采购数量和新的材料单价报送发包人核对确认。发包人在收到承包人报送的确认资料后3个工作日不予答复的视为已经认可，作为调整合同价款的依据。如果承包人未报经发包人核对即自行采购材料，再报发包人确认调整合同价款的，如发包人不同意，则不作调整。

【例8.8】 某工程所需的材料甲、乙、丙由承包人提供，合同约定材料单价涨幅5%以内风险由承包人承担。工程所需材料相关资料及施工期间材料采购价见表8-2。材料单价如何调整？

表8-2 承包人提供主要材料和工程设备一览表

序号	材料名称规格	单位	数量	基准单价/元	投标单价/元	采购价/元
1	材料甲	t	100	200	190	226
2	材料乙	t	300	180	200	206
3	材料丙	t	500	100	100	105

解：(1) 材料甲，投标单价低于基准价，以基准价为基础，计算涨价幅度：

(226－200)÷200＝13%，已超过约定的风险系数，应予调整。

$$调增部分=200\times(13\%-5\%)=16\ 元/t,或\ 226-200\times1.05=16(元/t)$$

双方确认的结算单价＝190＋16＝206（元/t）。

(2) 材料乙，投标单价高于基准价，以投标价为基础，计算涨价幅度：

(206－200)÷200＝3%，未超过约定的风险系数，不予调整。

双方确认的结算价为投标时所报单价，即200元/t。

(3) 材料丙，投标单价等于基准价，以基准价为基础，计算涨价幅度：

(105－100)÷100＝5%，未超过约定的风险系数，不予调整。

双方确认的结算单价为100元/t。

$$\begin{aligned}材料费调增合计&=100\times(206-190)+300\times(200-200)+500\times(100-100)\\&=1600(元)\end{aligned}$$

ⓒ 机械费调整。施工机械台班单价或施工机械使用费发生变化超过省级或行业建设主管部门或其授权的工程造价管理机构规定的范围时，按其规定调整合同价款。

(8) 暂估价

① 发包人在招标工程量清单中给定暂估价的材料、工程设备属于依法必须招标的，应由发承包双方以招标的方式选择供应商，确定价格，并应以此为依据取代暂估价，调整合同价款。

② 发包人在招标工程量清单中给定暂估价的材料、工程设备不属于依法必须招标的，应由承包人按照合同约定采购，经发包人确认单价后取代暂估价，调整合同价款。

例如：某工程，现浇混凝土构件钢筋作为暂估价，为4000元/t，工程实施后，根据市场价格变动，将各规格现浇混凝土构件钢筋加权平均认定为4300元/t，此时，应在综合单价中以4300元取代4000元。

暂估材料或工程设备的单价确定后，在综合单价中只应取代原暂估单价，不应再在综合单价中涉及企业管理费或利润等其他费用的变动。

③ 发包人在工程量清单中给定暂估价的专业工程不属于依法必须招标的，应按照本规范的规定确定专业工程价款，并应以此为依据取代专业工程暂估价，调整合同价款。

④ 发包人在招标工程量清单中给定暂估价的专业工程，依法必须招标的，应当由发承包双方依法组织招标选择专业分包人，接受有管辖权的建设工程招标投标管理机构的监督，还应符合下列要求：

a. 除合同另有约定外，承包人不参加投标的专业工程发包招标，应由承包人作为招标人，但拟定的招标文件、评标工作、评标结果应报送发包人批准。与组织招标工作有关的费用应当被认为已经包括在承包人的签约合同价（投标总报价）中。

b. 承包人参加投标的专业工程发包招标，应由发包人作为招标人，与组织招标工作有关的费用由发包人承担。同等条件下，应优先选择承包人中标。

c. 应以专业工程发包中标价为依据取代专业工程暂估价，调整合同价款。

（9）不可抗力

① 不可抗力发生后，损失承担以及价款调整原则

因不可抗力事件导致的人员伤亡、财产损失及其费用增加，发承包双方应按下列原则分别承担并调整合同价款和工期：

a. 合同工程本身的损害、因工程损害导致第三方人员伤亡和财产损失以及运至施工场地用于施工的材料和待安装的设备的损害，应由发包人承担；

b. 发包人、承包人人员伤亡应由其所在单位负责，并应承担相应费用；

c. 承包人的施工机械设备损坏及停工损失，应由承包人承担；

d. 停工期间，承包人应发包人要求留在施工场地的必要的管理人员及保卫人员的费用应由发包人承担；

e. 工程所需清理、修复费用，应由发包人承担。

② 不可抗力解除后的费用承担原则

不可抗力解除后复工的，若不能按期竣工，应合理延长工期。发包人要求赶工的，赶工费用应由发包人承担。

③ 因不可抗力解除合同的价款支付原则

因不可抗力解除合同的，按规范规定支付相关工程款及费用。

（10）提前竣工（赶工补偿）

① 招标人应依据相关工程的工期定额合理计算工期，压缩的工期天数不得超过定额工期的 20%，超过者，应在招标文件中明示增加赶工费用。

② 发包人要求合同工程提前竣工的，应征得承包人同意后与承包人商定采取加快工程进度的措施，并应修订合同工程进度计划。发包人应承担承包人由此增加的提前竣工（赶工补偿）费。

③ 发承包双方应在合同中约定提前竣工每日历天应补偿额度，此项费用应作为增加合同价款列入竣工结算文件中，应与结算款一并支付。

（11）误期赔偿

① 承包人未按照合同约定施工，导致实际进度迟于计划进度的，承包人应加快进度，实现合同工期。

合同工程发生误期，承包人应赔偿发包人由此造成的损失，并应按照合同约定向发包人支付误期赔偿费。即使承包人支付误期赔偿费，也不能免除承包人按照合同约定应承担的任何责任和应履行的任何义务。

② 发承包双方应在合同中约定误期赔偿费，并应明确每日历天应赔额度。误期赔偿费应列入竣工结算文件中，并应在结算款中扣除。

③ 在工程竣工之前，合同工程内的某单项（位）工程已通过了竣工验收，且该单项（位）工程接收证书中表明的竣工日期并未延误，而是合同工程的其他部分产生了工期延误时，误期赔偿费应按照已颁发工程接收证书的单项（位）工程造价占合同价款的比例幅度予以扣减。

（12）索赔

① 工程索赔的定义及特征

工程索赔是指在合同履行过程中，合同当事人一方因非自身原因而遭受到经济损失或权利损害时，通过一定的合法程序向对方提出经济或时间补偿要求的行为。建设工程施工中的索赔是发、承包双方行使正当权利，维护自身合法利益的行为，它的性质属于经济补偿行为，而非惩罚。

索赔是双向的，承包人可以向发包人索赔，发包人也可以向承包人索赔。

提出索赔的前提条件是由于非己方原因造成的，且实际发生了经济损失或权利损害。

索赔是一种未经确认的单方行为，它与工程签证不同。签证是双方达成一致的补充协议，可以直接作为工程款结算的依据，而索赔必须通过确认后才能实现。

② 索赔的条件

当合同一方向另一方提出索赔时，应有正当的索赔理由和有效证据，并应符合合同的相关约定。

任何索赔事件的确立，其前提条件是必须有正当的索赔理由，且有索赔事件发生时的有效证据，并应在合同约定的时限内提出。这是索赔的三要素，缺一不可。

③ 索赔证据的要求

a. 真实性。索赔事件的证据必须客观真实。

b. 全面性。索赔证据应能说明事件的全过程。

c. 关联性。索赔证据应当能够互相印证，不能互相矛盾。

d. 及时性。索赔证据的取得及提出应当及时。

e. 具有法律证明效力。一般要求证据必须是双方签署的书面文件，有关记录、协议或由工程师签证认可的记录、证明材料。

④ 索赔证据的种类

a. 招标文件、工程合同及附件、业主认可的施工组织设计、工程图纸、技术规范等。

b. 工程各项有关的设计交底记录、变更图纸、变更施工指令等。

c. 工程各项经业主或工程师签认的签证。

d. 工程各项往来信件、指令、信函、通知、答复等。

e. 工程各项会议纪要。

f. 施工计划及现场实施情况记录。

g. 施工日报及工长工作日志、备忘录。

h. 工程送电、送水、道路开通、封闭的日期及数量记录。

i. 工程停电、停水和干扰事件影响的日期及恢复施工的日期。

j. 工程预付款、进度款拨付的数额及日期记录。

k. 工程图纸、图纸变更、交底记录的送达份数及日期记录。

l. 工程有关施工部位的照片及录像等。

m. 工程现场气候记录，有关天气的温度、风力、雨雪等。

n. 工程验收报告及各项技术鉴定报告等。

o. 工程材料采购、订货、运输、进场、验收、使用等方面的凭据。

p. 国家和省、市有关影响工程造价、工期的文件、规定等。

⑤ 承包人向发包人提出索赔的程序和要求

承包人认为非承包人原因发生的事件造成了承包人的损失，应按下列程序向发包人提出索赔。

a. 承包人应在知道或应当知道索赔事件发生后28天内，向发包人提交索赔意向通知书，说明发生索赔事件的事由。承包人逾期未发出索赔意向通知书的，丧失索赔的权利。

b. 承包人应在发出索赔意向通知书后28天内，向发包人正式提交索赔通知书。索赔通知书应详细说明索赔理由和要求，并应附必要的记录和证明材料。

c. 索赔事件具有连续影响的，承包人应继续提交延续索赔通知，说明连续影响的实际情况和记录。

d. 在索赔事件影响结束后的28天内，承包人应向发包人提交最终索赔通知书，说明最终索赔要求，并应附必要的记录和证明材料。

⑥ 发包人对索赔事件的处理程序和要求

a. 发包人收到承包人的索赔通知书后，应及时查验承包人的记录和证明材料。

b. 发包人应在收到索赔通知书或有关索赔的进一步证明材料后的28天内，将索赔处理结果答复承包人，如果发包人逾期未作出答复，视为承包人索赔要求已被发包人认可。

c. 承包人接受索赔处理结果的，索赔款项应作为增加合同价款，在当期进度款中进行支付；承包人不接受索赔处理结果的，应按合同约定的争议解决方式办理。

⑦ 承包人要求赔偿时，可以选择的赔偿方式

承包人要求赔偿时，可以选择下列一项或几项方式获得赔偿：

a. 延长工期；

b. 要求发包人支付实际发生的额外费用；

c. 要求发包人支付合理的预期利润；

d. 要求发包人按合同的约定支付违约金。

⑧ 发承包双方处理费用索赔和工期索赔的关系

索赔事件发生后，在造成费用损失时，往往会造成工期的变动。当索赔事件造成的费用损失与工期相关联时，承包人应根据发生的索赔事件向发包人提出费用索赔要求的同时，提出工期延长的要求。

发包人在批准承包人的索赔报告时，应将索赔事件造成的费用损失和工期延长联系起来，综合作出批准费用索赔和工期延长的决定。

⑨ 承包人索赔的终止条件和时限

发承包双方在按合同约定办理了竣工结算后，应被认为承包人已无权再提出竣工结算前所发生的任何索赔。承包人在提交的最终结算申请中，只限于提出竣工结算后的索赔，提出索赔的期限应自发承包双方最终结算时终止。

⑩ 发包人向承包人提出索赔的程序和要求

发包人认为由于承包人的原因造成发包人的损失，宜按承包人索赔的程序进行索赔。当合同中对此未作具体约定时，按以下规定办理：

a. 发包人应在确认引起索赔的事件发生后28天内向承包人发出索赔通知，否则，承包人免除该索赔的全部责任。

b. 承包人在收到发包人索赔报告后的28天内应作出回应，表示同意或不同意并附具体

意见，如在收到索赔报告后的28天内未向发包人作出答复，视为该项索赔报告已经认可。

⑪ 发包人要求赔偿时，可以选择的赔偿方式

发包人要求赔偿时，可以选择下列一项或几项方式获得赔偿：

a. 延长质量缺陷修复期限；

b. 要求承包人支付实际发生的额外费用；

c. 要求承包人按合同的约定支付违约金。

⑫ 承包人向发包人支付索赔金额的方式

承包人应付给发包人的索赔金额可从拟支付给承包人的合同价款中扣除，或由承包人以其他方式支付给发包人。

⑬ 索赔案例分析

【例8.9】 某项目业主采用工程量清单招标方式与承包商签订了施工合同。施工合同约定：项目生产设备由业主购买；开工日期为某年6月1日，合同工期为120天；工期每提前或拖后1天，奖励或罚款1万元。工程项目开工前，承包商编制了施工总进度计划，并得到监理人的批准。其主要施工内容依次为基础工程20天、主体结构60天、装饰及设备安装30天、收尾工程10天。施工过程中，发生了如下事件：

事件1：基础工程施工时，地基局部存在软弱土层，因等待地基处理方案导致承包商窝工60个工日、机械闲置4个台班（台班费为1200元/台班，台班折旧费为700元/台班）；地基处理产生工料机费用6000元；基础工程量增加50m^3（调整后综合单价：420元/m^3）。共造成基础工程作业时间延长6天。

事件2：用于主体结构的施工机械出现故障，导致主体结构工程停工2天、20名工人窝工2天；数日后该地区供电全面中断，导致主体结构工程再次停工2天、30名工人窝工2天，一台租赁机械闲置2天（每天1个台班，机械租赁费1500元/天），其他作业未受到影响。

事件3：在装饰及设备安装施工过程中，因遭遇台风侵袭，导致进场的部分生产设备和承包商采购尚未安装的门窗及施工机械损坏，承包商窝工36个工日。业主调换生产设备费用为1.8万元，承包商重新购置门窗的费用为7千元，修理施工机械5千元，作业时间均延长2天。

事件4：鉴于工期拖延较多，征得监理工程师同意后，承包商在设备安装作业完成后将收尾工程提前，与装饰及设备安装作业搭接5天，并采取加快施工措施使收尾工作作业时间缩短2天，发生赶工措施费用8千元。

问题：(1) 承包商在上述事件中可得到哪些索赔，并说明理由。

(2) 承包商在上述事件可得到的工期索赔多少天？该工程的实际工期为多少天？工期奖罚款为多少万元？

(3) 如果该工程人工工资标准为120元/工日，窝工补偿标准为40元/工日。管理费和利润为工料机费用之和的15%，假定索赔不考虑规费和税金。承包商在上述事件中得到的费用索赔为多少元？

答案：(1) 承包商可以得到的索赔

事件1可以得到工期和费用索赔，因为地质勘察资料应该由业主提供。

事件2中主体结构机械出现故障是施工单位的责任，不可索赔。该地区累计停电已经超过8小时，属于业主承担的风险，可以得到工期和费用索赔。

事件3属于不可抗力，承包商可以提出工期和费用的索赔。工期顺延，尚未安装的门窗的损失应该由业主承担，施工机械损失由承包商承担。

事件 4 属于承包商自行赶工，不能提出工期和费用索赔。加快施工，应按工期奖罚处理。

(2) 承包商可以索赔的工期及工期奖罚等

索赔工期=6+2+2=10 天。其中，事件 1 索赔 6 天；事件 2 供电中断索赔 2 天；事件 3 不可抗力索赔 2 天；事件 4 无工期索赔。

实际工期=原工期+索赔时间+机械损坏时间-搭接及作业时间缩短

=120+10+2-5-2=125(天)

工期奖励款=[(120+10)-125]×1=5(万元)

(3) 承包商可以索赔的费用

事件 1 索赔：60×40+4×700+6000×(1+15%)+50×420=33100(元)

事件 2 索赔：30×2×40+2×1500=5400(元)

事件 3 索赔：7000(元)

事件 4 没有费用索赔。

费用索赔总额：33100+5400+7000=45500(元)。

(13) 现场签证

① 现场签证的概念

签证是双方对涉及的责任事件所作的签认证明。施工现场签证是专指在工程施工过程中，发、承包双方的现场代表对发包人要求承包人完成合同内容外的额外工作及其产生的费用作出的书面签字确认凭证。

签证有多种情形：一是发包人的口头指令，需要承包人将其提出，由发包人转换成书面签证；二是发包人的书面通知，涉及人工、材料、机械等消耗，需取得发包人的签证确认；三是招标工程量清单中已有，但施工中发现与其不符，比如土方类别、出现流沙等，需签证以便调整合同价款。四是发包人未按约定提供场地、材料、水电等，造成承包人停工，需签证以便计算索赔费用；五是材料设备价格发生变化，需签证材料采购数量及单价以便调价；六是其他需要签证确认的情况。

② 现场签证的基本要求

在施工过程中，当发现合同工程内容因场地条件、地质水文、发包人要求等不一致时，或承包人应发包人要求完成合同以外的零星项目以及非承包人责任事件等工作的，发包人应及时以书面形式向承包人发出指令，并应提供施工所需的相关资料。

承包人在收到指令后，应及时向发包人提出签证要求，并提供签证所需的相关资料，作为合同价款调整的依据。

一份完整的现场签证应包括时间、地点、原由、事件后果、如何处理等内容，并由发承包双方授权的现场管理人签章。

③ 现场签证时发承包双方的责任

承包人应在收到发包人指令后的 7 天内向发包人提交现场签证报告，发包人应在收到现场签证报告后的 48 小时内对报告内容进行核实，予以确认或提出修改意见。发包人在收到承包人现场签证报告后的 48 小时内未确认也未提出修改意见的，应视为承包人提交的现场签证报告已被发包人认可。

④ 现场签证的内容要求

现场签证的工作如已有相应的计日工单价，现场签证中应列明完成该类项目所需的人工、材料、工程设备和施工机械台班的数量。

如现场签证的工作没有相应的计日工单价，应在现场签证报告中列明完成该签证工作所需的人工、材料设备和施工机械台班的数量及单价。

⑤ 承包人未进行现场签证的责任

合同工程发生现场签证事项，未经发包人签证确认，承包人便擅自施工的，除非征得发包人书面同意，否则发生的费用应由承包人承担。

⑥ 现场签证价款的支付原则

现场签证工作完成后的7天内，承包人应按照现场签证内容计算价款，报送发包人确认后，作为增加合同价款，与进度款同期支付。

(14) 暂列金额

已签约合同价中的暂列金额只能按照发包人的指示使用。暂列金额虽然列入合同价款，但并不属于承包人所有，也不必然发生。只有按照合同约定实际发生后，才能成为承包人的应得金额，纳入工程合同结算价款中，扣除发包人按照规定所作的支付后，暂列金额余额仍归发包人所有。

8.5 竣工结算与支付

8.5.1 竣工结算概述

(1) 竣工结算的定义

竣工结算是指承包人完成合同规定的全部工程并经发包人及有关部门验收后，由承包人编制并经发包人审核签认，最后一次向发包人办理工程款清算的过程。竣工结算是工程施工合同签约双方的共同权利和责任。

(2) 竣工结算价的定义

竣工结算价是承包人按合同约定完成了全部承包工作后，发承包双方依据国家有关法律、法规和标准规定，按照合同约定确定的，包括履行合同过程中进行的合同价款调整，发包人应付给承包人的合同总金额。

确定工程价款竣工结算的一般公式为：

竣工结算价＝合同价±合同价调整额－预付及已付工程款－保留金

或　竣工结算价＝工程进度款＋竣工结算余款

(3) 竣工结算的办理原则

工程完工后，发承包双方必须在合同约定时间内办理工程竣工结算。

(4) 竣工结算编制和核对的责任主体

工程竣工结算应由承包人或受其委托具有相应资质的工程造价咨询人编制，并应由发包人或受其委托具有相应资质的工程造价咨询人核对。

(5) 竣工结算文件有异议时的投诉权利

当发承包双方或一方对工程造价咨询人出具的竣工结算文件有异议时，可向工程造价管理机构投诉，申请对其进行执业质量鉴定。

工程造价管理机构对投诉的竣工结算文件进行质量鉴定，宜按计价规范相关规定进行。

(6) 竣工结算书的备案要求

竣工结算办理完毕，发包人应将竣工结算文件报送工程所在地或有该工程管辖权的行业管理部门的工程造价管理机构备案，竣工结算文件应作为工程竣工验收备案、交付使用的必备文件。

8.5.2　竣工结算的依据及计价原则

（1）竣工结算的依据

工程竣工结算应根据下列依据编制和复核：

① 建设工程工程量清单计价规范；

② 工程合同；

③ 发承包双方合同实施过程中已确认的工程量及其结算的合同价款；

④ 发承包双方合同实施过程中已确认调整后追加（减）的合同价款；

⑤ 建设工程设计文件及相关资料；

⑥ 投标文件；

⑦ 其他依据。

（2）竣工结算单价项目的计价原则

办理竣工结算时，分部分项工程和措施项目中的单价项目应依据发承包双方确认的工程量与已标价工程量清单的综合单价计算；发生调整的，应以发承包双方确认调整的综合单价计算。

（3）竣工结算总价措施项目的计价原则

办理竣工结算时，措施项目中的总价项目应依据已标价工程量清单的项目和金额计算；发生调整的，应以发承包双方确认调整的金额计算，其中安全文明施工费应按计价规范的规定计算。

（4）竣工结算其他项目的计价原则

办理竣工结算时，其他项目应按下列规定计价：

① 计日工的费用应按发包人实际签证确认的数量和相应项目综合单价计算；

② 暂估价应按计价规范的规定计算。即暂估价中的材料设备、专业工程是招标采购或招标发包的，其单价按中标价在综合单价中调整；如为非招标采购，其单价按双方确认的单价在综合单价中调整；

③ 总承包服务费应依据已标价工程量清单的金额计算；发生调整的，应以发承包双方确认调整的金额计算；

④ 索赔费用在办理竣工结算时应在其他项目费中反映，索赔费用的金额应依据发承包双方确认的索赔事项和金额计算；

⑤ 现场签证费用在办理竣工结算时应在其他项目费中反映，现场签证费用金额应依据发承包双方签证资料确认的金额计算；

⑥ 暂列金额在用于各项价款调整、索赔、现场签证、工程项目增减等的费用后，如有余额归发包人，若出现差额，则由发包人补足并反映在相应项目的价款中。

（5）规费和税金的计价原则

办理竣工结算时，规费和税金应按计价规范的规定计算。规费中的工程排污费应按工程所在地环境保护部门规定的标准缴纳后按实列入。

（6）竣工结算与进度款支付的关系

竣工结算是工程价款的最后一次清算，开工前的预付款以及期中的进度款支付、质保金预留等在竣工结算时应扣减。因此，计价规范规定：除有争议的外，发承包双方在合同工程实施过程中已经确认的工程计量结果和合同价款，在竣工结算办理中应直接进入结算。

8.5.3 竣工结算的程序及核对

(1) 竣工结算编制工作的要求

合同工程完工后，承包人应在经发承包双方确认的合同工程期中价款结算的基础上汇总编制完成竣工结算文件，并应在提交竣工验收申请的同时向发包人提交竣工结算文件。

承包人未在合同约定的时间内提交竣工结算文件，经发包人催告后14天内仍未提交或没有明确答复的，发包人有权根据已有资料编制竣工结算文件，作为办理竣工结算和支付结算款的依据，承包人应予以认可。

(2) 竣工结算文件的核对要求

发包人应在收到承包人提交的竣工结算文件后的28天内核对。发包人经核实，认为承包人还应进一步补充资料和修改结算文件，应在上述时限内向承包人提出核实意见，承包人在收到核实意见后的28天内应按照发包人提出的合理要求补充资料，修改竣工结算文件，并应再次提交给发包人复核后批准。

(3) 竣工结算文件复核结果的处理要求

发包人应在收到承包人再次提交的竣工结算文件后的28天内予以复核，将复核结果通知承包人，并应遵守下列规定：

① 发包人、承包人对复核结果无异议的，应在7天内在竣工结算文件上签字确认，竣工结算办理完毕；

② 发包人或承包人对复核结果认为有误的，无异议部分按照本条第1款规定办理不完全竣工结算；有异议部分由发承包双方协商解决；协商不成的，应按照合同约定的争议解决方式处理。

(4) 发包人未在竣工结算中履行核对责任的后果

发包人在收到承包人竣工结算文件后的28天内，不核对竣工结算或未提出核对意见的，应视为承包人提交的竣工结算文件已被发包人认可，竣工结算办理完毕。

(5) 承包人未在竣工结算中履行核对责任的后果

承包人在收到发包人提出的核实意见后的28天内，不确认也未提出异议的，应视为发包人提出的核实意见已被承包人认可，竣工结算办理完毕。

(6) 造价咨询人核对竣工结算的原则

发包人委托工程造价咨询人核对竣工结算的，工程造价咨询人应在28天内核对完毕，核对结论与承包人竣工结算文件不一致的，应提交给承包人复核；承包人应在14天内将同意核对结论或不同意的说明提交工程造价咨询人。工程造价咨询人收到承包人提出的异议后，应再次复核，复核结果按规范规定办理。

承包人逾期未提出书面异议的，应视为工程造价咨询人核对的竣工结算文件已被承包人认可。

(7) 结算文件遭到否认的后果

对发包人或发包人委托的工程造价咨询人指派的专业人员与承包人指派的专业人员经核对后无异议并签名确认的竣工结算文件，除非发承包人能提出具体、详细的不同意见，发承包人都应在竣工结算文件上签名确认，如其中一方拒不签认的，按下列规定办理：

① 若发包人拒不签认的，承包人可不提供竣工验收备案资料，并有权拒绝与发包人或其上级部门委托的工程造价咨询人重新核对竣工结算文件。

② 若承包人拒不签认的，发包人要求办理竣工验收备案的，承包人不得拒绝提供竣工验收资料，否则，由此造成的损失，承包人承担相应责任。

（8）禁止重复核对竣工结算的原则

合同工程竣工结算核对完成，发承包双方签字确认后，发包人不得又要求承包人与另一个或多个工程造价咨询人重复核对竣工结算。

（9）发包人对工程质量有异议时，竣工结算的办理原则

发包人对工程质量有异议，拒绝办理工程竣工结算的，已竣工验收或已竣工未验收但实际投入使用的工程，其质量争议应按该工程保修合同执行，竣工结算应按合同约定办理；已竣工未验收且未实际投入使用的工程以及停工、停建工程的质量争议，双方应就有争议的部分委托有资质的检测鉴定机构进行检测，并应根据检测结果确定解决方案，或按工程质量监督机构的处理决定执行后办理竣工结算，无争议部分的竣工结算应按合同约定办理。

8.5.4　竣工结算款的支付

（1）承包人提交竣工结算款支付申请的要求

承包人应根据办理的竣工结算文件向发包人提交竣工结算款支付申请。申请应包括下列内容：

① 竣工结算合同价款总额；

② 累计已实际支付的合同价款；

③ 应预留的质量保证金；

④ 实际应支付的竣工结算款金额。

（2）发包人对竣工结算款支付申请的核实要求

发包人应在收到承包人提交竣工结算款支付申请后 7 天内予以核实，向承包人签发竣工结算支付证书。

（3）发包人支付结算款的时间要求

发包人签发竣工结算支付证书后的 14 天内，应按照竣工结算支付证书列明的金额向承包人支付结算款。

（4）发包人对竣工结算款支付申请未予核实的责任

发包人在收到承包人提交的竣工结算款支付申请后 7 天内不予核实，不向承包人签发竣工结算支付证书的，应视为承包人的竣工结算款支付申请已被发包人认可；发包人应在收到承包人提交的竣工结算款支付申请 7 天后的 14 天内，按照承包人提交的竣工结算款支付申请列明的金额向承包人支付结算款。

（5）承包人未按合同约定得到竣工结算价款时应采取的措施

发包人未按规定支付竣工结算款的，承包人可催告发包人支付，并有权获得延迟支付的利息。发包人在竣工结算支付证书签发后或者在收到承包人提交的竣工结算款支付申请 7 天后的 56 天内仍未支付的，除法律另有规定外，承包人可与发包人协商将该工程折价，也可直接向人民法院申请将该工程依法拍卖。承包人应就该工程折价或拍卖的价款优先受偿。

8.5.5　质量保证金

（1）质量保证金的概念

发承包双方在工程合同中约定，从应付合同价款中预留，用以保证承包人在缺陷责任期内履行缺陷修复义务的金额。

（2）质量保修期的概念

在《建筑法》、《建设工程质量管理条例》等法律法规中关于质量保修期的定义是工程承包单位对其完成的工程承诺的保修期限。

在正常使用条件下，建筑工程的保修期应从工程竣工验收合格之日起计算，其最低保修

期限：地基基础工程和主体结构工程，为设计文件规定的该工程的合理使用年限；屋面防水工程、有防水要求的卫生间、厨房间和外墙面的防渗漏，为5年；供热与供冷系统，为2个采暖期、供冷期；电气管线、给排水管道、设备安装、装修工程为2年。保修期自竣工验收合格之日起计算。

(3) 质量缺陷责任期的概念

缺陷责任期首次出现在2005年《建设工程质量保证金管理暂行办法》中，2013年的《建设工程施工合同（示范文本）》以及《建设工程工程量清单计价规范》中也同时出现了“缺陷责任期”与“保修期”的概念。

计价规范关于缺陷责任期的定义：指承包人对已交付使用的合同工程承担合同约定的缺陷修复责任的期限。缺陷责任期一般为6个月、12个月或24个月，具体可由发承包双方在合同中约定，并且可以约定期限的延长，但最长不超过2年。缺陷责任期从工程通过竣工验收之日起计。

实践中关于这两个概念的理解，争议不断，莫衷一是。设立缺陷责任期的初衷是解决质量保修金的返还期限问题，但缺陷责任期这一概念无上位法依据，使用中易混淆，应该统一使用质量保修期，再规定一个质量保修金的返还期限即可。

(4) 质量保证金的预留原则

发包人应按照合同约定的质量保证金比例从结算款中预留质量保证金。

全部或者部分使用政府投资的建设项目，按工程价款结算总额的5%左右的比例预留保证金。社会投资项目采用预留保证金方式的，预留保证金的比例可参照执行。

(5) 质量保证金的使用原则

质量保证金用于承包人按照合同约定履行属于自身责任的工程缺陷修复义务，为发包人有效监督承包人完成缺陷修复提供资金保证。

承包人未按照合同约定履行属于自身责任的工程缺陷修复义务的，发包人有权从质量保证金中扣除用于缺陷修复的各项支出。

经查验，工程缺陷属于发包人原因造成的，应由发包人承担查验和缺陷修复的费用。

(6) 质量保证金的返还

缺陷责任期内，承包人应认真履行合同约定的责任。缺陷修复责任到期后，承包人向发包人申请返还保证金。

发包人在接到承包人返还保证金申请后，应于14日内会同承包人按照合同约定的内容进行核实。如无异议，发包人应当在核实后14日内将保证金返还给承包人，逾期支付的，从逾期之日起，按照同期银行贷款利率计付利息，并承担违约责任。发包人在接到承包人返还保证金申请后14日内不予答复，经催告后14日内仍不予答复，视同认可承包人的返还保证金申请。

8.5.6 工程价款的最终结清

(1) 承包人提出最终结清支付申请的要求

缺陷责任期终止后，承包人应按照合同约定向发包人提交最终结清支付申请。发包人对最终结清支付申请有异议的，有权要求承包人进行修正和提供补充资料。承包人修正后，应再次向发包人提交修正后的最终结清支付申请。

(2) 发包人对最终结清支付申请的核实要求

发包人应在收到最终结清支付申请后的14天内予以核实，并应向承包人签发最终结清支付证书。

(3) 发包人向承包人支付最终结清款的要求

发包人应在签发最终结清支付证书后的14天内，按照最终结清支付证书列明的金额向承包人支付最终结清款。

(4) 发包人未在约定的时间内核实最终结清支付申请的责任

发包人未在约定的时间内核实，又未提出具体意见的，应视为承包人提交的最终结清支付申请已被发包人认可。

(5) 发包人未按期最终结清支付的后果

发包人未按期最终结清支付的，承包人可催告发包人支付，并有权获得延迟支付的利息。

(6) 承包人质量保证金不足时的补偿责任

最终结清时，承包人被预留的质量保证金不足以抵减发包人工程缺陷修复费用的，承包人应承担不足部分的补偿责任。

(7) 最终结清款有异议时的解决方式

承包人对发包人支付的最终结清款有异议的，应按照合同约定的争议解决方式处理。

8.5.7　合同解除的价款结算与支付

(1) 双方协商解除合同的价款结算

发承包双方协商一致解除合同的，应按照达成的协议办理结算和支付合同价款。

(2) 不可抗力解除合同的价款结算

由于不可抗力致使合同无法履行解除合同的，发包人应向承包人支付合同解除之日前已完成工程但尚未支付的合同价款，此外，还应支付下列金额：

① 按计价规范规定应由发包人承担的赶工费用；

② 已实施或部分实施的措施项目应付价款；

③ 承包人为合同工程合理订购且已交付的材料和工程设备货款；

④ 承包人撤离现场所需的合理费用，包括员工遣送费和临时工程拆除、施工设备运离现场的费用；

⑤ 承包人为完成合同工程而预期开支的任何合理费用，且该项费用未包括在本款其他各项支付之内。

发承包双方办理结算合同价款时，应扣除合同解除之日前发包人应向承包人收回的价款。当发包人应扣除的金额超过了应支付的金额，承包人应在合同解除后的56天内将其差额退还给发包人。

(3) 承包人违约解除合同的价款结算

由于承包人违约解除合同，价款结算与支付的原则为：

① 发包人应暂停向承包人支付任何价款；

② 发包人应在合同解除后28天内核实合同解除时承包人已完成的全部工程合同价款以及按施工进度计划已运至现场的材料和工程设备货款，按合同约定核算承包人应支付的违约金以及造成损失的索赔金额，并将结果通知承包人；

③ 发承包双方应在28天内予以确认或提出意见，并办理结算合同价款。如果发包人应扣除的金额超过了应支付的金额，承包人应在合同解除后的56天内将其差额退还给发包人；

④ 发承包双方不能就解除合同后的结算达成一致的，按照合同约定的争议解决方式处理。

(4) 发包人违约解除合同的价款结算

由于发包人违约解除合同，价款结算与支付的原则为：

① 发包人除应按计价规范关于“不可抗力解除合同的价款结算”规定的各项价款外，还应按合同约定核算发包人应支付的违约金以及给承包人造成损失或损害的索赔金额费用。该笔费用由承包人提出，发包人核实后与承包人协商确定后的7天内向承包人签发支付证书；

② 发承包双方协商不能达成一致的，按照合同约定的争议解决方式处理。

8.5.8 竣工结算及质量保证金实例

【例8.10】 某工程项目，甲乙双方签订的关于工程价款的合同内容如下。

① 建筑安装工程造价560万元，建筑材料及设备费占施工产值的比重为50%。

② 工程预付款为建筑安装工程造价的20%，工程实施后，工程预付款从未施工工程尚需的建筑材料及设备费相当于工程预付款数额时起扣，从每次结算工程价款中按材料和设备占施工产值的比重扣抵工程预付款，竣工前全部扣清。

③ 工程进度款逐月计算。

④ 质量保证金为建筑安装工程造价的5%，竣工结算时一次扣留。

⑤ 按有关规定上半年材料和设备价差上调10%，在6月份一次调增。

工程各月实际完成产值如表8-3所示。

表8-3 各月实际完成产值 单位：万元

月份	二	三	四	五	六
完成产值	55	110	165	220	10

问题：(1) 该工程预付款、起扣点为多少？

(2) 该工程每月支付进度款为多少？

(3) 该工程质量保证金为多少？竣工结算款多少？

(4) 该工程在保修期间发生屋面漏水，甲方多次催促乙方修理，乙方一再拖延，甲方另请施工单位修理，修理费18万元，该项费用如何处理？

解：(1) 预付款：560×20%=112(万元)

起扣点：560－(112÷50%)=336(万元)

(2) 各月支付工程款

2月，结算工程款55万元，累计支付：55（万元）

3月，结算工程款110万元，累计支付：55＋110=165(万元)

4月，结算工程款165万元，累计支付：165＋165=330(万元)

5月，扣预付款：(220＋330－336)×50%=107(万元)

结算工程款：220－107=113(万元)

进度款累计支付：330＋113=443(万元)

(3) 工程价款结算总额：560＋560×0.5×10%=588(万元)

预留质量保证金：588×5%=29.4(万元)

竣工结算款：588－112－443－29.4=3.6(万元)

(4) 18万元维修费应从乙方的质量保证金中扣除。

【例8.11】 某工程业主采用工程量清单计价方式与承包人签订了施工合同，总工期6个月。清单项目费用包括：分项工程费800万元，专业措施费60万元；安全文明施工费10万元；计日工5万元；暂列金额20万元；专业分包特种门窗工程暂估价为100万元，总承包服务费为专业分包工程费用的 5%；规费和税金综合税率为 7%。各项费用及实际施工进度如表 8-4 所示。合同约定：

（1）工程预付款为签约合同价（扣除暂列金额）的 20%，开工前 10 天支付，在最后两个月的工程款中平均扣回；

（2）分部分项工程费及相应专业措施费按实际进度逐月结算；

（3）安全文明施工措施费在开工后的前 2 个月平均支付；

（4）计日工及特种门窗专业费用当月发生当月结算；

（5）总承包服务费及暂列金额按实际发生额在竣工结算时一次性结算；

（6）业主按每月工程款的 90%给承包商付款；

（7）竣工结算时扣留工程实际总造价的 5%作为质保金。

问题：（1）该工程签约合同价为多少万元？工程预付款为多少万元？

（2）计日工及特种门窗专业费用发生在第 5 个月，本月末结算工程款多少？

（3）第 6 个月发生现场签证费用 10 万元，扣除质保金后承包商获得的工程款总额多少？

表 8-4　各项费用及实际施工进度　　单位：万元

进度/月	1	2	3	4	5	6
分部分项工程费	100	100	200	200	100	100
措施项目费	10	10	10	15	5	10
安全文明	5	5				
计日工					5	
门窗暂估价					100	
现场签证						10

答案：（1）合同价：(800＋60＋10＋5＋20＋100＋100×5%)×(1＋7%)＝1070(万元)

预付款：(800＋60＋10＋5＋100＋100×5%)×(1＋7%)×20%＝209.72(万元)

（2）第 5 个月末工程款结算：(100＋5＋5＋100)×(1＋7%)×90%－209.72×1/2＝97.4(万元)

（3）工程实际总造价：1070＋10×(1＋7%)－20×(1＋7%)＝1059.3(万元)

扣质保金后承包商应得工程款：1059.3×(1－5%)＝1006.3(万元)

8.6　合同价款争议的处理

8.6.1　合同价款争议的原因

在实际工程结算的过程中由于各种的原因使得承发包双方在进行工程价款结算的时候出现计价争议。其中争议的原因如下：

① 工程价款的计算存在异议；

② 工程质量缺陷存在异议；

③ 工程计价依据存在异议；

④ 法律法规变化引起的争议；

⑤ 现场条件变化引起的争议等。

8.6.2　合同价款争议的解决办法

（1）监理或造价工程师暂定

① 若发包人和承包人之间就工程质量、进度、价款支付与扣除、工期延期、索赔、价款调整等发生任何法律上、经济上或技术上的争议，首先应根据已签约合同的规定，提交合同约定职责范围内的总监理工程师或造价工程师解决，并应抄送另一方。总监理工程师或造价工程师在收到此提交件后 14 天内应将暂定结果通知发包人和承包人。发承包双方对暂定结果认可的，应以书面形式予以确认，暂定结果成为最终决定。

② 发承包双方在收到监理工程师或造价工程师的暂定结果通知之后的 14 天内未对暂定结果予以确认也未提出不同意见的，应视为发承包双方已认可该暂定结果。

③ 发承包双方或一方不同意暂定结果的，应以书面形式向总监理工程师或造价工程师提出，说明自己认为正确的结果，同时抄送另一方，此时该暂定结果成为争议。在暂定结果对发承包双方当事人履约不产生实质影响的前提下，发承包双方应实施该结果，直到按照发承包双方认可的争议解决办法被改变为止。

(2) 管理机构的解释或认定

① 合同价款争议发生后，发承包双方可就工程计价依据的争议以书面形式提请工程造价管理机构对争议以书面文件进行解释或认定。

② 工程造价管理机构应在收到申请的 10 个工作日内就发承包双方提请的争议问题进行解释或认定。

③ 发承包双方或一方在收到工程造价管理机构书面解释或认定后仍可按照合同约定的争议解决方式提请仲裁或诉讼。除工程造价管理机构的上级管理部门作出了不同的解释或认定，或在仲裁裁决或法院判决中不予采信的外，工程造价管理机构作出的书面解释或认定应为最终结果，并应对发承包双方均有约束力。

(3) 协商和解

① 合同价款争议发生后，发承包双方任何时候都可以进行协商。协商达成一致的，双方应签订书面和解协议，和解协议对发承包双方均有约束力。

② 如果协商不能达成一致协议，发包人或承包人都可以按合同约定的其他方式解决争议。

(4) 调解

① 发承包双方应在合同中约定或在合同签订后共同约定争议调解人，负责双方在合同履行过程中发生争议的调解。

② 合同履行期间，发承包双方可协议调换或终止任何调解人，但发包人或承包人都不能单独采取行动。除非双方另有协议，在最终结清支付证书生效后，调解人的任期应即终止。

③ 如果发承包双方发生了争议，任何一方可将该争议以书面形式提交调解人，并将副本抄送另一方，委托调解人调解。

④ 发承包双方应按照调解人提出的要求，给调解人提供所需要的资料、现场进入权及相应设施。调解人应被视为不是在进行仲裁人的工作。

⑤ 调解人应在收到调解委托后 28 天内或由调解人建议并经发承包双方认可的其他期限内提出调解书，发承包双方接受调解书的，经双方签字后作为合同的补充文件，对发承包双方均具有约束力，双方都应立即遵照执行。

⑥ 当发承包双方中任一方对调解人的调解书有异议时，应在收到调解书后 28 天内向另一方发出异议通知，并应说明争议的事项和理由。但除非并直到调解书在协商和解或仲裁裁决、诉讼判决中作出修改，或合同已经解除，承包人应继续按照合同实施工程。

⑦ 当调解人已就争议事项向发承包双方提交了调解书，而任一方在收到调解书后 28 天

内均未发出表示异议的通知时，调解书对发承包双方应均具有约束力。

（5）仲裁、诉讼

① 发承包双方的协商和解或调解均未达成一致意见，其中的一方已就此争议事项根据合同约定的仲裁协议申请仲裁，应同时通知另一方。

② 仲裁可在竣工之前或之后进行，但发包人、承包人、调解人各自的义务不得因在工程实施期间进行仲裁而有所改变。当仲裁是在仲裁机构要求停止施工的情况下进行时，承包人应对合同工程采取保护措施，由此增加的费用应由败诉方承担。

③ 在规定的期限之内，暂定或和解协议或调解书已经有约束力的情况下，当发承包中一方未能遵守暂定或和解协议或调解书时，另一方可在不损害他方可能具有的任何其他权利的情况下，将未能遵守暂定或不执行和解协议或调解书达成的事项提交仲裁。

④ 发包人、承包人在履行合同时发生争议，双方不愿和解、调解或者和解、调解不成，又没有达成仲裁协议的，可依法向人民法院提起诉讼。

8.7　工程造价鉴定、计价资料与档案

8.7.1　工程造价鉴定

（1）一般规定

① 在工程合同价款纠纷案件处理中，需作工程造价司法鉴定的，应委托具有相应资质的工程造价咨询人进行。

② 工程造价咨询人接受委托时提供工程造价司法鉴定服务，应按仲裁、诉讼程序和要求进行，并应符合国家关于司法鉴定的规定。

③ 工程造价咨询人进行工程造价司法鉴定时，应指派专业对口、经验丰富的注册造价工程师承担鉴定工作。

④ 工程造价咨询人应在收到工程造价司法鉴定资料后 10 天内，根据自身专业能力和证据资料判断能否胜任该项委托，如不能，应辞去该项委托。工程造价咨询人不得在鉴定期满后以上述理由不作出鉴定结论，影响案件处理。

⑤ 接受工程造价司法鉴定委托的工程造价咨询人或造价工程师如是鉴定项目一方当事人的近亲属或代理人、咨询人以及其他关系可能影响鉴定公正的，应当自行回避；未自行回避，鉴定项目委托人以该理由要求其回避的，必须回避。

⑥ 工程造价咨询人应当依法出庭接受鉴定项目当事人对工程造价司法鉴定意见书的质询。如确因特殊原因无法出庭的，经审理该鉴定项目的仲裁机关或人民法院准许，可以书面形式答复当事人的质询。

（2）取证

① 工程造价咨询人进行工程造价鉴定工作时，应自行收集适用于鉴定项目的法律、法规、规章、规范性文件以及规范、标准、定额；鉴定项目同时期同类型工程的技术经济指标及其各类要素价格等。

② 工程造价咨询人收集鉴定项目的鉴定依据时，应向鉴定项目委托人提出具体书面要求，其内容包括：与鉴定项目相关的合同、协议及其附件；相应的施工图纸等技术经济文件；施工过程中的施工组织、质量、工期和造价等工程资料；存在争议的事实及各方当事人的理由；其他有关资料。

③ 工程造价咨询人在鉴定过程中要求鉴定项目当事人对缺陷资料进行补充的，应征得

鉴定项目委托人同意，或者协调鉴定项目各方当事人共同签认。

④ 根据鉴定工作需要现场勘验的，工程造价咨询人应提请鉴定项目委托人组织各方当事人对被鉴定项目所涉及的实物标的进行现场勘验。

⑤ 勘验现场应制作勘验记录、笔录或勘验图表，记录勘验的时间、地点、勘验人、在场人、勘验经过、结果，由勘验人、在场人签名或者盖章确认。绘制的现场图应注明绘制的时间、测绘人姓名，身份等内容。必要时应采取拍照或摄像取证，留下影像资料。

⑥ 鉴定项目当事人未对现场勘验图表或勘验笔录等签字确认的，工程造价咨询人应提请鉴定项目委托人决定处理意见，并在鉴定意见书中作出表述。

（3）鉴定

① 工程造价咨询人在鉴定项目合同有效的情况下应根据合同约定进行鉴定，不得任意改变双方合法的合意。

② 工程造价咨询人在鉴定项目合同无效或合同条款约定不明确的情况下应根据法律法规、相关国家标准和规范的规定，选择相应专业工程的计价依据和方法进行鉴定。

③ 工程造价咨询人出具正式鉴定意见书之前，可报请鉴定项目委托人向鉴定项目各方当事人发出鉴定意见书征求意见稿，并指明应书面答复的期限及其不答复的相应法律责任。

④ 工程造价咨询人收到鉴定项目各方当事人对鉴定意见书征求意见稿的书面复函后，应对不同意见认真复核，修改完善后再出具正式鉴定意见书。

⑤ 工程造价咨询人出具的工程造价鉴定书应包括：鉴定项目委托人名称、委托鉴定的内容；委托鉴定的证据材料；鉴定的依据及使用的专业技术手段；对鉴定过程的说明；明确的鉴定结论；其他需说明的事宜；工程造价咨询人盖章及注册造价工程师签名盖执业专用章。

⑥ 工程造价咨询人应在委托鉴定项目的鉴定期限内完成鉴定工作，如确因特殊原因不能在原定期限内完成鉴定工作时，应按照相应法规提前向鉴定项目委托人申请延长鉴定期限，并应在此期限内完成鉴定工作。

经鉴定项目委托人同意等待鉴定项目当事人提交、补充证据的，质证所用的时间不应计入鉴定期限。

⑦ 对于已经出具的正式鉴定意见书中有部分缺陷的鉴定结论，工程造价咨询人应通过补充鉴定作出补充结论。

8.7.2 工程计价资料

（1）发承包双方应当在合同中约定各自在合同工程中现场管理人员的职责范围，双方现场管理人员在职责范围内签字确认的书面文件是工程计价的有效凭证，但如有其他有效证据或经实证明其是虚假的除外。

（2）发承包双方不论在何种场合对与工程计价有关的事项所给予的批准、证明、同意、指令、商定、确定、确认、通知和请求，或表示同意、否定、提出要求和意见等，均应采用书面形式，口头指令不得作为计价凭证。

（3）任何书面文件送达时，应由对方签收，通过邮寄应采用挂号、特快专递传送，或以发承包双方商定的电子传输方式发送，交付、传送或传输至指定的接收人的地址。如接收人通知了另外地址时，随后通信信息应按新地址发送。

（4）发承包双方分别向对方发出的任何书面文件，均应将其抄送现场管理人员，如系复印件应加盖合同工程管理机构印章，证明与原件相同。双方现场管理人员向对方所发任何书面文件，也应将其复印件发送给发承包双方，复印件应加盖合同工程管理机构印章，证明与原件相同。

（5）发承包双方均应当及时签收另一方送达其指定接收地点的来往信函，拒不签收的，送达信函的一方可以采用特快专递或者公证方式送达，所造成的费用增加（包括被迫采用特殊送达方式所发生的费用）和延误的工期由拒绝签收一方承担。

（6）书面文件和通知不得扣压，一方能够提供证据证明另一方拒绝签收或已送达的，应视为对方已签收并应承担相应责任。

8.7.3　计价档案

（1）发承包双方以及工程造价咨询人对具有保存价值的各种载体的计价文件，均应收集齐全，整理立卷后归档。

（2）发承包双方和工程造价咨询人应建立完善的工程计价档案管理制度，并应符合国家和有关部门发布的档案管理相关规定。

（3）工程造价咨询人归档的计价文件，保存期不宜少于五年。

（4）归档的工程计价成果文件应包括纸质原件和电子文件，其他归档文件及依据可为纸质原件、复印件或电子文件。

（5）归档文件应经过分类整理，并应组成符合要求的案卷。

（6）归档可以分阶段进行，也可以在项目竣工结算完成后进行。

（7）向接受单位移交档案时，应编制移交清单，双方应签字、盖章后方可交接。

第9章　投资估算

9.1　投资估算概述

9.1.1　投资估算的概念及内容

投资估算是在投资决策过程中，依据现有的资料和特定的方法，对建设项目投资数额进行的估计，是项目决策的重要依据之一。投资估算要有准确性，如果误差太大，必将导致决策失误。因此，准确全面地进行建设项目的投资估算，是项目可行性研究乃至整个项目投资决策阶段的重要任务。

建设项目投资估算包括的内容应视项目的性质和范围而定。

建设项目的投资估算，从费用构成来讲应包括该项目从筹建、施工直至竣工投产所需的全部费用，按国家有关规定具体包括：建筑安装工程费、设备和工器具购置费、工程建设其他费用、预备费、建设期贷款利息、固定资产投资方向调节税、企业流动资金。

9.1.2　投资估算的影响因素

建设项目投资估算是一项很复杂的工作，投资估算是在初步设计之前编制的，其编制依据的有限性和准确性等因素限制了投资估算的精确度。其主要影响因素有以下几方面。

① 项目投资估算所需资料的可靠程度。如已运行项目的实际投资额、有关单元指标、物价指数、项目拟建规模、建筑材料、设备价格等数据和资料的可靠性。

② 项目本身的内容和复杂程度。如拟建项目本身比较复杂，内容很多时，那么在估算项目所需投资额时，就容易发生漏项和重复计算。

③ 项目所在地的自然条件。如建设场地条件、工程地质、水文地质、地震烈度等情况和有关数据的可靠性。

④ 项目所在地的建筑材料供应情况、价格水平、施工协作条件等。

⑤ 项目的建设工期和有关建筑材料、设备价格的浮动幅度。

⑥ 项目所在地的城市基础设施情况。如给排水、电信、燃气供应、热力供应、公共交通、消防等基础设施是否齐备。

⑦ 项目设计深度和详细程度。

⑧ 项目投资估算人员的经验和水平等。

9.1.3　投资估算的作用

① 项目建议书阶段的投资估算，是项目主管部门审批项目建议书的依据之一，并对项目的规划、规模起参考作用。

② 项目可行性研究阶段的投资估算，是项目投资决策的重要依据，也是研究、分析、计算项目投资经济效果的重要条件。当可行性研究报告被批准之后，其投资估算额即作为设计任务书中下达的投资限额，即建设项目投资的最高限额。

③ 投资估算对工程设计概算起控制作用，设计概算不得突破批准的投资估算额，并应

控制在投资估算额以内。

④ 投资估算可作为项目资金筹措及制订建设贷款计划的依据，建设单位可根据批准的项目投资估算额，进行资金筹措和向银行申请贷款。

⑤ 投资估算是核算建设项目固定资产投资需要额和编制固定资产投资计划的重要依据。

9.2 投资估算的编制方法

9.2.1 投资估算的编制依据

建设项目投资估算编制依据主要有以下几个方面。

① 国家、行业和地方政府的有关规定。

② 主管部门发布的建设工程造价费用构成、估算指标、各类工程造价指数及计算方法，以及其他有关计算工程造价的文件。

③ 主管部门发布的工程建设其他费用计算办法和费用标准，以及政府部门发布的物价指数。

④ 拟建项目的项目特征及工程量，它包括拟建项目的类型、规模、建设地点、时间、总体建筑结构、施工方案、主要设备类型、建设标准等。

9.2.2 建设项目静态投资估算

静态投资估算是建设项目投资估算的基础，所以必须全面、准确地分析计算，既要避免少算漏算，又要防止高估冒算，要力求切合实际。根据静态投资费用项目内容的不同，其估算采用的方法和深度也不尽相同。在项目规划和项目建议书阶段，投资估算的精度低，可采取简单的计算法，如系数法、生产能力指数法、单位生产能力法、比例法等。在可行性研究阶段，投资估算精度要求高，需采用相对详细的投资估算方法。

(1) 系数估算法　设备购置费用在静态投资中占有很大的比重。在项目规划或可行性研究中，对工程情况不完全了解，不可能将所有设备开出清单，但根据工业生产建设的经验，辅助生产设备、服务设施的装备水平与主体设备购置费用之间存在着一定的比例关系，类似地，设备安装费与设备购置费之间也有一定的比例关系。因此，在对主体设备或类似工程情况已有所知的情况下，有经验的造价工程师往往采用比例估算的办法估算投资，而不必分项去详细计算。这种方法被称为系数估算法，也称为因子估算法。它是以建设项目的主体工程费或者主要设备购置费为基数，以其他工程费与主体工程费的百分比为系数估算项目的静态投资方法。常用的系数估算方法有设备系数法、主体专业系数法和朗格系数法。

① 设备系数法。以拟建项目或装置的设备费为基数，根据已建成同类项目或装置建筑安装工程费和其他费用占设备价值的百分比，求出相应的建筑安装及其他有关费用，其总和即为项目或装置的投资。其计算公式为：

$$C=E(1+P_1f_1+P_2f_2+P_3f_3+\cdots)+I$$

式中　C——拟建项目的静态投资；

E——拟建项目根据当时当地价格计算的设备购置费；

P_1、P_2、$P_3\cdots$——已建项目中建筑安装工程费及其他工程费等与设备购置费的比例；

f_1，f_2，$f_3\cdots$——由于时间因素引起的价格、费用标准等变化的综合调整系数；

I——拟建项目的其他费用。

② 主体专业系数法。主体专业系数法以拟建项目中投资比重较大并与生产能力直接相

关的工艺设备投资（包括运输费及安装费）为基础，根据同类型的已建项目的有关统计资料，计算出拟建项目的各专业工程（总图、土建、采暖、通风给排水、管道、电气及电信、自控）及其他费用等占工艺设备投资的百分比，据以求出各专业的投资，然后把各部分投资费用（包括工艺设备费）相加求和，即为项目的总费用。其表达式为：

$$C=E(1+Q_1f_1+Q_2f_2+Q_3f_3+\cdots)+I$$

式中 Q_1、Q_2、Q_3…——已建项目中各专业工程费用与工艺设备投资的比重；

其余符号含义同上式。

③ 朗格系数法。以设备费为基础，乘以适当系数来推算项目的建设费用。其计算公式为：

$$C=E\times(1+\sum K_i)\times K_c$$

式中 C——工程项目总投资；

E——主要设备费用；

K_i——管线、仪表、建筑物等项费用的估算系数；

K_c——包括工程费、合同费、应急费、间接费在内的总估算系数。

【例 9.1】 某工业项目主厂房部分各专业工程的投资比重系数为：工艺设备 $f_0=1.00$；土建工程 $f_1=0.78$；工业炉 $f_2=0.23$；供电及传热设备 $f_3=0.15$；起重运输设备 $f_4=0.08$；采暖通风 $f_5=0.04$；给排水工程 $f_6=0.03$；自动化仪器 $f_7=0.06$；其他辅助附属设备 $f_8=0.18$。

该主要厂房工艺设备费用为 330 万元，设计与管理费为工程费用的 17%，不可预见费为工程费用的 6%，则该厂房建成后的费用是多少？

解： 依据题意列式：

$$\sum_{i=0}^{n} f_i=1.00+0.78+0.23+0.15+0.08+0.04+0.03+0.06+0.18=2.55$$

$$C=330\times2.55\times(1+0.17+0.06)=1035.05(\text{万元})$$

总建设费与设备费用之比为朗格系数 K_L。即：

$$K_L=C/E=(1+\sum K_i)\times K_c$$

(2) 生产能力指数法 根据已建成的、性质类似的建设项目或生产装置的投资额和生产能力及拟建项目或生产装置的生产能力估算项目的投资额。其计算公式为：

$$C_2=C_1\left(\frac{A_2}{A_1}\right)^n\times f$$

式中 C_1、C_2——已建类似项目和拟建项目的投资额；

A_1、A_2——已建类似项目和拟建项目的生产能力；

f——不同时期、不同地点单价、费用变更等的综合调整系数；

n——生产能力指数，$0\leqslant n\leqslant 1$。

若已建类似项目或装置的规模和拟建项目或装置的规模相差不大，生产规模比值在 0.5～2 之间，则指数 n 的取值近似为 1。

若已建类似项目或装置的规模和拟建项目或装置的规模相差不大于 50 倍，且拟建项目的扩大仅靠增大设备规格来达到时，则 n 取值在 0.6～0.7 之间；若是靠增加相同规格设备的数量达到时，n 的取值在 0.8～0.9 之间。

采用这种方法，计算简单，速度快，但要求类似工程的资料可靠，条件基本相同，否则误差会增大。

【例 9.2】 已知一建成的化工厂年产量为 100 万吨，投资额为 12 亿元，生产能力指数为 0.9，现拟建一同类化工项目，建设期 2 年，预计年产 70 万吨，物价上涨幅度为 11%，试估算其投资额。

解： 依据题意列式：

$$C_2 = C_1\left(\frac{A_2}{A_1}\right)^n \times f = 120000\times(70/100)^{0.9}\times(1+11\%) = 96625.7(\text{万元})$$

(3) 单位生产能力估算法　依据调查的统计资料，利用相近规模的单位生产能力投资乘以建设规模。即得拟建项目静态投资。其计算公式为：

$$C_2 = \left(\frac{C_1}{A_1}\right)\times A_2 f$$

符号含义同上。

使用这种方法时要注意拟建项目的生产能力和类似项目的可比性，由于实际工作中不易找到与拟建项目完全类似的项目，通常是把项目按其下属的车间、设施和装置进行分解，分别套用类似车间、设施和装置的单位生产能力投资指标计算，然后加总求得项目总投资。这种方法主要用于新建项目或装置的估算。

(4) 比例估算法　根据统计资料，先求出已有同类企业主要设备投资占项目静态投资的比例，然后再估算出拟建项目的主要设备投资，即可按比例求出拟建项目的静态投资。其表达式为：

$$I = \frac{1}{k}\sum_{i=1}^{n} Q_i P_i$$

式中　I——拟建项目的静态投资；

k——已建项目主要设备投资占拟建项目投资的比例；

n——设备种类数；

Q_i——第 i 种设备的数量；

P_i——第 i 种设备的单价（到厂价格）。

(5) 投资估算指标法　即把建设项目以单项工程或单位工程，按建设内容分为建筑工程、安装工程、设备购置等，根据各种具体的投资估算指标，进行各单位工程或单项工程投资的估算。

投资估算指标的形式较多，例如元/m^3、元/m^2、元/kVA 等。根据这些投资估算指标，乘以所需的面积、体积、容量等，就可以求出相应的投资估算。

采用这种方法时，一方面要注意，若套用的指标与具体工程之间的标准或条件有差别时，应进行必要的局部换算或调整；另一方面要注意，使用的指标单位应密切结合每个单位工程的特点，要能正确反映其设计参数，切勿盲目单纯地套用一种单位指标。

目前，我国各部门、各省市已编制了相应各类建设项目的投资估算指标，为进行各类建设项目的投资估算提供了一定的条件。采用投资估算指标法编制投资估算时，应根据有关规定，合理地预测估算编制后至竣工期间工程的价格、利率、汇率等动态因素的变化，确保投资估算的编制质量。

工程建设其他费用的估算应根据不同的情况采用不同的方法。例如土地使用费，应根据取得土地的方式以及当地土地管理部门的具体规定计算；与项目建设有关的其他费用、业主管理费用等特定性强、没有固定比例的项目，可与建设单位共同研究商定。

总之，静态投资的估算并没有固定的公式，实际工作中，只要有了项目组成部分的费用数据，就可以考虑用各种方法来估算。需要指出的是，这里所说的虽然是静态投资，但它也是有一定时间性的，应该统一按某地确定的时间来计算，特别是遇到编制时间距开工时间较长的项目，一定要以开工前一年为基准年，按照近年的价格指数将编制年的静态投资进行适当的调整，否则就会失去基准作用，影响投资的基准性。

9.2.3 建设项目动态投资估算

动态投资主要包括价格变动可能增加的投资额、建设期利息和固定资产投资方向调节税三部分内容。如果是涉外项目，还应该计算汇率的影响。动态投资的估算应以基准年静态投资的资金使用计划额为基础来计算以上各种变动因素，而不是以编制年的静态投资为基础计算。

（1）涨价预备费　对于价格变动可能增加的投资额，即涨价预备费的估算可按国家或行业部门的具体规定执行。

（2）汇率变化对涉外项目的影响　汇率是两种不同货币之间的兑换比率。由于涉外项目的投资中包含人民币的币种，需要按照相应的汇率把外币投资额换算为人民币投资额，所以汇率变化会对涉外项目的投资额产生影响。

① 外币对人民币升值。项目从国外市场购买设备材料所支付的外币金额不变，但换算成人民币的金额增加；从国外借款，本息所支付的外币金额不变，但换算成人民币的金额增加。

② 外币对人民币贬值。项目从国外市场购买设备材料所支付的外币金额不变，但换算成人民币的金额减少；从国外借款，本息所支付的外币金额不变，但换算成人民币的金额减少。

估计汇率变化对建设项目投资的影响，是通过预测汇率在项目建设期内的变动程度，以估算年份的投资额为基数计算求得的。

（3）建设期利息　对建设期利息进行估算时，应按借款条件不同而分别计算。在考虑资金时间价值的情况下，一般按下式计算建设期利息。

$$建设期年应计利息=(年初借款本息累计+当年借款额\times 1/2)\times 年利率$$

9.2.4 流动资金估算

流动资金是指项目建成投产后，为保证正常生产所必需的周转资金。一般采用分项详细估算法、扩大指数估算法。

（1）分项详细估算法　流动资金的显著特点是在生产过程中不断周转，其周转额的大小与生产规模及周转速度直接相关。分项详细估算法是根据周转额与周转速度之间的关系，对构成流动资金的各项流动资产和流动负债分别进行估算。流动资产的构成要素一般包括存货、库存现金、应收账款和预付账款；流动负债的构成要素一般包括应付账款和预收账款。流动资金等于流动资产和流动负债的差额。计算公式为：

$$流动资金=流动资产-流动负债$$

$$流动资产=应收账款+预收账款+存货+现金$$

$$流动负债=应付账款+预收账款$$

$$流动资金本年增加额=本年流动资金-上年流动资金$$

（2）扩大指标估算法　扩大指标估算法是根据现有的同类企业的实际资料，求得各种流动资金率指标，亦可依据行业或部门给定的参考值或经验确定比率。将各类流动资金率乘以相对应的费用基数来估算流动资金。一般常用的基数有营业收入、经营成本、总成本费用和建设投资等。究竟采取哪个基数则根据行业习惯来定。此方法适用于项目建议书阶段的估算。计算公式为：

年流动资金额=年费用基数×各类流动资金率

9.3　投资估算的审查

加强投资估算审核与管理，有利于保证投资估算的完整性、准确性，使其更好地发挥作用，有利于合理地使用人力、物力、财力资源，便于国家控制投资总规模，调整投资结构，促进国民经济的发展。

（1）审查投资估算编制的依据　工程项目投资估算要采用各种基础资料和数据，因此在审查时，重点要审查这些基础资料和数据的时效性、准确性和适用范围。如使用不同年代的基础资料就应特别注重时效性，另外套用国家或地方建设工程主管部门颁发的估算指标，引用当地工程造价管理部门提供的有关数据，或直接调查已竣工的工程项目资料等一定要注意地区、时间、水平、条件、内容等差异，以达到准确、恰当地使用这些基础资料和数据。

（2）审查投资估算的编制方法　编制投资估算的方法有许多种，各有特色，但都有一定的局限性。投资估算方法的审查，是为了将投资估算方法自身固有的适用性和局限性对工程项目投资估算值的可靠性、科学性的影响，控制在一个较为合理的范围。

投资估算方法的审查，要看所选择的投资估算方法是否恰当。一般说来，供决策用的投资估算，不宜使用单一的投资估算方法，而是综合使用几种投资估算方法，互相补充，相互校核。对于投资额较大、较重要的工程应优选近似概算的方法。对于投资额不大、一般规模的工程项目，适宜使用类似比较法或系数估算法。此外，还应针对工程项目建设前期阶段不同，选用不同的投资估算方法。

（3）审查投资估算编制内容　投资估算总额实际上是由投资估算内容组成并决定的，审查编制投资估算的内容，核心是防止编制投资估算时多项、重项或漏项，保证内容准确，估算合理。

① 重要内容不能漏。如环境设施、“三废”处理装置等通常是必须配套的，要同时设计、同时施工、同时验收。

② 在审核投资估算过程中，将有疑问的内容逐项列出，要求投资估算编制人员说明情况，再确定是取消还是保留。

③ 审查费用项目与规定要求、实际情况是否相符，是否有多项、重项和漏项现象，估算的费用划分是否符合国家规定，是否针对具体情况做了适当增减。

④ 审查是否考虑了物价变化、费率变动等对投资额的影响，所用的调整系数是否合适。

⑤ 审查现行标准和规范与已建项目之时的标准和规范有变化时，是否考虑了上述因素对投资估算额的影响。

⑥ 审查工程项目采用高新技术、材料、设备以及新结构、新工艺等，是否考虑了相应费用额变化。

⑦ 审查工程项目所取基本预备费和涨价预备费是否恰当。

总之，在进行工程项目投资估算审查的时候，应在工程项目评估的基础上，将上述审查的内容联系起来系统考虑，既要防止漏项少算，又要防止重复计算和高估冒算，不断总结经验教训，以保证投资估算的精度，使其真正能起到决策和控制作用。

第 10 章　设计概算

10.1　设计概算概述

10.1.1　设计概算的概念及作用

（1）设计概算的含义　设计概算是设计文件的重要组成部分，是在投资估算的控制下由设计单位根据初步设计文件、概算定额或概算指标、各项费用定额、建设地区自然、技术经济条件和设备材料预算价格等资料，编制和确定的建设项目从筹建至竣工交付使用所需全部费用的文件。

（2）设计概算的作用

① 设计概算是编制建设项目投资计划、确定和控制建设项目投资的依据。

② 设计概算是签订建设工程合同和贷款合同的依据。

③ 设计概算是控制施工图设计和施工图预算的依据。

④ 设计概算是衡量设计方案技术经济合理性和选择最佳设计方案的依据。

⑤ 设计概算是考核建设项目投资效果的依据。

10.1.2　设计概算的内容

设计概算可分为单位工程概算、单项工程综合概算和建设项目总概算。

（1）单位工程概算　单位工程概算是确定各单位工程建设费用的文件，是编制单项工程综合概算的依据，是单项工程综合概算的组成部分。单位工程概算按其工程性质分为建筑工程概算和设备及安装工程概算两大类。其中，建筑工程概算包括土建工程概算，给排水、采暖工程概算，通风、空调工程概算，电气照明工程概算，弱电工程概算，特殊构筑物工程概算等。设备及安装工程概算包括机械设备及安装工程概算，电气设备及安装工程概算，热力设备及安装工程概算，工具、器具及生产家具购置费概算等。

（2）单项工程综合概算　单项工程概算是确定一个单项工程所需建设费用的文件，它是由单项工程中的各单位工程概算汇总编制而成的，是建设项目总概算的组成部分。单项工程综合概算的组成内容如图 10-1 所示。

（3）建设项目总概算　建设项目总概算是确定整个建设项目从筹建到竣工验收所需全部费用的文件，是由各单项工程综合概算、工程建设其他费用概算、预备费、建设期贷款利息等汇总编制而成的，如图 10-2 所示。

10.1.3　设计概算的编制原则与依据

（1）设计概算的编制原则　为了提高建设项目设计概算编制质量，科学合理确定建设项目投资，设计概算编制应该坚持以下原则：

① 严格执行国家的建设方针和经济政策；

② 要完整、准确地反映设计内容；

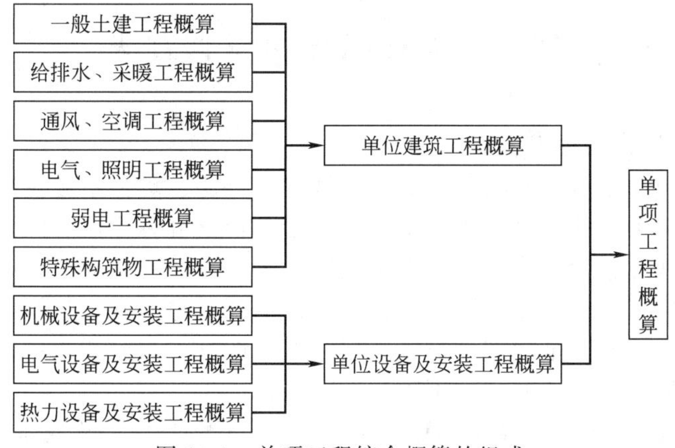

图 10-1　单项工程综合概算的组成

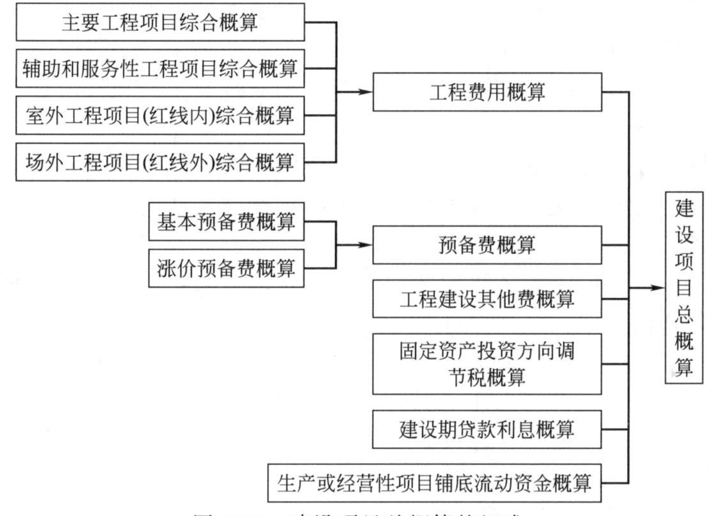

图 10-2　建设项目总概算的组成

③ 要坚持结合拟建工程的实际，反映工程所在地当时价格水平。

(2) 设计概算编制的依据

① 国家有关建设和造价管理的法律、法规和方针政策。

② 批准的建设项目设计任务书（或可行性研究文件）和主管部门的有关规定。

③ 初步设计项目一览表。

④ 各专业的设计图纸、文字说明和主要设备表。

⑤ 当地和主管部门现行建筑安装工程概算定额、单位估价表、材料及构配件预算价格、工程费用定额和有关费用规定的文件等资料。

⑥ 现行有关设备原价及运输费率。

⑦ 现行有关其他费用定额、指标和价格。

⑧ 建设场地的自然条件和施工条件。

⑨ 类似工程概、预算及技术经济指标。

⑩ 建设单位提供的有关工程造价的其他资料。

10.2 设计概算的编制方法

10.2.1 单位工程概算的编制方法

建筑工程概算的编制方法有概算定额法、概算指标法、类似工程预算法等；设备安装工程概算的编制方法有预算单价法、扩大单价法、设备价值百分比法和综合吨位指标法等。

(1) 建筑工程概算定额法　概算定额法又叫扩大单价法或扩大结构定额法。类似用预算定额编制建筑工程预算。概算定额法要求初步设计达到一定深度，建筑结构比较明确，能按照初步设计的平面、立面、剖面图纸结算出楼地面、墙身、门窗和屋面等扩大分项工程（或扩大结构构件）项目的工程量时，才可采用。

(2) 建筑工程概算指标法　概算指标法是将拟建工程的建筑面积或体积乘以技术条件基本相同的概算指标得出直接工程费，然后按规定计算措施费、管理费、利润和税金，编制单位工程概算的方法。概算指标法计算精度较低，但编制速度快。当初步设计深度不够，不能准确计算出工程量，但工程技术比较成熟而又有类似工程概算指标可以利用时，可采用此法。

(3) 建筑工程类似工程预算法　如果拟建工程与已完工程或在建工程相似，而又没有合适的概算指标时，就可以利用已建工程或在建工程的造价资料来编制拟建工程的设计概算。类似工程预算法是以相似工程的结算或预算资料，编制拟建工程概算，但必须对建筑结构差异和价差差异进行调整。

(4) 设备安装工程预算单价法　当初步设计较深，有详细的设备清单时，可直接按安装工程预算定额单价编制设备安装工程概算，概算编制程序方法与建筑工程概算相类似。

(5) 设备安装工程扩大单价法　当初步设计深度不够，设备清单不完备，只有主体设备或仅有成套设备重量时，可采用主体设备、成套设备的综合扩大安装单价来编制概算，具体方法与建筑工程概算相类似。

(6) 设备安装工程价值百分比法　设备价值百分比法又叫安装设备百分比法，当初步设计深度不够，只有设备出厂价而无详细规格、重量时，安装费可按占设备费的百分比计算。其百分比值（即安装费率）由主管部门制定或由设计单位根据已完类似工程确定。该法常用于价格波动不大的定型产品和通用设备产品，表达式为：

设备安装费＝设备原价×设备安装费率

(7) 设备安装工程综合吨位指标法　当初步设计提供的设备清单有规格和设备重量时，可采用综合吨位指标编制概算，综合吨位指标由主管部门或由设计院根据已完类似工程资料确定。该法常用于价格波动较大的非标准设备和引进设备的安装工程概算，表达式为：

设备安装费＝设备吨位×每吨设备安装费指标(元/t)

10.2.2 单项工程综合概算的编制方法

(1) 单项工程综合概算的含义　单项工程综合概算是确定单项工程建设费用的综合性文件，它是由该单项工程包含的各专业单位工程概算汇总而成的，是建设项目总概算的组成部分。因此，是否正确合理编制单项工程综合概算不仅关系到单项工程建设费用及投资效果，而且还影响到整个建设项目的建设费用及其投资效果。

(2) 单项工程综合概算的内容　单项工程综合概算文件一般由编制说明和综合概算表组成。

① 编制说明。编制说明应列在综合概算表的前面，其内容如下。

a. 工程概况。简述建设项目性质、特点、生产规模、建设周期、建设地点等主要情况。引进项目要说明引进内容以及与国内配套工程等主要情况。

b. 编制依据。包括国家和有关部门的规定、设计文件。现行概算定额或概算指标、设备材料的预算价格和费用指标等。

c. 编制方法。说明设计概算是采用概算定额法，还是采用概算指标法，或其他方法。

d. 其他必要的说明。

② 综合概算表。综合概算表是根据单项工程所辖范围内的各单位工程概算等基础资料，按照国家或部委所规定的统一表格进行编制。

a. 综合概算表的项目组成。工业建设项目综合概算表由建筑工程和设备及安装工程两大部分组成；民用工程项目综合概算表就是建筑工程一项。

b. 综合概算的费用组成。一般应包括建筑工程费用、安装工程费用、设备购置及工器具和生产家具购置费。当建设项目只有一个单项工程时，单项工程综合概算还应包括工程建设其他费用、预备费、建设期货款利息等。当建设项目包括多个单项工程时，这部分费用列入项目总概算中，不再列入单项工程综合概算中。

(3) 单项工程综合概算的编制步骤

① 编制单位工程概算书　单项工程综合概算书的编制，一般从单位工程概算书开始编制，然后统一汇编而成。其编制顺序为：建筑工程→给排水工程→采暖、通风和煤气工程→电气照明工程→工业管道工程→设备购置→设备安装工程→工器具及生产家具购置→其他工程和费用（当不编总概算时列此项费用）→不可预见的工程和费用→回收金额。

按上述顺序汇总的各项费用总价值，即为该单项工程全部建设费用。

② 编制单项工程技术经济指标　单项工程综合概算表中技术经济指标，应能反映单位工程的特点，并应具有代表性。

③ 填制综合概算表　按照表格形式和所要求的内容，逐项填写计算，最后求出单项工程综合概算总价值。

10.2.3　建设项目总概算的编制方法

(1) 总概算的含义　建设项目总概算是设计文件的重要组成部分，是确定整个建设项目从筹建到竣工交付使用所预计花费的全部费用的文件。它由各单项工程综合概算、工程建设其他费用、建设期贷款利息、预备费和经营性项目的铺底流动资金概算所组成，按照主管部门规定的统一表格进行编制而成。

(2) 总概算的内容

① 封面、签署页及目录。

② 编制说明。包括工程概况、资金来源及投资方式、编制依据及编制原则、编制方法、投资分析、主要材料和设备数量、其他需要说明的有关问题。

③ 总概算表。总概算表由四大部分组成：第一部分工程费用；第二部分工程建设其他费用；第三部分项目预备费；第四部分列出概算总价值和投资回收金额项目。

总概算表应反映静态投资和动态投资两个部分。静态投资是按设计概算编制期价格、费率、利率、汇率等确定的投资；动态投资是指概算编制期到竣工验收前考虑了工程和价格变化等多种因素后所需的投资。

④ 工程建设其他费用概算表。

⑤ 单项工程综合概算表和建筑安装单位工程概算表。

⑥ 工程量计算表和工料数量汇总表。

⑦ 分年度投资汇总表和分年度资金流量汇总表。

(3) 总概算表的编制方法　按总概算表的格式，依次填入各工程项目和费用名称，按项、栏分别汇总，依次求出各工程和费用合计，以及第一部分项目、第二部分项目总计，按规定计算不可预见费，计算总概算价值，计算回收金额。

回收金额是指在施工中或施工完毕后所获得的各种收入。其中包括临时房屋及构筑物、旧有房屋、金属结构及设备的拆除、临时供水、供气、供电的配电线等回收的金额。

10.3 设计概算的审查

10.3.1 审查设计概算的意义

① 有利于合理分配投资资金、加强投资计划管理，有效控制工程造价。

② 有利于提高投资概算的编制质量。

③ 有利于促进设计的先进性与经济合理性。

④ 有利于核定建设项目的投资规模，有助于提高建设项目的投资效益。

⑤ 有利于为建设项目投资的落实提供可靠的依据。

10.3.2 设计概算的审查内容

（1）审查设计概算的编制依据

① 审查编制依据的合法性　采用的各种编制依据必须经过国家和授权机关的批准，符合国家的编制规定，未经批准的不能采用。也不能强调情况特殊，擅自提高概算定额、指标或费用标准。

② 审查编制依据的时效性　各种依据，如定额、指标、价格、取费标准等，都应根据国家有关部门的现行规定进行，注意有无调整和新的规定，如有应按新的调整办法和规定执行。

③ 审查编制依据的适用范围　各种编制依据都有规定的适用范围，如各主管部门规定的各种专业定额及其取费标准，只适用于该部门的专业工程；各地区规定的各种定额及其取费标准，只适用于该地区范围内，特别是地区的材料预算价格区域性更强。

（2）审查设计概算编制深度

① 审查编制说明　审查编制说明可以检查概算的编制方法、深度和编制依据等重大原则问题，若编制说明有差错，具体概算必有差错。

② 审查概算编制的完整性　一般大中型项目的设计概算，应有完整的编制说明和“三级概算”（即总概算表、单项工程综合概算表、单位工程概算表），并按有关规定的深度进行编制。审查是否有符合规定的“三级概算”，各级概算的编制、核对、审核是否按规定签署，有无随意简化，有无把“三级概算”简化为“二级概算”，甚至“一级概算”。

③ 审查概算的编制范围　审查概算编制范围及具体内容是否与主管部门批准的建设项目范围及具体工程内容一致；审查分期建设项目的建筑范围及具体工程内容有无重复交叉，是否重复计算或漏算；审查其他费用应列的项目是否符合规定，静态投资、动态投资和经营性项目铺底流动资金是否分别列出等。

（3）审查工程概算的内容

① 审查概算的编制是否符合法律法规，是否根据工程所在地的自然条件进行编制。

② 审查建设规模、建设标准、配套工程等是否符合原批准的可行性研究报告。

③ 审查编制方法、计价依据和程序是否符合现行规定。

④ 审查工程量是否正确。

⑤ 审查材料用量和价格是否合理。

⑥ 审查设备规格、数量和配置是否符合设计要求。

⑦ 审查建筑安装工程各项费用的计算程序和取费标准是否正确。

⑧ 审查概算的编制内容、方法是否符合现行规定和设计文件的要求。

⑨ 审查总概算文件的组成内容，是否完整地包括了建设项目从筹建到竣工投产为止的全部费用组成。

⑩ 审查工程建设其他各项费用。

⑪ 审查项目的“三废”治理。

⑫ 审查技术经济指标及投资效果。

10.3.3　设计概算的审查方法

采用适当方法审查设计概算，是确保审查质量、提高审查效率的关键。较常用方法有以下几种。

（1）对比分析法　对比分析法主要是通过建设规模、标准与立项批文对比；工程数量与设计图纸对比；综合范围、内容与编制方法、规定对比；各项取费与规定标准对比；材料、人工单价与市场信息对比；引进设备、技术投资与报价要求对比；技术经济指标与同类工程对比等。通过以上对比，容易发现设计概算存在的主要问题和偏差。

（2）查询核实法　查询核实法是对一些关键设备和设施、重要装置、引进工程图纸不全、难以核算的较大投资进行多方查询核对，逐项落实的方法。主要设备的市场价向设备供应部门或招标代理公司查询核实；重要生产装置、设施向同类企业查询了解；引进设备价格及有关税费向进出口公司调查落实；复杂的建安工程向同类工程的建设、承包、施工单位征求意见；深度不够或不清楚的问题直接向原概算编制人员、设计者询问清楚。

（3）联合会审法　联合会审前，可先采取多种形式分头审查，包括设计单位自审，主管、建设、承包单位初审，工程造价咨询公司评审，邀请同行专家预审，审批部门复审等，经层层审查把关后，由有关单位和专家进行联合会审。在会审会上，由设计单位介绍概算编制情况及有关问题，各有关单位、专家汇报初审和预审意见。然后进行认真分析，讨论，结合对各专业技术方案的审查意见所产生的投资增减，逐一核实原概算出现的问题。经过充分协商，认真听取设计单位意见后，实事求是地处理、调整。

通过以上复审后，对审查中发现的问题和偏差，按照单项工程、单位工程的顺序，先按设备费、安装费、建筑费和工程建设其他费用分类整理。然后按照静态投资部分、动态投资部分和铺底流动资金三大类，汇总核增或核减的项目及其投资额。最后将具体审核数据，按照“原编概算”、“审核结果”、“增减投资”、“增减幅度”四栏列表，并按照原总概算表汇总顺序，将增减项目逐一列出，相应调整所属项目投资合计数，再依次汇总审核后的总投资及增减投资额。对于差错较多、问题较大或不能满足要求的，责成按会审意见修改返工后，重新报批；对于无重大原则问题，深度基本满足要求，投资增减不多的，当场核定概算投资额，并提交审批部门复核后，正式下达审批概算。

第 11 章 施工图预算

11.1 施工图预算概述

11.1.1 施工图预算的概念及作用

（1）施工图预算的含义　施工图预算是在施工图设计阶段，由设计单位根据施工图文件、预算定额、施工组织设计（或施工方案）、各项费用标准、生产要素预算价格等资料，编制的拟建工程所需建设费用的文件。

（2）施工图预算的作用

① 施工图预算是控制施工图设计不突破设计概算的重要措施，是进行优化设计、确定设计方案的依据。

② 施工图预算是编制和调整固定资产投资计划的依据。

③ 对于采用施工图预算加调整价结算的工程，施工图预算是确定合同价款的基础。

④ 施工图预算是施工单位组织施工，以及进行计划管理的依据。

⑤ 施工图预算是造价管理部门检查定额执行情况和确定工程造价指数的参考依据。

11.1.2 施工图预算的组成及编制依据

（1）施工图预算的组成　施工图预算分为单位工程预算、单项工程预算和建设项目总预算。单位工程预算是根据施工图设计文件、现行预算定额、费用定额以及人工、材料、设备、机械台班预算价格等资料，编制的单位工程建设费用的文件。汇总所有单位工程施工图预算，成为单项工程施工图预算；再汇总各单项工程施工图预算，便是一个建设项目总预算。

单位工程预算包括一般土建工程预算、给排水工程预算、采暖通风工程预算、煤气工程预算、电气照明工程预算、构筑物工程预算、工业管道工程预算、机械设备安装工程预算、电气设备安装工程预算和化工设备、热力设备安装工程预算等。

（2）施工图预算的编制依据

① 经过会审的施工图和文字说明以及工程地质资料。

② 经过批准的单位工程施工组织设计或施工方案。

③ 现行预算定额、地区材料构配件预算价格、台班单价和地区单位估价表。

④ 材料、人工、机械台班预算价格及调价规定，设备原价及运输费率。

⑤ 现行建筑安装工程费用定额、各项取费标准。

⑥ 工程所在地的自然条件和施工条件等可能影响造价的因素。

⑦ 其他资料如预算工作手册、有关工具书等。

11.2 施工图预算的编制方法

编制施工图预算主要有两种方法：实物工程量法和单位估价法。

11.2.1　实物工程量法

（1）实物工程量法的含义　实物工程量法简称实物法，是根据施工图纸和工程量计算规则，计算分项工程量，然后套用相应的人工、材料、机械台班的定额用量，并按不同品种、规格、类型加以汇总，得出该工程全部人工、材料、机械台班耗用量，再分别乘以工程所在地当时的人工、材料、机械台班的实际单价，求出单位工程的人工费、材料费和施工机械使用费，并汇总求得直接工程费，最后按规定计取其他各项费用，最后汇总就可得出单位工程施工图预算造价。

实物法的优点是能比较及时地将反映各种材料、人工、机械的当时当地市场单价计入预算价格，不需调价，反映当时当地的工程价格水平。

实物法编制施工图预算，其中直接费的计算公式为：

单位工程预算直接费＝$\sum$(分项工程量×人工预算定额用量×当时当地人工工资单价)＋$\sum$(分项工程量×材料预算定额用量×当时当地材料预算价格)＋$\sum$(分项工程量×施工机械台班预算定额用量×当时当地机械台班单价)

（2）实物法编制施工图预算的步骤

① 收集资料、熟悉图纸和预算定额。

② 了解施工组织设计和现场情况。

③ 划分工程项目。

④ 按定额规定的工程量计算规则计算工程量。

⑤ 根据定额消耗量，乘以分项工程的工程量，计算人工、材料、机械台班消耗量。

⑥ 根据人工、材料、施工机械台班消耗量，分别乘以当时当地相应人工、材料、施工机械台班的实际市场单价，即可求出单位工程的人工费、材料费、机械使用费。

⑦ 计算措施费、间接费、利润和税金等其他费用。

⑧ 复核、编制说明、填写封面。

11.2.2　单位估价法

（1）单位估价法的含义　单位估价法简称单价法，是利用各地区、各部门事先编制好的分项工程单位估价表或预算定额单价来编制施工图预算的方法。首先按施工图纸和工程量计算规则，计算各分项工程的工程量，并乘以相应单价，汇总得单位工程直接费，再按规定程序计算间接费、利润和税金，便可得出单位工程施工图预算造价。单价法编制施工图预算的计算公式表述为：

$$单位工程施工图预算直接费=\sum(分项工程量\times分项工程单价)$$

根据分项工程单价所包含的费用内容不同，可分为工料机单价法、综合单价法。

（2）工料机单价法　工料机单价法是以分部分项工程量乘以定额人工、材料、机械的合价，即定额基价确定直接工程费。直接工程费汇总后另加措施费、间接费、利润、税金生成工程预算价格。编制步骤如下：

① 收集资料、熟悉图纸和预算定额；

② 了解施工组织设计和现场情况；

③ 划分工程项目；

④ 按定额规定的工程量计算规则计算工程量；

⑤ 套定额单价，即将定额子项中的单价乘以工程量；

⑥ 工料分析，依据定额计算人工和各种材料的实物消耗量；

⑦ 根据材料市场价与定额单价之差计算材料差价；

⑧ 按费用定额取费。计取间接费、利润、税金等。

(3) 综合单价法 综合单价法是目前建筑安装工程费计算中一种比较合理的计价方法，根据单价综合的费用内容不同，综合单价可进一步分为全费用综合单价和非全费用综合单价。

① 全费用综合单价 全费用综合单价，即单价中综合了分项工程人工费、材料费、机械费、管理费、利润、规费以及有关文件规定的调价、税金以及一定范围的风险等全部费用。以各分项工程量乘以全费用单价的合价汇总后，再加上措施项目的完全价格，就生成单位工程造价。

② 非全费用综合单价 单价中综合了人工费、材料费、施工机械使用费、企业管理费、利润，并考虑一定范围的风险费用，但并未包括措施费、规费和税金，因此它是一种不完全单价。清单计价法目前即采用此种形式的综合单价。以各分部分项工程量乘以该综合单价汇总后，再加上措施项目费、规费和税金，就是单位工程造价。

以清单综合单价法为例，编制施工图预算的步骤如下：

a. 收集资料、熟悉图纸和预算定额；

b. 了解施工组织设计和现场情况；

c. 划分工程项目，计算工程量；

d. 确定综合单价；

e. 分部分项工程费$=\sum$(分部分项工程量×分部分项工程综合单价)；

f. 计算措施项目费、其他项目费、规费、税金。

11.3 施工图预算审查

11.3.1 施工图预算审查的意义

加强施工图预算的审查，对于提高预算的准确性，正确贯彻党和国家的有关方针政策，降低工程造价具有重要的现实意义。

① 有利于加强固定资产投资管理，节约建设资金。

② 有利于控制工程造价，克服和防止预算超概算。

③ 有利于积累和分析各项技术经济指标，不断提高设计水平。通过审查工程预算，核实了预算价值，为积累和分析技术经济指标提供了准确数据，进而通过有关指标的比较，找出设计中的薄弱环节，以便及时改进，不断提高设计水平。

④ 有利于施工承包合同价的合理确定和控制。

11.3.2 施工图预算审查的内容

审查施工图预算的重点，应该放在工程量计算、预算单价套用、设备材料预算价格取定是否正确，各项费用标准是否符合现行规定等方面。

(1) 审查工程量

① 土方工程

a. 平整场地、挖地槽、挖地坑、挖土方工程量的计算是否符合现行定额计算规定和施工图纸标注尺寸，土壤类别是否与勘察资料一致，地槽与地坑放坡、带挡土板是否符合设计要求，有无重算和漏算。

b. 回填土工程量应注意地槽、地坑回填土的体积是否扣除了基础所占体积，地面和室内填土的厚度是否符合设计要求。

c. 运土方审查运土距离、运土数量是否扣除了就地回填的土方。

② 砖石工程

a. 墙基和墙身的划分是否符合规定。

b. 按规定不同厚度的内、外墙是否分别计算，应扣除的门窗洞口及埋入墙体各种钢筋混凝土梁、柱等是否已扣除。

c. 不同砂浆强度等级、不同厚度的墙，有无混淆、错算或漏算。

③ 混凝土及钢筋混凝土工程

a. 现浇柱与梁、主梁与次梁及各种构件计算是否符合规定，有无重算或漏算。

b. 现浇与预制构件是否分别计算，有无混淆。

c. 是否按预算定额的规定予以调整或换算。

④ 木结构工程

a. 门窗是否分为不同种类，按门、窗洞口面积计算。

b. 木装修的工程量是否计算正确。

⑤ 楼地面工程

a. 楼梯抹面是否按踏步和休息平台部分的水平投影面积计算。

b. 混凝土地面设计厚度与定额厚度不同时，是否按其厚度进行换算。

⑥ 屋面工程

a. 卷材屋面工程是否与屋面找平层工程量相等。

b. 屋面保温层的工程量是否按保温层平均厚度计算，不做保温层的挑檐部分是否按规定不作计算。

⑦ 装饰工程　装饰工程工程量是否按规定计算，有无重算或漏算。

⑧ 金属构件制作工程　金属构件制作工程量多以吨为单位，审查是否符合规定。

⑨ 水暖工程

a. 室内外排水管道、暖气管道的划分是否符合规定。

b. 各种管道的长度、口径是否按设计规定计算。

c. 室内给水管道不应扣除阀门、接头零件所占的长度，但应扣除卫生设备（浴盆、卫生盆、冲洗水箱、淋浴器等）本身所附带的管道长度，审查是否符合要求，有无重算。

d. 室内排水工程采用承插铸铁管，不应扣除异形管及检查口所占长度，应审查是否符合要求，有无漏算。

⑩ 电气照明工程

a. 灯具的种类、型号、数量是否与设计图一致。

b. 线路的敷设方法、线材品种等，是否达到设计标准，工程量计算是否正确。

⑪ 设备及其安装工程

a. 设备的种类、规格、数量是否与设计相符，工程量计算是否正确。

b. 需要安装的设备和不需要安装的设备是否分清，有无把不需安装的设备作为安装的设备计算安装工程费用。

(2) 审查设备、材料的预算价格

① 审查设备、材料的预算价格是否符合工程所在地的真实价格及价格水平。若是采用市场价，要核实其真实性，可靠性。

② 设备、材料的原价确定方法是否正确。非标准设备原价的计价方法是否正确、合理。

③ 设备的运输费率及其运输费的计算是否正确，材料预算价格的各项费用的计算是否符合规定、有无差错。

（3）审查预算单价的套用

① 预算中所列各分项工程预算单价是否与现行预算定额的预算单价相符，其名称、规格、计量单位和所包括的工程内容是否与单位估价表一致。

② 审查换算的单价，首先要审查换算的分项工程是否是定额中允许换算的，其次审查换算是否正确。

③ 审查补充定额和单位估价表的编制是否符合编制原则，单位估价表计算是否正确。

（4）审查有关费用项目及其计取

① 措施费的计算是否符合有关的规定标准，间接费和利润的计取基础是否符合现行规定，有无不能作为计费基础的费用列入计费的基础。

② 预算外调整的材料差价是否计取了间接费。直接工程费或人工费增减后，有关费用是否相应做了调整。

11.3.3 施工图预算审查的方法

（1）全面审查法　全面审查法又叫逐项审查法，这种方法实际上是审核人重新编制施工图预算。首先，根据施工图全面计算工程量。然后，与审核对象的工程量逐一地全部进行对比。同时，根据定额或单位估价表逐项核实审核对象的单价。此方法的优点是全面、细致，审核后的施工图预算准确度较高，质量比较高。缺点是工作量大。但建设单位为严格控制工程造价，常常采用这种方法。

（2）重点审核法　这种方法类同于全面审核法，与全面审核法区别仅是审核范围不同而已。该方法有侧重、有选择地根据施工图计算部分价值较高或占投资比例较大的分项工程量，如砖石结构、钢筋混凝土结构、木结构、钢结构，以及高级装饰等；而对其他价值较低或占投资比例较小的分项工程，如普通装饰项目、零星项目等，往往忽略不计。重点核实与上述工程量相对应的定额单价，其次是混凝土标号、砌筑、抹灰砂浆的标号核算。这种方法与全面审核法比较，工作量相对减少。

（3）标准预算审查法　对于利用标准图纸或通用图纸施工的工程，先集中力量编制标准预算，以此为标准审查预算的方法。按标准图纸设计或通用图纸施工的工程一般上部结构和做法相同，可集中力量细审一份预算或编制一份预算，作为这种标准图纸的标准预算，或用这种标准图纸的工程量为标准，对照审查，而对局部不同部分作单独审查即可。这种方法的优点是时间短、效果好。缺点是只适应按标准图纸设计的工程，适用范围小。

（4）对比审查法　是用已建成工程的预算或虽未建成但已审查修正的工程预算对比审查拟建的类似工程预算的一种方法。对比审查法，一般有下述几种情况，应根据工程的不同条件，区别对待。

① 两个工程设计相同，但建筑面积不同。根据两个工程建筑面积之比与两个工程分部分项工程量之比例基本一致的特点，可审查新建工程各分部分项工程的工程量。或者用两个工程每平方米建筑面积造价以及每平方米建筑面积的各分部分项工程量，进行对比审查。

② 两个工程采用同一个施工图，但基础部分和现场条件不同。其新建工程基础以上部分可采用对比审查法；不同部分可分别采用相应的审查方法进行审查。

③ 两个工程的面积相同，但设计图纸不完全相同时，可把相同的部分，如厂房中的柱子、房架、屋面、砖墙等，进行工程量的对比审查，不能对比的分部分项工程按图纸计算。

（5）利用技术经济指标审查法　该方法是在总结分析预结算资料的基础上，找出同类工程造价及工料消耗的规律性，整理出用途不同、结构形式不同、地区不同的工程造价、工料消耗指标。然后，根据这些指标对审核对象进行分析对比，从中找出不符合投资规律的分部分项工程，针对这些子目进行重点审核，分析其差异较大的原因。常用的指标有以下几种类型。

① 单方造价指标（元/m^2）。

② 分部工程比例：基础、楼板屋面、门窗、围护结构等占直接费的比例。

③ 各种结构比例：砖石、混凝土及钢筋混凝土、木结构、金属结构、装饰、土石方等各占直接费的比例。

④ 专业投资比例：土建、给排水、采暖通风、电气照明等各专业占总造价的比例。

⑤ 工料消耗指标：即钢材、木材、水泥、砂石、砖瓦、人工等主要工料单方消耗指标。

（6）分组审查法　分组审查法是一种加快审查工程量速度的方法，把预算中的项目划分为若干组，并把相邻且有一定内在联系的项目编为一组，审查或计算同一组中某个分项工程量，利用工程量间具有相同或相似计算基础的关系，判断同组中其他几个分项工程量计算的准确程度的方法。

（7）筛选审查法　筛选法是统筹法的一种，也是一种对比方法。建筑工程虽然有建筑面积和高度的不同，但是它们的各个分部分项工程的工程量、造价、用工量等在单位面积上的数值变化不大，把这些数据加以归纳汇集，并注明其适用的建筑标准。如与建筑面积相关的项目和工程量数据；与室外净面积相关的项目和工程量数据；与墙体面积相关的项目和工程量数据；与外墙边线相关的项目和工程量数据；其他相关项目与数据。当然，也有一些工程量数据规律性较差，可以采用重点审核法。筛选法的优点是简单易懂，便于掌握，审查速度和发现问题快。但要解决差错需进一步审查。

（8）常见问题审核法　预算编制中，不同程度地出现某些常见问题，审核施工图预算时，可针对这些常见问题，重点审核，准确计算工程量，合理取定定额单价，以达到合理确定工程造价之目的。

① 工程量计算误差：如毛石、钢筋混凝土基础 T 形交接重叠处重复计算；楼地面孔洞、沟道所占面积不扣；墙体中的圈梁、过梁所占体积不扣；挖地槽、地坑土方常常出现“空挖”现象；钢筋计算常常不扣保护层；梁、板、柱交接处受力筋或箍筋重复计算；地面、墙面各种抹灰重复计算。

② 定额单价高套误差：混凝土标号、石子粒径；构件断面、单件体积；砌筑、抹灰砂浆标号及配合比；单项脚手架高度界限；装饰工程的级别；地坑、地槽、土方三者之间的界限；土石方的分类界限。

③ 项目重复误差：块料面层下找平层；沥青卷材防水层，沥青隔气层下的冷底子油；预制构件的铁件；属于建筑工程范畴的给排水设施。

④ 综合费用计算误差：措施材料一次摊销；综合费项目内容与定额已考虑的内容重复；综合费项目内容与冬雨季施工增加费，临时设施费中内容重复。

⑤ 预算项目遗漏误差。缺乏现场施工管理经验，施工常识、图纸说明遗漏或模糊不清处理常常遗漏。

第12章　施工预算

12.1　施工预算概述

12.1.1　施工预算的概念与作用

（1）施工预算的概念　施工预算是施工企业为了加强内部经济核算，节约人工、材料，合理使用机械，在施工图预算的控制下，结合本企业的实际情况，编制的拟建工程所需人工、材料、施工机械的数量，以及所需费用的技术经济文件。它是根据施工图纸、施工组织设计或施工方案、施工定额并结合企业的施工工艺及工程具体情况而编制的，是施工企业内部组织施工、进行成本核算的依据，也是施工中人工、材料、施工机械消耗的数量限额。

（2）施工预算的作用

① 施工预算是编制施工作业计划的依据，是施工企业计划管理的基础。

② 施工预算是向施工班组签发工程施工任务书的依据，同时也是考核班组工程完成情况及工程质量的依据。

③ 施工预算是施工班组领取施工用料的依据。施工预算确定的人工、材料、机械台班消耗量，作为签发工程施工任务书和领取施工用料的最高限额，不能突破。

④ 施工预算是贯彻按劳分配原则的依据。

⑤ 施工预算是进行施工预算与施工图预算比较分析的依据。

⑥ 施工预算可以促进施工技术措施计划的实施，从而达到降低成本的目的。

⑦ 施工预算是班组核算的依据，也是企业经济核算的基础。

12.1.2　施工预算与施工图预算的区别

（1）编制依据与作用不同　编制依据中最大的不同是使用的定额不同。施工预算套用的是施工定额，而施工图预算套用的是预算定额，两种定额的消耗量有一定的差别。施工预算与施工图预算的作用也不同，前者是企业控制各项成本支出的依据，后者是计算单位工程预算造价，确定企业收入的主要依据。

（2）工程项目划分的粗细程度不同　施工预算的项目划分和工程量计算，要按分层、分段、分工种、分项进行，所以，其项目的划分要比施工图预算细得多，工程量计算也更为精确。

（3）计算范围不同　施工预算只供企业内部管理使用，一般以单位工程为编制对象，而且只算直接费和管理费。而施工图预算一般以单项工程及其各单位工程为编制对象，要计算整个工程造价，包括直接费、间接费、利润、价差、税金和其他费用等。

（4）综合程度不同　施工预算所考虑的施工组织因素要比施工图预算细得多。如施工预算在考虑垂直运输机械时，要具体考虑采用井架还是塔吊或其他机械，而施工图预算则是综合计算的，不需考虑具体采用哪种机械。

（5）工程量的计算规则及计量单位不同　由于施工预算套用的是施工定额，施工图预算套用的是预算定额，两种定额在工程量计算规则、计量单位方面有一定的差异。

12.2　施工预算的编制

12.2.1　施工预算的编制依据

（1）施工图预算　施工图预算是编制施工预算的主要依据之一。施工预算的消耗数量，必须控制在施工图预算的限额之内，这样企业才会盈利。施工预算计算出的主要工程量要与施工图预算的工程量进行核对，发现问题要找出原因及时处理。防止“两算”编制中出现大的漏洞。

（2）施工图纸及说明　图纸及说明书是完整准确计算工程量的依据。因此，编制施工预算要以经过会审的施工图纸为依据，包括设计选用的通用图集或标准图集。

（3）施工定额　编制施工预算要以施工定额为依据。施工定额是由施工企业自行编制的在企业内部使用的定额。无施工定额时，可参考全国建筑安装工程统一劳动定额，也可套用预算定额，但在用工数量、材料消耗量上要扣除一定数量的幅度差。

（4）施工组织设计或施工方案　编制施工预算应当按照技术先进、经济合理的原则计算工料机消耗量。要把施工组织设计超出施工图纸范围的工程量以及超出定额范围的施工内容，编制到施工预算中去。

（5）技术组织措施计划　施工技术组织措施计划是企业降低成本的措施和设想，在施工预算中应加以落实。

12.2.2　施工预算的编制方法

编制施工预算有两种方法，即实物法和实物金额法。

（1）实物法　实物法目前应用比较普遍。它的编制办法是根据施工图和设计说明书、施工定额工程量计算规则计算工程量，套用定额人工、材料、机械台班消耗量并用表格形式计算汇总，但不进行价格计算。由于这种方法是以实物消耗量反映其经济效益，故称实物法。

（2）实物金额法　用实物金额法编制施工预算又有两种形式。

① 根据实物法编制施工预算的人工、材料、机械消耗数量，分别乘以当时当地人工、材料、机械台班单价，并汇总求得人工费、材料费、机械费及直接费。这种方法不仅以实物消耗量来反映经济效果，而且用价值反映经济效益。

② 根据施工定额工程量计算规则计算工程量，套施工定额单位估价表，计算施工预算的人工费、材料费、机械费及直接费。这种方法与编制施工图预算的单价法基本相同，故也称单位估价法。

实物法与实物金额法的主要区别在于计价方式的不同。实物法只计算人工、材料、机械等实物消耗量，并据此向施工班组签发施工任务单和限额领料单，还可以与施工图预算的人工、材料消耗量进行对比分析。实物金额法是通过工料分析，汇总人工、材料消耗量，再进行计价，或按施工定额分部分项工程项目分别进行计价。

12.2.3　施工预算的编制程序

（1）熟悉设计文件及图纸资料　要对工程内容、工艺流程、空间布置作具体的了解，特别是工程重要部位、施工难点、图纸上存在的问题等要搞清楚。

（2）参加设计交底或图纸会审　参加设计交底或图纸会审可以进一步了解设计意图、技术要求等，这对编好施工预算有重要作用。

（3）熟悉施工方案　施工方案不仅是编制施工图预算的依据，更是编制施工预算的依据之一。

（4）熟悉施工定额　主要熟悉定额的说明、定额规定的计量单位、工程量的划分和计算方法；定额中人工、材料、机械消耗及其计算方法；定额中的增减系数或换算调整的规定。

（5）列出工程量项目名称、计算工程量　根据施工图纸、施工方案的有关内容，在工程量计算表上先列出本单位或分部工程的全部工程量项目名称。列出的工程量项目名称、计量单位、前后顺序应和所执行的定额一致，这样便于套算定额或核对。

（6）选套定额　工程量计算完成并经认真复核无误后，就可以进行选套定额的工作。由于现在大部分施工企业还没有施工定额，或者还不完整，现行的预算定额也不太齐全，在编制施工预算时，经常会遇到定额缺项，给编制施工预算带来困难。这时根据不同情况有以下几种处理方法。

① 参考类似定额。在材质、规格、型号相差不大、施工工序大体一致的情况下，可以选套类似定额，或对不一致之处经调整、换算后套用。

② 劳动定额与预算定额结合使用。计算人工消耗量时套用劳动定额，计算材料消耗量时套用预算定额，计算机械台班时，参照预算定额结合实际情况以确定施工机械的品种、规格及使用数量。采取这个办法必须妥善处理好施工定额与预算定额之间在定额步距、工序之间的差异。

③ 无定额可套的项目，可按施工方案计算人工、材料、机械的消耗量。

④ 如果使用预算定额来编施工预算，其人工、材料、机械应当减少一定量的水平幅度差。

⑤ 以上办法无法解决时，应当编制补充定额。

（7）计算人工、材料、机械台班消耗总量　工程量和定额规定的人工、材料和机械台班单位产品消耗量的乘积，就是单位工程人工、材料和机械台班消耗总量。

如果要用货币形式表现该单位工程的直接费，则按照企业内部的人工单价、材料价格和机械台班价格分别乘以施工预算中总的人工、材料和机械台班消耗量得出总的人工费、材料费和机械台班费。“三费”相加得出单位工程的直接费。

（8）复核　施工预算编制完成后，应当在工程量、计量单位、定额使用上作一次全面的复核，以避免漏算、重复计算、套错定额和笔误等误差，保证施工预算的准确性。

（9）编写说明　编制说明一般应包括以下内容：编制依据；如果是补充预算或修改预算，应当说明补充、修改的原因和依据；施工预算中遗留的问题；其他需要说明的问题。

（10）填写施工预算书封面　施工预算书的封面一般包括：工程编号；工程名称；图纸号；编制日期等。

（11）装订签章　预算编好后，把封面、说明、预算表，按顺序编排并装订成册。装订好的施工预算书，先由编者和有关负责人签章，同时加盖公章。

12.2.4　施工预算的修正和调整

施工过程中，由于多种因素的影响，必然会使原来编制的施工预算与实际情况有不相符合之处，这就需要根据实际情况对施工预算作适当的调整。施工预算的调整，有局部调整、有全部调整。施工预算作局部调整时，编制补充预算只更正原预算与实际不相符合之处，并在编制说明中说明更正原因，声明原预算未更正部分仍然有效。如果原来编制的施工预算已全部不能使用或者大部分不能使用时，应当重新编制新的施工预算，并在编制说明中说明原因，声明原预算作废。经常发生的几种情况及处理方法。

（1）设计变更　由于设计变更，工程量的增减，必然会影响到原施工预算的人工、材料、机械台班消耗量的增减。这就要根据工程量增减数量，编制补充预算以调整原施工预算。如果由于设计变更造成返工的，其返工损失的人工、材料、机械数量也要编入施工预算，并在编制说明中写清楚。

（2）材料代用　在施工过程中，由于某种材料无货，且一时难以采购到，为了保证施工进度，及时安排施工，要根据现有库存材料，在不影响工程质量的前提下，选择近似品种、规格的材料来代替原设计的材料。材料代用，必须办理代用手续，一般是先由施工单位填写材料代用单，经设计单位审核同意后作为材料代用的依据。经设计院审核盖章的材料代用单应附于施工预算后面作为领取代用材料的依据。

（3）现场施工中出现的问题　由于现场情况复杂，影响施工的因素比较多，超出定额规定内容和施工预算范围的情况会经常发生，必须进行妥善处理，使现场施工消耗得到补偿。例如施工中发现设计不合理，照原图无法施工或施工困难，或造成人工、材料、施工机械的浪费等，要与建设单位和设计单位联系，需要设计变更的应由设计单位提出设计变更通知单，由此而引起的返工、停窝工损失应向建设单位办理现场签证或索赔。

12.3 “两算”对比

12.3.1 “两算”对比的含义

“两算”对比是指施工图预算与施工预算的对比。它是在“两算”编制完毕后工程开工前进行的。通过“两算”对比，找出节约和超支的原因，提出研究解决的措施，防止因人工、材料、机械台班及相应费用的超支而导致工程成本的上升，为编制降低成本计划额度提供依据。因此，“两算”对比对于建筑企业自觉运用经济规律，改进和加强施工组织管理，提高劳动生产率，降低工程成本，提高经济效益都具有重要意义。

12.3.2 “两算”对比的方法

“两算”对比以施工预算所包括的项目为准，内容包括主要项目工程量、用工数及主要材料耗用量，但具体内容应结合各施工企业的实际情况而定。一般有实物量对比法和实物金额对比法。

（1）实物量对比法　实物量是指分项工程所消耗的人工、材料和机械台班消耗的实物数量。对比是将“两算”中相同项目所需的人工、材料和机械台班消耗量进行比较，或者以分部工程为对象，将“两算”人工、材料汇总数量相比较。因“两算”各自的定额项目划分及工作内容不一致，为使两者有可比性，常常需经过项目合并、换算之后才能对比。由于预算定额项目的综合性较施工定额项目大，故一般是合并施工预算项目的实物量，使其与预算定额项目相对应，然后再进行对比，如表 12-1 所示。

表 12-1　“两算”实物量对比

项目名称	数量	两算名称	人工	砂浆	砖
一砖墙		施工预算			
		施工图预算			
二砖墙		施工预算			
		施工图预算			
合计		施工预算			
		施工图预算			
		“两算”对比额			
		“两算”对比/%			

（2）实物金额对比法　金额是指分项工程所消耗的人工、材料和机械台班的金额费用。由于施工预算只能反映完成项目所消耗的实物量，并不反映其价值，为使施工预算与施工图预算进行金额对比，就需要将施工预算中的人工、材料和机械台班的数量，乘以各自的单价，汇总成人工费、材料费和机械使用费，然后与施工图预算的人工费、材料费和机械使用费相比较，如表 12-2 所示。

表 12-2 “两算”实物金额对比

序号	项目	单位	施工预算		施工图预算		金额差		
			数量	金额	数量	金额	节约	超支	%
一	直接费	元							
	人工	工日							
	材料	元							
	机械	元							
二	分部工程								
1	土方工程	元							
2	砖石工程	元							
3	钢筋工程	元							

12.3.3 “两算”对比的一般说明

① 人工数量。一般施工预算应低于施工图预算工日数的 10%～15%，这是因为施工定额与预算定额基础不一样。施工图预算定额有 15%左右的人工定额幅度差。

② 材料消耗方面，一般施工预算应低于施工图预算消耗量。由于定额水平不一致，有的项目会出现施工预算消耗量大于施工图预算消耗量的情况。这时，要调查分析，根据实际情况调整施工预算用量后再予以对比。

③ 机械台班消耗及机械费方面，由于施工预算是根据施工组织设计或施工方案规定的实际进场施工机械种类、型号、数量和工期编制计算机械台班，而施工图预算定额的机械台班是根据需要合理配备，综合考虑。因此，一般以只核算搅拌机、卷扬机、塔吊、汽车吊和履带吊等大中型机械台班费是否超过施工图预算机械费。如果机械费大量超支，没有特殊情况，应改变施工采用的机械方案，尽量做到不亏本，略有盈余。

④ 脚手架工程无法按实物量进行两算对比，只能用金额对比。施工预算是根据施工组织设计或施工方案规定的搭设脚手架内容编制计算其工程量和费用的，而施工图预算定额是综合考虑，按建筑面积计算脚手架的摊销费。

第13章　竣工决算

13.1　竣工决算概述

13.1.1　竣工决算的概念及作用

（1）竣工验收的概念　竣工验收是由项目验收主体及交工主体等组成的验收机构，以批准的项目设计文件、国家颁布的验收规范和质量检验标准为依据，按照一定的程序，在项目建成后，对项目总体质量和使用功能进行检验、评价、鉴定和认证的活动，是投资成果转入生产或使用的标志。而综合反映建设项目自开始到竣工全部建设成果和财务状况的文件是竣工决算。

（2）竣工决算的概念　竣工决算是在整个建设项目或单项工程完工后，以竣工结算等资料为依据，由建设单位按照国家有关规定编制的反映建设项目从筹建到竣工交付生产使用全过程全部建设费用的文件。

竣工决算是以实物数量和货币指标为计量单位，综合反映竣工项目从筹建开始到项目竣工交付使用为止的全部建设费用、建设成果和财务情况的总结性文件，是竣工验收报告的重要组成部分。竣工决算是正确核定新增固定资产价值，办理交付使用的依据，是反映建设项目实际造价和投资效果的文件。

竣工决算反映了交付使用资产的全部价值，包括固定资产、流动资产、无形资产和工程建设其他资产的价值。

（3）竣工决算的作用

① 建设项目竣工决算是综合反映竣工项目建设成果及财务情况的总结性文件，它采用货币指标、实物数量、建设工期和各种技术经济指标综合、全面地反映建设项目自开始建设到竣工为止的全部建设成果和财物状况。

② 建设项目竣工决算是办理交付使用资产的依据，也是竣工验收报告的重要组成部分。

③ 建设项目竣工决算是分析和检查设计概算执行情况，考核投资效果的依据。

13.1.2　竣工决算与竣工结算的关系

建设项目竣工决算是以工程竣工结算为基础进行编制的，它们的区别主要表现在以下几个方面。

① 编制单位不同。竣工结算是由施工单位编制的，竣工决算是由建设单位编制的。

② 编制范围不同。竣工结算主要是针对单位工程编制的，每个单位工程竣工后，便可以进行编制；而竣工决算是针对建设项目编制的，必须在整个建设项目全部竣工后，才可以进行编制。

③ 作用不同。竣工结算是建设单位和施工单位结算工程价款的依据，是核对施工企业生产成果和考核工程成本的依据，是建设单位编制建设项目竣工决算的基础。而竣工决算是建设单位考核建设投资效果的依据，是正确核定固定资产价值的依据。

13.1.3 工程竣工决算的内容

工程竣工决算应包括从筹建到竣工投产全过程的全部实际支出费用，即包括建筑工程费、安装工程费、设备工器具购置费以及预备费等。

竣工决算由竣工决算报告说明书、竣工决算报表、建设项目竣工图、工程竣工造价比较分析表四个部分组成。

（1）竣工决算报告说明书　竣工决算报告说明书反映竣工项目建设成果和经验，是全面考核工程投资与造价的总结性文件，是竣工决算报告的重要组成部分，其主要内容如下。

① 对工程的总体评价　从工程的进度、质量、安全和造价等方面进行分析说明工程建设成果经验。对于工程进度主要说明开工和竣工时间、对照合理工期和要求工期是提前还是延期。对于工程质量要根据竣工验收委员会和质量监督部门的验收意见，就质量验收的结论性问题、质量等级、合格率和优良品率进行说明。对于工程安全要根据劳动工资和施工部门记录，对有无设备和人身事故进行说明。对于工程造价应对照概算造价，说明是节约还是超支，并用金额和百分率进行分析说明。

② 各项财务和技术经济指标的分析　根据项目实际投资完成额与概算进行对比分析，分析概算执行情况。进行新增生产能力的效益分析，说明交付使用财产占总投资的比例，固定资产占交付使用财产的比例，递延资产占投资总数的比例，基本建设投资实际支用数和节约额，投资节余的有机构成，单位生产能力费用支出情况，历年资金来源和资金占用情况等。

③ 工程建设的经验教训及有待解决的问题，决算中存在的问题和建议。

④ 需说明的其他事项。

（2）竣工决算报表　竣工决算报表主要由建设项目竣工决算审批表、竣工工程概况表、竣工财务决算表、交付使用资产总表和交付使用财产明细表组成。

① 建设项目竣工决算审批表　主要说明：建设项目法人、建设性质、主管部门、建设项目名称、开户银行意见、主管部门或地方财政部门审批意见等。

“建设性质”按新建、扩建、改建、迁建和恢复建设项目等分类填列。“主管部门”是指建设单位的主管部门。所有建设项目必须先经开户银行签署意见后，按照有关要求进行报批：中央级小型项目由主管部门签署审批意见；中央级大、中型建设项目报所在地财政监察专员办事机构签署意见后，再由主管部门签署意见报财政部审批；地方级项目由同级财政部门签署审批意见。

具备竣工验收条件的项目三个月内应及时填报审批表，如果三个月内不办理竣工验收和固定资产移交手续的视同项目已正式投产，其费用不得从基建投资中支付，所实现的收入作为经营收入，不再作为基建收入。

② 大中型建设项目竣工工程概况表　大中型建设项目竣工工程概况表反映建设项目总投资、建设起止日期、建设投资支出、新增生产能力、主要材料消耗和主要技术经济指标等方面的设计或概算数以及实际完成的情况。

③ 大中型建设项目竣工财务决算表　大中型建设项目竣工财务决算表反映建设项目的全部资金来源和资金占用情况，是考核和分析投资效果的依据。

④ 大中型建设项目交付使用资产总表　交付使用资产总表是反映建设项目建成后，交付使用新增固定资产、流动资产、无形资产和递延资产的全部情况及价值，作为财产交接、检查投资计划完成情况和分析投资效果的依据，由“交付使用明细表”的固定资产、流动资

产、无形资产、其他资产的各相应项目汇总而成。

⑤ 建设项目交付使用资产明细表　大中型和小型建设项目均要填写此表，该表是交付使用财产总表的具体化，反映交付使用固定资产、流动资产、无形资产和递延资产的详细内容，是使用单位建立资产明细账和登记新增资产价值的依据。

(3) 建设项目竣工图　竣工图是工程竣工验收后，真实反映工程项目施工结果的图样。竣工图真实、准确、完整地记录了各种地下和地上建筑物、构筑物等详细情况，是工程竣工验收、投产使用后进行维修、扩建、改建的依据，是生产使用单位必须长期妥善保存和进行竣工备案的重要工程档案资料。对竣工图的编制、整理、审核、交接、验收必须符合国家规定，施工单位不按时提交合格竣工图的，不算完成施工任务，并应承担责任。

(4) 工程竣工造价比较分析　在竣工决算报告中必须对控制工程造价所采取的措施、效果以及其动态的变化进行认真的比较分析，总结经验教训。批准的概算是考核建设工程造价的依据，在分析时，可将决算报表中所提供的实际数据和相关资料与批准的概算、预算指标进行对比，以确定竣工项目总造价是节约还是超支，在比较的基础上，总结经验教训，找出原因，以利改进。

13.2　竣工决算的编制

13.2.1　竣工决算的编制依据与编制要求

(1) 竣工决算的编制依据　竣工决算的编制依据主要有：

① 可行性研究报告、投资估算书、初步设计或扩大初步设计、修正总概算及其批复文件；

② 设计变更记录、施工记录或施工签证单及其他施工发生的费用记录；

③ 经批准的施工图预算或招标控制价、承包合同、工程结算等有关资料；

④ 历年基建计划、历年财务决算及批复文件；

⑤ 设备、材料调价文件和调价记录；

⑥ 其他有关资料。

(2) 竣工决算的编制要求

① 按照规定组织竣工验收，保证竣工决算的及时性。

② 积累、整理竣工项目资料，保证竣工决算的完整性。

③ 清理、核对各项账目，保证竣工决算的正确性。

13.2.2　竣工决算的编制步骤

项目建设完工后，建设单位应及时按照国家有关规定，编制项目竣工决算。其编制步骤如下。

① 搜集、整理和分析有关资料。在编制竣工决算文件前，必须准备一套完整齐全的资料，这是准确、迅速编制竣工决算的必要条件，在工程竣工验收阶段，应注意收集资料，系统地整理所有的技术资料、工程结算文件、施工图纸和各种变更与签证资料，并分析它们的准确性。

② 清理各项账务、债务和结余物资。在搜集、整理和分析有关资料过程中，要特别注意建设项目从筹建到竣工投产的全部费用的各项账务、债务和债权的清理，做到工完账清。对结余的各种材料、工器具和设备要逐项清点核实，妥善管理，并按规定及时处理，收回资金。

③ 分期建设的项目，应根据设计的要求分期办理竣工决算。单项工程竣工后应尽早办理单项工程竣工决算，为建设项目全面竣工决算积累资料。

④ 在实地验收合格的基础上，根据前面所陈述的有关结算的资料写出竣工验收报告，填写有关竣工决算表，编制完成竣工决算。

⑤ 上报主管部门审批。将决算文件上报主管部门审批，同时抄送有关设计单位。

13.3 新增资产价值的确定

竣工决算是办理交付使用财产价值的依据。正确核定新增资产价值，不但有利于建设项目交付使用后的财务管理，而且可为建设项目竣工后评估提供依据。

根据新的财务制度和企业会计准则，新增资产按资产性质可分为固定资产、流动资产、无形资产、递延资产、其他资产，其确定方式也不同。

13.3.1 新增固定资产价值的确定

固定资产是指在使用过程中保持原有物质形态的资产，包括房屋及建筑物、机电设备、运输设备、工具器具等。

新增固定资产是建设项目竣工投产后所增加的固定资产价值，是以价值形态表示的固定资产投资最终成果的综合性指标。新增固定资产包括已经投入生产或交付使用的建筑安装工程费用、达到固定资产标准的设备工器具的购置费用、增加固定资产价值的其他费用。其中，其他费用包括土地征用及迁移补偿费、联合试运转费、勘察设计费、项目可行性研究费、报废工程损失、建设单位管理费等。

新增固定资产价值的计算应以单项工程为对象，单项工程建成经有关部门验收鉴定合格后，正式移交生产或使用，即应计算其新增固定资产价值。一次性交付生产或使用的工程一次计算新增固定资产价值，分期、分批交付生产或使用的工程，应分期、分批计算新增固定资产价值。

计算新增加固定资产价值时应注意以下几种情况。

① 对于为了提高产品质量、改善劳动条件、节约材料消耗、保护环境而建设的附属辅助工程，只要全部建成，正式验收或交付使用后就要计入新增固定资产价值。

② 对于单项工程中不构成生产系统，但能独立发挥效益的非生产性工程，如住宅、食堂、生活服务网点等，在建成并交付使用后，也要计算新增固定资产价值。

③ 凡购置达到固定资产标准不需安装的设备、工器具，应在交付使用后计入新增固定资产价值。属于新增固定资产的其他投资，应随同受益工程交付使用时一并计入。

13.3.2 新增流动资产价值的确定

流动资产是指可以在一个营业周期内变现或者运用的资产，包括现金及各种存货、短期投资、应收及预付款项等。

货币资金，即现金、银行存款和其他货币资金（包括在外埠存款、还未收到的在途资金、银行汇票和本票等资金），一律按实际入账价值核定计入流动资产。

应收及预付款项，包括应收票据、应收账款、其他应收款、预付货款和待摊费用。一般情况下，应收及预付款项按企业销售商品、产品或提供劳务时的实际成交金额入账核算。

短期投资，包括股票、债券、基金。

各种存货应按照取得时的实际成本计价。存货的形成主要有外购和自制两种途径。外购的，按照买价加运输费、装卸费、保险费、途中合理损耗、入库前加工整理费用以及缴纳的税金等计价；自制的，按照制造过程中的各项实际支出计价。

13.3.3　无形资产价值的确定

无形资产是指企业长期使用但不具有实物形态的资产，包括专利权、商标权、著作权、土地使用权、非专利技术、生产许可证、特许经营权、商誉等。无形资产的计价，原则上应按取得时的实际成本计价。企业取得无形资产的途径不同，所发生的支出不一样，无形资产的计价也不相同。

（1）确定无形资产价值的原则　新财务制度按下列原则来确定无形资产的价值。

① 投资者将无形资产作为资本金或者合作条件投入的，按照评估确认或合同协议约定的金额计价。

② 购入的无形资产，按照实际支付的价款计价。

③ 企业自创并依法申请取得的，按开发过程中的实际支出计价。

④ 企业接受捐赠的无形资产按票单所写金额或者同类无形资产市场价计价。

（2）不同形式无形资产的计价方法

① 专利权的计价。专利权分为自创和外购两类。对于自创专利权，其价值为开发过程中的实际支出，主要包括专利的研究开发费用、专利登记费用、专利年费和法律诉讼费等各项费用；外购专利权的费用主要包括转让价格和手续费，由于专利是具有专有性并能带来超额利润的生产要素，因而其转让价格不按其成本估价，而是依据其所能带来的超额收益来估价。

② 非专利技术的计价。如果非专利技术是自创的，一般不得作为无形资产入账，自创过程中发生的费用，新财务制度允许作当期费用处理，这是因为非专利技术自创时难以确定是否成功，这样处理符合稳健性原则。购入非专利技术时，应由法定评估机构确认后再进一步估价，往往通过其产生的收益来进行估价，其基本思路同专利权的计价方法。

③ 商标权的计价。如果是自创的，尽管商标设计、制作注册和保护、广告宣传都要花费一定的费用，但它们一般不作为无形资产入账，而直接作为销售费用计入当期损益。只有当企业购入和转让商标时，才需要对商标权计价，商标权的计价一般根据被许可方新增的收益来确定。

④ 土地使用权的计价。根据取得土地使用权的方式，计价有两种情况：一种是建设单位向土地管理部门申请土地使用权并为之支付一笔出让金，在这种情况下，应作为无形资产进行核算；另一种是建设单位获得土地使用权是原先通过行政划拨的，这时就不能作为无形资产核算，只有在将土地使用权有偿转让、出租、抵押、作价入股和投资，按规定补交土地出让价款时，才能作为无形资产核算。

⑤ 商誉。商誉只有当企业向外购入时，才能作为商誉入账。商誉的价值可以按买入总额与买进企业所有净资产的总额之间的差额计算。

13.3.4　递延资产价值及其他资产价值的确定

递延资产是指不能全部计入当年损益，应在以后年度内分期摊销的各项费用，包括开办费、租入固定资产的改良支出等。

（1）开办费的计价　开办费指在筹建期间发生的费用，包括筹建期间人员工资、办公费、培训费、差旅费、印刷费、注册登记费以及不计入固定资产和无形资产购建成本的汇兑损益、利息等支出。根据新财务制度的规定，除了筹建期间不计入资产价值的汇兑净损失外，开办费从企业开始生产经营月份的次月起，按照不短于五年的期限平均摊入管理费用。

(2) 以经营租赁方式租入的固定资产改良工程支出的计价　以经营租赁方式租入的固定资产改良工程支出应在租赁有效期限内分期摊入制造费用或管理费用中。其他资产包括特准储备物资等，主要以实际入账价值核算。

【例 13.1】 某建设单位拟编制某工业生产项目的竣工决算。该建设项目包括甲、乙两个主要生产车间和四个辅助生产车间及若干个附属办公、生活建筑。在建设期内，各单项工程竣工结算数据见表 13-1 所示。工程建设其他投资完成情况如下：支付行政划拨土地的土地征用及迁移费 450 万元，支付土地使用权出让金 800 万元；建设单位管理费 420 万元（其中 300 万元构成固定资产）；勘察设计费 340 万元；专利费 70 万元；非专利技术费 30 万元；获得商标权 90 万元；生产职工培训费 80 万元；报废工程损失 20 万元；生产线试运转支出 20 万元，试生产产品销售款 10 万元。

表 13-1　某建设项目竣工结算数据　　单位：万元

项目名称	建筑工程	安装工程	需安装设备	不需安装设备	生产工器具	
					总额	达到固定资产标准
甲车间	1800	380	1600	300	130	80
乙车间	1500	350	1200	240	100	60
辅助车间	2000	230	800	160	90	50
附属建筑	700	40		20		
合计	6000	1000	3600	720	320	190

问题：(1) 试确定甲车间的新增固定资产价值。

(2) 试确定该建设项目的固定资产、流动资产、无形资产和其他资产价值。

解： (1) 甲车间固定资产价值的确定

土地征用及勘察设计费等分摊＝(450＋340＋20＋20－10)×1800/6000＝246（万元）

建设单位管理费分摊＝300×(1800＋380＋1600)/(6000＋1000＋3600)

＝106.98（万元）

甲车间固定资产价值＝(1800＋380＋1600＋300＋80)＋246＋106.98

＝4512.98（万元）

(2) 固定资产、流动资产、无形资产和其他资产价值的确定

固定资产价值＝(6000＋1000＋3600＋720＋190)＋(450＋300＋340＋20＋20－10)

＝12630（万元）

流动资产价值＝320－190＝130（万元）

无形资产价值＝800＋70＋30＋90＝990（万元）

其他资产价值＝(420－300)＋80＝200（万元）

复　习　题

（摘选自全国造价工程师执业资格考试历年试题）

一、单项选择

1. 建设工程项目总造价是指项目总投资中的（　　）。

A. 建筑安装工程费用　　B. 固定资产投资与流动资产投资总和

C. 静态投资之和　　D. 固定资产投资总额

2. 建设项目竣工验收的最小单位是（　　）。

A. 单项工程　　B. 单位工程　　C. 分部工程　　D. 分项工程

3. 建设工程最典型的价格形式是（　　）。

A. 业主方估算的全部固定资产投资　　B. 承发包双方共同认可的承发包价格

C. 经政府投资主管部门审批的设计概算　　D. 建设单位编制的工程竣工决算价格

4. 某建设项目建筑工程费 2000 万元，安装工程费 700 万元，设备购置费 1100 万元，工程建设其他费 450 万元，预备费 180 万元，建设期贷款利息 120 万元，流动资金 500 万元，则该项目的工程造价为（　　）万元。

A. 4250　　B. 4430　　C. 4550　　D. 5050

5. 工程量清单计价模式所采用的综合单价不含（　　）。

A. 管理费　　B. 利润　　C. 措施费　　D. 风险费

6. 在人工单价的组成内容中，生产工人探亲、休假期间的工资属于（　　）。

A. 基本工资　　B. 工资性津贴　　C. 特殊工资　　D. 职工福利费

7. 某总承包单位获得发包人支付的某工程施工的全部价款收入 1027 万元，其中包括自己施工的建筑安装工程费 827 万元，合同约定需支付给专业分包方的工程结算款 100 万元，由总承包单位采购的需安装的设备价款 100 万元，按简易计税法该总承包单位为此需缴纳的增值税为（　　）万元。

A. 20　　B. 17　　C. 27　　D. 27. 81

8. 某安装企业高级工人的工资性补贴标准分别为：部分补贴按年发放，标准为 3000 元/年；另一部分按月发放，标准 760 元/月；某项补贴按工作日发放，标准为 18 元/日。已知全年日历天数为 365 天，设法定假日为 114 天，则该企业高级工人工日单价中，工资性补贴为（　　）元。

A. 51. 2　　B. 62. 6　　C. 66. 3　　D. 75. 5

9. 某施工机械耐用总台班为 800 台班，大修周期为 4，每次大修理费用为 1200 元，则该机械的台班大修理费用为（　　）元。

A. 7. 5　　B. 6. 0　　C. 4. 5　　D. 3. 0

10. 工程建设定额具有指导性的客观基础是定额的（　　）。

A. 科学性　　B. 系统性　　C. 统一性　　D. 稳定性

11. 概算定额与预算定额的主要不同之处在于（　　）。

A. 贯彻的水平原则不同　　B. 表达的主要内容不同

C. 表达的方式不同　　D. 项目划分和综合扩大程度不同

12. 通过计时观察资料得知：人工挖二类土 $1m^3$ 的基本工作时间为 6 小时，辅助工作时间占工序作业时间的 2%。准备与结束工作时间、不可避免的中断时间、休息时间分别占工作日的 3%、2%、18%。则该人工挖二类土的时间定额是（　　）工日/立方米。

A. 0. 765　　B. 0. 994　　C. 1. 006　　D. 1. 307

13. 已知某挖土机挖土，一次正常循环工作时间是40秒，每次循环平均挖土量为0.3立方米，机械正常利用系数为0.8，机械幅度差为25%。则该机械挖土1000立方米的预算定额机械耗用台班量是（　　）台班。

A. 4.63　　B. 5.79　　C. 7.23　　D. 7.41

14. 预算定额的人工工日消耗量包括（　　）。

A. 基本用工、辅助用工、超运距用工、人工幅度差　　B. 基本用工、辅助用工

C. 基本用工、人工幅度差　　D. 基本用工、辅助用工、人工幅度差

15. 下列有关工程量清单的叙述中，正确的是（　　）。

A. 工程量清单中含有措施项目及其工程数量

B. 工程量清单是招标文件的组成部分

C. 在招标人同意的情况下，工程量清单可以由投标人自行编制

D. 工程量清单的表格格式是严格统一的

16. 采用工程量清单计价的承包合同中的综合单价，如遇设计变更引起工程量增减，对其超出合同约定幅度部分工程量，除合同另有约定外，其综合单价的调整办法是（　　）。

A. 由承包人提出，经监理工程师确认后作为结算依据

B. 由发包人提出，并经承包人同意后作为结算依据

C. 由承包人提出，报工程造价管理机构备案后作为结算依据

D. 由承包人提出，经发包人确认后作为结算依据

17. 根据《建设工程工程量清单计价规则》(GB 50500)，下列有关分部分项工程量清单计价与措施项目清单计价的对比中，正确的是（　　）。

A. 分部分项工程量清单项目有十二位项目编码，措施项目仅九位编码

B. 对于分部分项工程，投标人须按招标人提供的工程量清单填报价格，而措施项目，投标人可据实增加项目内容报价

C. 分部分项工程量计价表中，有统一的计量单位，而措施项目清单计价表中计量单位由投标人确定

D. 分部分项工程量清单计价表中，应填写综合单价与合价，并以单价为准，而措施项目清单计价表中，也须填写单价，但它以合价为准

18. 定额计价的工程量计算规则与工程量清单计价规范的工程量计算规则的本质区别是（　　）。

A. 每个分项工程项目所含内容多少不一样　　B. 单价与报价组成不一样

C. 定额单价未区分施工实体性损耗和施工措施性损耗

D. 清单计价一般以实体的净尺寸计算，没有包含工程量合理损耗

19. 某分部分项工程的清单编码为020301001×××，该分部分项工程所属工程类别为（　　）。

A. 建筑工程　　B. 安装工程　　C. 仿古建筑工程　　D. 市政工程

20. 关于《建筑工程工程量清单计价规范》GB 50500的规则，正确的说法是（　　）。

A. 单位工程计算通常按计价规范清单列项顺序进行

B. 工程量计算单位可以采用扩大的物理计量单位

C. 工程量应包括加工余量和合理损耗量

D. 工程量计算对象是施工过程的全部项目

21. 按照建筑面积计算规则，不计算建筑面积的是（　　）。

A. 层高在2.1m以下的场馆看台下的空间　　B. 不足2.2m高的单层建筑

C. 层高不足2.2m的立体仓库　　D. 外挑宽度在2.1m以内的雨篷

22. 关于建筑面积计算，正确的说法是（　　）。

A. 建筑物顶部有围护结构的楼梯间层高不足2.2m按1/2计算面积

B. 建筑物凹阳台计算全部面积，挑阳台按1/2计算面积

C. 设计不利用的深基础架空层层高不足2.2m按1/2计算面积

D. 建筑物雨篷外挑宽度超过1.2m按水平投影面积1/2计算

23. 根据《建筑工程工程量清单计价规范》(GB 50500)，平整场地工程量计算规则是（　　）。

A. 按建筑物外围面积乘以平均挖土厚度计算
B. 按建筑物外边线外加 2m 以平面面积计算
C. 按建筑物首层面积乘以平均挖土厚度计算
D. 按设计图示尺寸以建筑物首层面积计算

24. 根据《建设工程工程量清单计价规范》(GB 50500)，基础土石方的工程量是按（　　）。
A. 建筑物首层建筑面积乘以挖土深度计算
B. 建筑物垫层底面积乘以挖土深度计算
C. 建筑物基础底面积乘以挖土深度计算
D. 建筑物基础断面积乘以中心线长度计算

25. 基础与墙体使用不同材料时，工程量计算规则规定以不同材料为界分别计算基础和墙体工程量，范围是（　　）。
A. 室内地坪±300mm 以内
B. 室内地坪±300mm 以外
C. 室外地坪±300mm 以内
D. 室外地坪±300mm 以外

26. 已知某砖外墙中心线总长 60m，设计采用毛石混凝土基础，基础底层标高－1.4m，毛石混凝土与砖砌筑的分界面标高－0.24m，室内地坪±0.00m，墙顶面标高 3.3m、厚 0.37m，按照《建设工程工程量清单计价规范》GB 50500 计算规则，则砖墙工程量为（　　）m^3。
A. 67.9　　B. 73.26　　C. 78.59　　D. 104.34

27. 根据《建筑工程工程量清单计价规范》，混凝土及钢筋混凝土工程量的计算，正确的是（　　）。
A. 现浇有梁板主梁、次梁按体积并入楼板工程量中计算
B. 无梁板柱帽按体积并入零星项目工程量中计算
C. 弧形楼梯不扣除宽度小于 300mm 的楼梯井
D. 整体楼梯按水平投影面积计算，不包括与楼板连接的梯梁所占面积

28. 下列现浇混凝土板工程量计算规则中，正确的说法是（　　）。
A. 天沟、挑檐按设计图示尺寸以面积计算
B. 雨篷、阳台板按设计图示尺寸以墙外部分体积计算
C. 现浇挑檐、天沟板与板连接时，以板的外边线为界
D. 伸出墙外的阳台牛腿和雨篷反挑檐不计算

29. 计算现浇混凝土楼梯工程量时，正确的做法是（　　）。
A. 以斜面积计算
B. 扣除宽度小于 500mm 的楼梯井
C. 伸入墙内部分不另增加
D. 整体楼梯不包括连接梁

30. 根据《建设工程工程量清单计价规范》(GB 50500)，关于金属结构工程量计算正确的说法是（　　）。
A. 压型钢板墙板按设计图示尺寸的铺挂面积计算
B. 钢屋架按设计图示规格、数量以榀计算
C. 钢天窗架按设计图示规格、数量以樘计算
D. 钢网架按设计图示尺寸的水平投影面积计算

31. 根据《建设工程工程量清单计价规范》(GB 50500)，屋面防水工程量的计算，正确的是（　　）。
A. 平、斜屋面卷材防水均按设计图示尺寸以水平投影面积计算
B. 屋面女儿墙、伸缩缝等处弯起部分卷材防水不另增加面积
C. 屋面排水管设计未标注尺寸的，以檐口至地面散水上表面垂直距离计算
D. 铁皮、卷材天沟按设计图示尺寸以长度计算

32. 根据《工程量清单计价规范》，屋面及防水工程量计算正确的说法是（　　）。
A. 瓦屋面、型材屋面按设计图示尺寸的水平投影面积计算
B. 屋面刚性防水按设计图示尺寸以面积计算
C. 地面砂浆防水按设计图示面积乘以厚度以体积计算
D. 屋面天沟、檐沟按设计图示尺寸以长度计算

33. 计算装饰工程楼地面块料面层工程量时，应扣除（　　）。
A. 突出地面的设备基础
B. 间壁墙
C. 0.3m^2 以内附墙烟囱
D. 0.3m^2 以内柱

34. 根据《工程量清单计价规范》，楼地面踢脚线工程量应（　　）。

A. 按设计图示中心线长度计算

B. 按设计图示净长线长度计算

C. 区分不同材料和规格以长度计算

D. 按设计图示长度乘以高度以面积计算

35. 下列油漆工程量计算规则中，正确的说法是（　　）。

A. 门、窗油漆按展开面积计算

B. 木扶手油漆按平方米计算

C. 金属面油漆按构件质量计算

D. 抹灰面油漆按图示尺寸以面积和遍数计算

36. 根据《工程量清单计价规范》，金属扶手带栏杆、栏板的装饰工程量应（　　）。

A. 按扶手、栏杆和栏板的垂直投影面积计算

B. 按设计图示扶手中心线以长度计算（包括弯头长度）

C. 按设计图示尺寸以重量计算（包括弯头重量）

D. 按设计图示扶手水平投影的中心线以长度计算（包括弯头长度）

37. 某企业施工时使用自有模板，已知一次使用量为1200m^2，模板价格为30元/m^2，若周转次数为8，补损率为10%，施工损耗为10%，不考虑支、拆、运输费，则模板费为（　　）元。

A. 3960.0　　B. 6187.5　　C. 6682.5　　D. 8662.5

38. 下列关于设计概算的描述，错误的是（　　）

A. 设计概算一经批准，将作为控制投资的最高限额

B. 设计概算是控制施工图设计和施工图预算的依据

C. 设计概算是控制投资估算的依据

D. 设计概算是衡量设计方案技术经济合理性的依据

39. 根据《建设工程价款结算暂行办法》，下列关于工程进度款支付的表述，正确的是（　　）。

A. 发包人应自收到承包人提交的已完工程量报告之日起，21天内核实

B. 发包人应在核实工程量报告前2天通知承包人，由承包人提供条件并派人参加核实

C. 根据确定的工程量计算结果，发包人应自行支付工程进度款

D. 发包人支付的工程进度款，应不低于工程价款的60%，不高于工程价款的90%

40. 下列关于施工企业工程结算利润的计算式中正确的是（　　）。

A. 工程价款收入－工程实际成本－工程结算税金及附加

B. 工程总收入－工程结算成本－工程结算税金及附加

C. 工程价款收入－工程实际成本－管理费用－财务费用

D. 工程总收入－工程结算成本＋营业外收入－营业外支出

41. 建设工程造价的最高限额是按照有关规定编制并经有关部门批准的（　　）。

A. 初步投资估算　　B. 施工图预算　　C. 施工标底　　D. 初步设计总概算

42. 建设项目竣工验收方式中，又称为交工验收的是（　　）。

A. 分部工程验收

B. 单位工程竣工验收

C. 单项工程竣工验收

D. 工程整体验收

43. 建设工程造价的有效控制是指在优化建设方案、设计方案的基础上，在工程建设程序的各个阶段采用一定的方法和措施，将工程造价控制在（　　）之内。

A. 投资估算范围和合同总价限额

B. 合理的范围和核定的造价限额

C. 可预见的变动范围和承包总价限额

D. 投资预计支出限额和投资估算范围

44. 某新建住宅土建单位工程概算的直接工程费为800万元，措施费按直接工程费的8%计算，间接费费率为15%，利润率为7%，增值税率为3%，则该住宅的土建单位工程概算造价为（　　）万元。

A. 1067.2　　B. 1075.4　　C. 1089.9　　D. 1095.0

45. 在建设工程招投标活动中，招标文件应当规定一个适当的投标有效期，投标有效期的开始计算之日为（　　）。

A. 开始发放招标文件之日

B. 投标人提交投标文件之日

C. 投标人提交投标文件截止之日

D. 停止发放招标文件之日

46. 某工程合同价款为300万元，于2005年8月签订合同并开工，2006年6月竣工。合同约定按工程造价

指数调整法对工程价款进行动态结算。根据当地造价站公布的造价指数，该类工程 2005 年 8 月和 2006 年 6 月的造价指数分别为 113.15 和 117.60，则此工程价差调整额为（　　）万元。

A. 11.8　　B. 13.35　　C. 39.45　　D. 52.8

47. 因以下原因造成工期延误，经工程师确认，可以顺延工期的是（　　）。

A. 混凝土浇筑时连续一周的低温阴雨

B. 因设计变更使工程量缩减

C. 两周内非承包人原因停水、停电、停气造成停工累计超过 8 小时

D. 不可抗力事件

48. 下列措施项目中，应参阅施工技术方案进行列项的是（　　）。

A. 施工排水降水　　B. 安全文明施工　　C. 材料二次搬运　　D. 环境保护

49. 根据我国现行规定，甲级和乙级工程造价咨询企业专职从事工程造价专业工作的人员中，取得造价工程师注册证书的人员分别不得少于（　　）人。

A. 20 和 12　　B. 16 和 8　　C. 10 和 6　　D. 8 和 6

50. 下列资料中，应属单位工程造价资料积累的是（　　）。

A. 建设标准　　B. 建设工期　　C. 建设条件　　D. 工程内容

二、多项选择

1. 根据我国现行建筑工程费用组成，下列各费用项目中属于措施费的是（　　）。

A. 安全施工费　　B. 施工机械作业时所发生的安拆费

C. 建设单位临时设施费　　D. 已完工程及设备保护费

E. 工程排污费

2. 下列工程中，其工程费用列入建筑工程费用的是（　　）。

A. 设备基础工程　　B. 供水、供暖、通风工程

C. 电缆导线敷设工程　　D. 附属于被安装设备的管道敷设工程

E. 各种炉窑的砌筑工程

3. 下列关于设备及工器具购置费的描述中，正确的是（　　）。

A. 设备购置费由设备原价、设备运输费、采购保管费组成

B. 国产标准设备带有备件时，其原价按不带备件的价值计算，备件价值计入工程器具购置费中

C. 国产设备的运费和装卸费是指由设备制造厂交货地点起至工地仓库止所产生的运费和装卸费

D. 进口设备采用装运港船上交货价时，其运费和装卸费是指设备由装运港港口起到工地仓库止所发生的运费和装卸费

E. 工具、器具及生产家具购置费一般以设备购置费为计算基数，乘以部门或行业规定的定额费率来计算

4. 根据我国现行建筑安装工程费用项目组成，下列属于社会保险费的是（　　）。

A. 住房公积金　　B. 养老保险费　　C. 失业保险费

D. 医疗保险费　　E. 危险作业意外伤害保险费

5. 根据我国现行建筑安装工程项目费用组成，下列关于费用的描述正确的是（　　）。

A. 材料费是指在施工过程中耗费的原材料、辅助材料、构配件、零件、半成品的费用

B. 材料费中包括了对建筑材料、构件和建筑安装物进行一般鉴定、检查所发生的费用

C. 施工机械使用费不包括大型机械设备的场外运费及安拆费

D. 以直接费为计算基础时，利润等于直接费乘以相应利润率

E. 当安装的设备价值作为安装工程产值时，该设备的价款还应计算营业税等建安工程税金

6. 下列项目中，在计算联合试运转费时需要考虑的费用包括（　　）。

A. 试运转所需原料、动力的费用　　B. 单台设备调试费

C. 试运转所需的机械使用费　　D. 试运转产品的销售收入

E. 施工单位参与联合试运作人员的工资

7. 下列各项费用中，构成大型施工机械台班单价的是（　　）。

A. 折旧费　B. 大修理费　C. 安拆费及场外运费
D. 司机及配合机械施工人员的人工费　E. 燃料动力费

8. 下列关于施工机械安拆费用及场外运费的表述中，正确的是（　）。
A. 场外运费仅包括施工机械自停置点运到施工现场的单边运费
B. 场外运输距离应该按 25km 计算
C. 一次安拆费为现场机械安装和拆卸一次所需的人工费、材料费、机械使用费之和
D. 不需安装、拆卸且自身又能开行的机械，不计安拆费及场外运费
E. 施工单位可以自己选择将安拆费及场外运费计入台班单价或单独计算

9. 根据我国现行建筑安装工程费用项目组成规定，下列有关费用计算的表述中，正确的是（　）。
A. 安全施工费以直接工程费为基数乘以相应费率计算
B. 脚手架费应区分自有和租赁两种情况，采用不同的计算方法
C. 临时设施费应区分周转使用临建费、一次性使用临建费和其他临时设施费，应分别计算
D. 当工程造价以直接费工程为计算基础时，企业管理费按直接工程费和规费之和乘以相应费率计算
E. 当工程造价以直接费工程为计算基础时，利润按直接工程费与管理费之和乘以相应利润率计算

10. 材料基价的组成有（　）。
A. 材料原价　B. 材料运输费　C. 采购及保管费
D. 检验试验费　E. 材料运输损耗费

11. 下列关于定额编制的描述中，符合预算定额简明适用原则的是（　）。
A. 对于主要工种、主要项目、常用项目、定额步距要大些
B. 对于不常用的、价值量小的项目，分项工程划分可以粗些
C. 要注意补充因采用新技术、新材料而出现的新的定额项目
D. 要合理确定预算定额计量单位，避免一量多用
E. 尽可能多留活口，以适应不同条件下，调整使用定额的需要

12. 工人工作时间中的损失时间包括（　）。
A. 准备与结束工作时间　B. 施工本身造成的停工时间
C. 非施工本身造成的停工时间　D. 休息时间
E. 偶然工作时间

13. 企业定额必须具备的特点有（　）。
A. 能够体现本企业的技术优势　B. 能够体现本企业的管理优势
C. 其人工平均消耗高于社会平均水平　D. 其机械平均消耗低于社会平均水平
E. 以分项工程为对象编码

14. 编制预算定额应依据（　）。
A. 现行劳动定额　B. 典型施工图纸
C. 现行施工及验收规范　D. 新结构、新材料和先进施工方法
E. 现行的概算定额

15. 下列属于预算定额机械台班消耗量中机械幅度差的是（　）。
A. 因供电线路故障检修而发生的机械运转中断时间
B. 因气候变化影响机械工时利用的时间
C. 工程收尾和工作量不饱满造成的机械停歇时间
D. 配合机械施工的工人因与其他工种交叉造成的间歇时间
E. 运输车辆在装货和卸货时的停车时间

16. 措施项目的清单的编制依据有（　）。
A. 拟建工程的施工技术方案　B. 相关的工程验收规范
C. 施工承包合同　D. 工程量计算规则
E. 设计文件

17. 关于建筑面积的计算，正确的说法是（　）。

A. 建筑物内的变形缝不计算建筑面积
B. 建筑物室外台阶按水平投影面积计算
C. 建筑物外有围护结构的挑廊按围护结构外围水平面积计算
D. 地下人防通道超过 2.2m 按结构地板水平面积计算
E. 无永久性顶盖的架空走廊不计算面积

18. 根据《建设工程建筑面积计算规范》，坡屋顶内空间利用时，建筑面积的计算，说法正确的是（　　）。
A. 净高大于 2.10m 计算全面积
B. 净高等于 2.10m 计算 1/2 全面积
C. 净高等于 2.0m 计算全面积
D. 净高小于 1.20m 不计算面积
E. 净高等于 1.20m 不计算面积

19. 计算建筑面积时，正确的工程量清单计算规则是（　　）。
A. 建筑物顶部有维护结构的楼梯间，层高不足 2.2m 的不计算
B. 建筑物外有永久性顶盖的无围护结构走廊，层高超过 2.2m 的计算全面积
C. 建筑物大厅内层高不足 2.2m 的回廊，按其结构底板水平面积的 1/2 计算
D. 有永久性顶盖的室外楼梯，按自然层水平投影面积的 1/2 计算
E. 建筑物内的变形缝应按其自然层合并在建筑物面积内计算

20. 根据《建设工程工程量清单计价规范》(GB 50500)，砖基础砌筑工程量按设计图示尺寸以体积计算，但应扣除（　　）。
A. 地梁所占体积
B. 构造柱所占体积
C. 嵌入基础内的管道所占体积
D. 砂浆防潮层所占体积
E. 圈梁所占体积

21. 根据《建设工程工程量清单计价规范》(GB 50500)，以下建筑工程工程量计算正确的说法是（　　）。
A. 砖围墙如有混凝土压顶时算至压顶上表面
B. 砖基础的垫层通常包括在基础工程量中不另行计算
C. 砖墙外凸出墙面的砖垛应按体积并入墙体内计算
D. 砖地坪通常按设计图示尺寸以面积计算
E. 通风管、垃圾道通常按图示尺寸以长度计算

22. 根据《建设工程工程量清单计价规范》(GB 50500)，以下关于工程量计算正确的说法是（　　）。
A. 现浇混凝土整体楼梯按设计图示的水平投影面积计算，包括休息平台、平台梁、斜梁和连接梁
B. 散水、坡道按设计图示尺寸以面积计算，不扣除单个面积在 0.3m^2 以内的孔洞面积
C. 电缆沟、地沟和后浇带均按设计图示尺寸以长度计算
D. 混凝土台阶按设计图示尺寸以体积计算
E. 混凝土压顶按设计图示尺寸以体积计算

23. 计算混凝土工程量时，正确的工程量清单计算规则是（　　）。
A. 现浇混凝土构造柱不扣除预埋铁件体积
B. 无梁板的柱高自楼板上表面算至柱帽下表面
C. 伸入墙内的现浇混凝土梁头的体积不计算
D. 现浇混凝土墙中，墙垛及突出部分不计算
E. 现浇混凝土楼梯伸入墙内部分不计算

24. 屋面及防水工程量计算中，正确的工程量清单计算规则是（　　）。
A. 瓦屋面、型材屋面按设计图示尺寸以水平投影面积计算
B. 膜结构屋面按设计尺寸以覆盖的水平面积计算
C. 斜屋面卷材防水按设计尺寸以斜面积计算
D. 屋面排水管按设计尺寸以理论重量计算
E. 屋面天沟按设计尺寸以面积计算

25. 根据《工程量清单计价规范》，以下关于装饰装修工程量计算正确的说法是（　　）。
A. 门窗套按设计图示尺寸以展开面积计算

B. 木踢脚线油漆按设计图示尺寸以长度计算
C. 金属面油漆按设计图示构件以质量计算
D. 窗帘盒按设计图示尺寸以长度计算
E. 木门、木窗均按设计图示尺寸以面积计算

26. 根据《工程量清单计价规范》，装饰装修工程中的油漆工程，其工程量应按图示尺寸以面积计算的有（　　）。

A. 门、窗　　B. 木地板　　C. 金属面
D. 水泥地面　　E. 木扶手及板条

27. 计算墙面抹灰工程量时应扣除（　　）。

A. 墙裙　　B. 踢脚线　　C. 门洞口
D. 挂镜线　　E. 窗洞口

28. 工程索赔的处理原则有（　　）。

A. 必须以合同为依据　　B. 必须及时合理地处理索赔
C. 必须按国际惯例处理　　D. 必须加强预测，杜绝索赔事件发生
E. 必须坚持统一性和差别性相结合

29. 下列变更事件，属于设计变更的是（　　）。

A. 更改有关部分的基线
B. 环境的变化导致施工机械和材料的变化
C. 要求提前工期导致的施工机械和材料的变化
D. 强制性标准发生变化从而要求提高工程质量
E. 增减合同中约定的工程量

30. 施工图预算审查的方法有（　　）。

A. 全面审查法　　B. 重点抽查法　　C. 对比审查法
D. 系数估算审查法　　E. 联合会审法

三、案例分析题

案例一

某电器设备厂筹资新建一生产流水线，该工程设计已完成，施工图纸齐备，施工现场已完成“三通一平”工作，已具备开工条件。工程施工招标委托招标代理机构采用公开招标方式代理招标。

招标代理机构编制了标底（800 万元）和招标文件。招标文件中要求工程总工期为 365 天。按国家工期定额规定，该工程的工期应为 460 天。

通过资格预审并参加投标的共有 A、B、C、D、E 五家施工单位。开标会议由招标代理机构主持，开标结果是这五家投标单位的报价均高出标底近 300 万元；这一异常引起了业主的注意，为了避免招标失败，业主提出由招标代理机构重新复核和制定新的标底。招标代理机构复核标底后，确认是由于工作失误，漏算部分工程项目，使标底偏低。在修正错误后，招标代理机构确定了新的标底。A、B、C 三家投标单位认为新的标底不合理，向招标人要求撤回投标文件。

由于上述问题纠纷导致定标工作在原定的投标有效期内一直没有完成。

为早日开工，该业主更改了原定工期和工程结算方式等条件，指定了其中一家施工单位中标。

问题：

1. 根据该工程的具体条件，造价工程师应向业主推荐采用何种合同（按付款方式划分）？为什么？
2. 根据该工程的特点和业主的要求，在工程的标底中是否应含有赶工措施费？为什么？
3. 上述招标工作存在哪些问题？
4. A、B、C 这 3 家投标单位要求撤回投标文件的做法是否正确？为什么？
5. 如果招标失败，招标人可否另行招标？投标单位的损失是否应由招标人赔偿？为什么？

案例二

某建设单位经相关主管部门批准，组织某建设项目全过程总承包（EPC 模式）的公开招标工作。根据实际情况和建设单位的要求，该工程工期定为 2 年，考虑到各种因素的影响，决定该工程在基本方案确定

后就开始招标，确定的招标程序如下：

① 成立该工程招标领导机构；

② 委托招标代理机构代理招标；

③ 发出投标邀请书；

④ 对报名参加投标者进行资格预审，并将结果通知合格的申请投标人；

⑤ 向所有获得投标资格的投标人发售招标文件；

⑥ 召开投标预备会；

⑦ 招标文件的澄清与修改；

⑧ 建立评标组织，制定标底和评标、定标办法；

⑨ 召开开标会议，审查投标书；

⑩ 组织评标；

⑪与合格的投标者进行质疑澄清；

⑫ 决定中标单位；

⑬ 发出中标通知书；

⑭ 建设单位与中标单位签订承发包合同。

问题：

1. 指出上述招标程序中的不妥和不完善之处。

2. 该工程共有 7 家投标人投标，在开标过程中，出现如下情况：

① 其中 1 家投标人的投标书没有按照招标文件的要求进行密封和加盖企业法人印章，经招标监督机构认定，该投标作无效投标处理；

② 其中 1 家投标人提供的企业法定代表人委托书是复印件，经招标监督机构认定，该投标作无效投标处理；

③ 开标人发现剩余的 5 家投标人中，有 1 家的投标报价与标底价格相差较大，经现场商议，也作为无效投标处理。

指明以上处理是否正确，并说明原因。

3. 建设单位从建设项目投资控制角度考虑，倾向于采用固定总价合同。固定总价合同具有什么特点？

案例三

某工业架空热力管道工程，由型钢支架工程和管道工程两项工程内容组成。由于现行预算定额中没有适用的定额子目，需要根据现场实测数据，结合工程所在地的人工、材料、机械台班价格。

问题：

1. 简述现行建筑安装工程费用由哪几部分组成。

2. 简述分部分项工程综合单价由哪几部分费用组成，试写出每一部分费用的计算表达式。

3. 若测得每焊接 1t 型钢支架需要基本工作时间 54h，辅助工作时间、准备与结束工作时间、不可避免的中断时间、休息时间分别占工作延续时间的 3%、2%、2%、18%。试计算每焊接 1t 型钢支架的人工时间定额和产量定额。

4. 若除焊接外，每吨型钢支架的安装、防腐、油漆等作业测算出的人工时间定额为 12 工日。各项作业人工幅度差取 10%，试计算每吨型钢支架工程的定额人工消耗量。

5. 若工程所在地综合人工日工资标准为 22.50 元，每吨型钢支架工程消耗的各种型钢 1.06t（每吨型钢综合单价 3600 元），消耗其他材料费 380 元，消耗各种机械台班费 490 元，试计算每 10t 型钢支架工程的单价。

案例四

某工程项目业主采用《建设工程工程量清单计价规范》规定的计价方法，通过公开招标，确定了中标人。招投标文件中有关资料如下。

① 分部分项工程量清单中含有甲、乙两个分项，工程量分别为 4500m^3 和 3200m^3。清单报价中甲项综合单价为 1240 元/m^3，乙项综合单价为 985 元/m^3。

② 措施项目清单中环境保护、文明施工、安全施工、临时设施等四项费用以分部分项工程量清单计价合计为基数，费率为 3.8%。

③ 规费以分部分项工程量清单计价合计、措施项目清单计价合计之和为基数，规费费率为 4%，增值

税率为11%。

在中标通知书发出以后，招投标双方按规定及时签订了合同，有关条款如下。

① 施工工期自某年3月1日开始，工期4个月。

② 材料预付款按分部分项工程量清单计价合计的20%计，于开工前7天支付，在最后两个月平均扣回。

③ 措施费（含规费和税金）在开工前7天支付50%，其余部分在各月工程款支付时平均支付。

④ 当某一分项工程实际工程量比清单工程量增加10%以上时，超出部分的工程量单价调价系数为0.9；当实际工程量比清单工程量减少10%以上时，全部工程量的单价调价系数为1.08。

⑤ 质量保证金从承包商每月的工程款中按5%比例扣留。

承包商各月实际完成（经业主确认）的工程量如表1所示。

表1 各月实际完成工程量 单位：m^3

分项工程	3月份	4月份	5月份	6月份
甲	900	1200	1100	850
乙	700	1000	1100	1000

施工过程中，5月份由于不可抗力影响，现场材料（乙方供应）损失1万元；施工机械被损坏，损失1.5万元。

问题：

1. 计算材料预付款。

2. 计算措施项目清单计价合计和预付措施费金额。

3. 列式计算5月份应支付承包商的工程款。

4. 列式计算6月份承包商实际完成工程的工程款。

5. 承包商在6月份结算前致函发包方，指出施工期间水泥、砂石价格持续上涨，要求调整。经双方协商同意，按调值公式法调整结算价。假定3、4、5三个月承包商应得工程款（含索赔费用）为850万元；固定要素为0.3，水泥、砂石占可调值部分的比重为10%，调整系数为1.15，其余不变。则6月份工程结算价为多少？

（金额单位为万元；计算结果均保留两位小数。）

案例五

某工程项目施工承包合同价为3200万元，工期18个月，承包合同规定：

① 发包人在开工前7天应向承包人支付合同价20%的工程预付款；

② 工程预付款自工程开工后的第8个月起分5个月等额抵扣；

③ 工程进度款按月结算。工程质量保证金为承包合同价的5%，发包人从承包人每月的工程款中按比例扣留；

④ 当分项工程实际完成工程量比清单工程量增加10%以上时，超出部分的相应综合单价调整系数为0.9；

⑤ 规费费率3.5%。以工程量清单中分部分项工程合价为基数计算；增值税率11%，不考虑附加税。

在施工过程中，发生以下事件。

① 工程开工后，发包人要求变更设计，增加一项花岗石墙面工程．由承包人自行采购花岗石材料，双方商定该项综合单价中的管理费、利润均以人工费与机械费之和为计算基数，管理费率为40%，利润率为14%。消耗量及不含税价格信息资料如表2所示。

表2 铺贴花岗岩石面层定额消耗量及价格信息

项目		单位	消耗量/（元/m^2）	市场价/元
人工	综合工日	工日	0.56	60.00
材料	白水泥	kg	0.155	0.80
	花岗岩	m^2	1.06	530.00
	水泥砂浆	m^3	0.0299	240.00
	其他材料费			6.40
机械	灰浆搅拌机	台班	0.0052	49.18
	切割机	台班	0.0969	52.00

② 在工程进度至第 8 个月时，施工单位按计划进度完成了 200 万元建安工作量，同时还完成了发包人要求增加的一项工作内容。经工程师计量后的该工作工程量为 260m²，经发包人批准的综合单价为 352 元/m²。

③ 施工至第 14 个月时，承包人向发包人提交了按原综合单价计算的该月已完工程量结算报告 180 万元。经工程师计量。其中某分项工程因设计变更，实际完成工程数量为 580m³（原清单工程数量为 360m³，综合单价 1200 元/m³）。

问题：

1. 计算该项目工程预付款。

2. 编制花岗石墙面工程的工程量清单综合单价分析表，列式计算并把计算结果填入表 3 中。

表 3 分部分项工程量清单综合单价分析 单位：元/m²

项目编号	项目名称	项目特征	综合单价组成					综合单价
			人工费	材料费	机械费	管理费	利润	
020108001001	花岗石墙面	25mm 花岗岩板 1∶3 水泥砂浆结合层						

3. 列式计算第 8 个月的应付工程款。

4. 列式计算第 14 个月的应付工程款。

（计算结果均保留两位小数，问题 3 和问题 4 的计算结果以万元为单位。）

案例六

某砖混结构警卫室平面图和剖面图，如图 1 和图 2 所示；门窗表如表 4 所示。

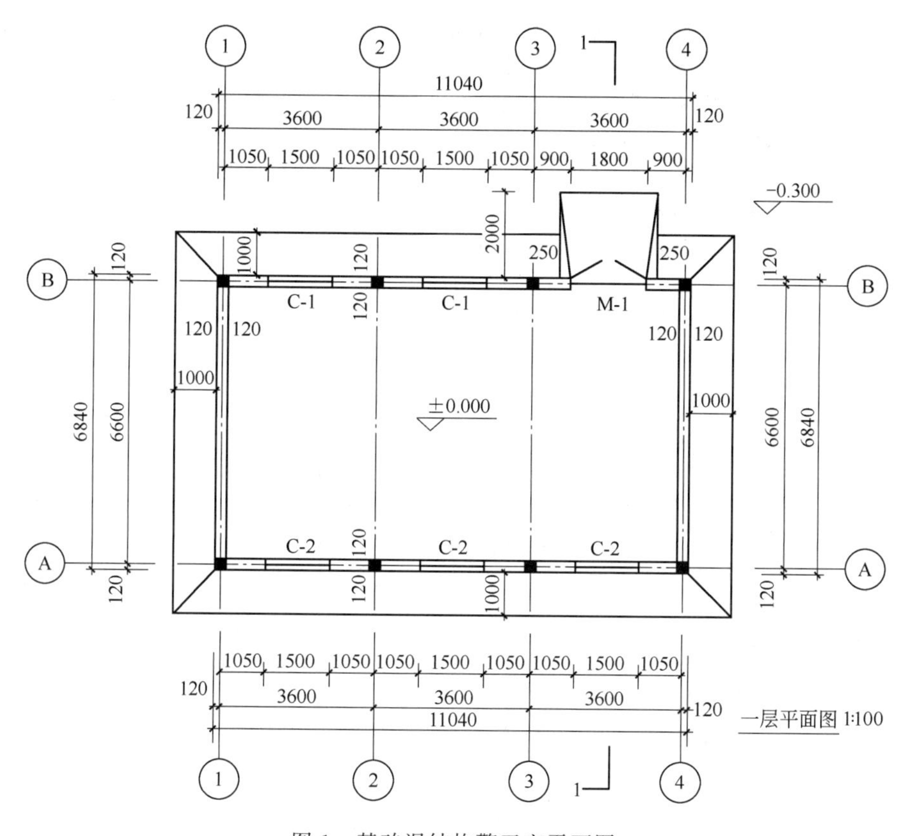

图 1 某砖混结构警卫室平面图

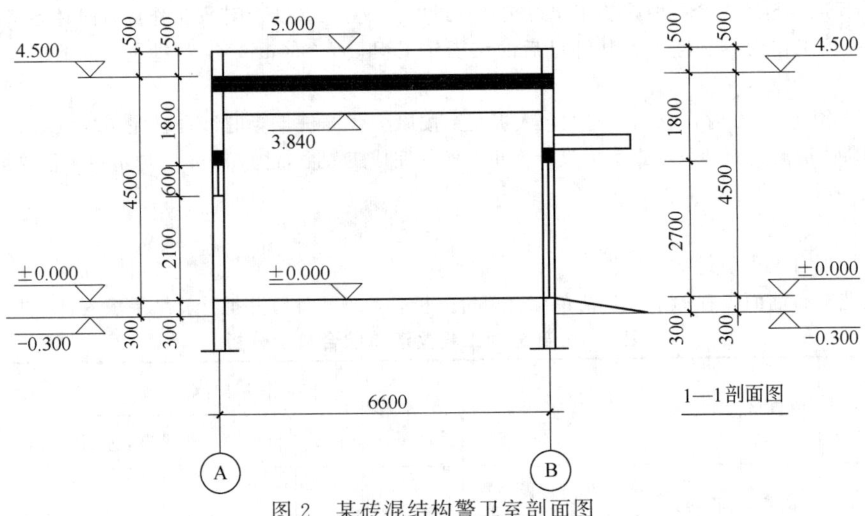

图 2 某砖混结构警卫室剖面图

表 4 警卫室门窗

类别	门窗编号	洞口尺寸		数量
		宽	高	
门	M-1	1800	2700	1
窗	C-1	1500	1800	2
	C-2	1500	600	3

① 屋面结构为 120mm 厚现浇钢筋混凝土板，板面结构标高 4.500m。②、③轴处有现浇钢筋混凝土矩形梁，梁截面尺寸 250mm×660mm（660mm 中包括板厚 120mm）。

② 女儿墙设有混凝土压顶，其厚 60mm。±0.000 以上采用 MU10 黏土砖混合砂浆砌筑，嵌入墙身的构造柱、圈梁和过梁体积合计为 5.01m^3。

③ 地面混凝土垫层 80mm 厚，水泥砂浆面层 20mm 厚，水泥砂浆踢脚线 120mm 高。

④ 内墙面、天棚面混合砂浆抹灰，白色乳胶漆刷白两遍。

该工程各项费用的费率为：措施费 4.5%，间接费 3.8%，利润 5%，增值税率 3%，不考虑附加税。

问题：

1. 根据《全国统一建筑工程预算工程量计算规则》，计算表 5 中分项工程工程量清单，并将计量单位、工程量及其计算过程填入该表的相应栏目中（注：计算结果保留小数点后两位）。

表 5 土建工程工程量清单计算

序号	分项工程名称	单位	数量	计算式
1	地面混凝土垫层			
2	地面水泥砂浆面层			
3	水泥砂浆踢脚			
4	内墙混合砂浆抹灰			
5	内墙乳胶漆刷白			
6	天棚混合砂浆抹灰			
7	天棚乳胶漆刷白			
8	砖外墙			

2. 依据我国现行的建筑安装工程费用的组成和计算方法的相关规则，填写“土建工程施工图预算费用计算表”即表 6（注：计算结果保留小数点后两位）。

表 6　土建工程施工图预算费用计算

序号	费用名称	计算表达式	金额/元	备　注
1	直接工程费			人工费 4530 元 材料费 24160 元 机械使用费 1510 元
2	措施费			
3	直接费			
4	间接费			
5	利润			
6	税金			
7	预算费合计			

案例七

某砖混结构二层别墅的一、二层平面图和剖面图如图 3～图 5 所示。

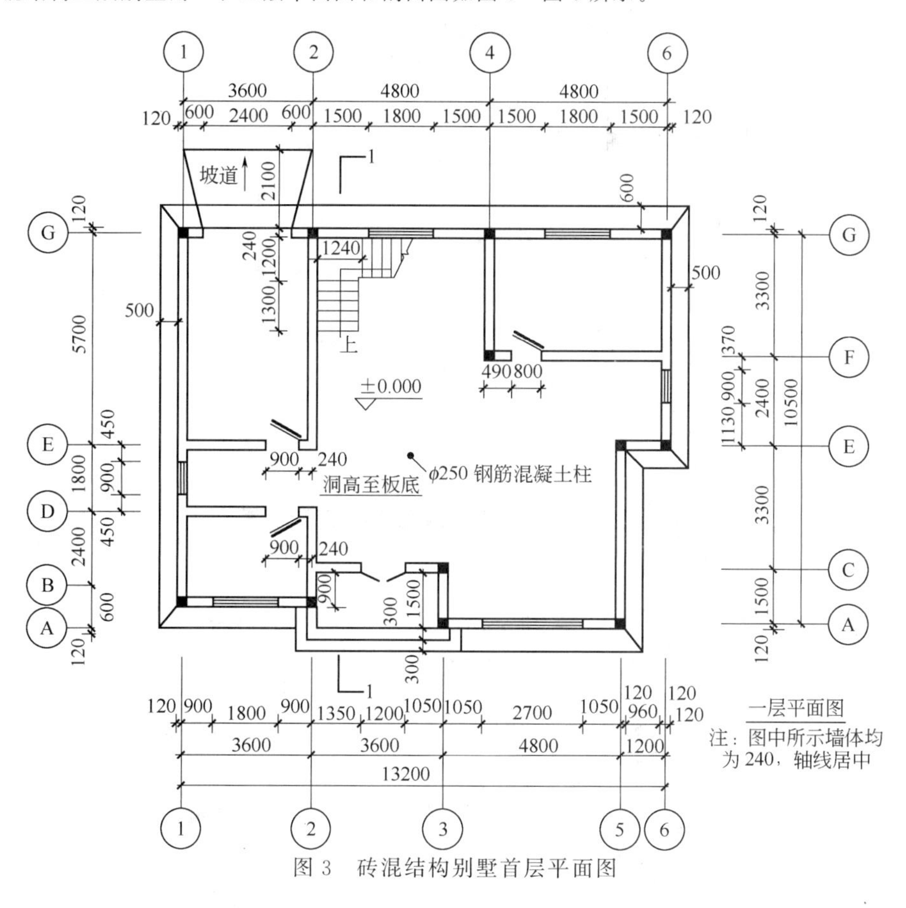

图 3　砖混结构别墅首层平面图

建筑说明与做法。

1. 地面：80mm 厚，C15 混凝土垫层，水泥砂浆抹面。
2. 楼板厚度为 100mm。
3. 楼面、楼梯、阳台、水泥砂浆抹面。
4. 踢脚：150mm 高水泥砂浆。
5. 台阶：80mm 厚石灰三合土，C15 混凝土现浇台阶、水泥砂浆抹面。
6. 坡道：素土夯实，300mm 厚 3∶7 灰土，C15 混凝土 80mm 厚，水泥砂浆防滑坡道。
7. 散水：素土夯实，60mm 厚混凝土面层一次抹光。
8 图中所示墙体均为 240，轴线居中。

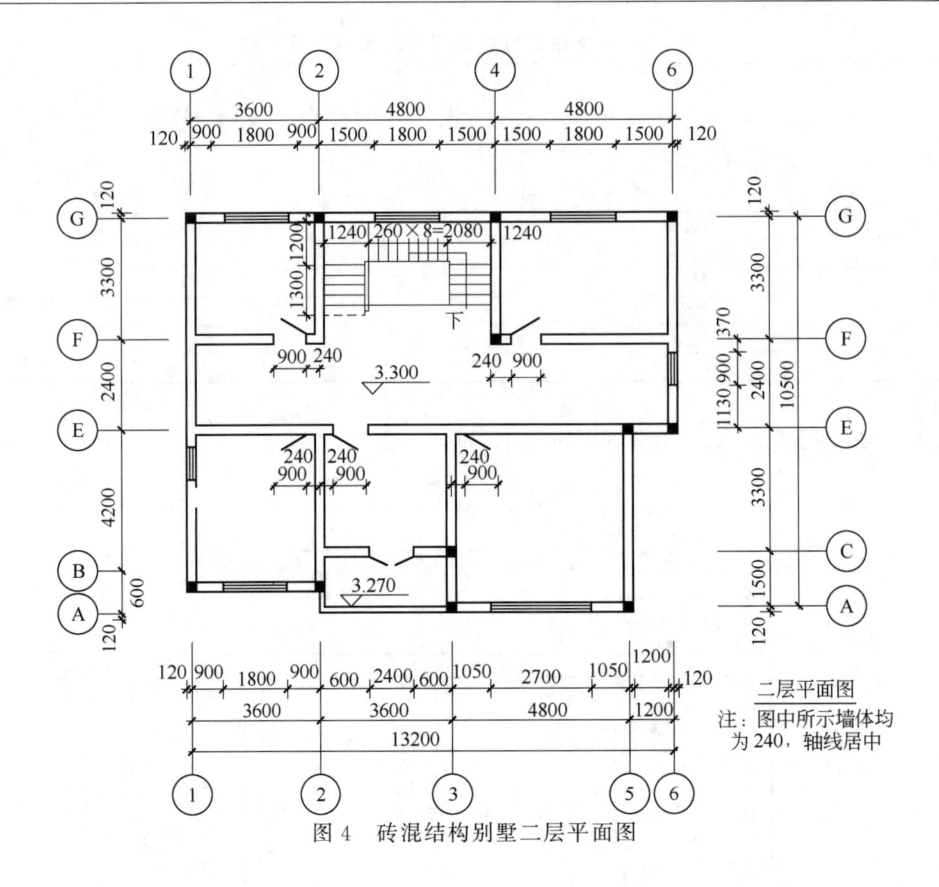

图4 砖混结构别墅二层平面图

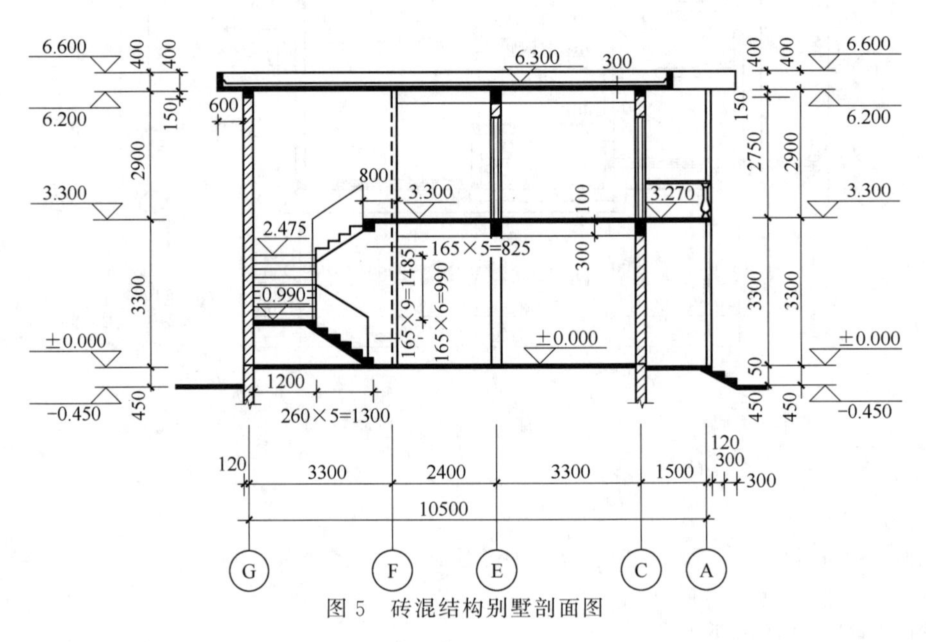

图5 砖混结构别墅剖面图

问题：

依据《全国统一建筑工程预算工程量计算规则》，计算土建工程量，并且填入"土建工程量"（表7）中分项工程工程量，并将计算单位、工程量及其计算过程填入该表的相应栏目中（注：计算结果保留小数点后两位）。

表 7　土建工程量计算

序号	分项工程名称	单位	工程量	计算过程
1	建筑面积			
2	外墙外边线总长			
3	外墙中心线总长			
4	内墙净长线总长			
5	外脚手架			
6	内脚手架			
7	柱脚手架			
8	室内地面混凝土垫层			
9	水泥砂浆楼地面			
10	水泥砂浆楼梯面层			
11	一层 F 轴踢脚线			
12	散水原土打夯			
13	台阶三合土			
14	水泥砂浆台阶抹灰			
15	坡道三七抹灰			
16	坡道混凝土垫层			
17	混凝土散水一次抹灰			

案例八

某工程楼面如图 6“楼层平面结构图”所示。梁纵向钢筋通长布置。8m 长一个搭接，搭接长度 $1.2L_t$，L_t 为

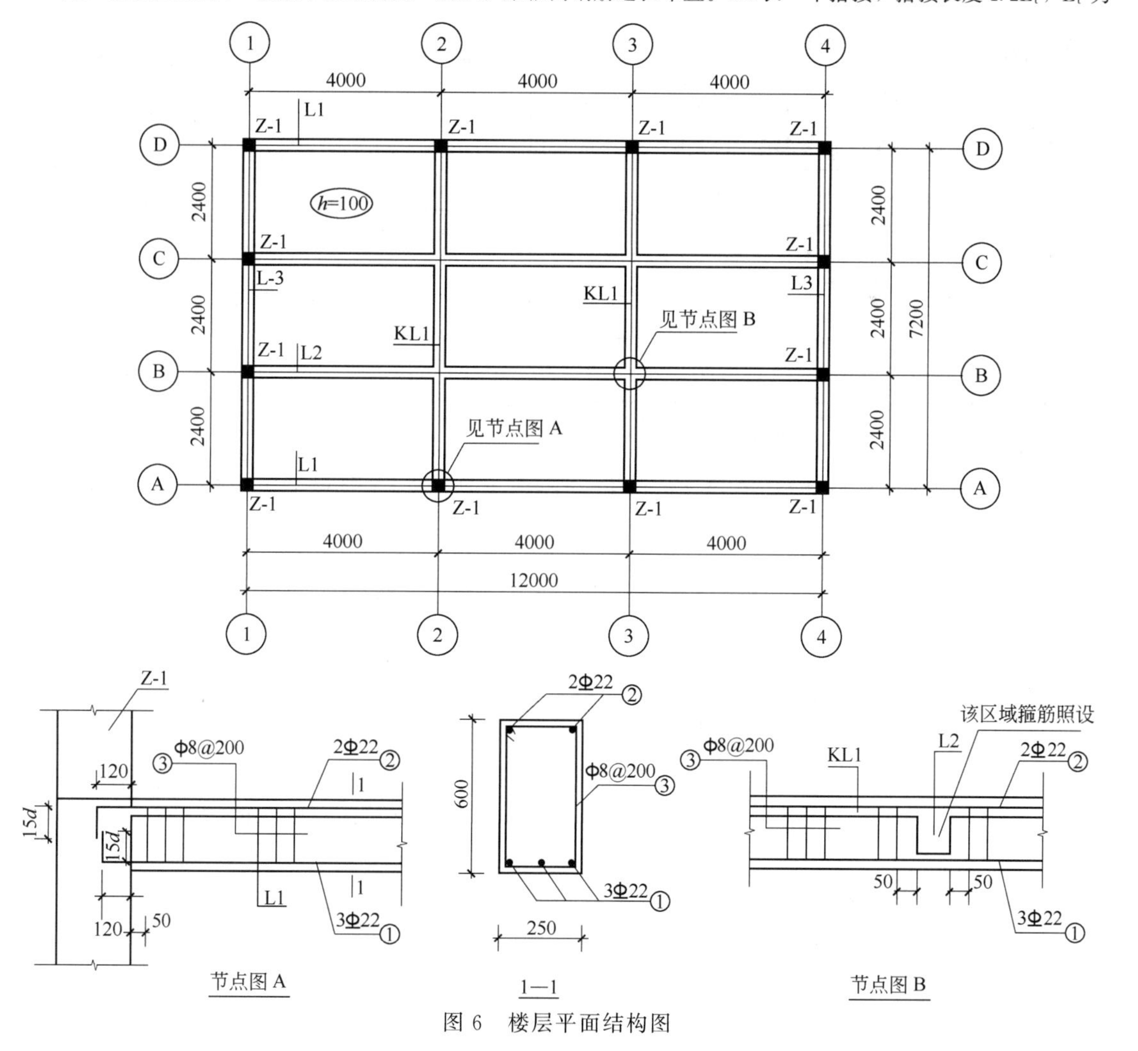

图 6　楼层平面结构图

40d。梁箍筋弯钩长度每边 10d。梁混凝土保护层 25mm。所有墙厚均为 240mm，Z-1 柱截面为240mm×240mm。

该工程分部分项工程量清单项目综合单价的费率：管理费率 12%，利润率 7%（管理费、利润均以人工费、材料费、机械费之和为基数计取）。

问题：

1. 计算 KL1 梁钢筋的重量，并将相关内容填入表 8“钢筋计算表”相应栏目中。

表 8　钢筋计算

构件名称	钢筋编号	简图	直径	计算长度/m	合计根数	合计重量/kg	计算式
KL1	①②	⊔	Φ22				
	③	□	Φ8				

钢筋重量如下：Φ8＝0.395kg；Φ12＝0.888kg；Φ14＝1.21kg；Φ16＝1.58kg；Φ18＝2kg；Φ20＝2.47kg；Φ22＝2.98kg。

2. 依据《建设工程工程量清单计价规范》，将项目编码、综合单价、合价及综合单价计算过程填入表 9“分部分项工程量清单计价表”的相应栏目中（注：计算结果均保留小数点后两位）。

表 9　分部分项工程量清单计价

序号	项目编码	项目名称	计量单位	工程数量	工料单价/元	金额/元		综合单价计算过程
						综合单价	合价	
1		C20 有梁式带形基础，C10 垫层	m^3	3	294.58			
2		C20 无梁式带形基础，C10 垫层	m^3	5.76	274.15			
3		C20 Z-1 柱	m^3	3.2	244.69			
4		C20 平板，板厚 100mm	m^3	5.45	213.00			
5		现浇梁钢筋Φ22	t	12	3055.12			
6		现浇梁钢筋Φ8	t	2	2986.12			
分项工程项目统一编码								

案例九

某工程柱下独立基础见图 7，共 18 个。已知：土壤类别为三类土；混凝土现场搅拌，混凝土强度等

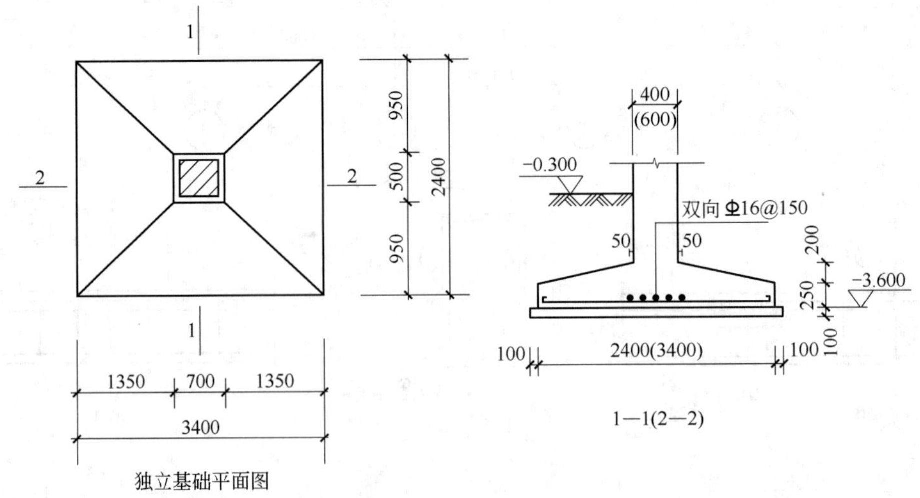

图 7　柱下独立基础

级：基础垫层 C10，独立基础及独立柱 C20；弃土运距 200m；基础回填土夯填；土方挖、填计算均按天然密实土。

问题：

1. 根据图示内容和《建设工程工程量清单计价规范》的规定，根据表 10 所列清单项目编制±0.00 以下的分部分项工程量清单，并将计算过程及结果填入表 11“分部分项工程量清单”。

表 10　分部分项工程量清单的统一项目编码

项目编码	项目名称	项目编码	项目名称
010101003	挖基础土方	010402001	矩形柱
010401002	独立基础	010103001	土方回填(基础)

2. 某承包商拟投标该工程，根据地质资料，确定柱基础为人工放坡开挖，工作面每边增加 0.3m；自垫层上表面开始放坡，放坡系数 0.33；基坑边可堆土 490m^3；余土用翻斗车外运 200m。该承包商使用的消耗量定额如下：挖 1m^3，用工 0.48 工日（已包括基底钎探用工）；装运（外运 200m）1m^3 土方，用工 0.10 工日，翻斗车 0.069 台班。已知：翻斗车台班单价为 63.81 元/台班，人工单价为 22 元/工日。计算承包商挖独立基础土方的人工费、材料费、机械费合价。

表 11　分部分项工程量清单

序号	项目编码	项 目 名 称	单位	工程数量	计算过程
1	010101003001	独立基础土方：三类土，垫层底面积 3.6m×2.6m，深 3.4m，弃土运距离 200m	m^3		
2	010401002001	独立基础垫层：C10 现场搅拌混凝土厚 0.1m	m^3		
3	010401002002	独立基础：C20 现场搅拌混凝土素混凝土垫层 C10 厚 0.1m	m^3		
4	010402001001	矩形柱：C20 现场搅拌混凝土，截面 0.6m×0.4m，柱高 3.15m	m^3		
5	010103001001	基础回填	m^3		

3. 假定管理费率为 12%；利润率为 7%，风险系数为 1%。按《建设工程工程量清单计价规范》有关规定，计算承包商填报的挖独立基础土方工程量清单的综合单价（风险费以工料机和管理费之和为基数计算）。

（注：问题 2、问题 3 的计算结果要带计量单位）。

案例十

某工程基础平面图如图 8 所示，现浇钢筋混凝土带形基础，独立基础的尺寸如图 9 所示。混凝土垫层强度等级为 C15，混凝土基础强度等级为 C20，按外购商品混凝土考虑。混凝土垫层支模板浇筑，工作面宽 300mm，槽坑底面用电动夯实机夯实，费用计入混凝土垫层和基础中。

直接工程费单价见表 12。

表 12　直接工程费单价

序号	项 目 名 称	计量单位	费用组成/元			
			人工费	材料费	机械使用费	单价
1	带形基础组合钢模板	m^2	8.85	21.53	1.60	31.98
2	独立基础组合钢模板	m^2	8.32	19.01	1.39	28.72
3	垫层木模板	m^2	3.58	21.64	0.46	25.68

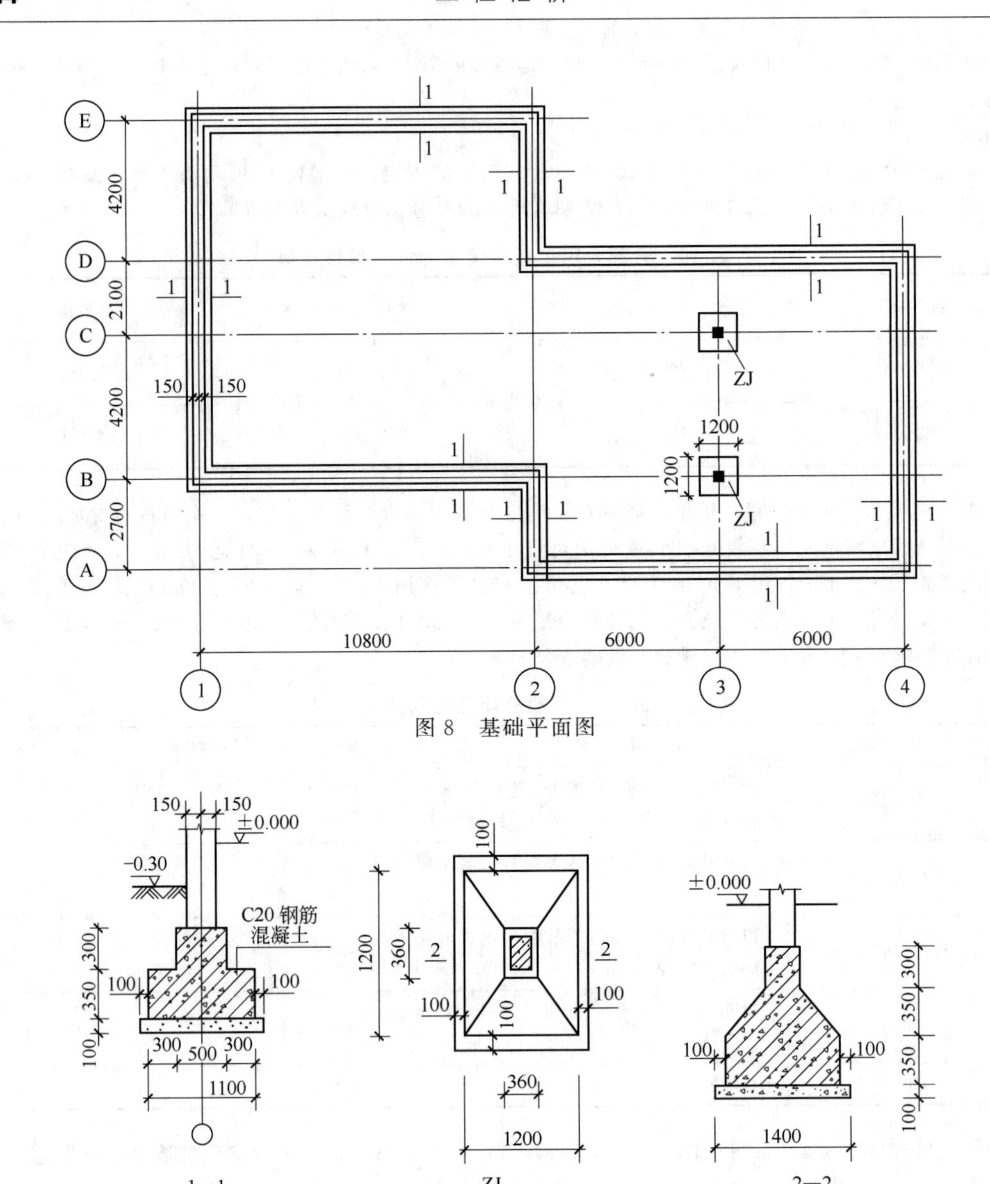

图 8 基础平面图

图 9 基础剖面图

基础定额见表 13。

表 13 基础定额

项目			基础槽底夯实	现浇混凝土基础垫层	现浇混凝土带形基础
名称	单位	单价/元	$100m^2$	$10m^3$	$10m^3$
综合人工	工日	52.36	1.42	7.33	9.56
混凝土 C15	m^3	252.40		10.15	
混凝土 C20	m^3	266.05			10.15
草袋	m^3	2.25		1.36	2.52
水	m^3	2.92		8.67	9.19
电动打夯机	台班	31.54	0.56		
混凝土振捣器	台班	23.51		0.61	0.77
翻斗车	台班	154.80		0.62	0.78

依据《建设工程工程量清单计价规则》（GB 50500）计价原则，以人工费、材料费和机械使用费之和为基数，取管理费率5%、利润率4%；以分部分项工程量清单计价合计和模板及支架清单项目费之和为基数，取临时设施费1.5%、环境保护费0.8%、安全和文明施工费1.8%（计算结果保留两位小数）。

问题：

依据《建设工程工程量清单计价规则》（GB 50500）的规定（有特殊注明除外）完成下列计算。

1. 计算现浇钢筋混凝土带形基础、独立基础、基础垫层的工程量。列出计算过程［棱台体体积公式为$V=\frac{1}{3}\times h\times(a^2+b^2+ab)$］。

2. 编制现浇混凝土带形基础、独立基础的分部分项工程量清单，说明项目特征（带形基础的项目编码为010401001，独立基础的项目编码为010401002）。

3. 依据提供的基础定额数据，计算混凝土带形基础的分部分项工程量清单综合单价，列出计算过程。

4. 计算带形基础、独立基础（坡面不计算模板工程量）和基础垫层的模板工程量，列出计算过程。

5. 现浇混凝土基础工程的分部分项工程量清单计价合价为57686.00元，计算措施项目清单费用，列出计算过程。

复习题参考答案

一、单项选择

1. D，2. B，3. B，4. C，5. C，6. C，7. C，8. C，9. C，10. A，11. D，12. B，13. C，14. A，15. B，16. D，17. B，18. D，19. C，20. A，21. D，22. A，23. D，24. B，25. A，26. C，27. A，28. B，29. C，30. A，31. C，32. B，33. A，34. D，35. C，36. B，37. B，38. C，39. D，40. A，41. D，42. C，43. B，44. D，45. C，46. A，47. D，48. A，49. C，50. D

二、多项选择

1. AD，2. ABCE，3. CE，4. BCD，5. BCE，6. ACE，7. ABCE，8. BD，9. ABCE，10. ABCE，11. BCD，12. BCE，13. ABD，14. ABCD，15. ABCD，16. ABE，17. CE，18. ABD，19. CDE，20. ABE，21. BCD，22. AB，23. ABE，24. BCE，25. ACD，26. BD，27. ACE，28. AB，29. AE，30. ABC

三、案例分析

案例一

问题 1　应推荐采用总价合同。

因该工程施工图齐备，现场条件满足开工要求，工期为 1 年，风险较小。

问题 2　应该含有赶工措施费。

原因是该工程工期压缩率(460－365)/460＝20.7%＞20%

问题 3　在招标工作中，存在以下问题。

① 开标以后，又重新确定标底。

② 在投标有效期内没有完成定标工作。

③ 更改招标文件的合同工期和工程结算条件。

④ 直接指定施工单位。

问题 4　① 不正确。

② 投标是一种要约行为，这种撤回投标文件的做法违反了这一行为的原则，因此它是不正确的。

问题 5　① 招标人可以重新组织招标。

② 招标人不应给予赔偿，因招标属于要约邀请。

案例二

问题 1　招标程序中的不妥和不完善之处。

第③条不妥，应该把“发出招标邀请书”改为“发布（或刊登）招标通告（或公告）”。

第④条将资格预审结果仅通知合格的申请投标人不妥，资格预审的结果应通知到所有的投标人。

第⑥条之前应该增加一项，即组织投标单位踏勘现场。

第⑧条的内容应该在开标之后进行，而不应该放在这个位置。

问题 2　判断三种处理方法的正确性。

第一种处理是正确的，投标书必须密封和加盖企业法人印章。

第二种处理也是正确的，企业法定代表人的委托书必须是原件。

第三种处理不正确，投标报价与标底价格有较大差异时不能作为判定是否为无效投标的依据。

问题 3　固定总价合同的特点有下面四点。

① 便于业主（建设单位）投资控制。

② 对承包人来说要承担较大的风险，或发包人承担的风险较小。

③ 应在合同中确定一个完成项目总价。

④ 有利于在评标时确定报价最低的承包商。

案例三

问题 1　建筑安装工程费用组成：建筑安装工程费用由直接工程费、间接费、计划利润、税金四部分费用组成。

问题 2　① 分部分项工程综合单价由人工费、材料费、机械台班使用费、管理费、利润及风险组成。

② 分部分项工程单价的计算公式：

人工费＝Σ(人工工日数×人工单价)；或者人工费＝Σ(概预算定额中人工工日消耗量×相应等级的日工资综合单价)。

材料费＝Σ(材料消耗量×材料单价)；或者材料费＝Σ(概预算定额中材料、构配件、零件、半成品的消耗量×相应预算价格)。

机械台班使用费＝Σ(机械台班消耗量×机械台班单价)；或者施工机械使用费＝Σ(概预算定额中机械台班量×机械台班综合单价)＋其他机械使用费＋施工机械进出场费。

管理费＝直接工程费×费率；或者管理费＝(人工费＋机械费)×管理费费率；或者管理费＝人工费×管理费费率

利润＝(直接工程费＋管理费)×相应利润率；或者利润＝人工费×相应利润率；或者利润＝(人工费＋机械费)×相应利润率

风险可以按照综合单价或人材机费用为基数乘以风险系数确定。

问题 3　每焊接 1t 型钢支架的人工时间定额和产量定额确定。

① 计算人工时间定额：54/[(1－3%－2%－2%－18%)×8]＝9（工日/t)

② 计算人工产量定额：1/9＝0.11（t/工日）

问题 4　计算每吨型钢支架工程的定额人工消耗量

消耗量＝(9＋12)×(1＋10%)＝23.1（工日）

问题 5　计算每 10t 型钢支架工程的单价

每 10t 型钢支架工程人工费：23.1×22.5×10＝5197.5（元）

每 10t 型钢支架工程材料费：(1.06×3600＋380)×10＝41960（元）

每 10t 型钢支架工程机械台班使用费：490×10＝4900（元）

则，每 10t 型钢支架工程单价为：5197.50＋41960＋4900＝52057.5（元）

案例四

问题 1　分部分项清单项目合价为：

甲分项工程量×甲项综合单价＋乙分项工程量×乙项综合单价
＝4500×0.124＋3200×0.0985＝873.20（万元)；

则材料预付款为：

分部分项清单合价×开工前 7 天支付率＝873.20×20%＝174.64（万元)。

问题 2　措施项目清单合价为：

分部分项清单合价×3.8%＝873.2×3.8%＝33.18（万元)；

预付措施费（含规费和税金）为：

33.18×50%×(1＋4%)×(1＋11%)＝19.15（万元)。

问题 3　5 月份应付工程款为：

(1100×0.124＋1100×0.0985＋33.18×50%÷4＋1.0)×(1＋4%)×
(1＋11%)×(1－5%)－174.64÷2＝186.73（万元)。

问题 4　6 月份承包商完成工程的工程款

① 甲分项工程为：

(甲分项三、四、五、六月实际总工程量－甲分项清单工程量)/甲分项清单工程量＝(4050－4500)/

4500＝－10％；

故结算价不需要调整。则甲分项工程6月份清单合价为：850×0.124＝105.40（万元）。

② 乙分项工程为：

(乙分项三、四、五、六月实际总工程量－乙分项清单工程量)/乙分项清单工程量＝(3800－3200)/3200＝18.75％＞10％；

故结算价需调整。则调价部分清单合价为：

(3800－3200×1.1)×0.0985×0.9＝280×0.08865＝24.82（万元）；

不调价部分清单合价为：(1000－280)×0.0985＝70.92（万元）

则乙分项工程6月份清单合价为：24.82＋70.92＝95.74（万元）。

③ 6月份承包商完成工程的工程款为：

(105.4＋95.74＋33.18×50％×1/4)×(1＋4％)×(1＋11％)＝236.98（万元）。

问题5 原合同总价为：

(分部分项清单合价＋措施项目清单计价合计)×(1＋规费率)×(1＋增值税率)＝(873.2＋33.18)×(1＋4％)×(1＋11％)＝1046.33（万元）；

调值公式动态结算为：

(850＋236.98)×(0.3＋0.7×10％×1.15＋0.7×90％×1.0)＝1086.98×1.0105＝1098.39（万元）；

6月份工程结算价为：

(6月份完成工程款＋动态结算价－原合同总价)×(1－保证金比例)－材料预付款/抵扣月数＝(236.98＋1098.39－1046.33)×0.95－174.64×0.5＝289.04×0.95－87.32＝187.27（万元）

案例五

问题1 工程预付款＝合同价×工程预付款比例＝3200×20％＝640（万元）

问题2 花岗石墙面工程的工程量清单计算如下：

人工费＝单位消耗量×市场价＝0.56×60＝33.60（元/m^2）；

材料费＝白水泥消耗量×白水泥市场价格＋水泥砂浆消耗量×水泥砂浆市场价＋其他材料费＋花岗石消耗量×花岗石市场价＝0.155×0.8＋0.0299×240＋6.4＋1.06×530＝575.50（元/ m^2）；

机械费＝灰浆搅拌机台班消耗量×市场价＋切割机台班消耗量×市场价＝0.0052×49.18＋0.0969×52＝5.29（元/m^2）；

管理费＝(人工费＋机械费)×管理费费率＝(33.60＋5.29)×40％＝15.56（元/m^2）；

利润＝(人工费＋机械费)×利润率＝(33.60＋5.29)×14％＝5.44（元/m^2）；

综合单价＝33.60＋575.50＋5.29＋15.56＋5.44＝635.39（元/m^2）；

问题3 增加工作的工程款＝增加工作的工作量×增加工作的综合单价×(1＋规费费率)×(1＋增值税率)＝260×352×(1＋3.5％)×(1＋11％)＝105142.75(元)＝10.51（万元）；

第8个月应付工程款＝(按计划进度完成工程款＋增加工作的工程款)×(1－工程质量保证金所占比例)－工程预付款/抵扣月数＝(200＋10.51)×(1－5％)－640/5＝71.98（万元）

问题4 (1) 计算该分项工程增加量后的差价

方法一 该分项工程增加工程量后的差价

＝(580－360×1.1)×1200×(1－0.9)×(1＋3.5％)×(1＋11％)＝2.53（万元）

方法二 该分项工程的工程款为：

(不调整单价的工程量×原单价＋需调整单价的工程量×调整后的单价)×(1＋规费费率)×(1＋增值税率)＝[360×1.1×1200＋(580－360×1.1)×1200×0.9]×(1＋3.5％)×(1＋11％)＝77.43（万元）

承包商结算报告中该分项工程的工程款为：580×1200×(1＋3.5％)×(1＋11％)＝79.96（万元）

承包商多报的工程款即为该分项增加工程量后的差价为：79.96－77.43＝2.53（万元）

(2) 第14个月应付工程款＝(原结算报告中的工程款－多报的工程款)×(1－工程质量保证金所占比例)＝(180－2.53)×(1－5％)＝168.59（万元）。

案例六

问题1

表 14 土建工程工程量清单计算

序号	分项工程名称	单位	数量	计 算 式
1	地面混凝土垫层	m^3	5.37	10.56×6.36×0.08
2	地面水泥砂浆面层	m^2	67.16	10.56×6.36
3	水泥砂浆踢脚	m	33.84	(10.56+6.36)×2
4	内墙混合砂浆抹灰	m^2	135.26	(10.56+6.36)×2×(4.5−0.12)−(1.8×2.7+1.5×1.8×2+1.5×0.6×3)
5	内墙乳胶漆刷白	m^2	135.26	同本表的(4)
6	天棚混合砂浆抹灰	m^2	80.9	10.56×6.36+6.36×0.54×2×2
7	天棚乳胶漆刷白	m^2	80.9	同本表的(6)
8	砖外墙	m^3	33.14	[(10.8+6.6)×2×(5−0.06)−(1.8×2.7+1.5×1.8×2+1.5×0.6×3)]×0.24−5.01

问题 2

表 15 土建工程施工图预算费用计算

序号	费用名称	计算表达式	金额/元	备 注
1	直接工程费	人工费+材料费+机械使用费	30200	人工费 4530 元 材料费 24160 元 机械使用费 1510 元
2	措施费	(1)×4.5%	1359	
3	直接费	(1)+(2)	31559	
4	间接费	(3)×3.8%	1199.24	
5	利润	[(3)+(4)]×5%	1637.91	
6	税金	[(3)+(4)+(5)]×3%	1031.88	
7	预算费合计	(3)+(4)+(5)+(6)	35428.03	

案例七

表 16 土建工程量计算

序号	分项工程名称	单位	工程量	计算过程
1	建筑面积	m^2	265.07	一层:10.14×3.84+9.24×3.36+10.74×5.04+5.94×1.2=131.24 二层:131.24 阳台:1/2×(3.36×1.5+0.6×0.24)=2.59
2	外墙外边线总长	m	50.16	10.14+13.44+(10.74+1.2)+(12.24+0.9+1.5)=50.16
3	外墙中心线总长	m	49.2	50.16−4×0.24=49.2
4	内墙净长线总长	m	54.18	一层:3.36+3.36+4.56+5.7+1.5+3.3=21.78 二层:3.36×3+4.56×2+3.3×4=32.4
5	外脚手架	m^2	326.04	50.16×6.50=326.04

续表

序号	分项工程名称	单位	工程量	计算过程
6	内脚手架	m^2	163.66	21.78×3.2+32.4×2.9=163.66
7	柱脚手架	m^2	14.47	(2.00×3.14×0.125+3.6)×3.3=14.47
8	室内地面混凝土垫层	m^3	9.14	(131.24−49.2×0.24−21.78×0.24)×0.08=9.14
9	水泥砂浆楼地面	m^2	214.91	一层:131.24−49.2×0.24−21.78×0.24=114.20 二层:131.24−49.25×0.24−32.4×0.24−4.56×2.40=100.71
10	水泥砂浆楼梯面层	m^2	8.42	1.20×4.56+1.24×1.30+1.24×1.08=8.42
11	一层F轴踢脚线	m	9.36	4.80−0.24+4.80=9.36
12	散水原土打夯	m^2	25.20	0.6×[2×(13.2+0.24+10.5+0.24)−0.6+0.6×4−3.6−(3.6−0.24)−0.6×2]
13	台阶三合土	m^3	0.34	(3.36+0.6×2+0.6)×0.6×0.08+(3.36+0.3)×0.3×0.08
14	水泥砂浆台阶抹灰	m^2	4.19	(3.36+0.6×2+0.6)×0.6+(3.36+0.3)×0.3=4.19
15	坡道三七抹灰	m^3	2.27	3.6×2.1×0.30=2.27
16	坡道混凝土垫层	m^3	0.60	3.6×2.1×0.08=0.60
17	混凝土散水一次抹灰	m^2	25.2	25.20

案例八

问题 1

表 17 钢筋计算

构件名称	钢筋编号	简图	直径	计算长度/m	合计根数	合计重量/kg	计算式
KL1	①②		Φ22	7.86	10	234.23	L=(7.2−0.24)+0.24+2×15×0.022 或 L=7.2+2×15×0.022
	③		Φ8	1.66	72	47.21	L=(0.2+0.55)×2+2×10×0.008 n=(7.2−0.24−0.05×2)/0.2+1

问题 2

表 18 分部分项工程量清单计价

序号	项目编码	项目名称	计量单位	工程数量	工料单价/元	金额/元		综合单价计算过程
						综合单价	合价	
1	010401001001	C20 有梁式带形基础,C10 垫层	m^3	3	294.58	350.55	1051.65	工料单价×(1+12%+7%)
2	010401001002	C20 无梁式带形基础,C10 垫层	m^3	5.76	274.15	326.24	1879.14	
3	010402001001	C20 Z-1 柱	m^3	3.2	244.69	291.18	931.78	
4	010405003001	C20 平板,板厚 100mm	m^3	5.45	213.00	253.47	1381.41	
5	010416001001	现浇梁钢筋Φ22	t	12	3055.12	3635.59	43627.08	
6	010416001002	现浇梁钢筋Φ8	t	2	2986.12	3553.48	7106.96	
分项工程项目统一编码		带形基础 010401001				矩形柱 010402001		
		平板 010405003				现浇混凝土钢筋 010416001		

案例九

问题 1

计算分部分项工程量清单，结果如下所列。

表 19 分部分项工程量清单

序号	项目编码	项目名称	单位	工程数量	计算过程
1	010101003001	独立基础土方：三类土，垫层底面积 3.6m×2.6m，深 3.4m，弃土运距离 200m	m³	572.83	3.6×2.6×3.4×18
2	010401002001	独立基础垫层；C10 现场搅拌混凝土厚 0.1m	m³	16.85	3.6×2.6×0.1×18
3	010401002002	独立基础；C20 现场搅拌混凝土素混凝土垫层 C10 厚 0.1m	m³	48.96	3.4×2.4×0.25×18+[3.4×2.4+(3.4+0.7)×(2.4+0.5)+0.7×0.5]×0.2/6×18
4	010402001001	矩形柱；C20 现场搅拌混凝土，截面 0.6m×0.4m，柱高 3.15m	m³	13.61	0.4×0.6×(3.6−0.45)×18
5	010103001001	基础回填	m³	494.71	572.83−3.6×2.6×0.1×18−48.96−0.4×0.6×(3.6−0.3−0.45)×18

或者

序号	项目编码	项目名称	单位	工程数量	计算过程
1	010101003001	独立基础土方：三类土，垫层底面积 3.6m×2.6m，深 3.4m，弃土运距离 200m	m³	572.83	3.6×2.6×3.4×18
2	010401002001	独立基础；C20 现场搅拌混凝土素混凝土垫层 C10 厚 0.1m	m³	48.96	3.4×2.4×0.25×18+[3.4×2.4+(3.4+0.7)×(2.4+0.5)+0.7×0.5]×0.2/6×18
3	010402001001	矩形柱；C20 现场搅拌混凝土，截面 0.6m×0.4m，柱高 3.15m	m³	13.61	0.4×0.6×(3.6−0.45)×18
4	010103001001	基础回填	m³	494.71	572.83−3.6×2.6×0.1×18−48.96−0.4×0.6×(3.6−0.3−0.45)×18

问题 2 计算承包商挖独立基础土方的人工费、材料费、机械费合价如下。

① 人工挖独立柱基

[(3.6+0.3×2)(2.6+0.3×2)×0.1+(3.6+0.3×2+3.3×0.33)(2.6+0.3×2+3.3×0.33)×3.3+(1/3)×0.33^2×3.3^3]×18=1395.13（m³）

② 余土外运

1395.13−490=905.13（m³）

③ 工料机合价

1395.13×0.48×22+905.13×(0.1×22+0.069×63.81)=20709.05（元）

问题 3 计算承包商填报的挖独立基础土方工程量清单的综合单价。

方法一

土方综合单价：20709.05×(1+12%)(1+7%+1%)/572.83=43.73（元/m³）

方法二

首先确定土方报价：20420.02×(1+12%)(1+7%+1%)=25049.67（元）；由土方报价可以得到，土方综合单价为 25049.67/572.83=43.73（元/m³）

案例十

问题 1

表 20 分部分项工程量计算

序号	分项工程名称	计算单位	工程数量	计算过程
1	带形基础	m^3	38.52	22.80×2＋10.5＋6.9＋9＝72 (1.10×0.35＋0.5×0.3)×72＝38.52
2	独立基础	m^3	1.55	[1.2×1.20×0.35＋1/3×0.35×(1.20^2＋0.36^2＋1.20×0.36)＋0.36×0.36×0.30]×2＝(0.504＋0.234＋0.039)×2＝1.55
3	带形基础垫层	m^3	9.36	1.3×0.1×72＝9.36
4	独立基础垫层	m^3	0.39	1.4×1.4×0.1×2＝0.39

问题 2

表 21 分部分项工程量清单

序号	项目编码	项目名称及特征	计量单位	工程数量
1	010401001001	混凝土带形基础： ①垫层材料、厚度:C15 混凝土,100 厚 ②混凝土强度等级:C20 混凝土 ③混凝土拌和料要求:外购商品混凝土	m^3	38.52
2	010401002001	混凝土独立基础： ①垫层材料、厚度:C15 混凝土,100 厚 ②混凝土强度等级:C20 混凝土 ③混凝土拌和料要求:外购商品混凝土	m^3	1.55

问题 3

表 22 分部分项工程量清单综合单价分析

序号	项目编码	项目名称	工程内容	综合单价组成					综合单价
				人工费	材料费	机械使用费	管理费	利润	
1	010401001001	带形基础	①槽底夯实 ②垫层混凝土浇筑 ③基础混凝土浇筑	62.02	336.23	17.19	20.77	16.62	452.83

槽底夯实 槽底面积：(1.30＋0.3×2)×72＝136.8 (m^2)

人工费：0.0142×52.36×136.8＝101.71 (元)

机械费：0.0056×31.54×136.8＝24.16 (元)

垫层混凝土 工程量：1.30×0.1×72＝9.36 (m^3)

人工费：0.733×52.36×9.36＝359.24 (元)

材料费：(1.015×252.40＋0.867×2.92＋0.136×2.25)×9.36＝2424.46 (元)

机械费：(0.061×23.51＋0.062×154.80)×9.36＝103.26 (元)

基础混凝土 工程量：38.52 (m^3)

人工费：0.956×52.36×38.52＝1928.16 (元)

材料费：(1.015×266.05＋0.919×2.92＋0.252×2.25)×38.52＝10527.18 (元)

机械费：(0.077×23.51＋0.078×154.80)×38.52＝534.84 (元)

综合单价组成 人工费：(101.71＋359.24＋1928.16) ÷38.52＝62.02 (元)

材料费：(2424.46＋10527.18)÷38.52＝336.23 (元)

机械费：(24.16＋103.26＋534.84)÷38.52＝17.19 (元)

直接费：62.02＋336.23＋17.19＝415.44 (元)

管理费：415.44×5%＝20.77（元）

利润：415.44×4%＝16.62（元）

综合单价：415.44＋20.77＋16.62＝452.83（元/m^3）

问题4

表23 模板工程量计算

序号	模板名称	计量单位	工程数量	计算过程
1	带形基础组合钢模板	m^2	93.6	(0.35＋0.30)×2×72＝93.6
2	独立基础组合钢模板	m^2	4.22	(0.35×1.20＋0.30×0.36)×4×2＝4.22
3	垫层木模板	m^2	15.52	带形基础垫层：0.1×2×72＝14.4 独立基础：1.4×0.1×4×2＝1.12 合计：14.4＋1.12＝15.52

问题5

模板及支架：(93.6×31.98＋4.22×28.72＋15.52×25.68)×(1＋5%＋4%)＝3829.26（元）

临时设施：(57686＋3829.26)×1.5%＝922.73（元）

环境保护：(57686＋3829.26)×0.8%＝492.12（元）

安全和文明施工：(57686＋3829.26)×1.8%＝1107.27（元）

合计：3829.26＋922.73＋492.12＋1107.27＝6351.38（元）

表24 措施项目清单计价

序号	项目名称	金额/元
1	模板及支架	3829.26
2	临时设施	922.73
3	环境保护	492.12
4	安全和文明施工	1107.27
	合计	6351.38

参 考 文 献

[1] GB 50500—2013. 建设工程工程量清单计价规范 [S]. 北京：中国计划出版社，2013.
[2] GB 50854—2013. 房屋建筑与装饰工程工程量计算规范 [S]. 北京：中国计划出版社，2013.
[3] 规范编制组. 建设工程计价计量规范辅导 [M]. 北京：中国计划出版社，2013.
[4] 全国造价工程师执业资格考试培训教材编审组. 工程造价管理基础理论与相关法规 [M]. 北京：中国计划出版社，2009.
[5] 全国造价工程师执业资格考试培训教材编审组. 工程造价计价与控制 [M]. 北京：中国计划出版社，2009.
[6] 全国造价工程师执业资格考试培训教材编审组. 建设工程技术与计量 [M]. 北京：中国计划出版社，2009.
[7] 全国造价工程师执业资格考试培训教材编审委员会. 工程造价案例分析 [M]. 北京：中国城市出版社，2009.
[8] 中国建设监理协会. 建设工程投资控制 [M]. 北京：知识产权出版社，2009.
[9] 全国注册咨询工程师投资资格考试参考教材编写委员会. 项目决策分析与评价 [M]. 北京：中国计划出版社，2008.
[10] 全国一级建造师执业资格考试用书编写委员会. 建设工程经济 [M]. 北京：中国建筑工业出版社，2008.
[11] 李建峰. 建筑工程定额与预算 [M]. 西安：陕西科学技术出版社，2006.
[12] 闫文周. 工程造价基础理论 [M]. 西安：陕西科学技术出版社，2006.
[13] 严玲，尹贻林. 工程造价导论 [M]. 天津：天津大学出版社出版，2004.
[14] 徐学东. 建筑工程估价与报价 [M]. 北京：中国计划出版社，2005.
[15] 徐蓉. 建筑工程工程量清单与造价计算 [M]. 上海：同济大学出版社，2006.
[16] 苏慧. 建筑工程造价 [M]. 北京：高等教育出版社，2007.
[17] 袁建新，迟晓明. 施工图预算与工程造价控制 [M]. 北京：中国建筑工业出版社，2008.
[18] 马楠. 工程估价 [M]. 北京：科学技术出版社，2006.
[19] 宋光云. 建设工程造价管理 [M]. 北京：中国电力出版社，2000.
[20] 黄伟典. 建筑工程计量与计价 [M]. 北京：中国电力出版社，2007.
[21] 吴贤国. 建筑工程概预算 [M]. 北京：中国建筑工业出版社，2003.
[22] 胡明德. 建筑工程定额原理与概预算 [M]. 北京：中国建筑工业出版社，2006.
[23] 谢洪学，文代安. 建设工程工程量清单计价规范宣贯辅导材料 [M]. 北京：中国计划出版社，2008.
[24] 财政部. 国家税务总局《关于全面推开营业税改征增值税试点的通知》(财税〔2016〕36 号).
[25] 住建部办公厅《关于做好建筑业营改增建设工程计价依据调整准备工作的通知》(建办标〔2016〕4 号).